全国医药类高职高专"十三五"规划教材·药学类专业

有机化学（第2版）

主　编　邓超澄　高吉仁　吴小琼
副主编　霍丽妮　张　悦
编　者　（以姓氏笔画为序）
　　　　王　芬　黑龙江护理高等专科学校
　　　　王　蓓　首都医科大学燕京医学院
　　　　邓超澄　广西中医药大学
　　　　卢茂芳　湖南中医药大学
　　　　杨　莎　陕西国际商贸学院
　　　　吴小琼　安顺职业技术学院
　　　　张　悦　河西学院医学院
　　　　张爱华　首都医科大学燕京医学院
　　　　高吉仁　商洛职业技术学院
　　　　霍丽妮　广西中医药大学

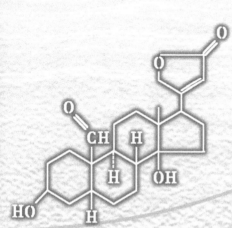

西安交通大学出版社
XI'AN JIAOTONG UNIVERSITY PRESS

图书在版编目(CIP)数据

有机化学/邓超澄,高吉仁,吴小琼主编.—2版.—西安:西安交通大学出版社,2017.6(2022.12重印)
全国医药类高职高专"十三五"规划教材·药学类专业
ISBN 978-7-5605-9815-4

Ⅰ.①有… Ⅱ.①邓…②高…③吴… Ⅲ.①有机化学-高等职业教育-教材 Ⅳ.①O62

中国版本图书馆 CIP 数据核字(2017)第 154841 号

书　　名	有机化学(第2版)
主　　编	邓超澄　高吉仁　吴小琼
责任编辑	黄　璐
出版发行	西安交通大学出版社 (西安市兴庆南路1号　邮政编码710048)
网　　址	http://www.xjtupress.com
电　　话	(029)82668357　82667874(市场营销中心) (029)82668315(总编办)
传　　真	(029)82668280
印　　刷	西安日报社印务中心
开　　本	787mm×1092mm　1/16　印张 21.5　字数 521 千字
版次印次	2017 年 8 月第 2 版　2022 年 12 月第 4 次印刷
书　　号	ISBN 978-7-5605-9815-4
定　　价	45.00 元

如发现印装质量问题,请与本社市场营销中心联系。
订购热线:(029)82665248　(029)82667874
投稿热线:(029)82668803
读者信箱:med_xjup@163.com

版权所有　侵权必究

再版说明

全国医药类高职高专规划教材于2012年出版,现已使用近4年,为我国药学类职业教育培养大批药学专业技能型人才发挥了积极的作用。教材着力构建具有药学专业特色和专科层次特点的课程体系,以职业技能的培养为根本,力求满足学科、教学和社会三方面的需求。全套教材共18种,主要供药学类专业学生使用。

随着我国职业教育体制改革地不断深入,药学类专业办学规模不断扩大,办学形式、专业种类、教学方式亦呈多样化发展。同时,随着我国医疗卫生体制改革、国家基本药物制度、执业药师制度建设地不断深入推进与完善,以及《中国药典》(2015年版)的颁布等,对药学职业教育也提出了新的要求和任务。为了更好地贯彻落实《国家中长期教育改革和发展规划纲要(2011—2020年)》文件精神,顺应职业教育改革发展的趋势,同时也为"十三五"期间申报国家规划教材做准备,在总结汲取1版教材成功经验的基础上,西安交通大学出版社医学分社于2016年启动了"全国医药类高职高专'十三五'规划教材·药学类专业"的再版工作。

本轮教材改版,以《高等职业学校专业教学标准(试行)》为依据,按照《药品管理法》《国家基本药物目录》《国家非处方药目录》要求,进一步提高教材质量,邀请医药院校教师、医药企业人员共同参与,以对接高职高专药学(药品)类专业教学标准和职业标准。以就业为导向,以能力为本位,以学生为主体,突出药学专业特色,以国家执业助理药师资格准入标准为指导,以培养技能型、应用型专业技术人才为目标,坚持"基础够用,突出技能"的编写原则,做到精简实用,从而更有效地施惠学生、服务教学。

为了便于学生学习、教师授课,在教材内容、体例设置上编出特色,教材各章开篇以高职高专教学要求为标准,编写"学习目标";正文中根据课程、教材特点有选择性地增加"知识拓展""实例解析""课堂活动""思维导图"等模块;在每章内容后附有"目标检测",供教师和学生检验教学效果、巩固学习使用。此外,本轮教材编写紧扣执业助理药师资格考试大纲,增设了"考纲提示"模块,根据岗位需要设计教材内容,力求与生产实践、职业资格鉴定(技能鉴定)无缝对接。

由于众多教学经验丰富的专家、学科带头人和教学骨干教师积极踊跃并严谨认真地参与本轮教材的编写,使教材的质量得到了不断完善和提高,并被广大师生所认同。在此,西安交通大学出版社医学分社对长期支持本套教材编写和使用的院校、专家、老师及同学们表示诚挚的感谢!我们将继续坚持"用最优质的教材服务教学"的理念,为我国医药学职业教育做出应有的贡献。

本轮教材出版后,各位教师、学生在使用过程中,如发现问题请及时反馈给我们,以便及时更正和修订完善。

编审委员会

主任委员

高健群(宜春职业技术学院)　　杨　红(首都医科大学燕京医学院)

副主任委员

刘诗洪(江西卫生职业学院)　　张知贵(乐山职业技术学院)
李群力(金华职业技术学院)　　涂　冰(常德职业技术学院)
王玮瑛(黑龙江护理高等专科学校)　郑向红(福建卫生职业技术学院)
刘　敏(宜春职业技术学院)　　魏庆华(河西学院)
郭晓华(汉中职业技术学院)

委　员(按姓氏笔画排序)

马廷升(湖南医药学院)　　孟令全(沈阳药科大学)
马远涛(西安医学院)　　郝乾坤(杨凌职业技术学院)
王　萍(陕西国际商贸学院)　　侯志英(河西学院)
王小莲(河西学院)　　侯鸿军(陕西省食品药品监督管理局)
方　宇(西安交通大学)　　姜国贤(江西中医药高等专科学校)
邓超澄(广西中医药大学)　　徐世明(首都医科大学燕京医学院)
刘　徽(辽宁医药职业学院)　　徐宜兵(江西中医药高等专科学校)
刘素兰(江西卫生职业学院)　　黄竹青(辽宁卫生职业技术学院)
米志坚(山西职工医学院)　　商传宝(淄博职业学院)
许　军(江西中医药大学)　　彭学著(湖南中医药高等专科学校)
李　淼(漳州卫生职业学院)　　曾令娥(首都医科大学燕京医学院)
吴小琼(安顺职业技术学院)　　谢显珍(常德职业技术学院)
张多婷(黑龙江民族职业学院)　　蔡雅谷(泉州医学高等专科学校)
陈素娥(山西职工医学院)

前　言

为了适应新形势下高职教育改革与发展的需要,培养合格的高职高专药学类人才,西安交通大学出版社组织编写了全国医药类高职高专"十三五"规划教材《有机化学》(第2版)。

教材的编写立足于各类高职院校药学类专业的教学与实训工作,本着"基础够用,突出技能"的编写原则,力争做到精简实用。教材突出最基础、最根本及实用的知识点,强调实用性、针对性、创新性,使本教材便于教、易于学,力争使学生在有限的时间内学到更有用的基础理论、基本知识和基本操作技能,为药学类专业后续课程和专业课程的学习打好基础。

本教材分上、下两篇。上篇为理论知识,共十五章,按官能团体系进行编写。编写原则是"基础够用",对内容进行整体优化,重点阐述基本概念和主要化学性质,把有一定关联性和系统性的内容统一列出,例如杂化轨道(sp^3、sp^2、sp 杂化)理论、电子效应(诱导效应、共轭效应)等内容,以便于教师有选择性地进行系统教学,也便于学生进行对比学习和记忆。弱化有机反应机制及立体化学知识等理论性较强的内容,把这部分内容以及一些对后续专业课程联系不是那么密切的理论作为"相关知识"列于相关章节内容的后面,以供教师教学时根据课堂的实际情况选择,同时也有利于学生根据自己的实际情况进行学习。不强调各类有机物的制备和合成反应,一些在高职教学中很少使用的高深有机制论,例如分子轨道理论、共振论等不作为要求内容。

下篇为实验指导,包括有机化学实验基本知识及基本要求,共十三个实验。内容力求"少而精",结合高职教育的特点和后续课程的需要,介绍最常用的实验基础知识,既简要阐明原理,又突出实用性及操作性。围绕最基本、最常用的实验操作开设各种不同类型的实验,可供不同类型的院校选择开设实训课。

教材的编写,注重与医药学、生命科学的实际应用相联系,适当介绍与教材章节内容有关的新成就或在药物和生命科学当中的应用,突出药学类专业的特点,提升实用性与应用性,以提高学生的学习兴趣,有利于学生的学习和对知识的掌握。

本教材适用于高职高专院校药学、中药学、药物制剂、医学检验、预防医学、药品营销等专业教学使用,也可供其他相关专业使用。

本书由邓超澄编写第五章及第十六章,参与第九章及实验三、四、五、六的编写;高吉仁编写第一章及实验一;吴小琼编写第七章、实验十三;霍丽妮编写第二章,参与第八章、第十二章、

第十六章及实验九的编写;张悦编写第十一章、实验二、实验七及实验指导之萃取与洗涤、升华部分;王芬编写第十章、第十三章、实验六,参与第七章的编写;王蓓编写第三章、第四章、实验五、实验十二;张爱华编写第六章、第十五章、实验八、实验十;杨莎编写第九章、第十二章、实验九、实验十一;卢茂芳编写第八章、第十四章、实验三、实验四。全书由邓超澄统稿并修订定稿,霍丽妮协助。

  本书在编写过程中得到了西安交通大学出版社的大力支持,在此表示衷心的感谢!限于编者水平,书中难免有不妥之处,敬请读者批评指正。

编　者

2017 年 3 月

目　　录

上篇　理论知识

第一章　绪论 …………………………………………………………………………（ 3 ）
　第一节　有机化合物和有机化学 ……………………………………………………（ 3 ）
　第二节　有机化合物的结构和共价键 ………………………………………………（ 8 ）
　第三节　有机酸碱理论简介 …………………………………………………………（ 13 ）

第二章　链烃 …………………………………………………………………………（ 16 ）
　第一节　烷烃 …………………………………………………………………………（ 16 ）
　第二节　烯烃 …………………………………………………………………………（ 29 ）
　第三节　炔烃 …………………………………………………………………………（ 37 ）
　第四节　二烯烃 ………………………………………………………………………（ 42 ）

第三章　环烷烃 ………………………………………………………………………（ 50 ）
　第一节　环烷烃的分类和命名 ………………………………………………………（ 50 ）
　第二节　环烷烃的性质 ………………………………………………………………（ 52 ）
　第三节　环烷烃的相对稳定性 ………………………………………………………（ 55 ）

第四章　立体异构 ……………………………………………………………………（ 58 ）
　第一节　构象异构 ……………………………………………………………………（ 59 ）
　第二节　顺反异构 ……………………………………………………………………（ 65 ）
　第三节　对映异构 ……………………………………………………………………（ 68 ）

第五章　芳香烃 ………………………………………………………………………（ 81 ）
　第一节　苯的结构 ……………………………………………………………………（ 82 ）
　第二节　单环芳烃的同分异构和命名 ………………………………………………（ 83 ）
　第三节　单环芳香烃的性质 …………………………………………………………（ 85 ）
　第四节　稠环芳烃 ……………………………………………………………………（ 92 ）
　第五节　休克尔规则和非苯系芳香烃 ………………………………………………（ 96 ）

第六章　卤代烃 ………………………………………………………………………（101）
　第一节　卤代烃的分类、命名和结构 ………………………………………………（101）
　第二节　卤代烃的性质 ………………………………………………………………（103）

第三节 不饱和卤代烃的结构与反应活性 …… (107)

第七章 醇、酚、醚 …… (111)
第一节 醇 …… (111)
第二节 酚 …… (119)
第三节 醚 …… (123)

第八章 醛、酮、醌 …… (129)
第一节 醛和酮 …… (129)
第二节 醌 …… (141)

第九章 羧酸及其衍生物 …… (146)
第一节 羧酸 …… (146)
第二节 羧酸衍生物 …… (154)

第十章 取代羧酸 …… (163)
第一节 羟基酸 …… (163)
第二节 羰基酸 …… (168)

第十一章 含氮有机化合物 …… (177)
第一节 硝基化合物 …… (177)
第二节 胺 …… (179)

第十二章 杂环化合物 …… (196)
第一节 杂环化合物的分类和命名 …… (196)
第二节 五元杂环化合物 …… (199)
第三节 六元杂环化合物 …… (201)
第四节 重要的杂环化合物 …… (204)

第十三章 糖类 …… (212)
第一节 单糖 …… (212)
第二节 二糖 …… (220)
第三节 多糖 …… (222)

第十四章 脂类、萜类和甾族化合物 …… (229)
第一节 脂类 …… (229)
第二节 萜类化合物 …… (234)
第三节 甾体化合物 …… (239)

第十五章 氨基酸、肽、蛋白质和核酸 …… (245)
第一节 氨基酸 …… (245)
第二节 肽 …… (250)

第三节　蛋白质 …………………………………………………………（252）
　　第四节　核酸 ……………………………………………………………（254）

下篇　实验指导

第十六章　有机化学实验的基本知识 …………………………………………（261）
第十七章　有机化学实验基本操作 ……………………………………………（275）
　第一节　有机化合物物理常数的测定 ………………………………………（275）
　第二节　蒸馏和分馏 …………………………………………………………（281）
　第三节　水蒸气蒸馏 …………………………………………………………（285）
　第四节　重结晶 ………………………………………………………………（290）
　第五节　萃取与洗涤 …………………………………………………………（294）
　第六节　升华 …………………………………………………………………（297）
第十八章　基础有机化合物的制备实验 ………………………………………（299）
第十九章　天然产物的提取 ……………………………………………………（307）
第二十章　有机化合物的性质 …………………………………………………（310）
参考答案 …………………………………………………………………………（314）
参考文献 …………………………………………………………………………（333）

上 篇

理论知识

第一章 绪 论

学习目标

【掌握】有机化合物及有机化学的基本概念,有机化合物结构特点及共价键的性质(键参数);σ键和π键的形成及特点。

【熟悉】有机化合物的一般特性、分类及各类有机化合物的官能团,共价键的断裂方式和有机化学反应的类型。

【了解】有机化学酸碱理论,有机化学与医药学、生命科学的关系。

第一节 有机化合物和有机化学

一、有机化合物与有机化学

有机化合物简称有机物,它和人类的关系非常密切。人类的生产、生活、科学研究都离不开有机物。蛋白质、淀粉、纤维素等天然高分子化合物,合成纤维、塑料、植物生长调节剂、激素、高能燃料、药物、油漆、橡胶等都是有机化合物。有机化合物在自然界分布非常广泛,而且每年还有大量新的有机物被合成出来。

人类使用有机物的历史很长,世界上几个文明古国很早就掌握了酿酒、造醋和制饴糖的技术。据记载,中国古代曾制取到一些有机物质,如没食子酸、乌头碱、甘露醇等;18世纪末人们已经能得到许多纯的化合物,如酒石酸、尿酸和乳酸等。这些化合物与从矿物中得到的化合物相比,在性质上有明显差异,如对热不稳定、加热易分解等。于是有人们提出了"生命力"学说,认为这些物质只能在生命体中、在神秘的"生命力"作用下才能产生,不能用人工的方法由无机物制取,故称这些物质为有机物。直到1828年,德国化学家维勒(Friedrich Wöhler)首次用无机物氰酸铵合成了有机物——尿素;1844年柯尔柏(H. Kolbe)合成了醋酸;柏赛罗(M. Berthelot)在1854年合成了油脂,等等,"生命力"学说才彻底被否定。从此,有机化学进入了合成时代。

$$NH_4CNO \xrightarrow{\Delta} H_2NCONH_2$$
氰酸铵　　　尿素

随着人工合成有机物的发展,大量的有机物被发现或合成出来。人们发现,在元素组成上,所有的有机物中都含有碳,多数含氢,其次还含有氧、氮、卤素、硫、磷等。因此,1848年德国化学家葛美林(L. Gmelin)和凯库勒(A. Kekule)等将有机物定义为含碳的化合物。但随着

有机化学

人们的实践活动不断深入,人们对有机物的认识也越来越深刻,发现有些含碳的化合物从结构和性质上与无机物相似,如碳的氧化物(CO、CO_2)、金属碳化物(CaC_2)、碳酸(H_2CO_3)及碳酸盐等许多简单的含碳化合物。所以人们得出了一个重要的结论:含碳化合物不一定是有机化合物,但有机化合物一定是含碳化合物。有机物与无机物在组成和性质方面确实存在着某些不同之处,但并没有一个明确的界限,两者之间在一定的条件下可以相互转化。直到1874年肖莱马(C. Schorlemmer)将有机化合物定义为"碳氢化合物及其衍生物",人们对有机物和无机物才有了清晰的认识[1777年瑞典化学家贝格曼(T. D. Bergman)将化学分为"无机"和"有机"两大类],所以,有机化合物相对确切的定义为碳氢化合物及其衍生物,而有机化学则是研究碳氢化合物及其衍生物的组成、结构、性质、合成、反应机制及化学变化规律和应用的科学。

有机化学的研究任务是分离、提取自然界存在的各种有机物,测定、确定其结构、性质;研究有机物的结构与性质间的关系,有机物的反应、反应历程、影响反应的因素,揭示有机反应的规律,以便控制反应的有利发展方向;由简单的有机物(石油、煤焦油)为原料,通过反应合成自然界存在或不存在的人们所需的物质,如维生素、药物、香料、染料、农药、塑料、合成纤维、合成橡胶等。

二、有机化合物的一般特性

(一)组成结构特性

组成有机化合物的元素较少,除碳元素外,常常还含有氢、氧、氮、硫、磷、卤素等,一些天然有机化合物还含有铁等金属元素。组成有机化合物的元素种类虽然少,但有机化合物的数目众多,原因在于:

1. 构成有机化合物主体的碳原子相互结合的能力很强。碳原子之间可以相互结合成链状或环状结构,也可以通过单键、双键或三键等不同方式相互结合,构成各类结构复杂的有机物。例如维生素 B_{12} 的分子式为 $C_{63}H_{90}N_{14}P$,沙海葵毒素的分子式为 $C_{129}H_{221}O_{53}N_3$,而蛋白质、核酸等的结构还要复杂得多。

2. 碳原子不但可以相互结合,而且可与其他原子结合(N、O、X 等)形成各类衍生物。

3. 有机化合物中普遍存在同分异构现象。同分异构现象是指分子式相同,但结构和性质不同的现象。例如分子式为 C_2H_6O 的有机化合物有两种结构:一个是乙醇,另一个是二甲醚。

$$\begin{array}{cc}
H\ H & H\ H \\
|\ \ | & |\ \ | \\
H-C-C-OH & H-C-O-C-H \\
|\ \ | & |\ \ | \\
H\ H & H\ H \\
\text{乙醇} & \text{二甲醚}
\end{array}$$

这些分子式相同,结构不同的化合物互称为同分异构体。随着有机物分子中碳原子数目的增多,同分异构体的数目也迅速增加。

(二)物理特性

与无机物相比,大多数有机化合物的熔、沸点较低,难溶于水,易溶于有机溶剂,几乎都是电的不良导体。

(三) 化学特性

一般有机物热稳定性较差,受热易分解、易燃烧。与无机物间的离子反应不同,有机物之间是离子型反应或游离基反应,因此,有机物之间反应速度较慢,反应产物复杂,常常伴有副反应。这些都是由有机物分子复杂结构所决定的。在相同的条件下,有机物分子的不同部位都可能发生反应而生成不同的产物。

三、有机化合物的分类和表示方法

(一) 有机化合物的分类

有机化合物数量众多、结构复杂,为了便于学习和研究,常根据有机化合物的结构特点或性质特点对有机化合物进行分类,一般采用的方法有两种。

1. 按碳架分类

根据有机化合物分子的基本碳架(即碳原子的连接方式)不同,把有机化合物分为两大类:链状化合物和环状化合物。

(1) 链状化合物　也称脂肪族化合物,这类化合物中碳原子相互结合成链状,没有环状结构存在,但在链状结构中可以有支链存在,例如:

$$H_3C—CH_2—CH_2—CH_3 \qquad H_3C—\underset{\underset{CH_3}{|}}{CH}—CH_3 \qquad H_3C—CH=CH—CH_3$$

丁烷　　　　　　　　2-甲基丙烷　　　　　　　2-丁烯

(2) 环状化合物　这类有机化合物原子间结合成闭合的环状结构。根据环状化合物中是否含有杂原子(N、O、S等),又可分为碳环化合物和杂环化合物两类。

①碳环化合物:组成环的原子全部是碳原子的化合物称为碳环化合物。碳环化合物又分为脂环族化合物和芳香族化合物两类。

脂环族化合物:分子中的化学键类型和性质与脂肪族化合物相似,例如:

环戊烷　　　　　环己烯　　　　　环己醇

芳香族化合物:是具有特殊结构和性质的一类有机化合物,例如:

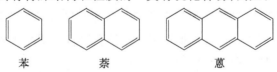

苯　　　　　　　萘　　　　　　　蒽

②杂环化合物:组成环的原子除碳原子外还有其他元素的原子,这类化合物称杂环化合物,例如:

吡咯　　　　吡啶　　　　呋喃

有机化学

2. 按官能团分类

官能团是指决定一类有机化合物主要化学性质的原子或原子团。有机化学反应一般发生在官能团上(或者说是该类化合物的特征反应)。具有同一官能团的有机物一般具有相同或相似的化学性质。有机化合物中的主要官能团及其分类见表 1-1。

表 1-1 有机化合物中主要常见的官能团

官能团结构	官能团名称	化合物类别	化合物实例
$\diagup C=C \diagdown$	双键	烯烃	$H_2C=CH_2$
$—C≡C—$	三键	炔烃	$H—C≡C—H$
$X-(F\ Cl\ Br\ I)$	卤素	卤代烃	CH_3CH_2Cl
$—OH$	羟基	醇或酚	CH_3OH、C_6H_5OH
$—\overset{|}{\underset{|}{C}}—O—\overset{|}{\underset{|}{C}}—$	醚键	醚	$CH_3CH_2—O—CH_2CH_3$
$—\overset{O}{\overset{\|}{C}}—H$	醛基	醛	$CH_3—\overset{O}{\overset{\|}{C}}—H$
$—\overset{O}{\overset{\|}{C}}—$	酮基	酮	$CH_3—\overset{O}{\overset{\|}{C}}—CH_3$
$—\overset{O}{\overset{\|}{C}}—OH$	羧基	羧酸	$CH_3—\overset{O}{\overset{\|}{C}}—OH$
$—\overset{O}{\overset{\|}{C}}—O—R$	酯基	酯	$H_3C—\overset{O}{\overset{\|}{C}}—O—CH_3$
$—\overset{O}{\overset{\|}{C}}—N\diagdown$	酰胺基	酰胺	$CH_3—\overset{O}{\overset{\|}{C}}—NH_2$
$—NH_2$	氨基	胺	$CH_3—NH_2$

在对有机化合物进行分类时,常常把按碳架分类和按官能团分类两种分类方法结合起来使用,这样更能反映有机化合物的结构和性质特点。

(二)有机化合物结构的表示方法

有机化合物普遍存在同分异构现象,往往一个分子式可以表示多个化合物,因此,有机化合物一般不用分子式表示。有机化学常用结构式、结构简式以及键线式表示有机化合物分子的结构。

1. 结构式

结构式是表示分子里原子的排列顺序和结合方式的化学式,例如:

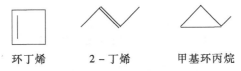

2. 结构简式

结构简式是将有机物分子结构式中的 C—C 键和 C—H 键省略不写所得的化学式。如丙烷的结构简式为 $CH_3CH_2CH_3$，乙烯为 $CH_2{=}CH_2$。注意官能团不能省略。如乙醇的结构简式可写成 CH_3CH_2OH 或 C_2H_5OH，醛基、羧基则可简写为 —CHO 和 —COOH。

书写结构简式的基本要求：准确地表示出分子中原子的连接顺序和方式，在书写形式上并无严格的限制。例如下面几个式子都是 2 - 甲基戊烷。

$$CH_3CHCH_2CH_2CH_3 \qquad CH_3CH_2CH_2CHCH_3 \qquad (CH_3)_2CH_2CH_2CH_3$$
$$\quad\ \ |\qquad\qquad\qquad\qquad\qquad\qquad\ \ |$$
$$\ \ CH_3 \qquad\qquad\qquad\qquad\qquad\quad CH_3$$

3. 键线式

将碳、氢元素符号省略，只表示分子中键的连接情况，每个拐点或终点均表示有一个碳原子，称为键线式。每个交点、端点代表一个碳原子，每一条线段代表一个共价键，每个碳原子有四条线段，用四减去线段数即是氢原子个数。例如：

环丁烯　　2 - 丁烯　　甲基环丙烷

四、有机化学与医药学、生命科学的关系

研究医学和药物的主要目的是为了防病、治病，研究的对象是组成成分复杂的人体。组成人体的物质除水和一些无机盐以外，绝大部分是有机物。例如构成人体组织的蛋白质，与体内代谢有密切关系的酶、激素和维生素，人体贮藏的养分——糖原、脂肪等，这些有机化合物在体内进行着一系列复杂的变化（也包括化学变化），以维持体内新陈代谢作用的平衡。为了防治疾病，除了研究病因以外，还要了解药物在体内的变化，它们的结构与药效、毒性的关系，这些都与有机化学密切相关。

有机化学作为药学、医学专业的一门基础课，为药物化学、天然药物化学、药物制剂、药物合成、药物分析、生物化学、生物学、免疫学、遗传学、卫生学、临床诊断等提供必要的基础知识。同时，有关生命的人工合成，遗传基因的控制，癌症、艾滋病等的治疗都是目前正在探索和研究的重大课题，在这些领域中也离不开有机化学的密切配合。所以，有机化学与生命科学的关系也是极为密切的。有机化学中的价键理论、构象学说、反应机制等已成为解释生化反应的有力手段，蛋白质和核酸的组成和结构研究，顺序测定方法的建立，合成方法和创建等重大成就为现代生物学及生物技术开辟了道路。有机化学与生物问题的密切结合是推动生命科学发展的有力支柱。

只有学好有机化学，掌握有机化学的基本技能和研究方法，才能更深一层学习和掌握专业知识和技能。

第二节 有机化合物的结构和共价键

一、有机化合物结构特点

(一)碳原子呈四价

有机化合物是碳化合物,碳原子的电子结构决定有机物化学键特征。碳原子的最外层有四个价电子,可以通过与其他元素的原子形成共价键达到稳定的电子构型。因此,有机化合物分子中的化学键主要是共价键,碳原子总是四价的。

(二)碳原子的成键特点

碳原子不仅可以通过共价键与其他原子相结合,还可以自身以共价键相结合,结合方式可以以单键、双键和三键的形式构成链状或环状。例如,碳原子间可以共用一对电子形成碳碳单键,也可以共用两对或三对电子形成双键和三键。

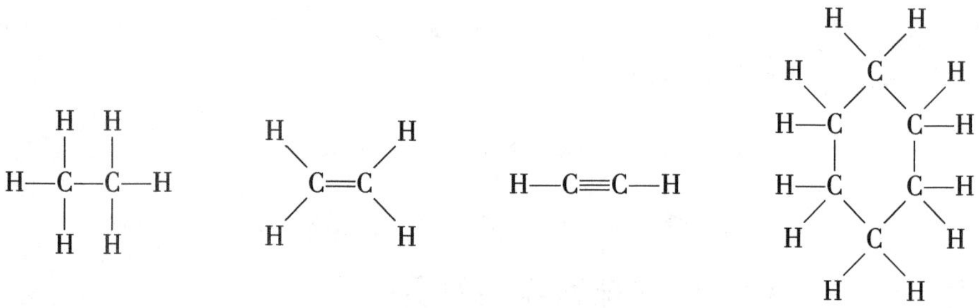

乙烷　　　　乙烯　　　　乙炔　　　　环己烷

二、有机化合物中的共价键

(一)共价键的概念及形成

共价键是指成键的两个原子各提供一个电子,通过共用电子对而形成的化学键。现代价键理论认为:共价键的形成是由于成键原子的原子轨道(电子云)相互重叠或交盖的结果,或者说是自旋方向相反的两个电子配对的结果。只有当两个原子都有一个未成对的电子,且自旋方向相反时,它们才能配对成键。原子间无论形成哪一类共价键,其成键的电子只处于此化学键相连的原子区域内。这就是说,成键电子对具有定域性。

在形成共价键时,一个电子和另一个电子配对以后,它就不能和其他电子再配对,即共价键具有饱和性。

原子轨道重叠时,重叠的程度越大,所形成的共价键越牢固。因此,要形成稳定的共价键,原子轨道只能在一定方向上进行重叠,才能达到最大限度的重叠,这就是共价键的方向性。例如,在图1-1中,s轨道和p_x轨道在重叠时:①沿x轴接近,能达到最大限度的重叠,形成稳定的共价键;②沿另一方向接近,重叠较少,不能形成稳定的共价键;③沿y轴接近,不能重叠。所以s轨道和p_x轨道在重叠时,按①的方式进行。

第一章 绪 论

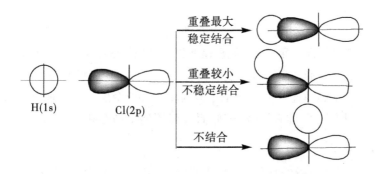

图 1-1　HCl 分子中 σ 键形成时轨道的重叠方向

(二) σ 键和 π 键

按照原子轨道重叠的方式不同，共价键有两种类型：一种是 σ 键，另一种是 π 键。

1. σ 键

原子轨道重叠时，两个原子轨道都沿着轨道对称轴的方向进行重叠，键轴（两原子核间的连线）与轨道对称轴重合。这样形成的共价键称为 σ 键。形象地说，σ 键是由两个原子轨道以"头碰头"的方式重叠而成的。σ 键的特点是重叠程度大，键比较牢固；成键电子云沿键轴呈圆柱形对称分布，成键两原子可以绕键轴自由旋转，如图 1-2 所示。

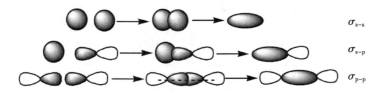

图 1-2　σ 键的形成

2. π 键

如果两个 p 轨道的对称轴相平行，同时它们的界面又互相重合，那么这两个 p 轨道就可以从侧面互相重叠，形成的共价键称为 π 键。形象地说，π 键是两个 p 轨道以"肩并肩"的方式重叠而形成的共价键，如图 1-3 所示。π 键的特点是成键电子云分布在对称平面的上、下方，电子云比较分散，键能小，成键的两个原子不能沿键轴自由旋转。需要说明一点，π 键只存在于双键和三键之中。

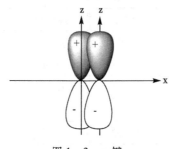

图 1-3　π 键

3. σ 键与 π 键的比较

①σ 键是原子轨道以"头碰头"的方式重叠的,因而重叠程度较大,键较稳定。而 π 键是两个 p 轨道以"肩并肩"的方式重叠的,重叠程度较小,键比较活泼。②σ 键电子的流动性小;π 键电子的流动性大,易极化。③以 σ 键相连的两个原子可以绕键轴自由旋转(碳环烃中的碳碳 σ 键除外),而以 π 键相连的两个原子不能旋转。④两个原子间只能有一个 σ 键,而 π 键可以有一个或两个。因此,单键必然是 σ 键,而 π 键不能单独存在。

(三)共价键的参数

共价键的参数也叫共价键性质(属性),主要包括键能、键长、键角、键的极性等物理量。

1. 键能

键能是指在气态下,断开 1mol 共价键所需要的能量。键能是衡量共价键强弱的物理量,键能越大,共价键就越强,由该共价键构成的分子就越稳定。键能可以通过测定键的离解能来得到。在双原子分子中,键的离解能等于键能。一些常见的共价键的平均键能见表 1-2。

表 1-2 常见共价键的平均键能(单位:kJ/mol)

共价键	键能	共价键	键能
C—H	413	C—C	346
N—H	389	C=C	610
O—H	464	C≡C	835
S—H	347	C=O	745
C—N	335	C=N	615
C—F	460	C—O	356
C—Cl	335	C—I	230
C—Br	289		

2. 键长

形成共价键的两个原子核间的平均距离称键长。共价键的键长与形成共价键的原子的种类、原子间共价键的数目及共价键的类型等因素有关。共价键的键长可以通过实验方法测定。通常情况下,键能越大,键长越短,共价键就越稳定。一些常见的共价键的键长见表 1-3。

表 1-3 常见共价键的键长(单位:nm)

共价键	键长	共价键	键长
C—F	0.141	C—C	0.154
C—Cl	0.177	C=C	0.134
C—Br	0.191	C≡C	0.120
C—I	0.212	C—O	0.143
C—H	0.109	C=O	0.123

3. 键角

键角是指分子中两个共价键之间的夹角。测定共价键的键角,可确定分子的空间结构。水、二氧化碳和甲烷分子的键角如下。

<image: 水 H—O—H 104.5°；二氧化碳 O=C=O 180°；甲烷 C—H 键长 1.10Å，键角 109.5°>

4. 键的极性和极化性

各元素原子吸引电子的相对能力用电负性表示,电负性越大,吸引和保持电子的能力越大。由于形成共价键原子的电负性差异,导致共价键有极性和非极性之分。

当两个相同原子形成共价键时,由于成键两原子的电负性相同,共用电子对不偏向任何一方,成键的两个原子都不显电性,这样的共价键称非极性共价键,简称非极性键。例如 H—H、Cl—Cl 等键是非极性键。如果形成共价键的两个原子不相同(如 H—F、H—Cl 等键)时,由于成键两原子的电负性不同,吸引电子对的能力也就不同。共用电子对偏向吸引电子能力强的原子,使共价键中电负性较大的原子带上部分负电荷,用 δ^- 表示;电负性较小的原子相对地带上部分正电荷,用 δ^+ 表示。这样的共价键具有极性,称为极性共价键,简称为极性键。例如:

$$\overset{\delta^+}{CH_3} \longrightarrow \overset{\delta^-}{I}$$

成键的两个原子吸引电子的能力(电负性)相差越大,共价键的极性就越大。共价键极性的大小用偶极矩 μ 来表示,μ 的单位为库仑·米(C·m),它的值等于正电荷和负电荷中心的距离 d(单位为 m)与电荷 q(单位为 C)的乘积,$\mu = q \cdot d$。一些共价键的偶极矩见表 1-4。

表 1-4 共价键的偶极矩(单位:$C \cdot m \times 10^{-30} cm$)

共价键	偶极矩	共价键	偶极矩
C—H	1.33	C—O	2.47
O—H	5.04	C—Cl	4.87
Cl—H	3.06	C—Br	4.60
Br—H	2.74	C—N	0.73
I—H	1.47	C—F	5.03

偶极矩大,表明共价键的极性大。偶极矩是有方向性的,常用符号 ↦ 表示,箭头指向带负电荷的一端。

对于双原子分子,键的偶极矩就是分子的偶极矩,所以含有极性共价键的双原子分子是极性分子;但对多原子分子来说,含有极性键并不一定是极性分子。分子的偶极矩是各极性共价键偶极矩的矢量和,偶极矩大,分子的极性大。例如:

有机化学

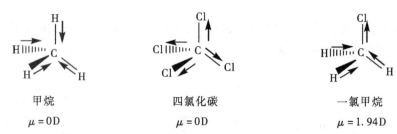

在外电场(极性试剂、极性溶剂等)的影响下,共价键的电子云会发生改变,即共价键的极性会发生改变,共价键的这种性质称为极化性。极化性大小与形成共价键的原子种类、共价键类型、价电子的活动性等有关,成键原子对核外价电子的束缚能力越弱,极化性越强。共价键可极化程度的大小称为极化度,极化度越大,受外电场的影响时,极性的变化也越大。

共价键的极性是共价键固有的性质,是永久性的;极化性是由外电场引起的,一旦外电场离去时,键的极化作用便消失,所以极化性是暂时的。键的极化作用对共价键断裂有重要影响,与化学键的反应性能有密切关系。

三、共价键的断裂方式与有机化学反应类型

(一)共价键的断裂方式

有机化合物进行反应的实质,就是在一定条件下,分子中原来的共价键断裂和新共价键的形成,从而形成新的分子。共价键断裂有均裂和异裂两种方式。

1. 共价键的均裂

共价键断裂时,组成共价键的共用电子对,两个键合的原子或基团各留一个电子。如下列式子所示:

$$A : B \longrightarrow A\cdot + B\cdot \quad 均裂$$

均裂后产生的带单电子的原子或基团叫游离基或自由基,故共价键按均裂方式断裂而进行的反应称为游离基反应或自由基反应。游离基或自由基是具有单电子、能量高、很活泼的原子或基团,只有很少数能稳定存在。

2. 共价键的异裂

共价键断裂时,组成共价键的共用电子对,全部保留在两个键合原子中的一个原子或基团上。如下列式子所示:

$$A : B \longrightarrow A^+ + B^-$$

$$(CH_3)_3C : Cl \longrightarrow (CH_3)_3C^+ + Cl^-$$

共价键异裂后形成了正、负离子,故共价键按异裂方式断裂而进行的反应称为离子型反应。共价键异裂后产生的离子除极少数外,一般都不能稳定存在。

一般来说,化合物分子在气体状态或非极性溶剂中,有利于共价键均裂,在极性溶剂中,有利于共价键异裂。

(二)有机化学反应类型

根据共价键断裂的方式,有机化学反应分为以下几类。

1. 自由基反应

由共价键均裂引起的反应称为游离基反应或自由基反应。此类反应的条件是光照、辐射、加热或有过氧化物存在。

2. 离子型反应

由共价键异裂引起的反应称为离子型反应。离子型反应与无机化学的离子反应是不同的。离子反应是由正、负离子直接进行的反应,反应可以瞬时完成。而离子型反应是在共价键异裂时产生了正、负离子中间体,通过离子中间体进行的反应,反应不可以瞬时完成。发生异裂的反应条件是有催化剂、极性试剂、极性溶剂等存在。

3. 协同反应

在反应进行的过程中,旧键的断裂和新键的形成是同时进行的,此类反应称为协同反应。协同反应既不同于自由基反应,也不同于离子型反应,它在反应过程中不生成自由基或离子活性中间体,反应是一步完成的,如周环反应。

以上几种反应类型归纳如下:

$$
\text{有机反应类型}\begin{cases} \text{自由基反应}\begin{cases}\text{自由基取代}\\ \text{自由基加成}\end{cases}\\ \text{离子型反应}\begin{cases}\text{亲电反应}\begin{cases}\text{亲电取代}\\ \text{亲电加成}\end{cases}\\ \text{亲核反应}\begin{cases}\text{亲核取代}\\ \text{亲核加成}\end{cases}\end{cases}\\ \text{协同反应——周环反应(双烯合成)}\end{cases}
$$

第三节 有机酸碱理论简介

一、布朗斯特酸碱质子理论

布朗斯特(Bronsted)酸碱质子理论认为:酸是质子给予体,碱是质子接受体。酸碱反应是质子从酸转移到碱。当酸给出质子时,剩余的部分仍然保留原来连接着质子的电子对,因而是一个碱,称为该酸的共轭碱;反之,碱接受质子后形成的离子或分子称为该碱的共轭酸。

$$\text{A—H} + \text{B:} \longrightarrow \text{A}^- + \text{B}^+\text{—H}$$
$$\quad\text{酸}\qquad\text{碱}\qquad\text{共轭碱}\quad\text{共轭酸}$$

酸的强度就是酸给出质子的倾向大小,可以用 K_a 或 pK_a 表示,pK_a 值越小,酸性越强。而碱的强度就是碱接受质子的倾向大小,可以用 K_b 或 pK_b 表示,pK_b 值越小,碱性越强。

共轭酸碱强弱的相互关系:一个酸的酸性越强,其给出质子后形成的共轭碱的碱性越弱;

有机化学

反之,一个碱的碱性越强,其接受质子后形成的共轭酸的酸性越弱。在酸碱反应中,总是较强的酸与较强的碱反应生成较弱的碱和较弱的酸。例如:

$$HCl + CH_3COO^- \longrightarrow Cl^- + CH_3COOH$$
较强的酸　较强的碱　　　　较弱的碱　较弱的酸

二、路易斯酸碱理论

路易斯(Lewis)酸碱理论(又称为电子理论)认为:酸是电子对的接受体,其中心原子缺电子或具有可以接受电子对的空轨道。碱是电子对的给予体,必须具有未共用的孤对电子。酸碱之间以共价键相结合,并不发生电子对转移。

1. **常见的路易斯酸**

(1)金属离子、正离子　如 Ag^+、Cu^{2+}、Br^+、R^+、NO_2^+ 等。

(2)能接受电子的分子(缺电子化合物)　如 BF_3、$AlCl_3$、$FeCl_3$、$ZnCl_2$、$SnCl_2$ 等。

(3)分子中的极性基团　如羰基、氰基。

2. **常见的路易斯碱**

(1)负离子　如卤离子、氢氧根离子、烷氧基离子、烯烃、芳香化合物等。

(2)带有孤电子对的化合物　如氨(NH_3)、胺(NR_3)、醇(ROH)、醚(ROR)、硫醇(RSH)、二氧化碳(CO_2)等。

 考点提示

1. 有机化合物是指碳氢化合物及其衍生物。组成有机化合物的元素种类少,但有机化合物的数目众多。大多数有机化合物熔、沸点较低,难溶于水,易溶于有机溶剂,热稳定性较差,易分解,易燃烧。有机化学反应速度较慢,反应复杂。

2. 共价键是原子间通过共用电子对形成的化学键。共价键有两种类型,即σ键和π键。σ键电子云重叠大,稳定。π键电子云重叠小,不稳定。

在有机化学反应中,共价键有两种断裂方式,即均裂和异裂。均裂发生自由基反应,异裂发生离子型反应。

3. 有机化合物通常采用两种方法分类。根据碳链不同可把有机物分为链状化合物和环状化合物。根据有机物分子中官能团的不同,可把有机物分为烃及其各种衍生物。

 目标检测

1. 什么是有机物?它有哪些特性?
2. 为什么有机化合物数目众多?
3. 解释下列名词

(1)同分异构现象　　(2)官能团

4. 共价键的断裂方式有几种?分别是什么?

5. 指出下列化合物所含官能团的名称和所属类别

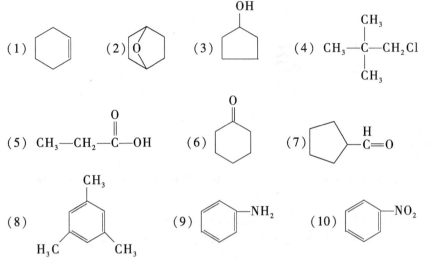

6. 把下列共价键按照它们的极性大小排成次序
(1) H—N, H—F, H—O, H—C   (2) C—Cl, C—F, C—O, C—N

(高吉仁)

第二章 链 烃

学习目标

【掌握】烷烃、烯烃、炔烃及二烯烃的通式、命名、构造异构和化学性质,重点掌握马氏加成规则。

【熟悉】碳原子的杂化与结构的关系,共轭二烯烃与共轭效应的关系。

【了解】烃的分类,同系列的概念,烷烃的自由基取代反应机制,烯烃的亲电加成反应机制。

烃是指分子中仅含碳氢两种元素的有机化合物。烃是有机化合物的母体,其他各类有机化合物则可视为烃的衍生物。根据碳原子相互连接的方式不同,可将烃分成两大类:链烃和环烃。链烃分子中,根据碳原子之间的化学键不同,又分为饱和烃和不饱和烃。饱和烃即为烷烃,不饱和烃包括烯烃和炔烃。环烃(见第三章)根据结构分为脂环烃和芳香烃,芳香烃又分为苯系芳香烃和非苯系芳香烃。

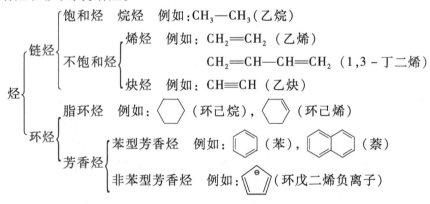

第一节 烷 烃

一、烷烃的通式、同系列和同分异构现象

(一)通式

烃分子中,碳和碳之间都是以单键连接的,碳的其余价键全部与氢原子结合的烃称为饱和烃,开链的饱和烃称为烷烃。烷烃的分子通式为 C_nH_{2n+2}($n \geq 1$),利用这个通式,只要知道烷

烃分子所含的碳原子数,就可以写出此物质的分子式。例如,含 6 个碳原子的烷烃分子式为 C_6H_{14}。

(二)同系列

具有同一分子通式,组成上相差 CH_2(同系差)及其倍数的一系列化合物称为同系列,如:

$$CH_4 \xrightarrow{CH_2} CH_3CH_3 \xrightarrow{CH_2} CH_3CH_2CH_3 \xrightarrow{CH_2} CH_3CH_2CH_2CH_3 \xrightarrow{CH_2} \cdots\cdots$$

同系列中的各化合物之间互称为同系物。同系物的结构相似,性质也相近,物理性质随碳原子数增加呈规律性变化。因此,学习有机化合物时,只需了解同系物中典型物质的特性,就可以推出其他物质的相似性质。

(三)同分异构现象

具有相同分子式,但化学结构不同的现象称为同分异构现象。存在同分异构现象的这些化合物互称为同分异构体。烷烃分子由于碳原子间相连接的碳链发生变化的连接方式和顺序不同而产生碳链异构。在烷烃的同系列中,甲烷、乙烷、丙烷的碳原子间只有一种连接方式,因此它们没有碳链异构;从丁烷(C_4H_{10})开始就出现了碳链异构,如戊烷(C_5H_{12})有三种碳链异构体。

$$H_3C-CH_2-CH_2-CH_2-CH_3 \qquad H_3C-\underset{\underset{CH_3}{|}}{CH}-CH_2-CH_3 \qquad H_3C-\underset{\underset{CH_3}{|}}{\overset{\overset{CH_3}{|}}{C}}-CH_3$$

正戊烷　　　　　　　　　　　异戊烷　　　　　　　　　　新戊烷

随着碳原子数的增加,烷烃碳链异构体的数目迅速增加(表 2-1)。

表 2-1　烷烃碳链异构体的数目

分子式	异构体的数目	分子式	异构体的数目
C_6H_{14}	5	$C_{10}H_{22}$	75
C_7H_{16}	9	$C_{15}H_{32}$	4 347
C_8H_{18}	18	$C_{20}H_{42}$	366 319
C_9H_{20}	35	$C_{30}H_{62}$	4 111 846 763

(四)碳原子的类型

烷烃分子中的碳原子按照它们所直接连接的碳原子数目的不同,可分为伯、仲、叔、季四类。只与一个碳原子相连的称为伯(一级)碳原子,用 1°表示;与两个和三个碳原子相连的分别称为仲(二级)和叔(三级)碳原子,用 2°和 3°表示;与四个碳原子相连的则称为季(四级)碳原子,用 4°表示。如:

$$H_3\overset{1°}{C}-\underset{1°}{\overset{\overset{1°}{CH_3}}{\underset{|}{C}H}}-\overset{2°}{C}H_2-\underset{4°}{\overset{\overset{1°}{\overset{|}{CH_3}}}{\underset{\underset{1°}{\overset{|}{CH_3}}}{C}}}-\overset{1°}{C}H_3$$

17

有机化学

连接在这些碳上的氢,则相应地称为伯氢(1°H)、仲氢(2°H)和叔氢(3°H),季碳原子不能再连接氢原子。不同类型的碳和氢在化学活性上是有一定差异的。

二、烷烃的结构及表示方法

在烷烃分子中,碳原子形成 4 个完全相同的 sp^3 杂化轨道。碳氢键和碳碳键是由碳的 sp^3 杂化轨道分别与氢原子的 1s 轨道和其他碳的杂化轨道沿键轴方向发生"头碰头"轴向重叠形成的,这种重叠方式形成的键称为 σ 键。烷烃所有的碳碳键和碳氢键都是 σ 键。甲烷是烷烃中最简单的分子,分子中的 C 原子以 4 个 sp^3 杂化轨道分别与 4 个 H 原子的 s 轨道重叠,形成 4 个 C—Hσ 键,并且相互间的夹角为 109.5°,呈正四面体结构,如下图所示:

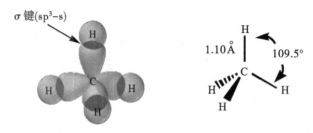

甲烷分子中的 σ 键的形成　　甲烷分子中的键长和键角

乙烷分子中每个碳原子各用 3 个 sp^3 杂化轨道分别与 3 个氢原子的 1s 轨道沿键轴方向重叠形成 3 个 C—Hσ 键,每个碳原子余下的 1 个 sp^3 杂化轨道沿键轴方向相互重叠形成 C—Cσ 键。此外,sp^3 杂化轨道保持了键角 109.5°,在碳链中 C—C—C 的键角也必然保持接近于 109.5°,如下图所示:

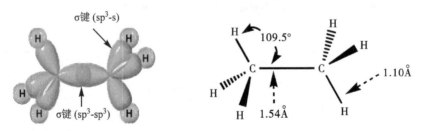

乙烷分子中的 σ 键　　乙烷分子中的键长和键角

因此,除乙烷外,其他烷烃分子的碳链并不是呈直线形排列的,而是曲折地排布在空间,一般呈锯齿形排列,如庚烷的碳链结构可表示为 ⁀⁀⁀⁀,为方便起见,书写结构式时,仍将其写成直链形式 $CH_3CH_2CH_2CH_2CH_2CH_2CH_3$。

三、烷烃的命名

有机化合物结构复杂,种类繁多。为区别每一种有机化合物,一般采用的命名方法有普通命名法和系统命名法。

(一)烷烃的普通命名法

对于结构较简单的烷烃往往采用普通命名法,其原则如下:

1. 含 1~10 个碳原子的直链烷烃,采用十大天干(甲、乙、丙、丁、戊、己、庚、辛、壬、癸)代表碳原子数;含有 11 个或 11 个以上碳原子的直链烷烃,用中文数字表示碳原子数目;命名时称为"某烷"即可。如 $CH_3CH_2CH_3$ 命名为丙烷,$CH_3(CH_2)_{10}CH_3$ 命名为十二烷。

2. 一些较小的支链烷烃常用"正(n-)""异(iso-)""新(neo-)"来区别。"正"表示直链烷烃,"异"和"新"分别表示链端第二个碳原子上只有一个和两个甲基支链,且链的其他部位没有支链的烷烃。如:

$H_3C—CH_2—CH_2—CH_2—CH_3$ $H_3C—CH—CH_2—CH_3$ $H_3C—\overset{CH_3}{\underset{CH_3}{C}}—CH_3$
                                                                CH_3

    正戊烷 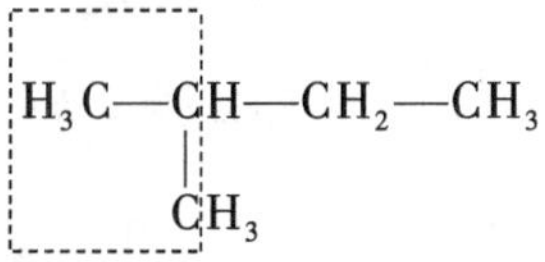   异戊烷 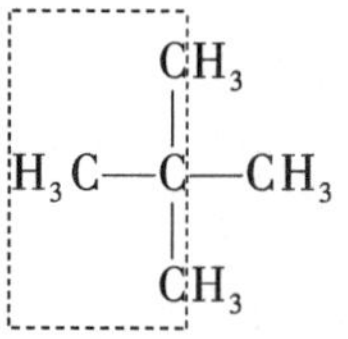   新戊烷

(二)烷烃的系统命名法

系统命名法又称为国际命名法,是根据国际纯粹和应用化学联合会(International Unions of Pure and Applied Chemistry,IUPAC)制定的命名原则,与我国文字应用特点相结合,经过中国化学会讨论通过而使用的一种命名方法。在学习系统命名法之前首先要了解烷基的命名。

1. 烷基的命名

烷基是烷烃除去一个氢原子后形成的。其通式为 C_nH_{2n+1},常用 R— 表示。烷基的命名只需将烷烃名称中的"烷"字改为"基"字即可。一些常用烷基的名称见表2-2。

表2-2 一些常用烷基的名称

烷烃	名称	烷基	常用名	英文简写
CH_4	甲烷	$CH_3—$	甲基	Me
$CH_3—CH_3$	乙烷	$CH_3—CH_2—$	乙基	Et
$CH_3—CH_2—CH_3$	丙烷	$CH_3—CH_2—CH_2—$	正丙基	n-Pr
$H_3C—CH_2—CH_2—CH_3$	正丁烷	$CH_3—CH_2—CH_2—CH_2—$	正丁基	n-Bu
		$CH_3—CH_2—\underset{CH_3}{CH}—$	仲丁基	sec-Bu
$CH_3—\underset{CH_3}{CH}—CH_3$	异丁烷	$CH_3—\underset{CH_3}{CH}—CH_2—$	异丁基	iso-Bu
		$H_3C—\overset{CH_3}{\underset{CH_3}{C}}—$	叔丁基	$tert$-Bu

2. 烷烃系统命名法

在烷烃的系统命名法中,直链烷烃前面不需加"正"字,根据碳原子数直接称为"某烷",如 $H_3C—CH_2—CH_2—CH_2—CH_3$ 称为戊烷。

对于带支链的烷烃,系统命名法规则如下:

(1)选主链 选择分子中最长的且含取代基最多的碳链作为主链,命名为"某烷",若有几条等长碳链时选择支链较多的为主链,将支链作为取代基,称为烷基。如

有机化学

$$H_3C—CH_2—\underset{\underset{CH_3}{|}}{CH}—CH_2—CH_2—CH_3 \quad 主链己烷$$

$$H_3C—CH_2—\underset{\underset{\underset{CH_3}{|}}{\overset{|}{CH—CH_3}}}{CH}—CH_2—CH_3 \quad 主链戊烷$$

(2) 编号 主链上若有取代基,从最靠近取代基的一端开始,用阿拉伯数字给主链上的碳原子依次用 1、2、3、4、5……标出位次,使取代基编号尽可能小。例如:

$$H_3C—CH_2—\underset{\underset{CH_3}{|}}{CH}—CH_2—CH_2—CH_3$$

```
     1   2   3   4   5   6
    ————————————————————→
不是
    ←————————————————————
     6   5   4   3   2   1
```

如果两个不同取代基分别位于主链两端等距离的位置时,则遵循"次序规则"(见第四章立体异构),排列较小的基团为优先一端,所连接的碳给予较小编号。例如:

$$H_3C—CH_2—\underset{\underset{CH_3}{|}}{CH}—\underset{\underset{CH_2CH_3}{|}}{CH}—CH_2—CH_3$$

```
     1   2   3   4   5   6
    ————————————————————→
不是
    ←————————————————————
     6   5   4   3   2   1
```

如果有三个或更多取代基,用编号时遵循"最低系列"原则,即给主链以不同方向编号,比较两组编号出现的第一个不同的取代基的编号,编号小的那一组为正确编号。例如:

$$H_3C—\underset{\underset{CH_3}{|}}{CH}—\underset{\underset{CH_3}{|}}{CH}—CH_2—\underset{\underset{CH_3}{|}}{CH}—CH_3$$

```
     1   2   3   4   5   6
    ————————————————————→    取代基次序:2,3,5
不是
    ←————————————————————    取代基次序:2,4,5
     6   5   4   3   2   1
```

3. 命名

(1) 书写化合物的名称时,取代基在前,母体名称在后。

(2) 取代基的位次用阿拉伯数字表示,写在取代基名称前面。

(3) 若含有多个相同的取代基,则取代基位次用逗号隔开,取代基名称前冠以二、三、四等,依此类推。

(4) 若含有不同的取代基,则遵循"次序规则"由小到大将每个取代基的位次和名称加在主链名称之前。

(5) 阿拉伯数字和汉字之间用半字线"-"隔开。

例如:

$$H_3C-CH_2-\underset{\underset{CH_3}{|}}{CH}-CH_2-CH_2-CH_3 \qquad 3-甲基己烷$$

$$H_3C-CH_2-\underset{\underset{CH_3}{|}}{CH}-\underset{\underset{CH_2CH_3}{|}}{CH}-CH_2-CH_3 \qquad 3-甲基-4-乙基己烷$$

$$H_3C-\underset{\underset{CH_3}{|}}{CH}-\underset{\underset{CH_3}{|}}{CH}-CH_2-\underset{\underset{CH_3}{|}}{CH}-CH_3 \qquad 2,3,5-三甲基己烷$$

IUPAC 法能准确地给每种有机物一个确定的名称。名称和结构式是一一对应的关系,这样,我们就可以从某个化合物的系统名称来写出它的结构式。

四、烷烃的物理性质

有机化合物的物理性质通常是指它们的物态、熔点、沸点、相对密度、溶解度及旋光度等。它们在一定条件下都有固定的数值,常把这些数值称为物理常数。有机化合物的数目庞大,物理性质各异,但各类有机化合物具有某些共同的物理性质。尤其是同系列的化合物,随着碳原子数的增加,其物理性质呈规律性变化。一些烷烃的物理性质见表 2-3。

表 2-3 一些烷烃的物理性质

名称	分子式	沸点(℃)	熔点(℃)	相对密度(g/cm³)
甲烷	CH_4	-161.7	-182.6	0.424(-160℃)
乙烷	C_2H_5	-88.6	-172.0	0.546(-88℃)
丙烷	C_3H_8	-42.2	-187.1	0.501(20℃)
丁烷	C_4H_{10}	-0.5	-135.0	0.579(20℃)
戊烷	C_5H_{12}	36.1	-129.7	0.626(20℃)
己烷	C_6H_{14}	68.7	-94.0	0.659(20℃)
庚烷	C_7H_{16}	98.4	-90.6	0.684(20℃)
辛烷	C_8H_{18}	125.7	-56.8	0.703(20℃)
壬烷	C_9H_{20}	150.7	-53.7	0.718(20℃)
癸烷	$C_{10}H_{22}$	174	-29.7	0.730(20℃)
十一烷	$C_{11}H_{24}$	195.8	-25.6	0.740(20℃)
十二烷	$C_{12}H_{26}$	216.3	-9.6	0.749(20℃)
异丁烷	C_4H_{10}	-12	-159	0.603(0℃)
异戊烷	C_5H_{12}	28	-160	0.620(20℃)
新戊烷	C_5H_{12}	9.5	-17	0.614(20℃)

从表 2-3 可看出,烷烃的物理性质是随着它们的相对分子质量逐渐增大而呈规律性变化的。

有机化学

(一)状态

常温常压下,C_1~C_4的正烷烃以气体的形式存在,C_5~C_{17}的正烷烃以液体状态存在,C_{18}以上的正烷烃则以固体的形式存在。

(二)沸点

正烷烃的沸点(b.p)随分子中碳原子数的增加而升高。这是因为随着分子中碳原子数目的增加,相对分子质量增大,分子间的范德华作用力增强。若要使其沸腾汽化,就需要提供更多的能量,所以正烷烃相对分子量越大,沸点越高。但在含取代基的烷烃分子中,随着取代基的增加,使得烷烃分子彼此间不能紧密地靠在一起,减少了分子间有效的接触程度,使分子间的作用力变弱而降低沸点。如在3种戊烷的异构体中,正戊烷的沸点为36.1℃,而有1个取代基的异戊烷沸点为28℃,有2个取代基的新戊烷沸点则为9.5℃。

(三)熔点

直链烷烃的熔点(m.p)基本上也是随着分子中碳原子数目的增加而升高的。含偶数碳原子的烷烃熔点增高的幅度要比相邻含奇数碳原子的大一些,这与分子的形状有关。固体直链烷烃的晶体中,偶数碳原子的烷烃比奇数碳原子的烷烃晶体排列紧密,链间的作用力增大,若要使其熔化需克服较高的能量,所以熔点较高。对于含有相同碳原子数的烷烃来说,分子对称性越好,其熔点越高。在戊烷的三个同分异构体中,新戊烷的熔点最高,异戊烷的最低。

(四)相对密度

所有的烷烃相对密度都小于1,比水轻。但随着相对分子量的增加,烷烃的密度也逐渐增加,但不明显。

(五)溶解性

烷烃分子是非极性或弱极性的化合物。根据"相似相溶"的经验规则,烷烃易溶于非极性或极性较小的苯、氯仿、四氯化碳、乙醚等有机溶剂,而难溶于水和其他强极性溶剂。

五、烷烃的化学性质

烷烃分子中全是牢固的σ键,键能较高,不易极化,所以其化学性质较稳定,一般不与强酸、强碱、强氧化剂、强还原剂及活泼金属发生反应。如石油醚和正己烷常用作溶剂,凡士林常为药物基质,石蜡常用作中成药的密封材料正是利用了烷烃的稳定性。但是烷烃的稳定性是相对的,在一定条件下(如光照或高温)键也会断裂发生化学反应。由于烷烃中碳和氢的电负性相差小,C—C键和C—H键均为非极性共价键,在化学反应中不易发生异裂,而多采用均裂,发生自由基反应。

(一)卤代反应

烷烃能与卤素在高温或光照条件下发生取代反应,称为卤代反应。卤代反应的速度与卤素的活泼性有关,卤素越活泼,反应速度越快。其反应活性为$F_2 > Cl_2 > Br_2 > I_2$,其中氟代反应太剧烈,是一个难以控制的破坏性反应;而碘的反应非常缓慢,因此卤代反应主要是氯代和溴

第二章 链 烃

代反应。例如,甲烷在日光照射下,与氯气发生反应并放出大量的热。

$$CH_4 + Cl_2 \xrightarrow{hv} CH_3Cl + HCl$$
一氯甲烷

烷烃的卤代反应一般难以停留在一元取代阶段,如甲烷的氯代并不会自动停留在生成 CH_3Cl 这一步上,它们会继续反应生成 CH_2Cl_2、$CHCl_3$、CCl_4 的混合物。

$$CH_3Cl + Cl_2 \xrightarrow{hv} CH_2Cl_2 + HCl$$
二氯甲烷

$$CH_2Cl_2 + Cl_2 \xrightarrow{hv} CHCl_3 + HCl$$
三氯甲烷

$$CHCl_3 + Cl_2 \xrightarrow{hv} CCl_4 + HCl$$
四氯甲烷

以上几个氯化产物均是重要的溶剂和试剂。如果控制氯的用量,用大量烷烃,主要得到一氯甲烷;如用大量氯气,主要得到四氯化碳。工业上可通过精馏,使混合物一一分开。

卤代反应的速度还与碳原子的类型有关。实验证明,叔氢原子最容易被取代,仲氢原子次之,而伯氢原子最难被取代。即在取代反应中,氢原子的反应活性是 $3°H > 2°H > 1°H$。如丙烷和异丁烷进行溴代反应生成相应的一溴代烷,其产物的比例差距较大,如:

$$CH_3CH_2CH_3 + Br_2 \xrightarrow{hv} CH_3CH_2CH_2Br + H_3C\text{—}\underset{\underset{Br}{|}}{CH}\text{—}CH_3$$

丙烷　　　　　　　1-溴丙烷(3%)　　2-溴丙烷(97%)

$$\underset{\underset{CH_3}{|}}{CH_3CHCH_3} + Br_2 \xrightarrow{hv} \underset{\underset{CH_3}{|}}{CH_3CHCH_2Br} + H_3C\text{—}\underset{\underset{Br}{|}}{\overset{\overset{CH_3}{|}}{C}}\text{—}CH_3$$

异丁烷　　　　　　　(痕量)　　　　　(超过99%)

(二)氧化和燃烧

1. 燃烧

常温常压下,烷烃不与氧气反应,但却可以在空气中燃烧,生成二氧化碳和水,并放出热量。

$$CH_4 + 2O_2 \xrightarrow{燃烧} CO_2\uparrow + 2H_2O$$
$$\Delta H = -881 \text{kJ/mol}$$

2. 催化氧化

在一定条件下,烷烃也可以只氧化为含氧化合物,如在高锰酸钾、二氧化锰等催化剂作用下,用高级烷烃氧化,可制得高级脂肪酸。

$$RCH_2CH_2R' \xrightarrow[120℃,压力]{O_2,锰盐} RCOOH + R'COOH$$

有机化学

六、重要的烷烃

(一)石油醚

石油醚是石油分馏得到的,属低级烷烃的混合物,为无色透明液体,因具有类似乙醚的气味,故称为石油醚。石油醚不溶于水,可溶解大多数有机物,特别能溶解油和脂肪,因此它主要用作溶剂。石油醚沸点较低,30号石油醚沸点范围是30~60℃,60号石油醚沸点范围是60~90℃。因此它极易挥发和着火,在使用和储存时要特别注意防火。

(二)石蜡

石蜡分为液体石蜡和固体石蜡。液体石蜡为无色透明液体,不溶于水和醇,能溶于醚和氯仿,医药上用作滴鼻液或喷雾剂的基质,也可用作缓泻剂。固体石蜡为白色蜡状固体,在医药上用于蜡疗和调节软膏的硬度,工业是制造蜡烛的原料。

(三)凡士林

凡士林一般为黄色,经漂白后为白色,以软膏状的半固体存在,为液体石蜡与固体石蜡的混合物。凡士林易溶于乙醚和石油醚,但不溶于水,由于它不被皮肤吸收,而化学性质稳定,不易与其他物质发生反应,医药上常用作软膏基质。

相关知识

我们知道,碳的电子构型是$1s^22s^22p_x^12p_y^1$,最外层有两个成单电子,按照价键理论,只能形成两个共价键,但为什么说有机化合物中碳原子是四价的呢?又为什么甲烷分子中碳原子能与四个氢结合形成四个完全相同的共价键呢?而且烷烃中的共价键和烯烃中的双键及炔烃中的三键其共价键是否是一样的呢?这些问题都需要用杂化轨道理论来解释。

一、杂化轨道理论

在无机化学中我们学到了杂化的概念,知道所谓杂化是同一原子中能量相近的不同原子轨道重新组合成一组新轨道的过程。杂化轨道理论认为碳原子在成键时,先把2s轨道上的1个电子激发到2p轨道上,形成了具有4个未成对电子的电子结构。然后碳原子的1个2s和3个2p轨道重新组合分配,则分别形成sp^3、sp^2和sp杂化轨道。

(一)sp^3杂化轨道

在成键过程中,碳原子的2s轨道有1个电子激发到2p轨道,然后3个p轨道与1个s轨道重新组合杂化,形成4个能量完全相等的sp^3杂化轨道,其形状是一头大、一头小。每个轨道由1/4s和3/4p轨道杂化组成。这4个sp^3杂化轨道在空间尽量伸展,呈最稳定的正四面体型,轨道夹角为109.5°,见图2-1。

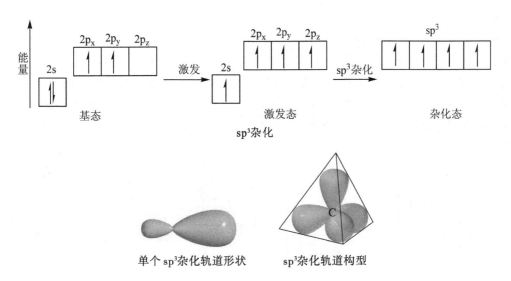

图 2-1 碳原子 sp³ 杂化轨道形状和构型

(二) sp² 杂化轨道

在成键过程中,碳原子的 2s 轨道有 1 个电子激发到 2p 空轨道,然后碳的激发态中的 1 个电子激发到 2p 空轨道,然后碳的激发态中 1 个 2s 轨道和 2 个 2p 轨道重新组合杂化,形成 3 个能量完全相等的 sp² 杂化轨道,还剩余 1 个 p 轨道未参与杂化。每个轨道由 1/3s 和 2/3p 轨道杂化组成。为使轨道间的排斥能最小,3 个 sp² 杂化轨道呈正三角形分布,夹角为 120°,它们为平面的三角形杂化,余下 1 个 2p 轨道垂直于 3 个 sp³ 杂化轨道所处的平面,见图 2-2。

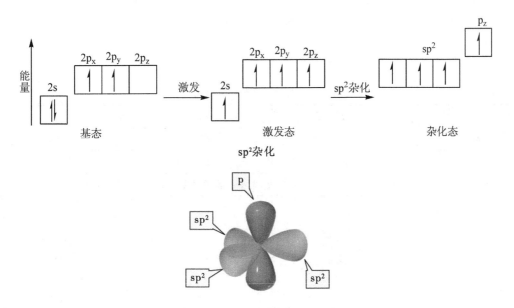

图 2-2 碳原子 sp² 杂化轨道构型

有机化学

（三）sp 杂化轨道

在成键过程,基态 2s 轨道有 1 个电子激发到 2p 空轨道,然后碳的激发态中的 1 个电子激发到 2p 空轨道,然后碳的激发态中 1 个 2s 轨道和 1 个 2p 轨道重新组合杂化,形成 2 个相同的 sp 杂化轨道,还剩余 2 个 p 轨道未参与杂化。每个 sp 杂化轨道均含 1/2s 轨道成分和 1/2p 轨道成分。为使相互间的排斥能最小,杂化轨道间的夹角为 180°,它们为直线型杂化,余下 2 个相互垂直的 p 轨道垂直于 sp 杂化轨道,见图 2-3。

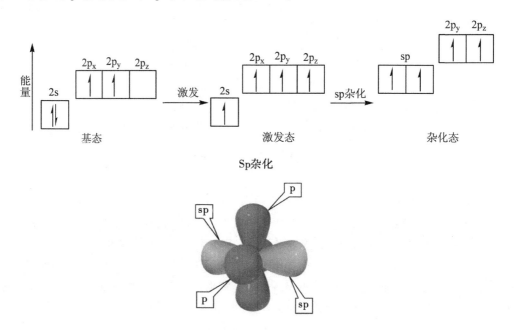

图 2-3 碳原子 sp 杂化轨道构型

sp^3、sp^2 和 sp 杂化轨道的特征比较见表 2-4。

表 2-4　sp^3、sp^2 和 sp 杂化轨道的特征比较

类型	sp^3	sp^2	sp
数目	4	3	2
成分	1/4s,3/4p	1/3s,2/3p	1/2s,1/2p
	s 成分越大,电子云离原子核越近,其电负性越强		
形状			
杂化轨道的分布	正四面体分布 对称轴间夹角 109.5°	平面三角形 对称轴间夹角 120°	直线分布 对称轴间夹角 180°

续表

类型	sp³	sp²	sp
杂化轨道与未杂化轨道的关系	—	未杂化p轨道垂直于三个杂化轨道组成的平面	两个未杂化p轨道相互垂直,并垂直于杂化轨道
代表化合物	烷烃、环烷烃	烯烃	炔烃

二、σ 键和 π 键

共价键有两种基本类型:σ 键和 π 键。由两个成键原子轨道沿着轨道的键轴方向发生最大限度相互重叠所形成的共价键称为 σ 键。σ 键的特点是原子轨道"头碰头"轴向重叠,重叠程度大,键比较牢固;成键电子云沿键轴对称分布,成键两原子可以绕轴自由旋转,使分子中的原子产生不同的空间排布,从而形成不同的构象(见第四章立体异构)。如烷烃分子中的碳原子都是 sp³ 杂化,碳氢键和碳碳键是由碳的 sp³ 杂化轨道分别与氢原子的 1s 轨道和其他碳的杂化轨道沿键轴方向发生重叠形成 σ 键。有机化合物中几乎所有的单键都是 σ 键。而由两个彼此平行的 p 轨道侧面重叠而形成的键叫 π 键。π 键的特点是"肩并肩"侧面重叠,无轴对称性,且重叠程度小,键不牢固,易断裂。如烯烃双键碳原子都是 sp² 杂化,每个碳原子都有一个没有参与杂化的 2p 轨道,这两个 p 轨道相互平行,侧面重叠形成 π 键。σ 键和 π 键的主要特点见表 2-5。

表 2-5 σ 键和 π 键的主要特点

	σ 键	π 键
存在	可以单独存在	不可以单独存在,只能与 σ 键同时存在
生成	成键轨道沿键轴重叠,重叠程度大	成键 p 轨道平行重叠,重叠程度小
性质	1. 键能较大,较稳定 2. 电子云受核约束大,不易极化 3. 成键的两个原子可沿键轴自由旋转	1. 键能小,不稳定 2. 电子云受核的约束小,易被极化 3. 成键的两个原子不能沿键轴自由旋转

三、烷烃卤代反应的反应机制

烷烃的卤代反应属于自由基链反应机制,其反应机制通式如下:

(一)链引发

$$X : X \xrightarrow{光能} X\cdot + X\cdot \quad (1)$$

此步骤是卤素分子吸收光能,卤素原子间的共价键发生均裂,生成高能量的卤素自由基 (X·),自由基的反应活性很强,有获取电子的倾向。

(二)链增长

$$R—H + X\cdot \longrightarrow R\cdot + HX \quad (2)$$
$$R\cdot + X : X \longrightarrow RX + X\cdot \quad (3)$$

形成的高能量 X·使烷烃分子中的 C—H 键发生均裂,X 与氢形成卤化氢分子和新的自

有机化学

由基·R(烷基自由基),·R再使另外的卤素分子发生均裂生成新的自由基,生成新的自由基是链增长的主要特征。(2)、(3)反应可以不断进行,周而复始进行反应。

(三)链终止

$$X\cdot + R\cdot \longrightarrow RX \quad (4)$$
$$R\cdot + R\cdot \longrightarrow R—R \quad (5)$$

随着反应的进行,烷烃分子的浓度急剧下降,自由基的浓度不断上升,自由基之间碰撞的机会增加使(4)、(5)反应增多,自由基大量减少,(2)、(3)反应无法顺利进行,从而使链反应终止。所有烷烃的卤代反应都属于自由基链反应。高级烷烃的卤代过程与上述的过程相似,反应更复杂,产物也是混合物。

四、自由基

碳自由基具有平面的结构。如甲基自由基中所有原子在同一个平面上,碳原子以三个 sp^2 杂化轨道分别与 H 的 1s 轨道重叠形成三个 C—Hσ 键,碳原子上未参与杂化的 p 轨道与三个 σ 键的平面垂直,它占有一个电子。如下图所示:

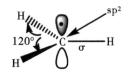

自由基的相对稳定性与 C—H 键的离解能相关,离解能越小则形成自由基需要的能量小,相对于原来的烷烃更稳定。

离解能:

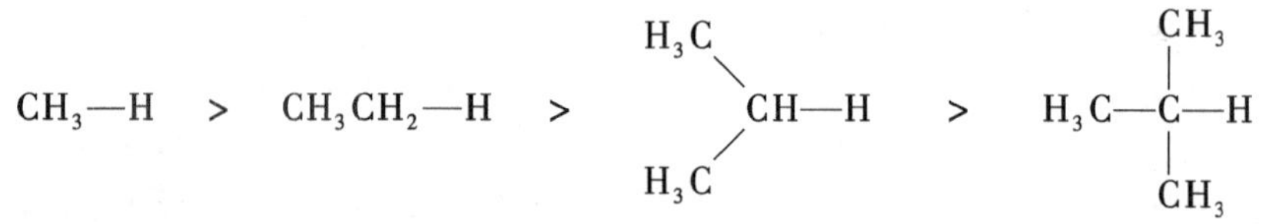

$$CH_3\text{—}H \;>\; CH_3CH_2\text{—}H \;>\; \underset{H_3C}{\overset{H_3C}{>}}CH\text{—}H \;>\; \underset{CH_3}{\overset{CH_3}{>}}H_3C\text{—}\underset{|}{C}\text{—}H$$

(435.4kJ/mol) (410.3kJ/mol) (397.4kJ/mol) (380.9kJ/mol)

因此,自由基相对稳定性顺序如下:

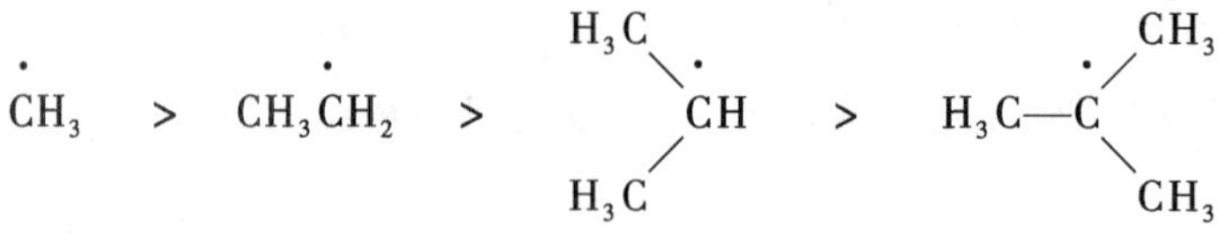

$$\overset{\cdot}{C}H_3 \;>\; CH_3\overset{\cdot}{C}H_2 \;>\; \underset{H_3C}{\overset{H_3C}{>}}\overset{\cdot}{C}H \;>\; H_3C\text{—}\overset{CH_3}{\underset{CH_3}{\overset{\cdot}{C}}}$$

（伯1°） （仲2°） （叔3°）

从烷基自由基相对稳定性顺序中可看出,烷基对自由基有稳定的作用,中心碳原子所连烷基越多,自由基越稳定。卤代产物主要在链的增长阶段即第二步和第三步反应中生成,其中第二步即生成 R· 的一步是决定卤代反应速率的步骤,这一步的反应速率与 R· 的稳定性密切相关,因此,可以直接从自由基的相对稳定性来判断氢的活性。我们可以发现,自由基的稳定性与氢原子的反应活性一致(3°H > 2°H > 1°H)。

第二节 烯 烃

一、烯烃的通式和同分异构现象

(一) 通式

链烃分子中,含碳碳双键或三键的烃称为不饱和烃。其中分子中含有碳碳双键($\diagdown \mkern-10mu \diagup$C=C$\diagdown \mkern-10mu \diagup$)的不饱和烃称为烯烃。烯烃分子中由于含有 1 个碳碳双键,比相同碳原子数的烷烃少 2 个氢原子。因此,烯烃的通式为 $C_nH_{2n}(n \geq 2)$,最简单的烯烃为乙烯(C_2H_4)。

(二) 同分异构现象

烯烃的同分异构现象较烷烃复杂。除了有构造异构中的碳架异构、官能团位置异构、官能团异构外,还包括构型异构中的顺反异构。以丁烯(C_4H_{10})为例说明:

1. **碳链异构**

四个碳的烯烃开始出现碳链的多种连接方式,即碳链异构。例如:

$$CH_3CH_2CH=CH_2 \qquad CH_3-\underset{\underset{CH_3}{|}}{C}=CH_2$$

$$\text{1-丁烯} \qquad\qquad \text{2-甲基-1-丙烯}$$

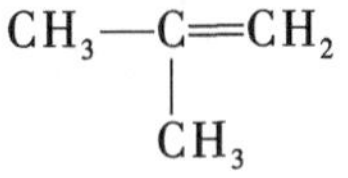

2. **位置异构**

烯烃分子中由于含有 1 个碳碳双键,因此含相同碳原子数的烯烃中,双键位置的不同形成位置异构。例如:

$$CH_3CH_2CH=CH_2 \qquad CH_3CH=CHCH_3$$

$$\text{1-丁烯} \qquad\qquad \text{2-丁烯}$$

3. **顺反异构**

由于烯烃的碳碳双键不能自由旋转,同时碳碳双键两侧碳原子连接的 4 个原子或原子团是处于同一个平面上的,因此,当连接碳碳双键的 2 个碳原子各连接不同的原子或原子团时,可能在空间排列上出现不同的构型,这样形成的异构现象叫作顺反异构现象(详见第四章立体异构第二节)。例如:

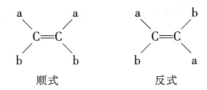

顺式　　　　反式

二、烯烃的结构

乙烯是最简单的烯烃,碳碳双键是由一个 σ 键和一个 π 键组成的。其键长(0.134nm)比碳碳单键键长(0.154nm)短。乙烯分子中的两个碳原子和四个氢原子间形成的五个 σ 键分布在同一平面上,π 键与该平面垂直,其 π 电子云分布在平面的上方和下方。下图为乙烯分子

有机化学

的结构示意图：

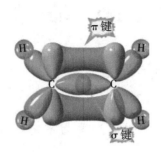

其他烯烃的结构与乙烯相似，双键碳原子也是 sp² 杂化，与双键碳原子相连的各个原子在同一平面上，碳碳双键都是由一个 σ 键和一个 π 键组成的。π 键键能为 250kJ/mol，比碳碳单键键能（361kJ/mol）小，所以，π 键易断裂发生化学反应。也正因为 π 键电子云对称分布于 σ 键所在平面的上下，成键原子不能绕轴自由旋转，所以烯烃存在着顺反异构现象。

三、烯烃的命名

（一）烯基的命名

和烷基的定义一样，烯分子除去一个氢原子后余下的部分称为烯基。常见的烯基有：

$CH_2=CH-$ 　　　　$CH_3-CH=CH-$ 　　　　$CH_2=CH-CH_2-$
　　乙烯基　　　　　　　　丙烯基　　　　　　　　　　烯丙基

（二）烯烃的命名

1. 普通命名法

简单的烯烃可以像烷烃一样用普通命名法，根据含碳数称为"某烯"。如

$H_2C=CH_2$　　　　$CH_3-CH=CH_2$　　　　$CH_2=CH-CH=CH_2$
　乙烯　　　　　　　　丙烯　　　　　　　　　1,3-丁二烯

2. 系统命名法

烯烃的系统命名方法和烷烃相似，但由于烯烃分子中含有碳碳双键，因此命名时要以双键为主，对于顺反异构的烯烃还需要进行构型标记，具体原则如下：

（1）选主链　选择含有碳碳双键的最长碳链为主链，并依照主链碳原子数称为"某烯"。

（2）编号　从最靠近双键的一端编号，再考虑对取代基进行编号，以编号较小的数字表示碳碳双键的位次，写于烯烃名称之前，用短线隔开。

（3）取代基名称、数目和位置等表示方法　与烷烃类似，均写在烯烃名称之前，例如：

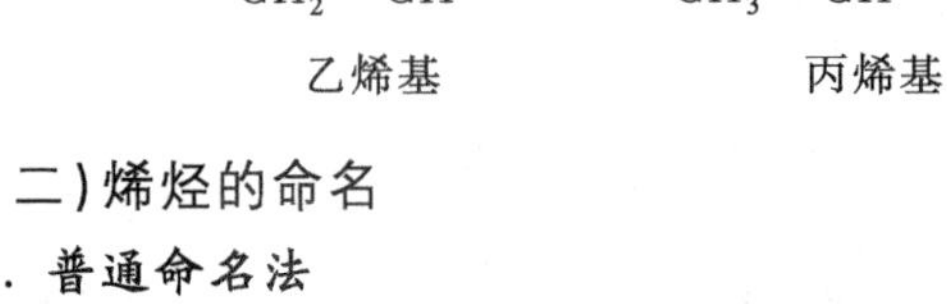

$$\overset{5}{CH_3}-\overset{4}{CH_2}-\overset{3}{CH}-\overset{2}{\underset{\underset{1CH_2}{\parallel}}{C}}-CH_2-CH_2-CH_3 \quad 3-甲基-2-丙基-1-戊烯$$ 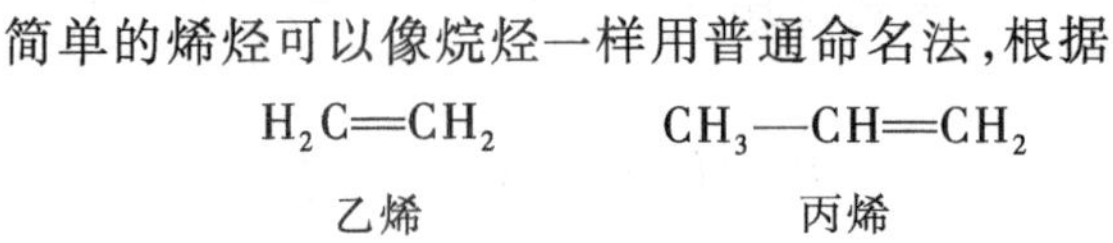
$$\overset{|}{CH_3}$$

$$\overset{1}{CH_3}-\overset{2}{CH_2}-\overset{3}{\underset{\underset{CH_3}{|}}{CH}}-\overset{4}{CH}=\overset{5}{CH}-\overset{6}{CH_2}-\overset{7}{CH_2}-\overset{8}{CH_3} \quad 3-甲基-4-辛烯$$

3. 对于顺反异构体的命名

一般在名称之前加上构型标记，目前常用的有两种：顺反标记和 Z、E 标记法（见第四章立

体异构第二节)。

四、烯烃的物理性质

在常温、常压下,2~4个碳原子的烯烃是气体,5~18个碳原子的烯烃是液体,19个碳原子以上的烯烃是固体。烯烃的物理性质与相应的烷烃很相似,其沸点、溶解度、密度、熔点随着碳原子数的递增而有规律性的变化。烯烃中由于π键的存在,极化性比烷烃强,所以分子间的范德华力比相应的烷烃稍强,故沸点比烷烃略高,密度也略高,但均小于1g/ml。烯烃一般难溶于水,易溶于有机溶剂,均溶于浓硫酸。一些烯烃的物理常数见表2-6。

表2-6 一些烯烃的物理性质

名称	分子式	沸点℃	熔点℃	相对密度 d_4^{20}
乙烯	C_2H_4	-169.4	-102.4	0.579
丙烯	C_3H_6	-185.3	-47.4	0.519
1-丁烯	C_4H_8	-185.4	-6.3	0.595
异丁烯	C_4H_8	-140.4	-6.9	0.590
(Z)-2-丁烯	C_4H_8	-138.9	3.7	0.621
(E)-2-丁烯	C_4H_8	-105.6	0.88	0.604
1-戊烯	C_5H_{10}	-165.2	30.0	0.641
1-己烯	C_6H_{12}	-139.8	63.4	0.673
1-庚烯	C_7H_{14}	-119	93.6	0.697
1-辛烯	C_8H_{16}	-101.7	121.3	0.715
1-壬烯	C_9H_{18}	—	146	0.730
1-癸烯	$C_{10}H_{20}$	-66.3	172.6	0.741
十四碳烯	$C_{14}H_{28}$	-12	246	0.785

烯烃能形成顺反异构,在顺反异构中,由于顺式异构体极性较大,沸点比反式异构体高;但反式异构体比顺式异构体有较高的对称性,分子间作用力较大,所以反式异构体通常有较高的熔点和较小的溶解度。例如:

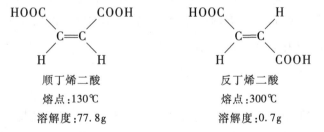

顺丁烯二酸　　　　　反丁烯二酸
熔点:130℃　　　　　熔点:300℃
溶解度:77.8g　　　　溶解度:0.7g

五、烯烃的化学性质

碳碳双键是由一个较强的σ键和一个较弱的π键组成的,它是烯烃分子中较容易发生反应的活泼位置。碳碳双键中的π键比σ键弱得多,容易发生断裂,双键两端的碳原子分别与

有机化学

其他试剂结合,形成产物,这种反应称为加成反应。根据反应条件和作用试剂的不同,π 键可以均裂而发生自由基加成反应,也可以异裂而发生离子型的加成反应。加成反应是不饱和烃的特征反应之一。此外,烯烃分子其他部分结构与烷烃相似,表现烷烃的性质。由于烯键引入分子,会使直接与烯键相连的碳原子(即 α - 碳原子)上的氢原子,变为更为活泼 α - 碳原子上氢原子的离解能降低,容易发生选择性的卤代反应。综上所述,烯烃的主要化学性质概括落下:

$$\underset{\text{选择性自由基卤代反应}}{H_2\overset{H}{\underset{\alpha}{C}}}-\underset{\text{亲电或自由基加成反应}}{C=C-}$$

(一)加成反应

1. 催化加氢

在催化剂(Pt)、钯(Pd)、镍(Ni)等存在时,不饱和烃可与氢气加成,得到饱和烃。例如:

$$H_3C-CH=CH-CH_3 \xrightarrow{H_2}{Ni} H_3C-CH_2-CH_2-CH_3$$

2. 亲电加成

烯烃的 π 键电子云分布在分子平面的上方和下方,流动性强,容易极化,因而使烯烃具有给电子性能,容易受到亲电试剂(可接受一对电子的试剂)进攻发生加成反应。能与烯烃发生亲电加成的常见试剂有卤素(Cl_2、Br_2)、水、无机酸(HX、H_2SO_4、HOX)等。

(1)加卤素 烯烃和卤素(主要是氯和溴)发生加成反应生成二卤代物。例如:当在烯烃中滴入溴的四氯化碳溶液或溴水时,溴的红棕色立即消失。常用此反应来鉴别含有双键的化合物。

$$\diagdown C=C \diagup \xrightarrow{Br_2}{CCl_4} -\underset{Br}{\overset{|}{C}}-\underset{Br}{\overset{|}{C}}-$$

(2)加卤化氢(HX) 烯烃与卤化氢发生加成反应生成一卤代烷,例如:

$$\diagdown C=C \diagup \xrightarrow{HCl} -\underset{H}{\overset{|}{C}}-\underset{Cl}{\overset{|}{C}}-$$

同一烯烃与不同的卤化氢反应时的活性顺序为:$HI > HBr > HCl$。

不对称烯烃与卤化氢加成时,有两种可能的产物。如丙烯与溴化氢的加成:

$$CH_2=CH-CH_3 \xrightarrow{HBr} H_3C-\underset{Br}{\overset{|}{C}H}-CH_3 + H_3C-CH_2-\underset{Br}{\overset{|}{C}H_2}$$

$$\qquad\qquad\qquad\qquad\qquad\text{2-溴丙烷}\qquad\qquad\text{1-溴丙烷}$$

从实验可知,2-溴丙烷为主要产物。即当不对称烯烃与 HX(或其他不对称极性试剂如 H_2SO_4、H_2O、HXO_4 等)加成时,不对称试剂中正电性部分一般加到含氢较多的双键碳原子上,负电性部分加到含氢较少的双键碳原子上,这一规则称为马尔科夫尼科夫规则,简称马氏规则。

(3)加硫酸 烯烃能与浓硫酸加成,反应生成硫酸氢酯。硫酸氢酯易溶于硫酸,用水稀释后水解生成醇，加成产物符合马氏规则。工业上用这种方法合成醇，称为烯烃间接水合法。

$$H_3C-CH=CH_2 + (浓)H_2SO_4 \longrightarrow H_3C-\underset{OSO_2OH}{CH}-CH_3 \xrightarrow{水解} H_3C-\underset{OH}{CH}-CH_3$$

（4）加水　在酸（硫酸或磷酸）的催化下，烯烃与水加成生成醇，加成产物符合马氏规则。工业上称这种方法为烯烃直接水合法。例如：

$$H_3C-CH=CH_2 + H_2O \xrightarrow[高温高压]{H_2SO_4} H_3C-\underset{OH}{CH}-CH_3$$

（5）加次卤酸　烯烃与卤素（Cl_2、Br_2）的水溶液反应，主要产物为 β–卤代醇，相当于双键上加了一分子次卤酸，加成产物符合马氏规则。例如：

$$H_3C-CH=CH_2 + Br_2 \xrightarrow{H_2O} H_3C-\underset{OH}{CH}-\underset{Br}{CH_2}$$

卤代醇是重要的化工原料，可制成多种化工产品，如环氧化物、甘油等。

（6）过氧化效应　不对称烯烃与溴化氢反应，若在过氧化物存在下，则得到反马氏规则的加成产物，过氧化物的这种影响称为过氧化效应。氯化氢和碘化氢没有过氧化效应，取向仍符合马氏规则。例如：

$$H_3C-CH=CH_2 + HBr \begin{cases} \xrightarrow{过氧化物} H_3C-CH_2-\underset{Br}{CH_2} \\ \xrightarrow{无过氧化物} H_3C-\underset{Br}{CH}-CH_3 \end{cases}$$

$$H_3C-CH=CH_2 + HCl \xrightarrow{过氧化物} H_3C-\underset{Cl}{CH}-CH_3$$

3. 硼氢化反应

烯烃与硼氢化合物加成，生成烷基硼，称为硼氢化反应。常用的硼氢化物是乙硼烷 B_2H_6，为甲硼烷的二聚体。乙硼烷与烯烃反应的最终产物是三烷基硼。

$$RCH=CH_2 \xrightarrow{BH_3} R-\underset{H}{CH}-\underset{BH_2}{CH_2} \xrightarrow{2RCH=CH_2} (RCH_2CH_2)_3B$$

三烷基硼用过氧化氢的氢氧化钠水溶液处理，发生氧化、水解反应，生成醇，得到反马氏规则产物。

$$(RCH_2CH_2)_3B \xrightarrow{H_2O_2, OH^-} 3RCH_2CH_2OH$$

烯烃经硼氢化和氧化转变为醇的反应称为硼氢化–氧化反应。总的结果是烯烃分子中加了一分子水。此法可制得伯醇。由于硼氢化反应条件温和，产率较高，所以烯烃经硼氢化–氧化反应是合成伯醇的重要方法。烯烃经硫酸氢酯或酸催化水合只能合成仲醇或叔醇（除乙醇外）。

有机化学

(二)氧化反应

烯烃很容易发生氧化反应,根据氧化剂氧化能力的差异,碳碳双键的断裂方式不同,得到的氧化产物也不同。氧化能力稍低时,烯烃仅发生 π 键的断裂,氧化能力较强时,σ 键也会发生断裂。这些氧化反应在合成和鉴定分子结构方面很有价值。

1. 高锰酸钾氧化

(1) 碱性　高锰酸钾在碱性或中性条件下,用稀、冷高锰酸钾氧化,烯烃 π 键发生断裂,双键碳原子上各引入一个羟基,生成邻二醇,如:

$$R\text{—}CH=CH_2 + KMnO_4 + H_2O \longrightarrow R\text{—}\underset{OH}{CH}\text{—}\underset{OH}{CH_2} + KOH + HCl$$

(2) 酸性　高锰酸钾如用浓、热的或酸性高锰酸钾氧化,反应条件比较强烈,烯烃中的 π 键和 σ 键都发生断裂,生成不同的产物。例如:

$$R\text{—}CH=CH_2 \xrightarrow{KMnO_4/H_2SO_4} RCOOH + CO_2$$

$$\underset{R'}{\overset{R}{>}}C=C\underset{H}{\overset{R''}{<}} \xrightarrow{KMnO_4/H_2SO_4} \underset{R'}{\overset{R}{>}}C=O + R''\text{—}COOH$$

氧化产物与烯烃不饱和碳原子上连接氢的情况有关。由于氧化产物保留了原来烃中的部分碳链结构,因此通过测定氧化产物的结构,便可推断原来烯烃和炔烃的结构。

在反应中高锰酸钾溶液的紫红色很快褪去,而烷烃、环烷烃不能被高锰酸钾氧化。因此,这是鉴别烷烃、环烷烃与不饱和烯烃的一种常用方法。

2. 臭氧氧化

烯烃经臭氧氧化,形成臭氧化物,臭氧化物在锌粉存在下可以水解,最终生成两种羰基化合物(醛和酮)。

$$\underset{R'}{\overset{R}{>}}C=C\underset{R''}{\overset{H}{<}} + O_3 \longrightarrow \underset{R'}{\overset{R}{>}}C\underset{O\text{—}O}{\overset{O}{<}}C\underset{R''}{\overset{H}{<}} \xrightarrow{Zn/H_2O} \underset{R'}{\overset{R}{>}}C=O + O=C\underset{R''}{\overset{H}{<}}$$

不同结构的烯烃通过臭氧化、还原水解,所得产物也不同,有如下一般规律:

$$=C\underset{H}{\overset{R}{<}} \longrightarrow O=C\underset{H}{\overset{R}{<}} ; =C\underset{H}{\overset{H}{<}} \longrightarrow O=C\underset{H}{\overset{H}{<}} ; =C\underset{R''}{\overset{R'}{<}} \longrightarrow O=C\underset{R''}{\overset{R'}{<}}$$

将上述产物中的氧原子去掉,在双键处连接起来,也可推断原来烯烃的结构。

(三) α–H 的卤代反应

双键是烯烃的官能团,与双键碳原子直接相连的碳原子称为 α 碳原子,α 碳原子上的氢原子称为 α–氢原子。α–氢受双键的影响,表现出一定的活泼性,可与卤素发生取代反应。例如:

$$H_3C-CH=CH_2 \xrightarrow[500℃]{Cl_2} H_2C-CH=CH_2$$
$$\phantom{H_3C-CH=CH_2 \xrightarrow[500℃]{Cl_2} H_2C-}|$$
$$\phantom{H_3C-CH=CH_2 \xrightarrow[500℃]{Cl_2} H_2C}Cl$$

(四)聚合反应

由相对分子量较小的化合物通过加成或缩合反应生成相对分子量较大的化合物的反应,称为聚合反应。烯烃的聚合反应可以通过自由基或离子型加成机制进行,反应一般需要很高的压力。如乙烯在一定条件下相互加成,得到聚乙烯。n 称为聚合度。聚乙烯的电绝缘性能很好,用途广泛,是目前世界上生产量最大的一种塑料。

$$nH_2C=CH_2 \xrightarrow[500MPa]{O_2} \text{—}[H_2C-CH_2]\text{—}_n$$

此外,将乙烯双键的氢换成其他取代基,可得到不同结构的聚合物,从而制得性质各异的高分子材料。

六、重要的烯烃

乙烯、丙烯和丁烯都是重要的烯烃,它们都是有机合成的重要原料,是高分子合成的重要单体,是合成树脂、合成纤维和合成橡胶的主要原料。因此,烯烃生产量的大小标志着一个国家化学工业发展的水平。

乙烯、丙烯和丁烯主要由石油炼制过程中得到的炼厂气分离和热裂气中得到的。乙烯为无色、略有甜味的气体,燃烧时有明亮的火焰和黑色的烟。乙烯在医药上与氧气混合可做麻醉剂;农业上,乙烯可作为未成熟果实的催熟剂;乙烯在工业中的应用非常广泛,它不仅可用来制备乙醇、环氧乙烷、苯乙烯等化工原料,还可聚合成聚乙烯。聚乙烯广泛应用于日常生活及电气、食品、制药、机械等工业部门,还可作为国防工业中的绝缘材料及防辐射保护材料。

丙烯为无色气体,燃烧时有明亮火焰,广泛应用于有机合成中,丙烯聚合后生成的聚丙烯相对密度小,力学强度比聚乙烯高,耐热性好,主要用作薄膜、纤维、耐热和耐化学腐蚀的管道及装置、医疗器械、电缆等。

相关知识

一、亲电加成反应机制

(一)烯烃与卤素的亲电加成机制(以乙烯与溴加成为例)

烯烃与碘和溴加成时,首先形成环状鎓离子中间体,而与氯加成时,有时形成环状氯鎓离子,有时则形成链状碳正离子中间体。

第一步:溴分子受 π 电子云的影响被极化成一端带部分正电荷,一端带部分负电荷的极性分子(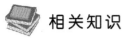)。溴分子中带部分正电荷的一端与乙烯中的 π 电子结合形成不稳定的 π 配合物,从而使 Br—Br 键发生异裂,生成含 Br 的带正电荷的溴鎓离子。

有机化学

$$\text{CH}_2=\text{CH}_2 + Br^{\delta+}-Br^{\delta-} \longrightarrow \cdots \longrightarrow \pi\text{配合物溴鎓离子}$$

第二步:溴负离子从带正电荷 Br 的相反方向进攻溴鎓离子的一个碳原子,将环打开生成 1,2 - 二溴乙烷。从加成产物来看,溴是从双键两侧分别加在烯烃双键碳原子上。

(二)烯烃与不对称试剂的亲电加成机制

烯烃与 HX、H_2SO_4、H_2O 等这类极性分子发生加成反应时,加在烯烃双键上的两部分是不一样的,这类试剂称为不对称试剂。以烯烃与 HX 加成为例,第一步是 H^+ 用外电子层的空轨道与烯烃的 π 轨道相互作用,并形成碳正离子中间体,这一步反应速度慢,是决定整个反应速率的第一步;第二步是碳正离子中间体很快与负离子结合形成加成产物。

$$HX \rightleftharpoons X^\ominus + H^\oplus$$

第一步:$CH_3 \longrightarrow CH^{\delta+}=CH_2^{\delta-} + H^\oplus \xrightarrow{\text{慢}} [CH_3\overset{\oplus}{C}HCH_3]$

第二步:$[CH_3\overset{\oplus}{C}HCH_3] + X^\ominus \xrightarrow{\text{快}} CH_3\overset{\underset{|}{X}}{C}HCH_3$

二、马尔科夫尼科夫规则解释

以丙烯为例对马氏规则作这一理论解释。

(一)从诱导效应来解释

在丙烯分子中,含氢较少的双键碳原子上连接着甲基,甲基碳原子为 sp^3 杂化,电负性小,双键碳原子为 sp^2 杂化,电负性较大,因此甲基具有给电子诱导效应,其结果使双键的 π 电子云向双键的另一个碳原子偏移,从而使含氢较多的双键碳原子上带部分负电荷。

$$CH_3 \rightarrow CH^{\delta+}=CH_2^{\delta-}$$

加成时,H^+ 首先加到含氢较多而带部分负电荷的双键碳原子上,然后 X^- 加到含氢较少双键碳原子上。

(二)从碳正离子稳定性角度解释

当丙烯与 HX 加成时,H^+ 首先加到双键碳原子的一个碳上,使双键的另一个碳原子形成碳正离子,然后碳正离子再和卤素结合,得到两种加成产物。其中第一步是决定整个反应速度的一步。在这步中,生成的碳正离子越稳定,反应越易进行。

$$H_3C—CH=CH_2 + \overset{\delta^+}{H}—\overset{\delta^-}{Br} \longrightarrow \begin{cases} H_3C—CH_2—\overset{\oplus}{C}H_2 \xrightarrow{Br^{\ominus}} H_3C—CH_2—CH_2—Br \\ H_3C—\overset{\oplus}{C}H—CH_3 \xrightarrow{Br^{\ominus}} H_3C—CH(Br)—CH_3 \end{cases}$$

一个带电体系的稳定性,取决于所带电荷的分散程度。电荷越分散,体系越稳定。碳正离子的稳定性也是如此,正电荷越分散,体系越稳定。

甲基是给电子基,当甲基与碳正离子相连时,甲基的成键电子云向缺电子的碳正离子方向移动,中和了碳正离子的部分正电荷,即使中心碳原子的正电荷分散,碳正离子的稳定性提高。与正离子相连的甲基越多,碳正离子的电荷越分散,其稳定性越高。当与碳碳双键连接的 α 碳原子上带有正电荷时(称为烯丙基碳正离子),α 碳原子上的 P 轨道与双键 π 电子云形成 p-π 共轭体系,使碳正离子的正电荷得到充分分散,因而稳定性加强。不同碳正离子的稳定性次序如下:

$$H_3C—CH=\overset{\oplus}{C}H > H_3C—\underset{CH_3}{\overset{\oplus}{\underset{|}{C}}}—CH_3 > H_3C—\overset{\oplus}{C}H—CH_3 > CH_3\overset{\oplus}{C}H_2 > \overset{\oplus}{C}H_3$$

在丙烯与 HBr 的反应中,根据碳正离子稳定性的次序,显然生成仲碳正离子的途径是加成反应的主要途径,得到符合马氏规则的加成产物才是主要产物。

第三节 炔 烃

一、炔烃的通式和异构现象

(一)通式

含碳碳三键的链烃称为炔烃,碳碳三键(C≡C)是炔烃的官能团,它与碳原子相同的烯烃比较少了 2 个氢原子,其通式为 $C_nH_{2n-2}(n≥2)$。

(二)异构现象

炔烃存在碳架异构和官能团位置异构,但没有顺反异构。因为二烯烃的通式和含有一个三键的炔烃一样,所以它们互为构造异构体中的官能团异构体。如 C_4H_6 存在以下构造异构体:

$$HC≡C—CH_2—CH_3 \qquad H_3C—C≡C—CH_3$$
$$\text{1-丁炔} \qquad\qquad \text{2-丁炔}$$
$$H_2C=C=CH—CH_3 \qquad H_2C=CH—CH=CH_2$$
$$\text{1,2-丁二烯} \qquad\qquad \text{1,3-丁二烯}$$

二、炔烃的结构

炔烃的结构特征是分子中含有碳碳三键,以乙炔的结构为例,用电子衍射光谱等物理方法

有机化学

测得乙炔是一直线分子,4个原子排列在一条直线上,键角为180°。

乙炔的键长和键角　　　　乙炔的球棍模型

乙炔碳原子为 sp 杂化,2个碳原子各以1个 sp 杂化轨道沿键轴方向互相重叠,形成1个 C—C 之间的 σ 键,同时2个碳原子又各以另一个 sp 杂化轨道分别与两个氢原子的 s 轨道互相重叠形成2个 C—H σ 键,这3个 σ 键的对称轴在同一条直线上。在形成三个 σ 键的同时,两个碳原子的两对互相垂直的 p 轨道分别侧面重叠,形成两个相互垂直的 π 键,使得炔键 π 电子云呈圆筒形,如下图所示：

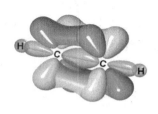 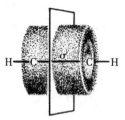

乙炔分子结构　　　　乙炔分子中 π 电子云

三、炔烃的命名

炔烃的系统命名法与烯烃相似,原则如下：

(1)选主链。选择含有碳碳三键的最长碳链为主链,并依照主链碳原子数称为某炔。

(2)编号标基团。从最靠近三键的一端编号,使三键位次最小的同时兼顾取代基的位次也尽可能小。

(3)将三键位置用阿拉伯数字写在主链名称之前,支链作为取代基命名,如：

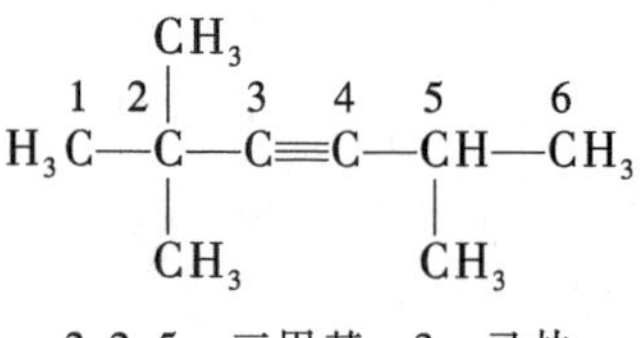

$$\begin{array}{c} \text{CH}_3 \\ \overset{1}{\text{H}_3\text{C}}-\overset{2}{\text{C}}-\overset{3}{\text{C}}\equiv\overset{4}{\text{C}}-\overset{5}{\text{CH}}-\overset{6}{\text{CH}_3} \\ | \quad\quad | \\ \text{CH}_3 \quad \text{CH}_3 \end{array}$$

2,2,5-三甲基-3-己炔

如果一个化合物的分子中同时含有碳碳双键和碳碳三键,这一类烃称为烯炔。命名原则如下：

(1)首先选择含有两者在内的最长碳链为主链,按其碳原子数称为某烯炔。

(2)编号时遵循最低系列原则,即从靠近双键或三键的一端开始编号,如果双键和三键离两端距离相等,则给双键以最低编号。

(3)书写全称的方法和其他烃的基本相同,但母体要用"a-某烯-b-炔"表示,其中 a 表示双键位次,b 表示三键位次。例如：

$$\overset{5}{\text{H}_3\text{C}}-\overset{4}{\text{CH}}=\overset{3}{\text{CH}}-\overset{2}{\text{C}}\equiv\overset{1}{\text{CH}} \qquad \overset{5}{\text{H}_3\text{C}}-\overset{4}{\text{C}}\equiv\overset{3}{\text{C}}-\overset{2}{\text{CH}}=\overset{1}{\text{CH}_2} \qquad \overset{5}{\text{H}_2\text{C}}=\overset{4}{\text{CH}}-\overset{3}{\text{CH}_2}-\overset{2}{\text{C}}\equiv\overset{1}{\text{CH}}$$

3-戊烯-1-炔　　　　1-戊烯-3-炔　　　　1-戊烯-4-炔

四、炔烃的物理性质

炔烃的物理性质与烷烃、烯烃相似,低级炔烃在常温、常压下是气体。由于炔键中 π 电子增多,并且为直线型结构,分子间较易靠近,分子间作用力略大,所以沸点、熔点、密度均略高于烷烃和烯烃。随着碳原子数目的增多,它们的沸点也相应升高,炔烃的碳碳三键在碳链中间时熔点和沸点比在碳链末端时要高。炔烃在水中的溶解度较小,易溶于石油醚、四氯化碳、苯等有机溶剂。一些炔烃的物理性质见表 2-7。

表 2-7 一些炔烃的物理性质

名称	分子式	沸点(℃)	熔点(℃)	相对密度(d_4^{20})
乙炔	C_2H_2	-81.8	-75	0.6179
丙炔	C_3H_4	-101.5	-23.3	0.6714
1-丁炔	C_4H_6	-122.5	8.6	0.6682
2-丁炔	C_4H_6	-24	27	0.6937
1-戊炔	C_5H_8	-98	39.7	0.6950
2-戊炔	C_5H_8	-101	55.5	0.7127
3-甲基-1-丁炔	C_5H_8	—	28	0.6650
1-己炔	C_6H_{10}	-124	71	0.7195
2-己炔	C_6H_{10}	-92	84	0.7305
3-己炔	C_6H_{10}	-51	82	0.7255
3,3-二甲基-1-丁炔	C_6H_{10}	-81	38	0.6686
1-庚炔	C_7H_{12}	-80	100	0.7330
1-辛炔	C_8H_{14}	-70	126	0.7470
1-壬炔	C_9H_{16}	-65	151	0.7630
1-癸炔	$C_{10}H_{18}$	-36	182	0.7700

五、炔烃的化学性质

炔烃分子中含有两个较弱的 π 键,因此炔烃和烯烃类似,亦可以发生加成、氧化等反应,但反应活性不如烯烃,不同的是,炔烃分子 C≡C 的碳原子为 sp 杂化,使得" C≡C—H "上的 C—H 键极性增大,具有微弱的酸性,因此能与金属作用生成金属炔化物。

(一)加成反应

1. 催化加氢

在催化剂(Pt、Ni、Pd)作用下,炔烃与氢能发生加成反应生成烷烃,例如:

$$HC\equiv CH \xrightarrow{H_2}{Ni} \underset{\underset{H}{|}}{HC}=\underset{\underset{H}{|}}{CH} \xrightarrow{H_2}{Ni} H_3C-CH_3$$

当炔烃催化加氢时,若采用林德拉(Lindlar)催化剂(将金属钯的细粉沉淀在碳酸钙上,再

有机化学

用醋酸铅处理以降低活性），可使反应停留在烯烃阶段，并得到顺式烯烃，例如：

$$C_2H_5—C\equiv C—C_2H_5 + H_2 \xrightarrow[\text{Lindlar 催化剂}]{\text{Pd-CaCO}_3} \begin{array}{c} C_2H_5 \\ \diagdown \\ C=C \\ \diagup \quad \diagdown \\ H \quad\quad H \end{array} \begin{array}{c} C_2H_5 \\ \end{array}$$

若用碱金属锂或钠在液氨中还原，则产物为反式烯烃，例如：

$$C_2H_5—C\equiv C—C_2H_5 + H_2 \xrightarrow{\text{Na} \atop \text{NH}_3(\text{液})} \begin{array}{c} C_2H_5 \quad\quad H \\ \diagdown \quad\quad \diagup \\ C=C \\ \diagup \quad\quad \diagdown \\ H \quad\quad C_2H_5 \end{array}$$

当分子内同时存在碳碳双键和三键时，催化加氢首先发生在三键上，例如：

$$H_3C—C\equiv C—CH_2CH_2CH=CH_2 + H_2 \xrightarrow[\text{Lindlar 催化剂}]{\text{Pd-CaCO}_3} H_3C—CH=CH—CH_2CH_2CH=CH_2$$

2. 亲电加成

炔烃具有碳碳三键，和烯烃一样也能与 X_2、HX、H_2O 等亲电试剂发生亲电加成反应，但反应活性比烯烃弱。若分子中同时含有碳碳双键和碳碳三键时，反应首先发生在碳碳双键上。对于不对称的炔烃在发生亲电加成反应时仍然遵循马氏规则。

(1) 加卤素　炔烃与卤素的加成在常温下迅速发生。

$$H_3C—C\equiv CH \xrightarrow{Br_2} H_3C—\underset{Br}{\underset{|}{C}}=\underset{Br}{\underset{|}{C}}H \xrightarrow{Br_2} H_3C—\underset{Br}{\overset{Br}{\underset{|}{\overset{|}{C}}}}—\underset{Br}{\overset{Br}{\underset{|}{\overset{|}{C}}}}—H$$

炔烃与溴水或溴的四氯化碳溶液反应，可看到溴的红棕色迅速消失，此法可用于炔烃的鉴定。

(2) 加卤化氢　炔烃与卤化氢的加成不如烯烃活泼，不对称炔烃加成时按马氏规则进行。当分子内同时存在碳碳双键和三键时，加成首先发生在双键上。

$$R—C\equiv CH \xrightarrow{HBr} R—\underset{Br}{\underset{|}{C}}=\underset{H}{\underset{|}{C}}H \xrightarrow{HBr} R—\underset{Br}{\overset{Br}{\underset{|}{\overset{|}{C}}}}—\underset{H}{\overset{H}{\underset{|}{\overset{|}{C}}}}—H$$

$$H_2C=CH—CH_2—C\equiv CH \xrightarrow{\text{1mol HBr}} H_3C—\underset{Br}{\underset{|}{C}}H—CH_2—C\equiv CH$$

(3) 加水　炔烃与水加成需要在稀硫酸和硫酸汞存在下才能完成，首先是碳碳三键与一分子水加成，生成烯醇式中间体，烯醇式化合物不稳定，经重排后形成醛或酮，例如：

$$R—C\equiv CH \xrightarrow[\text{HgSO}_4/\text{H}_2\text{SO}_4]{\text{H}_2\text{O}} R—\underset{OH}{\underset{|}{C}}=\underset{H}{\underset{|}{C}}H \xrightarrow{\text{重排}} R—\underset{O}{\overset{}{\underset{\|}{C}}}—H$$

(二) 氧化反应

炔烃和烯烃一样，也能被氧化剂 $KMnO_4$ 所氧化并能使其褪色，但褪色速度比烯烃慢，高锰酸钾的氧化一般可使炔烃的三键断裂，最终得到羧酸或完全氧化产物二氧化碳。

$$R-C\equiv CH \xrightarrow[H_2O]{KMnO_4} R-COOH + CO_2$$

$$R-C\equiv C-R' \xrightarrow[H_2O]{KMnO_4} R-COOH + R'-COOH$$

(三)炔氢的反应

炔烃分子中由于碳碳三键碳原子是 sp 杂化,其中 s 轨道成分比 sp^2、sp^3 杂化轨道多。s 轨道成分越多,电负性越强,因此三键碳原子的电负性较强,从而导致与炔碳相连的氢(简称炔氢)具有微酸性。含有炔氢的炔烃(通常称为端炔)能与金属钠或氨基钠反应,也能被某些金属离子取代生成金属炔化物。

如乙炔或其他端炔在液氨中与金属钠或氨基钠($NaNH_2$)作用,便得到炔化钠。

$$HC\equiv CH \xrightarrow{Na} HC\equiv CNa \xrightarrow{Na} NaC\equiv CNa$$

$$R-C\equiv CH + NaNH_2 \xrightarrow{液氨} R-C\equiv CNa + NH_3$$

炔氢不仅能被碱金属取代,还能被重金属(Ag 和 Cu)取代,形成相应的重金属炔化物。

$$R-C\equiv CH \xrightarrow{[Ag(NH_3)_2]NO_3} R-C\equiv CAg\downarrow$$
炔化银(白色)

$$R-C\equiv CH \xrightarrow{[Cu(NH_3)_2]Cl_2} R-C\equiv CCu\downarrow$$
炔化铜(棕红色)

此反应较灵敏,且现象明显,可作为端炔的鉴别反应。这些重金属炔化物,在干燥状态易爆炸,不宜保存,生成后应及时用盐酸或硝酸等处理。

(四)聚合反应

在不同的催化剂作用下,乙炔可以分别聚合成链状或环状的化合物。与烯烃聚合不同的是,炔烃一般不聚合成高分子化合物。如乙炔在一定条件下可聚合成二聚物或三聚物。

$$HC\equiv CH \xrightarrow[NH_4Cl]{CuCl_2} H_2C=CH-C\equiv CH \xrightarrow[NH_4Cl]{CuCl_2} H_2C=CH-C\equiv C-CH=CH_2$$

乙炔在高温下可发生三聚作用合成苯。

$$3HC\equiv CH \xrightarrow{高温} C_6H_6$$

六、重要的炔烃

乙炔是炔烃中最简单也是最重要的炔烃,俗称风煤和电石气。它不仅是有机合成的重要基本原料,而且又大量地做高温氧炔焰的燃料。纯乙炔为无色芳香气味的易燃气体,在丙酮中的溶解度为 237g/L,溶液是稳定的,因此,工业上是在装满石棉等多孔物质的钢瓶中,使多孔物质吸收丙酮后将乙炔压入,以便贮存和运输。乙炔可通过不同的化学反应,合成不同的化工产品,如四氯乙烷、乙醛、聚氯乙烯、氯丁橡胶、醋酸乙烯及苯等。

第四节 二烯烃

一、二烯烃的分类与命名

分子中含有两个碳碳双键的链烃称为二烯烃,通式为 C_nH_{2n-2}。根据双键的排列情况不同,可以将其分为累积二烯烃、共轭二烯烃和隔离二烯烃三类。

累积二烯烃:两个双键连在同一个碳原子上的二烯烃,如丙二烯。

共轭二烯烃:两个双键被一个单键隔开的二烯烃,如1,3-丁二烯。

隔离二烯烃:两个双键被两个或多个单键隔开的二烯烃,如1,4-戊二烯。

$H_2C=C=CH_2$　　　　$H_2C=CH-CH=CH_2$　　　　$H_2C=CH-CH_2-CH=CH_2$

　丙二烯　　　　　　　　1,3-丁二烯　　　　　　　　　1,4-戊二烯

二烯烃的命名方法与烯烃相似,其命名规则如下:

(1)选择含有两个碳碳双键的最长碳链为主链,根据主链上所含的碳原子数称为"某二烯",十个以上碳原子的二烯烃,命名时在"二烯"之前加上"碳"字,称为"某碳二烯"。

(2)从距离碳碳双键最近的一端给主链上的碳原子编号,在二烯烃名称前用阿拉伯数字标明两个碳碳双键的位置。

(3)顺反异构体需标明顺或反构型。

$H_2C=CH-CH=CH_2$　　　　　　　　　　　　　

1,3-丁二烯　　　　　　3-甲基-1,3-戊二烯 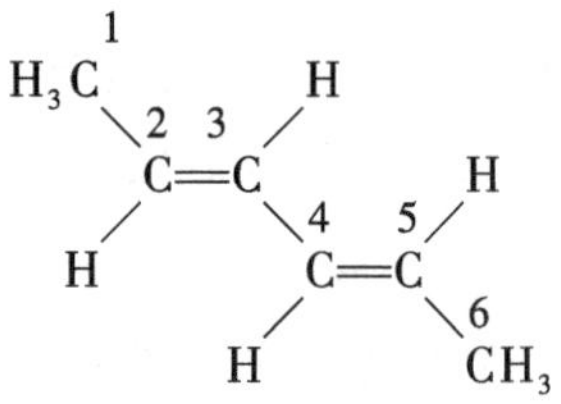　　　　　(2E,4E)-2,4-己二烯

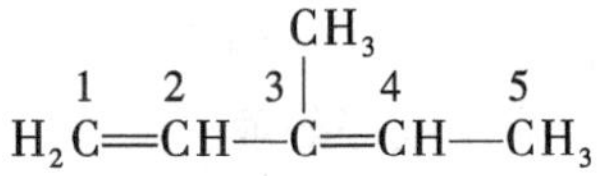

二、共轭二烯烃的结构

以最简单的1,3-丁二烯($CH_2=CH-CH=CH_2$)为例说明共轭二烯烃的结构特点。

1,3-丁二烯分子中碳碳双键的键长比一般烯烃的双键(0.134nm)稍长,碳碳单键的键长比一般烷烃的单键(0.154nm)短,碳碳双键和单键的键长趋于平均化是共轭体系的特征之一。

1,3-丁二烯分子中四个烯碳原子均为 sp^2 杂化。三个 C—Cσ 键和六个 C—Hσ 键都在同一平面上。每个碳原子上各剩有一个未参与杂化的 p 轨道,它们的对称轴都与σ键所在的平面相垂直,彼此平行的分子中两个π键是由 C_1 和 C_2、C_3 和 C_4 的两个 p 轨道分别从侧面重叠形成的。这两个π键靠得很近,在 C_2 与 C_3 之间也有一定程度的重叠。这样,两个键不是孤立存在,而是相互结合成为一个整体,称为π-π共轭体系。在这个体系中,π电子不再局限(定域)在 C_1 和 C_2、C_3 和 C_4 之间,而是将运动范围扩展到整个分子,这种现象称为π电子的离域。这种包括多个(至少3个)原子的π键叫作大π键,1,3-丁二烯分子中的大π键如图所示。

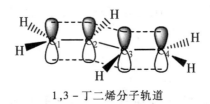

1,3-丁二烯分子轨道

三、共轭二烯烃的特殊反应

亲电加成

1. 非共轭二烯烃的加成

非共轭二烯烃含有两个双键,与亲电试剂的加成分两个阶段进行,反应可看作是孤立双键的加成,每一个双键加成都符合马氏规则,例如:

$$H_2C=CH-CH_2-CH_2-CH=CH_2 \xrightarrow[1mol]{HBr} H_3C-\underset{Br}{\overset{|}{C}H}-CH_2-CH_2-CH=CH_2 \xrightarrow[1mol]{HBr} H_3C-\underset{Br}{\overset{|}{C}H}-CH_2-CH_2-\underset{Br}{\overset{|}{C}H}-CH_3$$

2. 共轭二烯烃的 1,2-加成和 1,4-加成

共轭二烯烃含有大 π 键,由于分子的极性交替现象,与 1mol 卤素或卤化氢进行亲电加成反应时,得到 1,2- 和 1,4- 两种加成产物。

共轭二烯烃加成反应的特点是 1,2-加成和 1,4-加成同时发生,哪一种加成产物占优势,取决于产物的稳定性、反应温度以及溶剂的极性等条件。一般在低温或非极性溶剂中有利于 1,2-加成产物的生成,在高温或极性溶剂中,则有利于 1,4-加成产物的生成。

$$H_2C=CH-CH=CH_2 + HBr \xrightarrow{CCl_4} \begin{array}{l} \xrightarrow{1,2-\text{加成}} H_3C-\underset{Br}{\overset{|}{C}H}-CH=CH_2 \\ \xrightarrow{1,4-\text{加成}} H_2C-CH=CH-CH_3 \\ \phantom{\xrightarrow{1,4-\text{加成}} H_2}\underset{}{\overset{|}{Br}} \end{array}$$

3. 双烯合成

共轭二烯烃与含碳碳双键或三键的不饱和化合物发生 1,4-加成,生成环状化合物的反应称为双烯合成反应,也称为 Diels-Alder(狄尔斯-阿德尔)反应。这种反应的特点是旧键断裂与新键形成是同时进行的,属于协同反应。

在反应中,共轭二烯烃称为双烯体,不饱和化合物称为亲双烯体。当亲双烯体中连有 —COOH、—CHO、—CN 等吸电子基时,有利于反应的进行。例如:

有机化学

共轭二烯烃与顺丁烯二酸酐的反应是定量进行的,且生成了白色固体,常用于鉴别共轭二烯烃。

相关知识

有机化合物分子中的电子效应

电子云的分布不但取决于成键原子的性质,而且也受到不直接相连的原子间的相互影响,这种影响称为电子效应。电子效应可分为诱导效应和共轭效应。电子效应说明分子中电子云密度的分布对分子性质产生影响,诱导效应和共轭效应在推测化合物性质和分析化合物结构等方面起着重要作用。

(一)诱导效应

在多原子分子中由于成键原子或基团之间电负性不同,不仅使成键原子间电子云密度呈不对称分布,键产生极性,而且还会引起分子中其他原子之间的电子云沿着碳链向电负性大的原子一方偏移,往往使共价键的极性也发生变化,把这种相互影响称为诱导效应,用符号 I 表示,例如 1-氟丙烷分子的诱导效应:

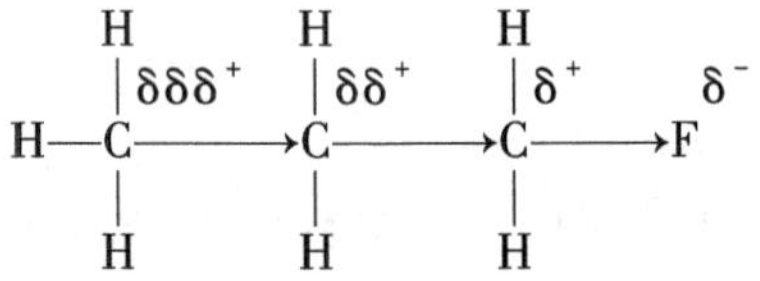

$$H_3C \xrightarrow{\delta\delta\delta^+} CH_2 \xrightarrow{\delta\delta^+} CH_2 \xrightarrow{\delta^+} F^{\delta^-}$$

其中箭头所指方向是 σ 电子云偏移方向,是由电负性小的原子指向电负性大的原子。电子靠近电负性较大的氟原子,使其带部分负电荷,用"δ^-"表示;与此相反,电负性较小的碳原子则带部分正电荷,用"δ^+"表示。诱导效应以静电诱导的形式沿着碳链朝向一个方向由近及远依次传递,并随着传递距离的增加,其效应迅速降低,δ^+、$\delta\delta^+$、$\delta\delta\delta^+$ 分别表示碳链中连续碳原子 C_1、C_2、C_3 上所引起的部分正电荷的量依次降低。一般经过 3 个碳原子以后,诱导效应的影响已属极微,可以忽略不计,可见诱导效应是短程的。

诱导效应的方向是以 C—H 键中的 H 作为比较标准,如果某原子或基团(X)的电负性大于 H,当氢被取代后,则 C—X 键间电子云偏向 X,与 H 相比,X 具有吸电性,X 称为吸电子基团,由它引起的诱导效应称为吸电子诱导效应,用符号"-I"表示。如果以电负性小于 H 原子或基团(Y)取代氢原子后,则 C—Y 键间电子云偏向碳原子,与 H 相比,Y 具有斥电子性,Y 称为斥电子基团,由它所引起的诱导效应称为斥电子诱导效应,用符号"+I"表示。

$$—C \longrightarrow X—C—H—C \longleftarrow Y$$
$$\quad -I \qquad\qquad\qquad +I$$

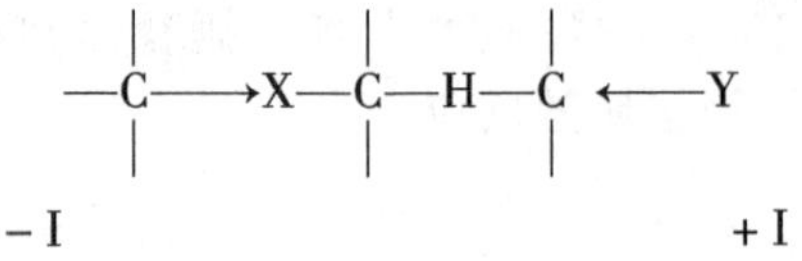

一个原子或基团是吸电子基团还是斥电子基团,可通过实验测定。根据实验结果,一些取代基的电负性大小如下:

—F > —Cl > —Br > —I > —OCH₃ > —NHCOCH₃ > —C₆H₅ > —CH═CH₂ > —H > —CH₃ > —C₂H₅ > —CH(CH₃)₂ > —C(CH₃)₃

(二)共轭效应

共轭体系主要分为以下三类。

第二章 链 烃

1. π-π 共轭体系

凡双键和单键交替排列的共轭体系称为 π-π 共轭体系。1,3-丁二烯以及其他的共轭二烯烃都属于 π-π 共轭体系。例如：

C_2H_5—[CH=CH—CH=CH]—C_2H_5　　　　　　H_3C—CH=[CH—C=O]
　　　　　　　　　　　　　　　　　　　　　　　　　　　　　　|
　　　　　　　　　　　　　　　　　　　　　　　　　　　　　　H

　　　　2,4-庚二烯　　　　　　　　　　　　　　　　2-丁烯醛

苯 　　　环戊二烯

2. p-π 共轭体系

具有 p 轨道且与双键碳原子直接相连的原子，其 p 轨道与双键 π 轨道平行并侧面重叠形成的共轭体系称为 p-π 共轭体系。下列三个例子代表不同类型的 p-π 共轭体系。

（1）多电子共轭体系

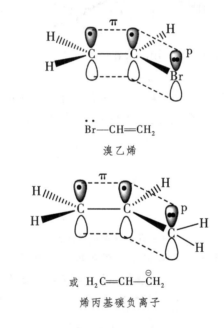

$\overset{..}{Br}$—CH=CH_2

溴乙烯

或 $H_2C=CH-\overset{\ominus}{C}H_2$

烯丙基碳负离子

（2）缺电子共轭体系

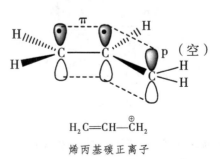

$H_2C=CH-\overset{\oplus}{C}H_2$

烯丙基碳正离子

有机化学

(3) 等电子共轭体系

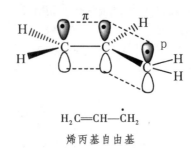

$H_2C{=}CH{-}\dot{C}H_2$

烯丙基自由基

(4) 超共轭体系　碳氢 σ 轨道与相邻 π 轨道(或 p 轨道)之间发生的一定程度的重叠,叫作 σ-π(或 σ-P)超共轭。这种体系中,由于 σ 轨道与 π 或 p 轨道并不完全平行,轨道之间重叠程度较小,所以称为超共轭体系。超共轭体系比共轭体系弱,稳定性差,共轭能小。丙烯的 σ-π 超共轭体系如下图所示。

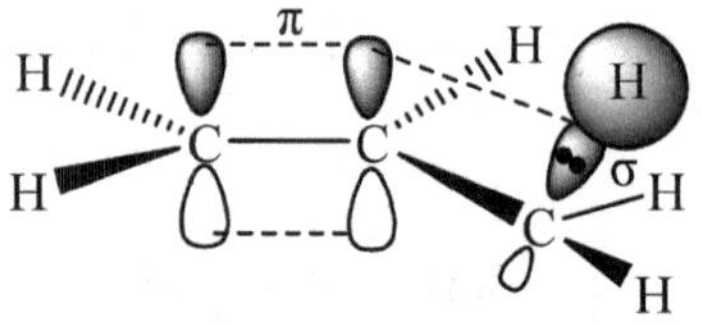

$CH_3{-}CH{=}CH_2$

σ-π 超共轭

在丙烯分子中,由于 C—C 单键的转动,甲基中的三个 C—H σ 键轨道都有可能与 π 轨道在侧面交盖,参与超共轭。由此可知,在超共轭体系中,参与超共轭的 C—H 键越多,超共轭效应越强,化合物也越稳定,例如:

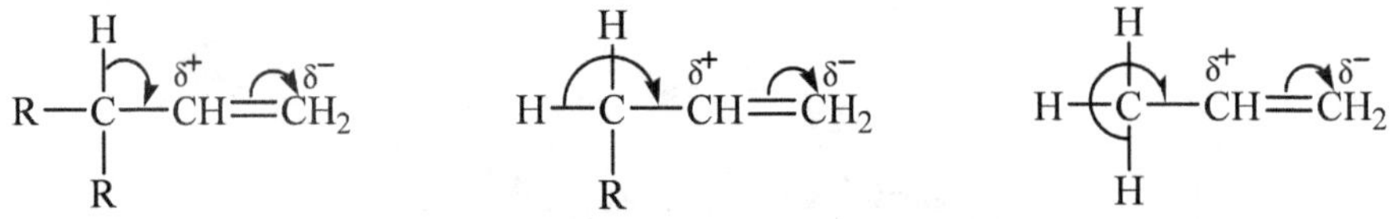

1 个 C—H σ 键参与超共轭　　2 个 C—H σ 键参与超共轭　　3 个 C—H σ 键参与超共轭

和许多烯烃类似,许多碳正离子和自由基也存在超共轭效应。在碳正离子中,带正电荷的碳原子是 sp^2 杂化,余下的一个 p 轨道是空着的,因此也存在 σ 键轨道与 p 轨道在侧面相互交盖(σ-p 超共轭),如下图所示,即存在着超共轭效应,使正电荷分散,故碳正离子得到稳定。

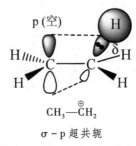

$CH_3{-}\overset{\oplus}{C}H_2$

σ-p 超共轭

参与超共轭的 C—H σ 键轨道越多,则正电荷的分散程度越大,碳正离子越稳定。碳正离子的稳定性由大到小的顺序是 $3°C^+ > 2°C^+ > 1°C^+ > CH_3^+$。

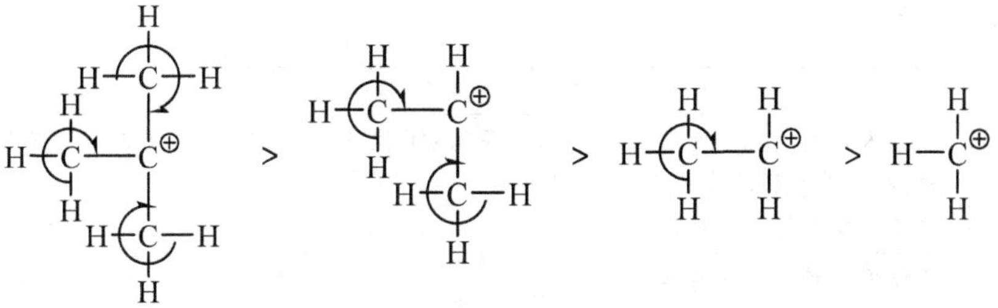

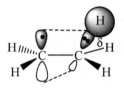

与碳正离子相似,许多自由基中也存在超共轭。如下图所示:

由于超共轭效应的存在,自由基得到稳定,参与 C—H σ 键轨道越多,自由基越稳定,所以自由基的稳定顺序同样是 3°>2°>1°。

通过以上的例子,不难看出共轭体系有以下特点:

(1)形成共轭体系的原子都在同一个平面上。
(2)必须有可以实现平行重叠的 p 轨道,还要有一定数量的供成键用的 p 电子。
(3)键长平均化。

知识拓展

自由基

在生活中经常遇见这样的现象:人老了皮肤有皱纹、橡胶制品用久了变硬变黏、塑料制品用久了变硬易裂、食用油放久了变质等,这些现象称为老化。老化的原因是空气中的氧进入具有活泼氢的各种分子而发生自动氧化反应,继而再发生其他反应。

生物体内的许多化学反应都与氧有关。氧的一些代谢产物及其含氧的衍生物,由于它们都含有氧,并具有较氧活泼的性质,故称为活性氧。活性氧一般是指超氧阴离子自由基($\cdot O_2^-$)、羟基自由基($\cdot OH$)、单线态氧($^1O_2$)和过氧化氢(H_2O_2)。由它们可衍生含氧有机自由基(RO·)、有机过氧化物自由基(ROO·)和过氧化物(RCOOH)。

生物自由基的来源有外源性和内源性两种。外源性自由基是由物理或化学等因素产生的,内源性自由基是由体内的酶促反应和非酶促反应产生的。

在生理状况下,机体一方面不断产生自由基,另一方面又不断清除自由基。处于产生于清除平衡状态的生物自由基,不仅不会损伤机体,还参与机体的生理代谢,也参与前列腺素和ATP(腺苷三磷酸)等生物活性物质的合成。当吞噬细胞在对外源性病原微生物进行吞噬时,就生成大量活性氧以杀灭之。一旦自由基的产生和清除失去平衡,过多的自由基就会造成对机体的损害,可使蛋白质变性、酶失活、细胞及组织损伤,从而引起多种疾病,并可诱发癌症和导致衰老。

有机化学

考点提示

项目	考 点
烷烃	1. 烷烃的系统命名。命名时运用三个原则：①找最长链；②给主链编号；③写出烷烃的全称，取代基按照次序规则 2. 烷烃的自由基取代反应
烯烃	1. 烯烃的命名与顺反异构 2. 烯烃的亲电加成反应(与氢卤酸、卤素、硫酸、水、次卤酸的加成)，马氏规则，反马氏规则 3. 烯烃的氧化(高锰酸钾、臭氧化)
炔烃	1. 炔烃的命名 2. 炔氢的反应
二烯烃	亲电加成反应(1,2-加成和 1,4-加成)

目标检测

1. 用系统命名法命名下列化合物

(1) CH₃CHCH₂CH₃
         |
        CH₂CH₃

(2) CH₃CH₂CHCH₂CH₃
           |
          CH(CH₃)₂

(3)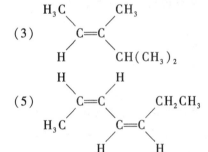

(4) (CH₃)₃CCH₂C≡CH

(5)
```
    H       H
     \     /
      C = C
     /     \
   H₃C      CH₂CH₃
            |
            C = C
           /     \
          H       H
```

(6) CH₃CH=CHCHC≡CH
              |
             CH₂CH₃

(7) (CH₃CH₂)₂C=CCH₂CH₃
                |
               CH₃

(8) H₂C=CHCHCH₂C=CH₂
           | |
          CH₃   CH₃

2. 写出下列化合物的结构式

(1) 2,2-二甲基-4-异丙基庚烷

(2) 3-甲基-3-戊烯-1-炔

(3) 2,3-二甲基-2-丁烯

(4) 顺-3,4-二甲基-3-庚烯

(5) 4-甲基-2-己炔

(6) 3-甲基-1,4-戊二烯

3. 完成下列反应式

(1) H₃C—CH=CH₂ + Cl₂ ⎯→ [500℃ / 室温 / H₂O]

(2) $H_3C-CH_2-\underset{\underset{CH_3}{|}}{C}=CH_2$ + HCl ⟶

(3) $\underset{\underset{H_3C}{|}}{\overset{H_3CH_2C}{|}}C=CH_2 \xrightarrow{\text{HBr}}_{\text{RCOOR'}}$

(4) $\underset{\underset{H_3C}{|}}{\overset{H_3CH_2C}{|}}C=CH_2 \xrightarrow{1.\ O_3}_{2.\ Zn+H_2O}$

(5) $H_3C-CH_2-CH=CH_2 \xrightarrow{\text{冷、稀 KMnO}_4 \text{水溶液}}$

(6) $\underset{\underset{CH_3}{|}}{H_2C=CCH_2CH_3} \xrightarrow{\text{KMnO}_4 \text{酸性溶液}}$

(7) 丁二烯 + 马来酸酐 $\xrightarrow{\Delta}$

(8) $H_2C=CH-CH=CH_2$ + HBr $\xrightarrow[\Delta]{\overset{\text{低温}}{\text{CHCl}_3}}$

(9) $H_3C-\underset{\underset{CH_3}{|}}{CH}-C\equiv CH + [Cu_2(NH_3)_4]Cl_2 \longrightarrow$

4. 用化学方法鉴别下列各组化合物

(1) 戊烷、1-戊烯、1-戊炔

(2) 1-丁炔、2-丁炔、1,3-丁二烯

5. 按与 HBr 加成活性增加次序排列下列化合物

(1) $H_2C=CH_2$ (2) $(H_3C)_2C=CH_2$ (3) $H_3C-CH=CH_2$ (4) $H_2C=CHCl$

6. 有三种化合物 A、B、C,分子式均为 C_5H_8,且都能使溴溶液褪色。A 能与硝酸银的氨溶液作用生成灰白色沉淀,B、C 则不能。当用酸性高锰酸钾溶液氧化时,A 得到 $CH_3CH_2CH_2COOH$ 和 CO_2,B 得到 CH_3COOH 和 CH_3CH_2COOH,C 得到 $HOOC-CH_2COOH$(丙二酸)和 CO_2。试推测 A、B、C 的构造式。

7. 具有相同分子式的两种化合物,分子式为 C_5H_8,经氢化后都可以生成 2-甲基丁烷。它们可以与 2 分子溴加成,但其中一种可使硝酸银氨溶液产生白色沉淀,另一种则不能。试推测这两个异构体的结构式,并写出各步反应式。

(霍丽妮)

第三章 环烷烃

学习目标

【掌握】环烷烃的系统命名,环丙烷的开环加成反应。
【熟悉】环烷烃的相对稳定性。
【了解】影响环稳定性的因素。

环烃是指具有环状碳架结构的烃类,根据环烃的结构和性质不同,又可分为脂环烃和芳香烃。

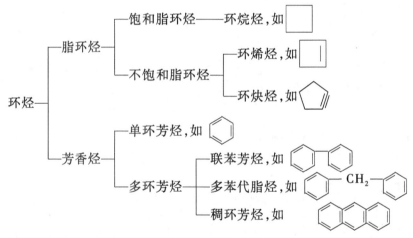

由于环烷烃的一些特殊结构和性质,因此本章主要讨论环烷烃。

第一节 环烷烃的分类和命名

一、环烷烃的分类

根据环烷烃分子中碳环的数目多少分类,只含一个碳环的称单环烷烃,含两个或以上的称为多环烷烃。单环烷烃根据成环碳原子数目的不同,又可分为三碳、四碳的小环;五碳、六碳的中环和七碳以上的大环。其中五碳和六碳的环烷烃最为稳定,也最为重要和常见。多环烷烃又可以根据环与环之间的连接形式不同进行分类。环与环之间共用一个碳原子的多环烷烃称为螺环烷烃,环与环之间共用两个及以上碳原子的多环烷烃称为桥环烷烃。

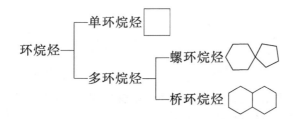

二、环烷烃的命名

(一) 单环烷烃的命名

单环烷烃在组成上,比相应的开链烷烃少两个氢原子,通式为 C_nH_{2n}。命名也与开链烷烃相似,将名称前冠以"环"字即可,如环丙烷、环丁烷等。

若环上有取代基,则以环烷烃为母体,取代基作支链,以最简单取代基连接的环碳开始给碳环编号,确定取代基的位次,称为"某基环某烷"。

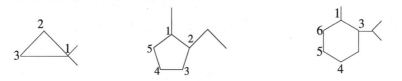

若环上取代基比较复杂时,环烃部分也可作为取代基。

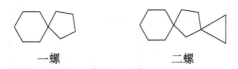

(二) 螺环烃的命名

螺环烃是指环与环之间共用一个碳原子的多环烃,共用的碳原子称为螺原子,根据螺原子的数目称为一螺、二螺等。

一螺环也称单螺环,命名时可以将"一"省去。命名原则是根据环上碳原子的总数称为螺某烷,在螺与某烷之间加一方括号,其中用阿拉伯数字标明除螺原子外的每个环上碳原子的数目,按照由小到大的顺序排列,数字与数字之间用下角圆点隔开。

螺[4.5]癸烷 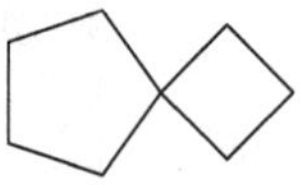　　　　　螺[3.4]辛烷

当螺环烃上带有取代基时,则从螺原子的邻位碳原子开始,先给小环编号,经过螺原子后再给大环编号,以确定螺环烃上的取代基位次。

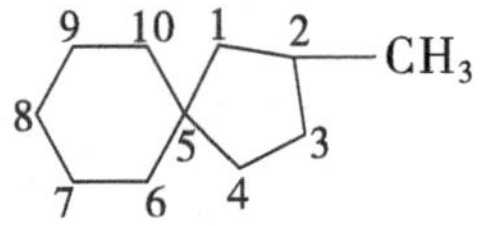

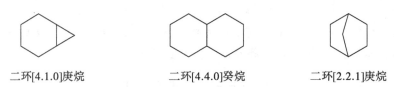

2-甲基螺[4.5]癸烷 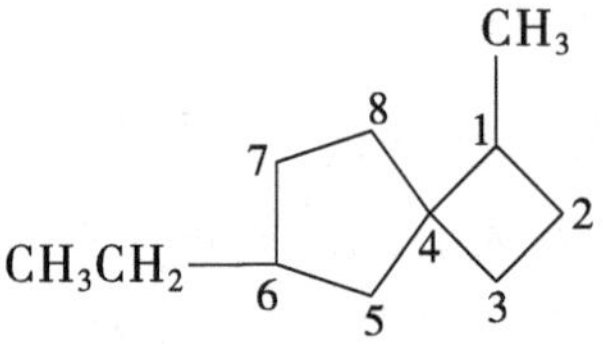　　　　　1-甲基-6-乙基螺[3.4]辛烷

(三) 桥环烃的命名

桥环烃是指环与环之间共用两个及以上碳原子的多环烃。共用的碳原子称为桥头(或称桥墩)碳原子,从桥头一端到另一端的碳链称为桥路,在桥环中最重要的是二环桥环烃。如下例名称中的二环表示桥环烃中环的数目,庚烷表示桥环烃中环上所有碳原子数目,方括号中的数字表示除两桥头碳原子之外各桥路上的碳原子数,按从大到小顺序排列,各数字之间用下角圆点隔开。

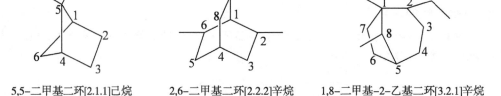

二环[4.1.0]庚烷　　　　二环[4.4.0]癸烷　　　　二环[2.2.1]庚烷

当桥环烃上带有取代基时,则按先大环后小环的顺序编号。从一个桥头碳原子开始沿最长桥路到另一桥头碳原子,再沿次长桥路回到第一个桥头碳原子,最短的桥路最后编号。

5,5-二甲基二环[2.1.1]己烷　　2,6-二甲基二环[2.2.2]辛烷　　1,8-二甲基-2-乙基二环[3.2.1]辛烷

第二节　环烷烃的性质

一、环烷烃的物理性质

单环烷烃不溶于水,熔沸点也随分子中碳原子数的增加而逐渐增大,分子对称性和分子之间的接触面均比烷烃要高和大,因而熔沸点比相同碳原子数的烷烃要高。密度也比相应的烷

烃要高一些。部分单环烷烃的物理常数见表 3-1。

表 3-1 几种单环烷烃的物理常数(常温常压)

名称	分子式	熔点(℃)	沸点(℃)	相对密度(g/ml)
环丙烷	C_3H_6	-127.6	-32.9	0.720(-79℃)
环丁烷	C_4H_8	-80	12	0.703(0℃)
环戊烷	C_5H_{10}	-93	49.3	0.745
甲基环戊烷	C_6H_{12}	-142.4	72	0.779
环己烷	C_6H_{12}	6.5	80.8	0.779
甲基环己烷	C_7H_{14}	-126.5	100.8	0.769
环庚烷	C_7H_{14}	-12	118	0.810
环辛烷	C_8H_{16}	11.5	148	0.836

二、环烷烃的化学性质

单环烷烃与烷烃相比,分子内原子间均以 σ 单键结合,所以化学性质非常相似,但单环烷烃由于碳链成环,结构与烷烃不完全相同,因而化学性质也有不同于烷烃之处。总体上单环烷烃较为稳定,一般与强酸、强碱、强氧化剂等试剂均不反应。

(一) 氧化反应

不论是大环或小环环烷烃的氧化反应都与烷烃相似,在通常条件下不易发生氧化反应,在室温下它不与高锰酸钾水溶液反应,因此这可作为环烷烃与烯烃、炔烃的鉴别反应。但在高温和催化剂作用下,环烷烃也可被氧化,在更强烈的条件下发生开环反应。

$$\text{环己烷} \xrightarrow[140\sim180℃\ 1\sim2.5MPa]{\text{钴},O_2} \text{环己醇} + \text{环己酮}$$

$$\text{环己烷} \xrightarrow[\text{或} HNO_3,\Delta]{\text{钴},O_2,HAc,100℃} \begin{array}{c} CH_2CH_2COOH \\ | \\ CH_2CH_2COOH \end{array}$$

(二) 卤代反应

环戊烷和环己烷等因结构与烷烃更为相似,较容易发生取代反应。例如环己烷与溴,在高温或光照下能发生卤代反应,生成卤代环烷烃及卤化氢。与烷烃卤代反应一样,环烷烃的卤代也属于自由基取代反应。

$$\text{环己烷} + Cl_2 \xrightarrow{\text{紫外光}} \text{氯代环己烷}$$

$$\text{环丙烷} + Br_2 \xrightarrow{\text{高温}} \text{溴代环丙烷}$$

有机化学

(三)加成反应

小环环烷烃因分子中存在弯曲幅度较大的 σ 单键,很容易受外界电场作用而断裂,发生加成反应。

1. 与氢气加成

在催化剂作用下,能与氢气发生开环加成生成相应的烷烃。

$$\triangle + H_2 \xrightarrow{Ni}_{80℃} CH_3CH_2CH_3$$

$$\square + H_2 \xrightarrow{Ni}_{200℃} CH_3CH_2CH_2CH_3$$

$$\pentagon + H_2 \xrightarrow{Ni}_{300℃} CH_3CH_2CH_2CH_2CH_3$$

从反应形式上看,氢气中两个氢原子分别连接到被打开的碳环两端碳原子上,产物转变为开链化合物,这类反应称为开环加成反应。环己烷及更高级的环烷烃则较难发生开环反应。

2. 与卤素加成

环丙烷常温下就能与卤素发生开环加成反应。环丁烷只有在加热时才能发生开环加成。环戊烷和环己烷等环烷烃也很难与卤素发生开环加成反应。

$$\triangle + Br_2 \xrightarrow[\text{室温}]{CCl_4} \underset{Br}{CH_2}CH_2\underset{Br}{CH_2}$$

$$\square + Br_2 \xrightarrow{\Delta} \underset{Br}{CH_2}CH_2CH_2\underset{Br}{CH_2}$$

3. 与卤化氢加成

环丙烷及其衍生物很容易与卤化氢发生加成反应而开环,开环发生在含氢最多和含氢最少的两个碳原子之间,加成遵守马氏规则。

$$\overset{CH_3}{\triangle} + HBr \xrightarrow{\text{室温}} CH_3\underset{Br}{CH}CH_2CH_3$$

$$\overset{CH_3\ CH_3}{\triangle} + HBr \xrightarrow{\text{室温}} CH_3\underset{Br}{\overset{CH_3}{C}}CH_2CH_3$$

$$\overset{CH_3}{\square} + HI \longrightarrow CH_3CH_2CH_2\underset{I}{CH}CH_3$$

同样,环戊烷和环己烷等环烷烃也很难与卤化氢发生开环加成反应。

从上述反应不难看出,环丙烷和环丁烷最为活泼,容易发生开环加成;环戊烷和环己烷等相对稳定,较难开环,容易发生取代。但是两类环烷烃都难发生氧化,即便是最活泼的环丙烷也不能被高锰酸钾氧化。

第三节 环烷烃的相对稳定性

从上述化学性质可以看出,环的稳定性与环的大小有关,三碳环最不稳定,四碳环比三碳环稍稳定一些,五碳和六碳环比较稳定。为了从结构上对这一事实给出较为合理的解释,1885年 Baeyer 提出了张力学说。

一、Baeyer 张力学说

Baeyer 假定成环碳原子都在同一平面上,且成环后形成特定的键角。环丙烷分子呈正三角形,键角为 60°。环丁烷是正四边形,键角为 90°。环戊烷为正五边形,键角为 108°。环己烷是正六边形,键角是 120°。根据饱和碳原子 sp^3 杂化轨道成键后正常键角应为 109.5°,环烷烃的键角与正常键角比较,均存在一定的角度偏差,环烷烃分子的键角有恢复到正常键角的倾向,因而环产生了张力,这个张力称为角张力。环的键角偏离正常键角 109.5°越大,则环中张力越大,环越不稳定,所以环丙烷不如环丁烷稳定,环戊烷和环己烷比较稳定。Baeyer 张力学说比较直观地说明了环的稳定性与环大小的关系,对于初学者认识环烷烃性质很有帮助。但 Baeyer 张力学说是建立在成环碳原子都在同一平面这一假定基础上的,与实际情况并不完全相符。

二、现代价键理论

根据现代价键理论的观点,成键原子之间要形成化学键,必须使成键两原子各自的成键轨道处于最大重叠的位置,才能形成稳定的共价键。环烷烃的饱和碳原子 sp^3 杂化轨道成键后键角应为 109.5°,但是环丙烷分子中任两个碳原子的 sp^3 杂化轨道不可能在两原子直线方向上呈 60°角完成最大重叠。根据现代物理仪器研究发现,环丙烷分子中的 sp^3 杂化轨道在两碳原子连线之外发生了部分重叠,形成弯曲状重叠的弯曲键,见图 3-1。

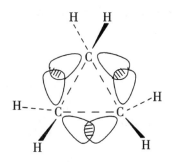

图 3-1 环丙烷分子中的 σ 键

该键比烷烃中的 σ 键弱,容易受外界电场作用,而发生断键,因而环丙烷化学性质最不稳定。随着环的增大,环内部角度逐渐增大。根据 X 射线的研究,除环丙烷之外,成环碳原子并不都在同一平面上,这更使得环烷烃分子内的键角逐渐与正常键角 109.5°靠近。因而,环戊

有机化学

烷和环己烷(环己烷的键角是正常的 109.5°)比较稳定。环己烷的立体结构会在第四章立体异构中讲述。

根据热化学实验,同样可以证明环的大小与其稳定性的关系,各种环烷烃在燃烧时,由于环的大小不同,化合物中每个—CH_2—的燃烧热也不同,见表 3-2。所谓燃烧热是指 1mol 化合物生成 CO_2 和 H_2O 时放出的能量。从表中可以看出,由环丙烷到环戊烷,每个—CH_2—的燃烧热逐渐降低。说明环越小,能量越高,越不稳定。六元环以上的环烷烃,每个—CH_2—的燃烧热具有较低值并趋于稳定,说明他们是稳定的。

表 3-2 常见环烷烃的燃烧热(kJ/mol)

名称	成环碳原子数	燃烧热	每个—CH_2—的平均燃烧热
环丙烷	3	2091.3	697.0
环丁烷	4	2744.1	686.2
环戊烷	5	3320.1	664.0
环己烷	6	3951.7	658.6
环庚烷	7	4636.7	662.3
环辛烷	8	5310.0	664.0
环十五烷	15	9885.0	664.0
开链烷烃	—	—	659.0

知识拓展

石油是环烷烃的主要来源,石油中所含的环烷烃主要是五元、六元环烷烃的衍生物,例如下面几个最重要的烷基取代的环烷烃:

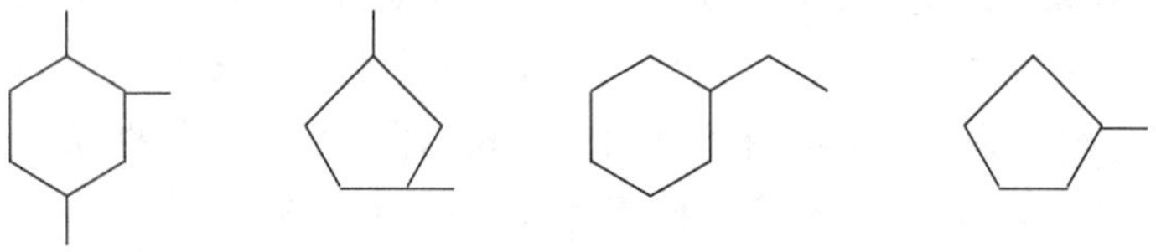

此外,石油中还含有溶于碱溶液中的酸性物质,称为环烷酸,它们是环戊烷和环己烷的衍生物,可以用下列一般式代表:

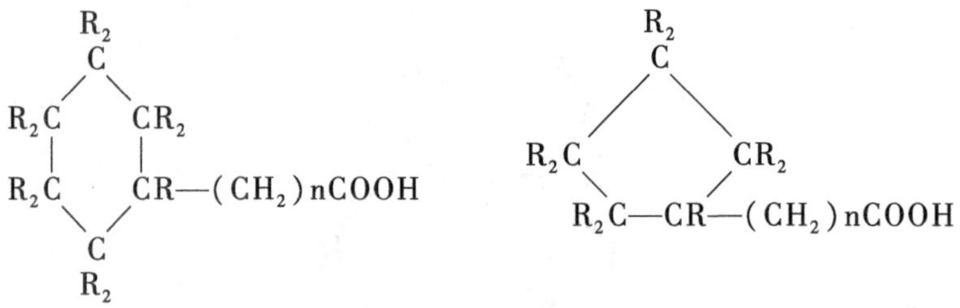

环己烷及环戊烷不仅是汽油及润滑油的重要成分,还是制造许多塑料及纤维的原料。现在用大量的苯通过加成还原来制造环己烷。

第三章 环烷烃

考点提示

项目	考 点
分类和命名	1. 单环烷烃 2. 多环烷烃(螺环、桥环)
环烷烃的性质	1. 物理性质 2. 化学性质(环烷烃的化学性质既与烷烃相似,具有饱和性、不活泼,在一定条件下发生取代反应;也与烯烃相似,具有不饱和性,发生加成反应而开环)
环烷烃的稳定性	拜耳的张力学说 近代电子理论对环稳定性的解释

目标检测

1. 写出下列化合物的结构式或命名结构式

(1) 甲基环己烷　　　　　　　　　　　(2) 环己基环己烷

(3) 二环[2.2.1]庚烷　　　　　　　　　(4) 1-氯二环[2.2.2]辛烷

(5) 2,4-二甲基螺[2.4]庚烷　　　　　(6) $CH_3CHCH_2CH_2CHCH_3$

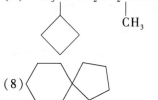

(7) 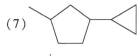 　　　　　　　　(8)

(9)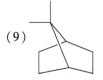

2. 试用化学方法鉴别下列各组化合物

(1) 环丙烷和丙烷　　(2) 环戊烷和1-戊烯　　(3) 环丙烷和环己烷

3. 完成下列反应

(1) 　　　　(2)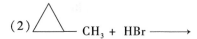

(3)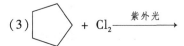

(王　蓓)

第四章 立体异构

学习目标

【掌握】构象异构、顺反异构及旋光异构的概念;乙烷、丁烷、环己烷的稳定构象;顺反异构的标记法;手性化合物的 R/S、D/L 构型标记法,费歇尔投影式的书写方法。

【熟悉】物质的旋光性、分子的手性和分子的对称性之间的关系以及对映体、非对映体。

【了解】对映体与非对映体之间的结构和性质的差异、了解外消旋体、内消旋体的区别。

有机化合物种类繁多的一个重要因素,就是同分异构现象非常普遍。有机化合物的同分异构可分为两大类,即构造异构和立体异构。构造异构是分子式相同,而分子中原子相互连接的顺序和方式不同所产生的异构现象,它包括四种类型,即碳链异构、官能团位置异构,官能团异构和互变异构。立体异构是指分子的构造相同,而分子中原子或基团在空间的排列方式不同而产生的异构现象。立体异构分为顺反异构(几何异构)、对映异构(旋光异构)、构象异构三类,见表 4-1。

表 4-1 有机化合物的同分异构现象

	异构现象	举例	
构造异构	碳链异构	$CH_3CH_2CH_2CH_2CH_3$	$CH_3\underset{\underset{CH_3}{\vert}}{C}HCH_2CH_3$
	位置异构	$CH_3CH_2CH_2OH$ 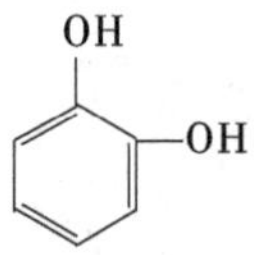	$CH_3\underset{\underset{OH}{\vert}}{C}HCH_3$ 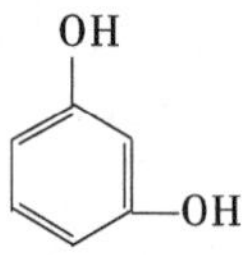
		(邻苯二酚 OH, OH)	(间苯二酚 OH, OH)
	官能团异构	$CH_3CH_2OCH_2CH_3$	$CH_3CH_2CH_2CH_2OH$
	互变异构	$CH_3\overset{O}{\overset{\|}{C}}CH_2COOCH_2CH_3$	$\rightleftharpoons CH_3\overset{OH}{\overset{\|}{C}}=CHCOOCH_2CH_3$

续表

异构现象		举例
立体异构	构象异构	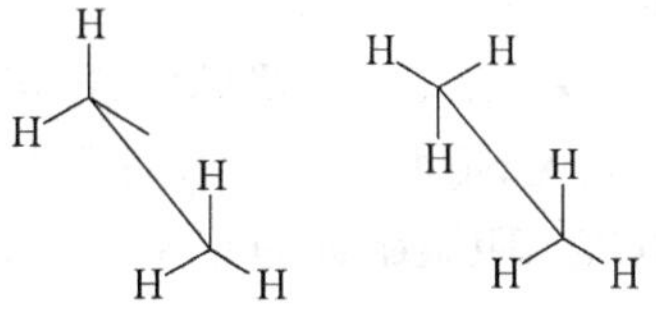 (构象异构结构图示)
	顺反异构	(顺式与反式结构图示)
	旋光异构	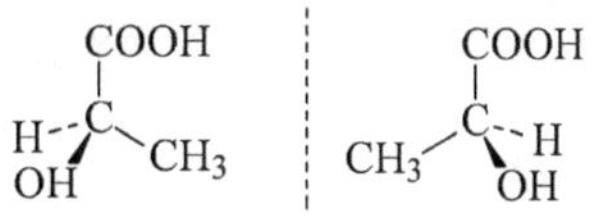 (一对对映异构体结构图示)

1. **顺反异构**

顺反异构是在有双键或环状结构的分子中,由于分子中与双键或环相连接的原子或基团的自由旋转受阻碍,存在不同的空间排列而产生的立体异构现象,又称几何异构。

2. **对映异构**

任何一个不能和它的镜像结构完全重叠的分子就叫作手性分子,这种异构现象又称为手性异构,它的一个物理性质就是能使偏振光的方向发生偏转,具有旋光活性,因此又称旋光异构。

3. **构象异构**

构象异构是构造式相同的化合物,由于 σ 单键的旋转,使连接在碳上的原子或原子团,在空间的排布位置随之发生变化产生的立体异构现象。

第一节 构象异构

在有机化学的发展史中,对分子结构的认识经历了一个较长的历史过程,最初认为单键可以自由旋转,不受任何阻碍。随着实验和理论研究的逐步深入,到了 20 世纪 30 年代才认识到即便像乙烷(CH_3—CH_3)这样简单的分子,碳碳单键的旋转也不是自由的,需要克服一定的能量(约 12.6kJ/mol)才能转动,于是提出了构象的概念。

一、乙烷的构象

(一)构象的概念

乙烷是最简单的 C—C 单键化合物。在乙烷分子中,如果固定一个甲基,使另一个甲基绕 C—C 单键转动,两个甲基上的氢原子的相对位置就会不断地变化,形成不同的空间排列方式。这种由于绕单键旋转而产生的分子中原子或基团在空间的不同排列方式叫作构象。

有机化学

C—C单键的旋转角度可以无穷小,排列方式也就无穷多,也就是说乙烷分子的构象有无穷多个。

(二)构象的表示方法

表示构象一般用透视式和纽曼投影式两种方法,透视式又称锯架式,透视式是从侧面观察分子、夸大键的长度,把所有原子和键都画出来。纽曼投影式是在C—C键的延长线上观察分子,用三线交点表示距眼睛近的碳原子,用圆圈表示距眼睛远的碳原子,每个碳原子上的三个C—H键互呈120°角,乙烷的构象可用两种方法表示,如图4-1所示。

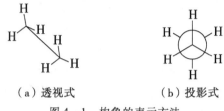

(a)透视式　　(b)投影式

图4-1　构象的表示方法

(三)乙烷的典型构象

乙烷分子的构象有无穷多个,在众多构象中,两个甲基相互重叠,两个碳原子上氢原子彼此距离最近的构象,叫作重叠式(图4-2)。从重叠式开始,保持一个甲基不动,另一个甲基绕C—C单键旋转,当转动60°角时,两个甲基正好交叉,两个碳原子上的氢原子彼此距离最远,这种构象叫作交叉式(图4-3),重叠式和交叉式是乙烷的典型构象。

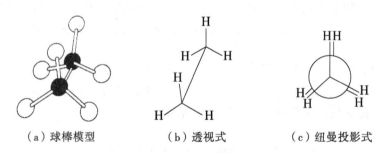

(a)球棒模型　　(b)透视式　　(c)纽曼投影式

图4-2　乙烷的重叠式构象

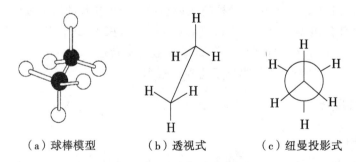

(a)球棒模型　　(b)透视式　　(c)纽曼投影式

图4-3　乙烷的交叉式构象

继续使这个甲基绕C—C单键转动至120°、240°、360°时的构象为重叠式,转动至180°、

300°时的构象为交叉式。图 4-4 是乙烷分子典型构象和能量变化曲线。

（1）重叠式（或顺叠式）　　（2）交叉式（或反叠式）
转动角度②=0°，120°，240°，360°　　转动角度=60°，180°，300°

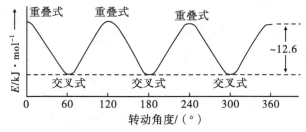

图 4-4　乙烷的构象和能量变化

不同构象，分子的能量是不同的，其稳定性当然也不同。在乙烷的无数构象中，能量最低、稳定性最高的是交叉式；能量最高，稳定性最差的是重叠式。两者之间的能量差为 12.6kJ/mol，其他构象的能量介于这两者之间。图 4-4 是乙烷不同构象间的能量变化曲线。可以看出，乙烷从交叉式旋转到重叠式必须克服 12.6kJ/mol 的能量，这个能量来自两个碳原子的 C—H 键的 σ 电子对的相互斥力。交叉式中，乙烷分子中两个碳原子上的 C—H 键距离最远，σ 电子对之间斥力最小，所以能量最低。从交叉式开始，一个甲基保持不动，另一个甲基绕 C—C 单键旋转，两个碳原子上 C—H 键距离越来越近，σ 电子对之间的斥力也越来越大，分子的能量也越来越高。达到重叠式时，两个碳原子上的 C—H 键距离最近，σ 电子对之间斥力最大，分子的能量也最高。室温下，分子具有的能量足以使分子处于高速转变之中，温度越高，这种转变越快，分子处于无数构象的动态平衡之中。但大部分时间分子处于能量最低的交叉式构象，这种构象称为优势构象。

二、丁烷的构象

（一）丁烷的典型构象

丁烷的构象比乙烷复杂得多，为简便起见，把丁烷看成是乙烷的二甲基衍生物，固定 C_1、C_2 不动，讨论 C_4 沿 C_2—C_3 单键旋转所形成的构象，在无数构象中，有图 4-5 所示的四种典型构象。

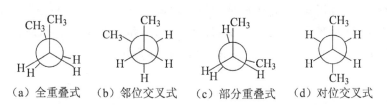

（a）全重叠式　　（b）邻位交叉式　　（c）部分重叠式　　（d）对位交叉式

图 4-5　丁烷的典型构象

有机化学

以全重叠式为始点，旋转 60°、300°是邻位交叉式，旋转 120°、240°是部分重叠式，旋转 180°是对位交叉式，旋转 360°是全重叠式。

(二) 丁烷构象的能量变化

几种典型构象的分子能量高低为：全重叠式 > 部分重叠式 > 邻位交叉式 > 对位交叉式。其能量变化如图 4-6 所示，丁烷的优势构象为对位交叉式。

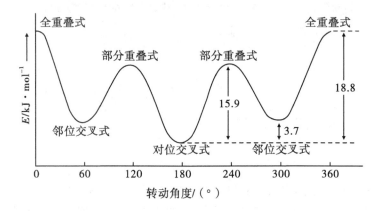

图 4-6 丁烷构象的能量变化曲线

丁烷构象的能量变化是由于 C_2、C_3 原子上的甲基和氢原子的相对位置产生的，在对位交叉式中，σ 键电子对之间的斥力最小，C_2 和 C_3 原子上的甲基与甲基距离最远，非键斥力（范德华排斥力）也最小，能量最低，是优势构象。其次是邻位交叉式构象，能量较低。再次是部分重叠式构象，能量较高。能量最高是全重叠式，σ 键电子对之间斥力最大，C_2、C_3 原子上的两个甲基距离最近，非键张力也最大。这些构象之间的能量差不太大，在室温下可以通过 C_2—C_3 键旋转相互转化，达到动态平衡，优势构象的对位交叉式约占 72%，邻位交叉式约占 28%，部分重叠和全重叠式极少。

三、环己烷的构象

(一) 椅式与船式构象

在环己烷中，六个碳原子均为 sp^3 杂化，碳原子之间保持 109.5°的键角。由于 C—C 单键的转动，环己烷也有无数种构象，其中有两种典型构象如图 4-7 所示，值得研究。一种是 C_1、C_2、C_4、C_5 四个碳原子在同平面内，C_3 和 C_6 两个原子分别在平面的上面和下面，其形状就像一把椅子，C_3 像椅背，C_6 像椅腿，这种构象称为椅式构象。另一种是 C_1、C_2、C_4、C_5 四个原子在同一平面内，C_3 和 C_6 两个原子都在平面上面，形状像船，C_3 和 C_6 两原子分别是船头和船尾，这种构象称为船式，环己烷的构象用透视法表示，如图 4-7 所示。

第四章 立体异构

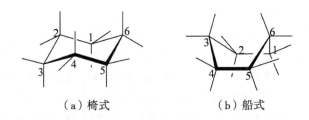

（a）椅式　　　　　（b）船式

图 4-7　环己烷的两种典型构象

环己烷的椅式构象中，任何两个相邻的 C—H 键和 C—C 键都是邻位交叉的，非键合的两个氢原子的最近距离为 0.25nm，它既无角张力，也无扭转张力，是无张力环。在船式构象中 C_1、C_2、C_4、C_5 原子上的 C—C 和 C—H 键都处于全重叠构象，船头和船尾的 C_3 和 C_6 两原子各有一个 C—H 键，伸向船内，两氢原子间的距离为 0.183nm，小于正常的非键合距离（0.24nm），互相排斥，船式构象既有扭转张力又有非键张力，它的能量比椅式高，不稳定，如图 4-8 所示。

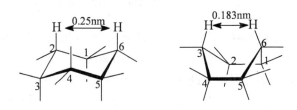

图 4-8　环己烷的椅式和船式结构

室温下，在环己烷构象的平衡体系中，椅式构象约占 99.9%，船式约为 0.1%，椅式构象为环己烷的优势构象。

（二）直立键和平伏键

在环己烷的椅式构象中，C_1、C_3、C_5 在同一平面上，C_2、C_4、C_6 在另一平面上，两平面相互平行，电子衍射实验证实这两个平面的距离为 0.05nm。在椅式构象中可以把 12 个 C—H 键分成两类，一类是垂直于 C_1、C_3、C_5 平面和 C_2、C_4、C_6 平面的 6 个 C—H 键，称为直立键，或 a 键；另一类是与 C_1、C_3、C_5 平面和 C_2、C_4、C_6 平面近似平行的 6 个 C—H 键，称为平伏键，或 e 键，如图 4-9 所示。

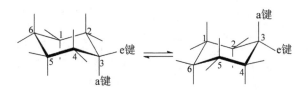

图 4-9　环己烷 a 键和 e 键的转变

环己烷分子在不停地做热运动，它可以由一种椅式构象翻转成另一种椅式构象，在翻转过程中，原来的 a 键就变成 e 键，原来的 e 键则变成了 a 键。

(三)环己烷衍生物的构象

此处重点介绍一取代环己烷的构象。

在椅式环己烷构象中,每个碳原子各有一个 a 键和一个 e 键,C_1、C_3、C_5 上的 3 个 a 键在同一侧,C_2、C_4、C_6 上的 3 个 a 键在另一侧,同侧 a 键上的氢原子距离很近,是 0.25nm。6 个 e 键中,相邻两个碳原子的 e 键上的氢原子相距却很远。当环己烷分子中的一个氢原子被其他原子或基团如甲基取代时,取代基可以以 a 键、也可以以 e 键与环相连,这就产生两种不同构象异构体,即 a 型和 e 型,如图 4-10 所示。

图 4-10 甲基环己烷的两种构型

在一取代环己烷中,取代基在 e 键上比在 a 键上稳定,一般以 e 键的构象为主。因为取代基在 e 键的构象,取代基伸向环外,与相邻碳原子上的氢原子距离较远,排斥作用很小。而取代基在 a 键上的构象,取代基与同侧 a 键的氢原子距离很近,有较大的排斥作用,甲基环己烷主要以 e 型构象为主。取代基越大,在 e 键上的构象的比率越大,甲基环己烷,在 e 键上的构象占 95%,在 a 键上的构象占 5%;异丙基环己烷构象中,异丙基在 e 键上的构象占 97%,在 a 键上的构象占 3%。因此,在一取代环己烷中 e 型构象是优势构象。

四、十氢萘的构象

十氢萘可以看作是萘的加氢产物,其环的编号与萘相似。

十氢萘的构象可以看成是两个环己烷椅式构象并合而成的。根据环的并合方式不同,十氢萘的构象分为两种:反十氢萘和顺十氢萘。

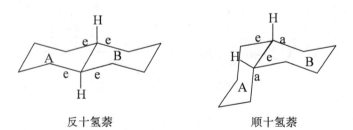

反十氢萘　　　　　顺十氢萘

在反十氢萘中,两环以 ee 键稠合,即 C_1 和 C_4 处于 B 环的 e 键上,C_5 和 C_8 处于 A 环的 e 键上;在顺十氢萘构象中,两环以 ae 键稠合,即 C_1 处于 B 环的 a 键上,C_4 处于 B 环的 e 键上,C_5 处于 A 环的 a 键上,C_8 处于 A 环的 e 键上。反十氢萘构象比较稳定,两种构象能量相差

8.7kJ/mol。为了书写方便,十氢萘也常用平面表示。

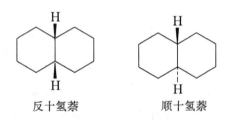

反十氢萘　　　　　顺十氢萘

第二节　顺反异构

一、顺反异构现象

(一)限制单键旋转的因素

在有机化合物中,共价单键(σ键)是可绕键轴自由旋转的,因此化合物中各原子或原子团的空间位置不是固定不变的。但有两种情况会限制σ键的自由旋转。

1. 烯烃分子中有双键的存在时,"肩并肩"形成的π键是不能旋转的,否则会导致π键的削弱和断裂,如2-丁烯的结构(图4-11)。

图4-11　碳碳双键的旋转使P轨道不能重叠,破坏π键

π键的断裂需要较多的能量,在室温下自由旋转受阻,因此双键碳上连接的氢原子和甲基在空间存在两种不同的排列方式。这两种化合物的沸点、熔点、溶解度等物理性质不同,在下表4-2中,我们比较两种2-丁烯的一些物理性质,显然这是两种不同的物质。二者的分子组成和构造完全相同,其区别仅在于双键碳原子上所连接的原子或基团的相对空间位置不同,因此烯烃产生了两种不同的构型。我们把两个相同原子或基团在双键同侧的化合物称为顺式构型,在异侧的称为反式构型。

表4-2　两种2-丁烯的一些物理性质比较

	顺-2-丁烯	反-2-丁烯
熔点(℃)	-139	-106
沸点(℃)	3.5	0.9
相对密度	0.621	0.604

下列化合物按照顺、反命名法命名为:

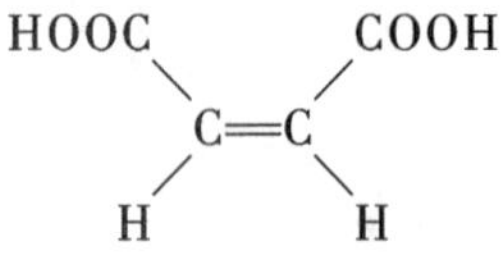

顺丁烯二酸 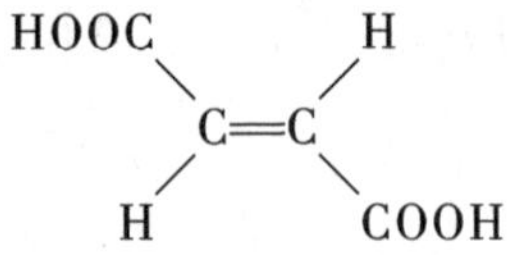　　　　　反丁烯二酸

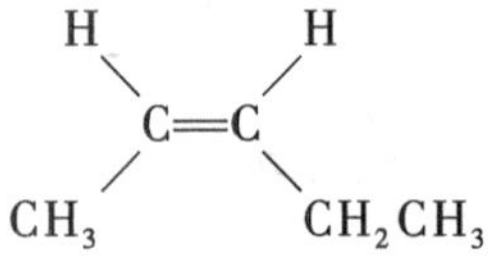

顺-2-戊烯 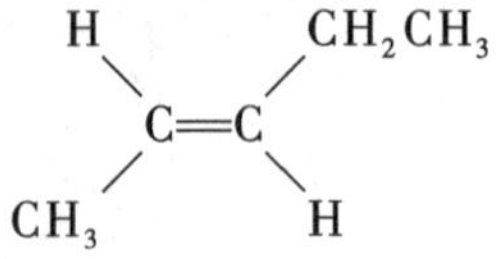　　　　　反-2-戊烯

2. 在脂环化合物中,由于环的存在使构成环的碳原子不能自由旋转,同样使得环上的原子或原子团具有了相对固定的空间位置,如表4-3所示,碳环上连接的两个甲基可排列在环平面的同侧或异侧,形成两种不同的构型。两个相同原子或基团在碳环同侧的化合物称为顺式构型,异侧的为反式构型。通过表4-3所示两种1,4-二甲基环己烷及其一些物理性质比较,我们也可以看出这是两种不同的物质。

表4-3　两种1,4-二甲基环己烷的结构及一些物理性质比较

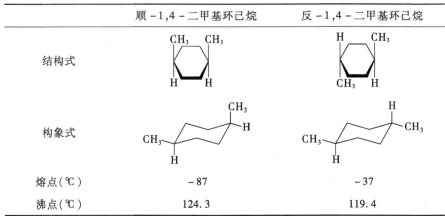

	顺-1,4-二甲基环己烷	反-1,4-二甲基环己烷
结构式		
构象式		
熔点(℃)	-87	-37
沸点(℃)	124.3	119.4

(二)产生顺反异构的条件

并不是有了限制旋转的因素,就能产生顺反异构体。如果同一双键碳上(或脂环上的碳)连有相同的原子或基团,就没有顺反异构现象。如下所示丙烯分子就不存在顺反异构。

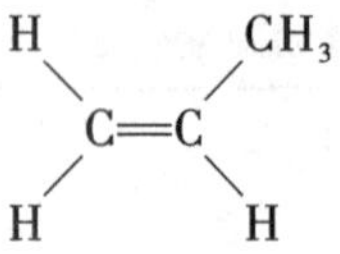

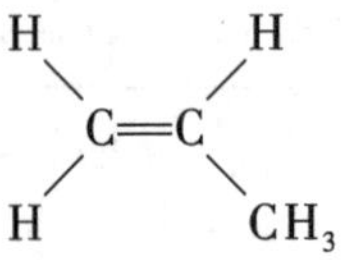

由此可见,烯烃和脂环化合物的顺反异构是分子中的原子或原子团在碳碳双键或环上的排列方式不同而产生的。产生顺反异构必须具备两个条件:①分子中存在限制旋转的因素,如双键或脂环;②每个不能自由旋转的碳原子必须连有两个不同的原子或原子团。

二、Z、E 构型命名法

用顺式、反式来命名顺反异构体时若双键或脂环碳原子上所连的4个原子或原子团都不

相同则命名就有困难。为此国际 IUPAC 组织制定了 Z/E 构型命名法,统一规定以字母 Z(德文 zusammen,意为在一起)和 E(德文 entgegen,意为相反)表示顺反异构体的两种构型。Z/E 命名法的主要方法是:用 a、b、e、d 分别代表双键上的四个原子或原子团,其中 a 和 b 连在同一个碳原子上,d 和 e 连在另一个碳原子上,且 a≠b,e≠d;按"次序规则"比较同一个碳原子上的两个基团的优先次序,若两个优先排列的原子或原子团在双键的同侧时,为 Z 构型;在异侧则为 E 构型。即在下列构型式中若 a＞b、d＞e,则它们的构型分别为:

$$
\begin{array}{cc}
a\diagdown\quad\diagup d & a\diagdown\quad\diagup e \\
C=C & C=C \\
b\diagup\quad\diagdown e & b\diagup\quad\diagdown d
\end{array}
$$

Z 构型　　　　E 构型

次序规则的主要内容如下:

(1) 比较直接与双键相连的两个原子,原子序数大者优先排列。如—I＞—Br＞—Cl＞—S＞—F＞—O＞—N＞—C＞—H。

(2) 若与双键原子直接相连的第一个原子的原子序数相同,再比较下一个相连原子的原子序数,依次类推。如甲基(—CH₃)和乙基(—CH₂CH₃)的第一个原子都是碳原子,原子序数相同,就延伸比较碳原子上所连接的原子。—CH₃ 中与碳原子相连的是 H、H、H,而在 —CH₂CH₃ 中与之相连的是 C、H、H,由于碳的原子序数大于氢,因此乙基应排在甲基的前面。注意:不是计算原子序数之和,而是以原子序数大的原子所在的基团在前。又如—CH₂Cl 与 —CH(CH₃)₂ 比较,前者 C 原子与 H、H、Cl 相连,后者 C 原子与 C、C、H 相连,尽管后者连有两个碳,因氯的原子序数大,所以前者优先。

(3) 遇到不饱和基团时,如—CH=CH₂、—C≡CH 等,则分别看作是碳两次与碳相连,三次与碳相连,即:

$$-CH=CH_2 \Longrightarrow -\underset{(C)(C)}{\overset{H}{\underset{|}{C}}}-\underset{H}{\overset{H}{\underset{|}{C}}}-H$$

$$-C\equiv CH \Longrightarrow -\underset{(C)(C)}{\overset{(C)(C)}{\underset{|}{C}}}-\underset{(C)(C)}{\overset{H}{\underset{|}{C}}}-H$$

例如:比较醛基和羟甲基时:

$$-\overset{O}{\overset{\|}{C}}-H \;>\; -CH_2OH \longrightarrow -\underset{H}{\overset{O}{\underset{|}{C}}}-O \;>\; -\underset{H}{\overset{O}{\underset{|}{C}}}-H$$

根据上述规则下列化合物分别命名为:

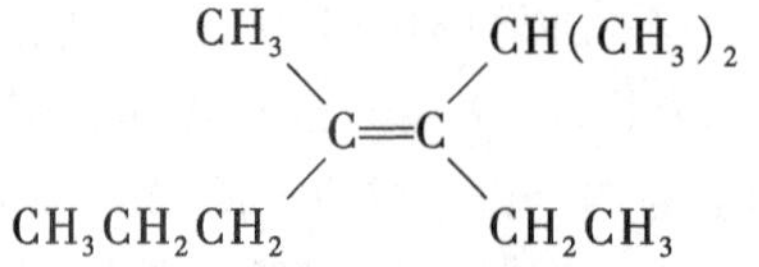

(E)-2,4-二甲基-3-乙基-3-庚烯 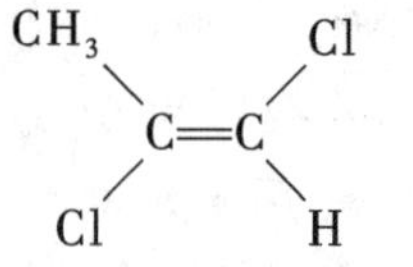　　　　(Z)-1,2-二氯丙烯

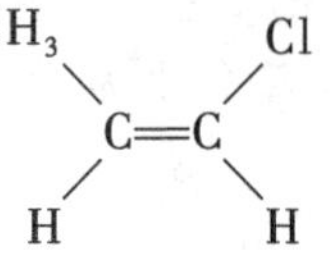

(Z)-1-氯-丙烯 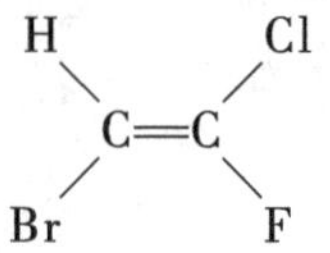　　　　(E)-1-氟-1-氯-2-溴乙烯

Z/E 命名法适用于所有的顺反异构体,顺/反和 Z/E 两种命名系统的规则不同,二者没固定联系,在某些顺反异构体中,顺式对应 Z 型,反式对应 E 型,但也有二者无对应关系的。例如:

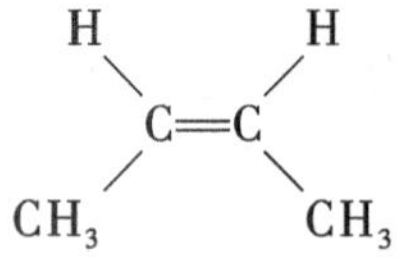

顺-2-丁烯　　　　反-1,2-二氯-1-溴乙烯
(Z)-2-丁烯　　　　(Z)-1,2-二氯-1-溴乙烯

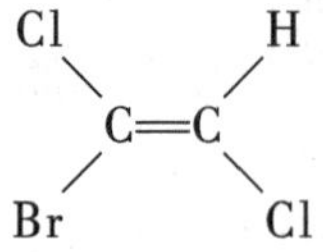

三、顺反异构体的性质

顺反异构体的性质差别,主要是由于分子中两个原子序数大的原子或原子团在空间的距离不同引起的,通常反式构型中两个较大基团的间距较顺式远,受范德华力的影响较小,内能较顺式小,所以有较小的密度、较小的偶极矩、较小的沸点、较高的熔点、较小的溶解度,而且顺式和反式异构体的化学性质基本相同,只有与空间排列有关的化学反应才有差异。

异构体在生理活性或药理作用上往往表现出较大差异。如女性激素合成代用品己烯雌酚,只有反式异构体其生理活性较大,治疗某些妇科病有效。降血脂作用的花生四烯酸全部为顺式构型,维生素 A 分子为反式构型,若改变其构型,会导致生理活性的降低甚至消失。

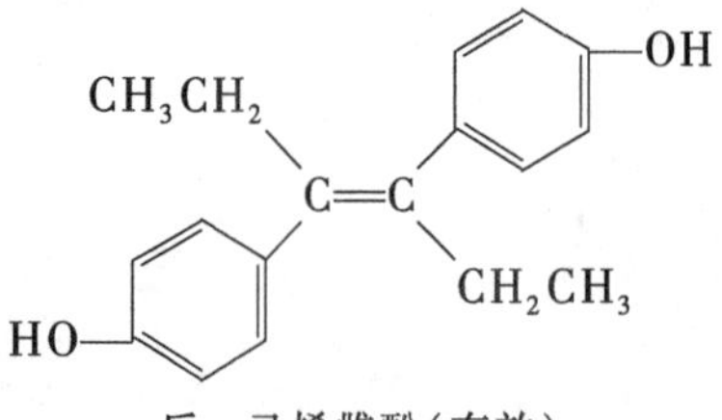

反-己烯雌酚(有效) 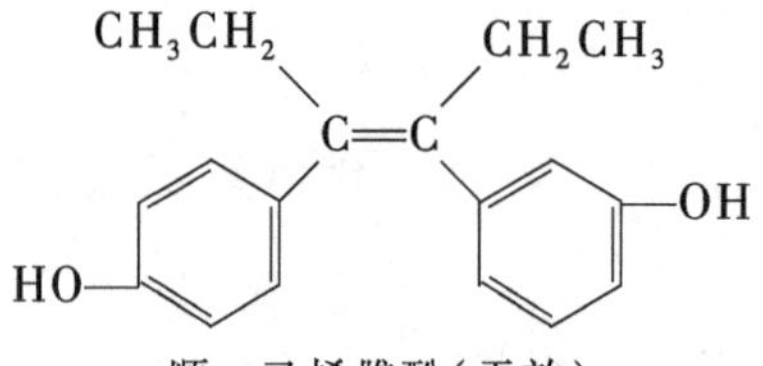　　　　顺-己烯雌酚(无效)

第三节　对映异构

一、物质的旋光性

(一)偏振光和旋光性物质

光是一种电磁波,它们的振动方向与前进方向是相垂直的,通常所看到的普通光是由各种波长的电磁波混合而成的,它们在垂直于前进方向的任何平面上振动传播(图 4-12)。如果

让普通光通过方解石晶体制成的棱镜——尼科尔棱镜时,这种晶体具有一种特殊的性质,即尼克尔棱镜像栅栏一样,只允许与棱镜镜轴平行的平面上振动的光线 AA′通过,而在其他平面上振动的光线 BB′、CC′、DD′等均被阻挡。这种仅在某一平面上振动的光称为平面偏振光,简称偏振光(图 4-13)。偏振光的振动平面称为偏振面。凡能使偏振光的偏振面旋转的性质称旋光性。具有旋光性的物质称旋光性物质。许多有机化合物如乳酸、葡萄糖等具有这种性质。

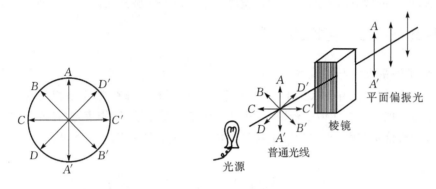

图 4-12　普通光的振动　　　　　图 4-13　偏振光的振动

实验发现,如果在两个晶轴平行的尼科尔棱镜之间放置盛液管,当偏振光透过一些天然物质的水溶液时会产生两种现象:一种是像水、酒精等物质,不使偏振光的振动平面发生旋转,此类物质称为非旋光物质或非光学活性物质;另一种是像乳酸、酒石酸等物质,可以使偏振光的振动平面旋转一定角度,这类物质称为旋光物质或光学活性物质。旋光物质中能使偏振光向右旋转(顺时针方向)的称为右旋体,用"+"或"d"(dextrorotatory,右旋)表示;能使偏振光向左旋转(反时针方向)的称为左旋体,用"-"或"l"(levorotatory,左旋)表示。如从肌肉中提取的乳酸就是(+)乳酸,而由葡萄糖酵得到的乳酸则是(-)乳酸。

(二)旋光度与比旋光度

旋光性物质使偏振光振动平面旋转的角度称为旋光度,通常用"α"表示。测定旋光度的仪器称为旋光仪,其工作原理如图 4-14 所示。

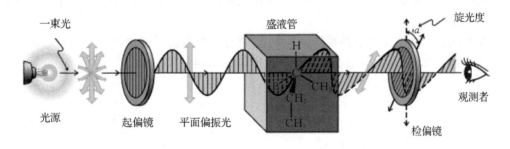

图 4-14　旋光仪原理

物质的旋光度大小,除与物质本身的分子结构有关外,还与测定时所用溶液的浓度、盛液管的长度、温度、光波的波长以及溶剂的性质等因素有关。如果在同等条件下进行旋光度测定,则发现不同的旋光性物质的旋光度是常数。因此,测定旋光度的大小,亦可用于鉴别旋光性物质。为计量方便,通常用比旋光度$[\alpha]_{\lambda}^{t}$来表示物质的旋光度。比旋光度和旋光度之间的

有机化学

关系可用下式表示：$[\alpha]_\lambda^t = \dfrac{\alpha}{c \cdot l}$

式中的 α 由旋光仪测得的旋光度常用单位为°；c 为旋光物质的质量浓度，常用的单位为 g/ml；l 为盛液管长度，常用单位为 dm；t 为测定时的摄氏温度，单位为℃；λ 为光源的波长，通常用钠光源，用 D 表示，其波长为 589nm。与物质的熔点、沸点、密度等一样，比旋光度也是一个物理常数，可以定量地描述光学活性物质的一个特性——旋光性。

二、旋光性与分子结构的关系

（一）分子的手征性与旋光性

人的左右手，似乎没有什么区别，但两只手的五根手指的排列顺序是相反的，因此两只手不能完全重合。把右手放在镜子前，镜子中的镜像恰恰是左手；同样道理，把左手放在镜子前，镜子中的镜像恰恰是右手，左手和右手互呈实物与镜像关系，如图 4 - 15 所示。

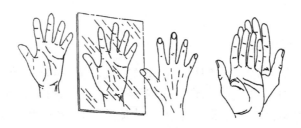

图 4 - 15　左右手呈镜像关系及不能通向重叠

像左右手这样互呈实物与镜像关系而不能完全重合的特性称为手征性，简称手性。手性不仅是某些宏观物质的特性，有些微观分子也具有手性，这样的分子称为手性分子（chiral molecule）。凡具有手性的分子都具有旋光性质。分子的手性产生于分子的内部结构，与分子的对称性有关。

（二）对称因素

判断一个分子是否具有手性，一般只需考虑其是否具有对称因素，即对称中心和对称面。

1. 对称面

如果组成分子的所有原子都在同一平面上，或有一个假想平面通过分子并能将该分子分为实物与镜像两部分，这种平面就是分子的对称面，如图 4 - 16 所示。

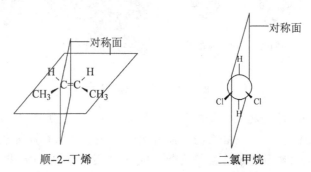

顺-2-丁烯　　　　　　二氯甲烷

图 4 - 16　分子的对称面

2. 对称中心

如果分子中有一个假想点,当任意直线通过此点是,在距此点等距离处的两端遇到相同的原子或基团,次假想点就是该分子的对称中心,如图 4-17 所示。

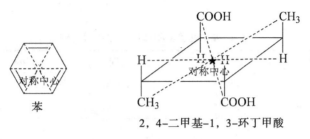

图 4-17 分子的对称中心

一般说来,物质分子若在结构上具有对称面或对称中心,这个分子就不具有手性,也没有旋光性。反之,若在结构上既没有对称面又没有对称中心,则这个分子就具有手性,也具有旋光性。

(三)手性碳原子

再次观察乳酸分子时,发现 C_2 与 4 个不同的原子或基团相连接,我们把这种碳原子称为手性碳原子(chiral carbon),又称不对称碳原子。通常用"C*"标出。一个手性分子最常见的是具有手性碳原子的化合物,但是有手性碳原子的化合物,不一定都是手性分子和具有旋光性。下列分子都含有手性碳原子。

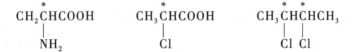

三、含一个手性碳原子化合物的对映异构

(一)对映异构及其性质

随着碳原子四面体学说的提出,范特荷夫指出:如果一个碳原子上连着四个不相同的原子或基团,这四个原子或基团在碳原子周围可以有两种不同的空间排列形式,即两种空间构型,它们外型相似,但不能重合,和左右手一样呈对映关系,即相互对映,这种异构体称为对映异构体(enantiomer,来自希腊文 enantio"相反的"及 meros"部分")。如图 4-18 所示得到两种乳酸的旋光异构体:

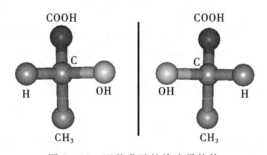

图 4-18 两种乳酸的旋光异构体

有机化学

除旋光方向相反外,对映异构体具有相同的物理性质。但对映异构体与非对映异构体之间的物理性质不同,外消旋体不同于任意两种物质的混合,外消旋体和纯对映体除旋光不同外,其他物理性质如熔点、沸点、密度、在同种溶剂中的溶解度等也不同,表4-4为乳酸异构体的理化性质比较。

表4-4 乳酸异构体的理化性质比较

化合物	熔点 K	比旋光度$[\alpha]_D^{25}$	pK_a(298K)
(+)乳酸	326.15	+3.82	3.79
(-)乳酸	326.15	-3.82	3.79

在非手性条件下,对映体的化学性质是相同的。但在手性条件下(手性试剂、溶剂、催化剂),其化学性质是有差别的。外消旋体的化学性质与纯对映体相比,在非手性条件下无差别,但在手性环境中,两个对映体体现的性质不同。如在外消旋酒石酸培养液中放入青霉菌,右旋酒石酸被青霉菌消耗掉,左旋酒石酸剩下来,溶液慢慢由不旋光变成旋光体。

(二)构型的表示法

透视式、楔形式和纽曼投影式都可以用来表示对映体的空间构型,另外一种常用的构型表示方法是费歇尔(Fischer)投影式。以乳酸为例,用模型来说明 Fischer 投影式的表示方法。

使分子中横键的两个基团朝前,竖键的两个基团朝后,将这样摆放的分子投影到平面上,用"+"字交叉线表示,中间的碳原子不要写出,这样的投影式称为 Fischer 投影式。因此,在乳酸的 Fischer 投影式中,氢和羟基在纸面前,羧基和甲基在纸面后,如图4-19所示。

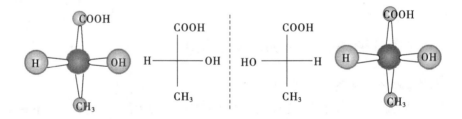

图4-19 乳酸分子模型和费歇尔投影式

Fischer 投影式虽用平面图形表示分子的结构,但却严格的表示了各基团的空间关系,因为规定横键的两个基团朝前,竖键的两个基团朝后。在使用 Fischer 投影式时要注意以下几点:

(1)投影式不能离开纸面翻转,在纸面上向左或向右旋转180°,其构型保持不变。

(2)投影式在纸面上旋转90°或270°后变成它的对映体的投影式。

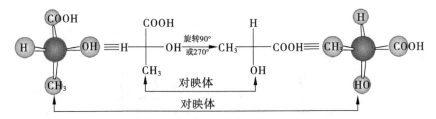

(3) 投影式中的四个基团，固定一个基团，其余三个基团顺时针或逆时针旋转，构型保持不变。

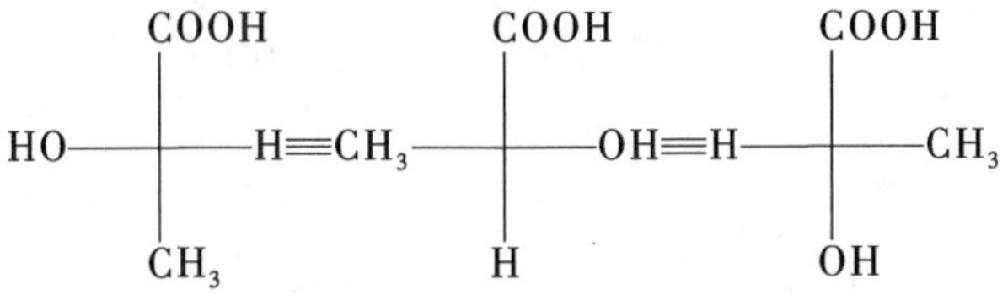

(4) 投影式中任意两个基团对调一次后变成它的对映体的投影式。

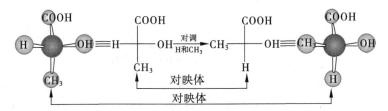

(三) 构型的标记法

1. R/S 标记法

按 IUPAC 命名法建议，将与手性碳相连的四个原子或基团按次序规则（见本章二、三节）排列出基团的大小 a>b>c>d，最小的基团 d 离观察者最远，其他三个基团按 a→b→c 的顺序。如果是顺时针，称为 R（rectus 拉丁文"右"字的字首）构型；逆时针，称为 S（sinister 拉丁文"左"字的字首）构型。

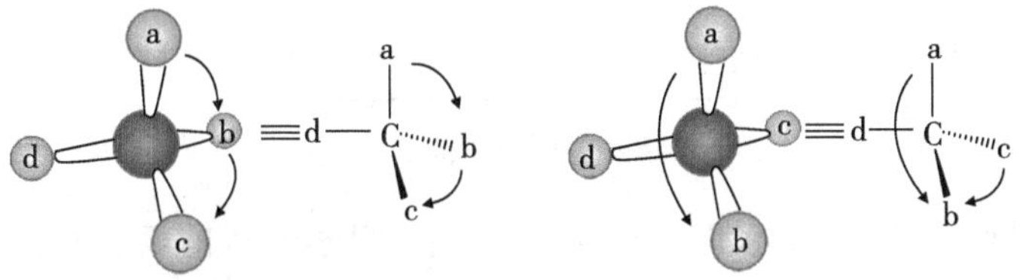

R构型　　　　　　　　　S构型

例如：乳酸分子中，碳所连的四个基团的大小次序为 OH > COOH > CH_3 > H，因此，(R)-乳酸和(S)-乳酸分别为：

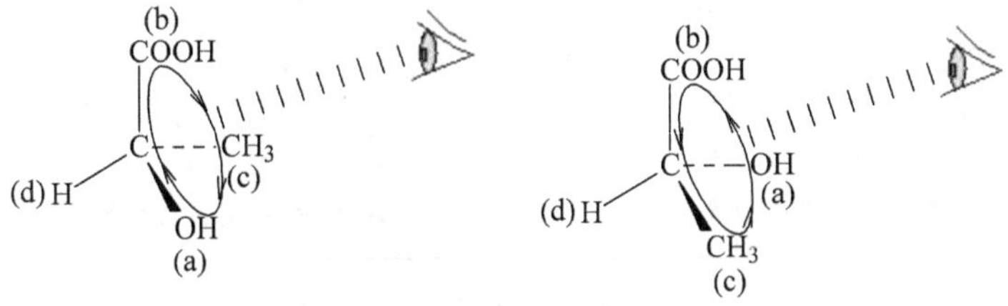

(R)-乳酸　　　　　　　　(S)-乳酸

有机化学

再如：

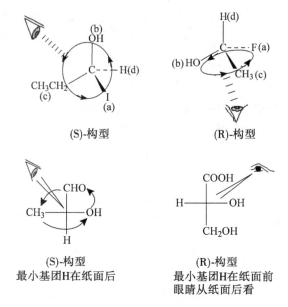

用 Fischer 投影式表示分子构型时，可用下列简单的方法判断 R/S 构型：如果最小基团在竖键上，表示最小基团在纸面后，观察者从前面看，按 a→b→c 顺序，如果是顺时针方向转，即为 R；如果是逆时针方向转，即为 S。

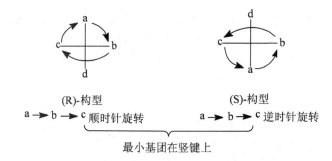

如果最小基团在横键上，表示最小基团在纸面前，观察者从前面看时，则最小基团离观察者最近，若从 a→b→c 顺时针方向转，则手性碳的真实构型为 S；若是逆时针方向转，则手性碳的真实构型为 R。

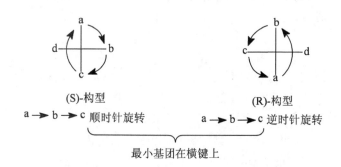

例如：

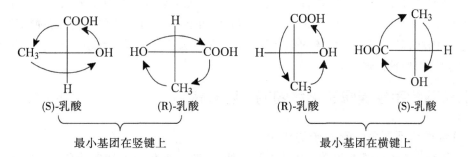

需要指出的是，R/S 标记法仅表示手性分子中四个基团在空间的相对位置。对于一对对映体来说，一个异构体的构型为 R，另一个则必然是 S，但它们的旋光方向（"＋"或"－"）是不能通过构型来推断的，与 R/S 标记无关，而只能通过旋光仪测定得到。R 构型的分子，其旋光方向可能是左旋的，也可能是右旋的。因此，分子的构型与分子的旋光性没有直接关系。只有测定出其中一个手性分子的旋光方向后，才能推测出其对映体的旋光方向，因为二者一定相反。

2. D/L 标记法

如上所述，由于分子的构型与其旋光方向无关，在过去很长一段时期中人们无法确定手性分子的真实构型（即绝对构型）。为解决这一问题，Fischer 提出了以（＋）-甘油醛的构型为标准来标记其他与甘油醛相关联手性化合物相对构型的一种方法，称为 D/L 标记法。Fischer 任意指定了（＋）-甘油醛的投影式是 CHO 在手性碳的上方，CH_2OH 在下方，OH 在右方，H 在左方，构型用 D 标记；而（－）-甘油醛的 CHO 和 CH_2OH 不变，OH 在左方，H 在右，构型用 L 标记。

```
        CHO                    CHO
H ——————— OH          HO ——————— H
       CH₂OH                  CH₂OH
    D-(+)-甘油醛           L-(-)-甘油醛
```

其他手性化合物与甘油醛相关联，不涉及手性碳四条键断裂的，构型保持不变。由此分别得到 D- 和 L- 构型系列化合物。例如：

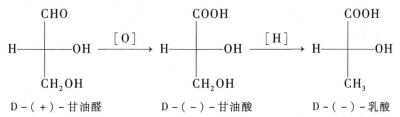

1951 年，魏沃（J. M. Bijvoet）用 X 射线单晶衍射法成功地测定了右旋酒石酸铷钠的绝对构型，并由此推断出（＋）-甘油醛的绝对构型。有趣的是，实验测得的绝对构型正好与 Fischer 任意指定的相对构型相同。从此与甘油醛相关联的其他化合物的 D/L 构型也都代表绝对

构型了。D/L 标记法在糖和氨基酸等天然化合物中使用较为广泛。

显然,D/L 标记法有其局限性,因为这种标记法只能准确知道与甘油醛相关联的手性碳的构型,对于含有多个手性碳的化合物,或不能与甘油醛相关联的一些化合物,这种标记法就无能为力了。因此,对于多个手性碳的化合物(除了糖和氨基酸等天然化合物外),用 R/S 标记每个手性碳的构型较为适用。

四、含两个手性碳原子化合物的对映异构

(一)含两个不同手性碳原子的化合物

含一个手性碳的分子有两个立体构型异构体,含两个不相同手性碳的分子就有四个立体异构体,如果分子内有 n 个不同的手性碳,立体异构体的数目应是 2^n(n 为正整数)。外消旋体数目为 2^{n-1}个,例如 2 - 羟基 - 3 - 氯丁二酸(氯代苹果酸)有两个手性碳,有四个立体异构体。

Ⅰ (2S,3S)　Ⅱ (2R,3R)　Ⅲ (2S,3R)　Ⅳ (2R,3S)

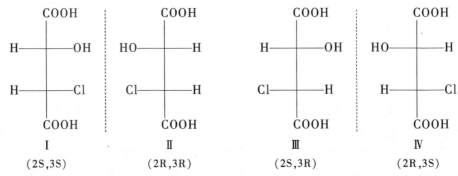

这四个异构体中,Ⅰ和Ⅱ为对映体,Ⅲ和Ⅳ为对映体,Ⅰ和Ⅱ或Ⅲ和Ⅳ等量混合,为外消旋体。Ⅰ和Ⅲ的一个手性碳构型相同,另一个相反,因此Ⅰ与Ⅲ之间不存在对映体关系。这样的两个化合物称为非对映体。Ⅰ与Ⅳ、Ⅱ与Ⅲ、Ⅱ与Ⅳ也属于非对映体。非对映体之间不仅旋光能力不同,许多物理性质如沸点、熔点、溶解度等也不同。非对映体具有相同的基团,只是各基团之间的相对位置不同,因此它们的化学性质相似,但在反应速度上可能有差别。

由于非对映体的沸点、熔点及溶解度不同,所以,一般可用分馏或分步结晶等方法将它们分离,也可用色谱法分离它们。

如果分子内含有两个手性碳,且两个手性碳至少含有一个相同的基团时,还可用"赤式"和"苏式"表示两个非对映异构体的构型。这种方法是以赤鲜糖和苏阿糖为基础命名的。用 Fischer 投影式表示构型时,将两个手性碳中相同的基团写在横键上,如果相同基团在同侧,称为"赤式",在两侧则称为"苏式"。

(D) - 赤鲜糖　赤式　(D) - 苏阿糖　苏式

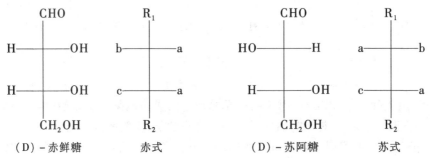

例如:赤式和苏式 -2,3 - 二氯戊烷的四个 Fischer 投影式表示如下:

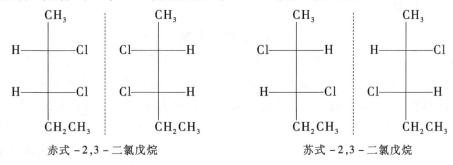

赤式 -2,3 - 二氯戊烷　　　　　　　　　苏式 -2,3 - 二氯戊烷

(二)含有两个相同手性碳原子的化合物

酒石酸含有两个手性碳原子,每个手性碳都连有 COOH、OH、H 和 CHOHCOOH 四个基团,所以称为含有两个相同手性碳的化合物。酒石酸的四个立体异构体用 Fischer 投影式表示如下:

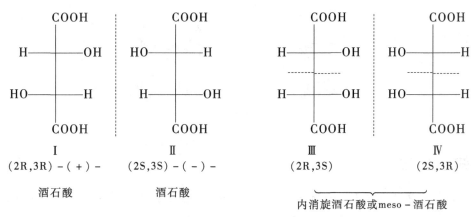

Ⅰ和Ⅱ是实物与镜像关系,是一对对映体,Ⅲ和Ⅳ表面上是实物与镜像的关系,但两者能重合,将Ⅲ在纸面上旋转180°便得到Ⅳ,所以Ⅲ和Ⅳ是同一物。分析Ⅲ和Ⅳ的分子对称性,它们分子内都有一个对称面,故分子是非手性分子,无旋光性。这样的化合物称为内消旋体,用 meso - 表示。含有两个相同手性碳的分子都只有三个立体异构体:一对对映体和一个内消旋体。表4-5 列出酒石酸的左旋体、右旋体、外消旋体和内消旋体的物理性质。

表4-5　酒石酸的物理性质

酒石酸	m.p(℃)	$[\alpha]_D^{25}$(水)	溶解度(g/100g 水)	pK_{a1}	pK_{a2}
(+)-	170	+12	139	2.93	4.23
(-)-	170	-12	139	2.93	4.23
(±)-	204	0	20.6	2.96	4.24
meso-	104	0	125	3.11	4.80

有机化学

 相关知识

立体化学的开始

1848 年，L. Pasteur 进行酒石酸的研究起，可以认为这是立体化学的开始。Pasteur 研究 d - 酒石酸和普通酸的盐类晶体，发现 d - 酒石酸的十九种盐的晶型都呈半面晶的形态，而且这些半面晶都斜向相同的方向和都呈右旋光性。同时，他发现，葡萄酸的铵钠盐也形成半面晶体，仔细观察，这些半面晶有些斜向左方，有些斜向右方，呈实物 - 镜像关系（如图所示）。Pasteur 很小心将这两种晶体用手工方法分开。其中之一与 d - 酒石酸铵钠盐半面晶完全相同，具有相同的性质，包括旋光性，这显然就是 d - 酒石酸铵钠盐。另一种则具有相反的旋光性，即能力相等的左旋光性，这就是 d - 酒石酸铵钠盐的对映异构体 l - 酒石酸铵钠盐。这一方法后来被称为"机械析解法"，即外消旋体的拆分。L. Pasteur 是伟大的，在他的工作中包含了深邃的智慧至今显示着明亮的光辉。

左旋和右旋酒石酸钠铵晶体

 知识拓展

在生物体中存在的许多化合物都是手性的。例如，在生物体中普遍存在的 α - 氨基酸主要是 L - 型，从天然产物中得到的单糖多为 D - 型。生物体对某一物质的要求常严格地限定为某个单一的构型，已知药物中的 30% ~ 40% 具有手性，手性药物的不同异构体在代谢过程及毒性等方面往往存在着显著的差异。所以与生物物质有关的合成物质，如果有旋光性的异构体，也往往只有其中之一具较强的生理效应，其对映体或是无活性或活性很小，有些甚至产生相反的生理作用。例如：作为血浆代用品的葡萄糖酐一定要用右旋糖酐，因为其左旋体会给患者带来较大的危害；右旋的维生素 C 具有抗坏血病作用，而其对映体无效；左旋肾上腺素的升高血压作用是右旋体的 20 倍；左旋氯霉素是抗生素，但右旋氯霉素几乎无抗生作用。

$$
\begin{array}{c}
C_6H_4(p-NO_2) \\
HO \text{——} H \\
\quadO \\
\quad\| \\
H \text{——} NHCCH_2Cl \\
CH_2OH
\end{array}
\qquad
\begin{array}{c}
C_6H_4(p-NO_2) \\
H \text{——} OH \\
O \\
\| \\
ClCH_2CHN \text{——} H \\
CH_2OH
\end{array}
$$

(−) - 氯霉素（抗生素）　　　　　　(+) - 氯霉素（无效）

第四章 立体异构

考点提示

项目	考　点
构象异构	1. 乙烷的构象异构 2. 环己烷的构象异构
顺反异构	1. 烯烃的顺反异构 2. 脂环烃的顺反异构
对映异构	1. 旋光异构：物质的旋光性（旋光性与旋光度、比旋光度），旋光性与分子结构（手性碳原子、手性分子、对映体及对映异构现象） 2. 含一个手性中心的有机分子的旋光异构：旋光异构情况（一对对映体、左右旋体、外消旋体），旋光异构体的分子模型表示（费歇尔投影式），构型表示法（D/L 构型表示法、R/S 构型表示法、构型与旋光性的关系） 3. 含两个手性中心的有机分子的旋光异构：两个手性中心不同（旋光异构体及相互关系），两个手性中心相同（旋光异构情况、内消旋体）

目标检测

1. 下列化合物有无手性碳原子？若有手性碳原子，用"*"标出手性碳原子。

(1) CH$_3$CH$_2$CH$_2$CH$_3$　　(2) 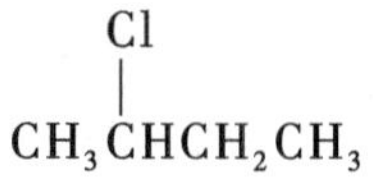 CH$_3$CHClCH$_2$CH$_3$　　(3) 环己基-Cl

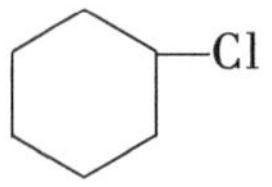

(4) 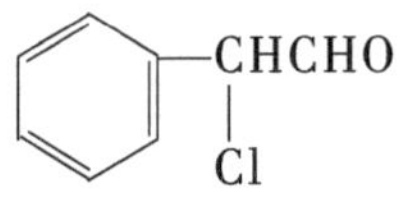 C$_6$H$_5$CHClCHO　　(5) CH$_3$CH(OH)CH(OH)CH$_3$　　(6) CH$_3$CH$_2$CH(OH)COOH

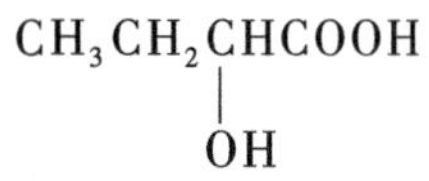

2. 下列各对化合物哪些属于对映体、非对映体、顺反异构体或同一化合物？

(1) 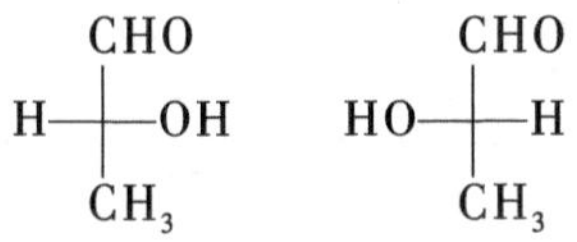 费歇尔投影式：CHO/H—OH/CH$_3$ 与 CHO/HO—H/CH$_3$

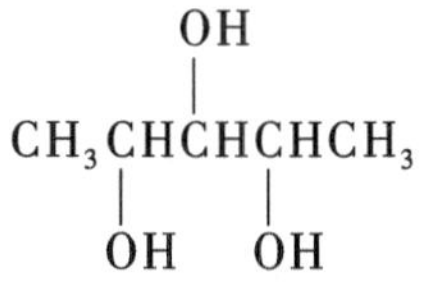

(2) 两个含CH$_3$、OH、H、CH$_3$、OH 的结构式

(3) 两个烯烃结构式

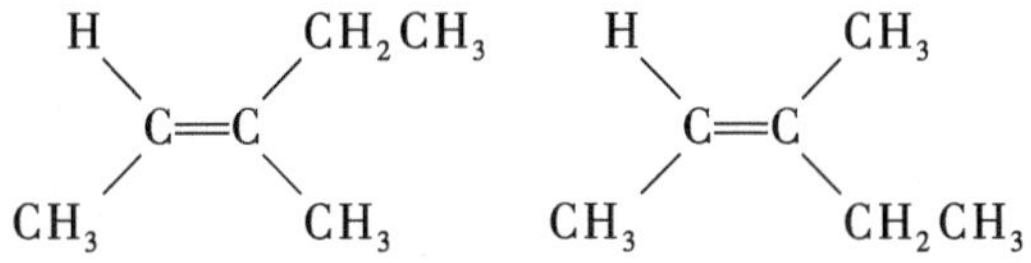

(4) 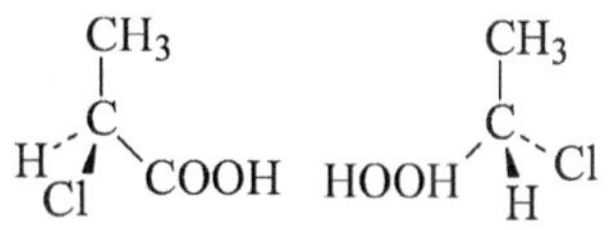 两个含CH$_3$、Cl、COOH、H 的结构式

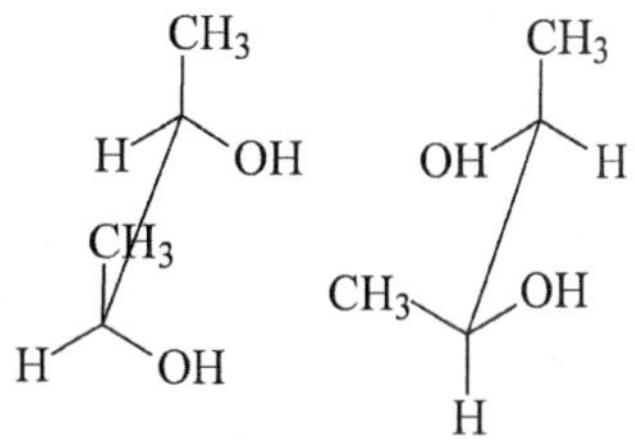

3. 下列叙述哪些是正确的？哪些是错误的？

(1) 所有手性分子都存在对映异构体。

79

有机化学

(2) 手性分子都含有手性碳原子。

(3) 具有手性碳原子的化合物都是手性分子。

(4) 由一种对映异构体转变为另一种对映异构体,必须通过断裂相应的化学键才可以实现。

4. 画出下列化合物的费歇尔投影式,并用 R/S、D/L 标记法命名。

(1) 乳酸   (2) 2-羟基丁酸   (3) 2-氨基丙酸

5. 下列化合物有无顺反异构现象?若有,写出它们的顺反异构体,并命名。

(1) 1-氯-1-溴乙烯   (2) 2-戊烯

(3) 2-甲基-2-己烯   (4) 1,2-二氯丙烯

(王 蓓)

第五章　芳香烃

学习目标

【掌握】芳香烃的结构特征及化学性质,苯环亲电取代反应定位规律。
【熟悉】芳香烃的分类及命名,萘的结构及主要化学性质。
【了解】蒽和菲,非苯芳香烃与休克尔规则。

芳香烃简称芳烃,它是芳香族化合物的母体。最初人们从天然产物中提取出一些具有芳香气味的化合物,且大多数含有苯环结构,因此称为芳香族化合物。这些化合物与脂肪族化合物有显著差异,例如从组成上看具有高度不饱和性,却不容易发生加成反应和氧化反应而容易发生取代反应等。后来逐渐发现,它们不一定具有香味,有的甚至有令人不愉快的气味,所以,现在沿用的"芳香"一词在有机化学中已失去原来的含义。

随着有机化学的发展,发现有些环状化合物不含有苯环结构,但有与苯类似的化学性质,故将此类化合物称为非苯芳烃。

因此,芳香烃可分为苯型芳烃和非苯型芳烃。本章主要介绍苯型芳烃,对非苯型芳烃只做简单的介绍,而苯型芳烃中主要讨论单环芳烃。

苯型芳烃是指具有苯环结构的芳烃,根据苯环的数目和连接方式又可分:

1. 单环芳烃

分子中只含有一个苯环的芳烃。例如:

苯 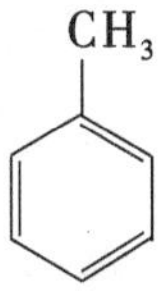　　甲苯 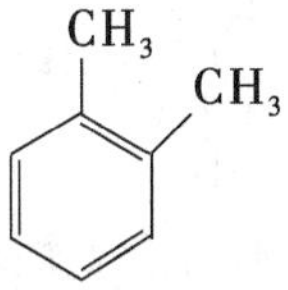　　邻二甲苯

2. 多环芳烃

分子中含有两个或两个以上的苯环。例如:

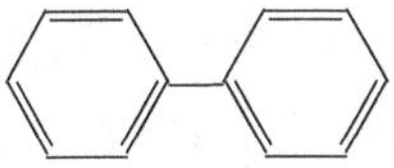

联苯 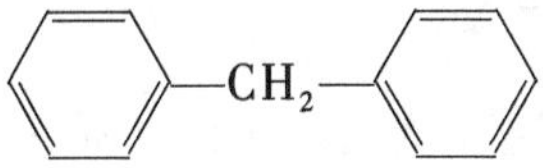　　二苯甲烷

3. 稠环芳烃

两个或多个苯环通过共用两个相邻碳原子稠合而成的芳香烃。例如:

有机化学

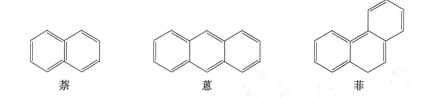

萘　　　　　　　蒽　　　　　　　菲

第一节　苯的结构

根据化学分析,苯的分子式为 C_6H_6。从分子式看,苯应该具有高度的不饱和性,然而实验事实表明,在一般情况下,苯并不发生不饱和烃的典型反应——亲电加成反应和氧化反应,却发生饱和烃的特性反应——取代反应;苯的一元取代物只有一种,邻位二元取代物也只有一种,这说明苯有特殊的稳定性以及苯的结构是对称的(即六个碳原子和六个氢原子的地位等同)。

苯的这种特殊性质(通常称之为"芳香性")与特殊结构,在相当长一段时间里,化学家们提出了多种结构理论,但都不能令人信服。

一、凯库勒结构式

1865 年,德国化学家凯库勒(Kekulé)根据大量的实验实事和研究,提出了关于苯结构的构想。根据凯库勒构想,苯是含有交替单、双键的六碳原子的环状化合物,即碳原子首尾相接连成环状,每个碳原子上连一个氢原子,称之为凯库勒结构式。为了满足碳的四价,凯库勒把苯的结构写成:

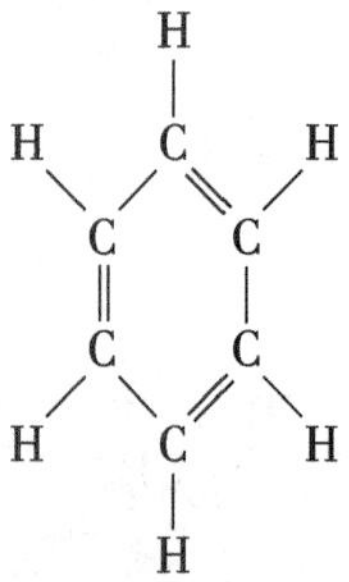

因此解释了苯为什么不易发生加成反应,以及苯的邻位二元取代物只有一种。凯库勒提出的苯的结构式是有机结构理论上的重大突破,但也有不足之处,它说明不了为什么苯有特殊的稳定性。

二、杂化轨道理论

现代物理方法研究表明,苯分子中所有原子处于同一平面;6 个碳原子构成平面正六边形,6 个 C—C 键长完全相同,键长为 140pm,C—H 键长均为 108pm;所有的键角均为 120°(图 5-1)。

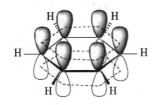

图 5-1 苯分子中的键长和健角

根据杂化轨道理论,苯分子中的碳原子都是 sp^2 杂化,相邻碳原子之间以 sp^2 杂化轨道相互"头碰头"重叠形成 6 个 C—Cσ 键,每个碳原子又各以一个 sp^2 杂化轨道与氢原子的 1s 轨道重叠,形成 C—Hσ 键,所有轨道之间的夹角均为 120°。由于 sp^2 杂化轨道都处于同一平面内,因此,构成苯环的 6 个碳原子和 6 个氢原子共平面。每个碳原子还有一个未参加杂化的 p 轨道,垂直于苯环平面,这 6 个 p 轨道相互从侧面"肩并肩"重叠构成一个闭合的共轭体系,称为环状大 π 键(图 5-2),此 6 个 π 电子为 6 个碳原子所共享,电子云对称、均匀地分布在环平面的上、下方,形成闭合的环状电子云(图 5-3),所以苯分子没有单、双键之分,正是由于共轭大 π 键的存在,苯环很稳定,不容易开环。

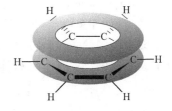

图 5-2 苯分子中的共轭体系——大 π 键　　图 5-3 苯分子的 π 电子云

所以,目前描述苯的结构可采用以下结构式:

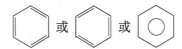

第二节　单环芳烃的同分异构和命名

苯的一元取代物只有一种,命名时一般以苯为母体,其他烷基作取代基,根据烷基的名称叫称为"某苯"。例如:

   CH₃   CH₂CH₃   CH(CH₃)₂
   甲苯   乙苯   异丙苯

苯的二元取代物出现了同分异构,有三种结构,两个取代基在苯环上的相对位置常用邻、间、对来表示,英文分别简写为 o-、m-、p-;也可用阿拉伯数字表示取代基的相对位置。

有机化学

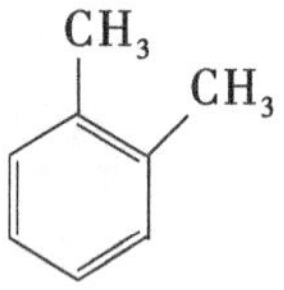

例如：

邻二甲苯	间二甲苯	对二甲苯
(o-二甲苯)	(m-二甲苯)	(p-二甲苯)
(1,2-二甲苯)	(1,3-二甲苯)	(1,4-二甲苯)

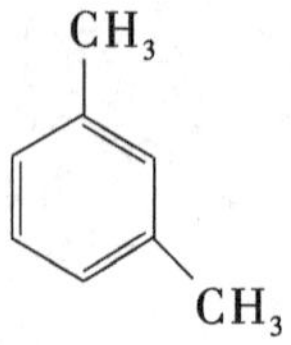

苯的三元取代物有三种，取代基的相对位置可用阿拉伯数字标记，也可用"连""偏""均"表示。例如：

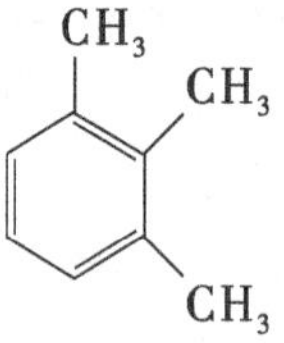

1,2,3-三甲苯	1,2,4-三甲苯	1,3,5-三甲苯
(连三甲苯)	(偏三甲苯)	(均三甲苯)

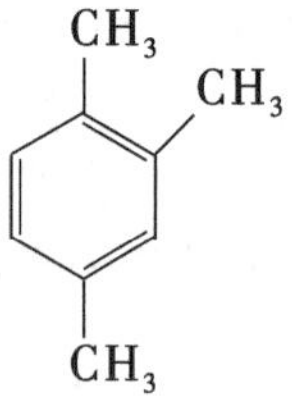

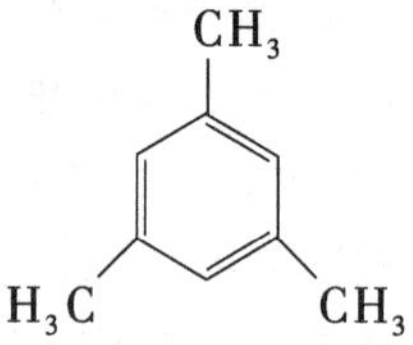

当苯环有多个不同烃基时，依据次序规则较小的基团先编号，先列出。如果苯环上连接的侧链结构比较复杂或侧链上有不饱和键时，可以把苯环作为取代基来命名。例如：

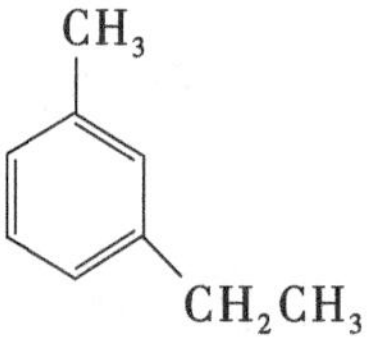

1-甲基-3-乙基苯	2-甲基-3-苯基戊烷	苯乙烯
(间甲基乙基苯)		

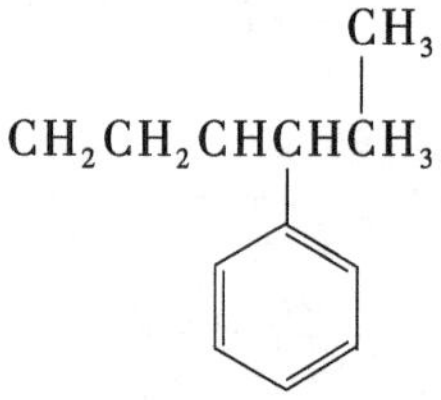

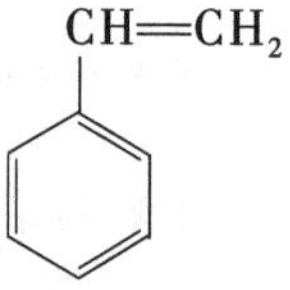

若苯环上连有不同类别的取代基，首先选择母体官能团，并将母体官能团的位置编号为1，取代基依次编号，并尽可能使取代基的位次为小。以下是一些常见的官能团作为母体时的顺序以及母体名称(有前边的官能团时，后边的基团作为取代基)：—COOH(羧酸)、—SO_3H(磺酸)、—COOR(酯)、—COX(酰卤)、—$CONH_2$(酰胺)、—CHO(醛)、—COR(酮)、—OH(醇或酚)、—NH_2(胺)、—OR(醚)。

烷基(—R)、卤素(—X)、硝基(—NO_2)连在苯环上时，一般作为取代基，苯环作为母体。例如：

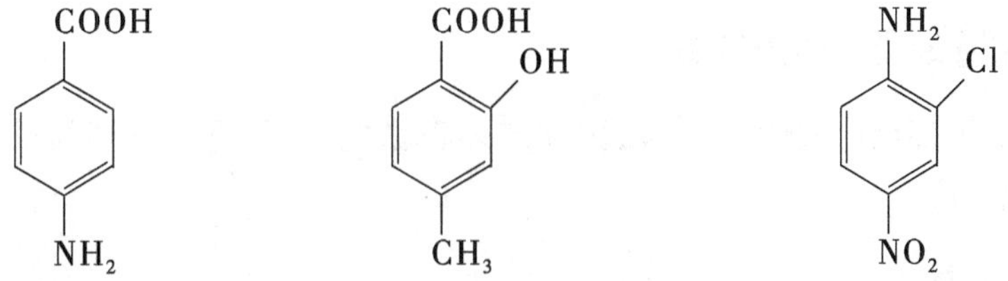

4-氨基苯甲酸　　　　4-甲基-2-羟基苯甲酸　　　　4-硝基-2-氯苯胺

以上顺序同样适用于所有多官能团有机物的命名。

芳烃中少一个氢原子的基团称为芳基（Ar—）。例如：

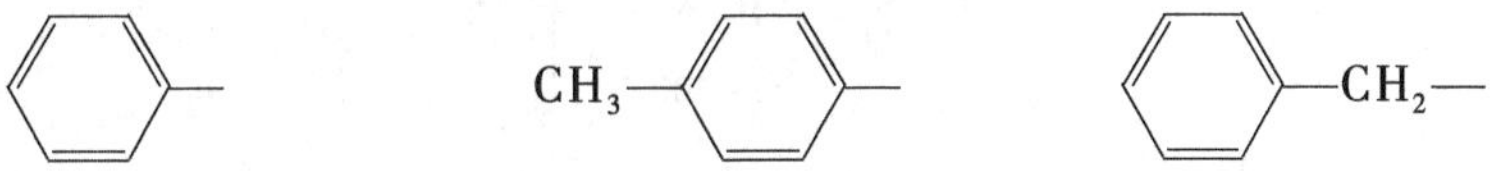

苯基（C_6H_5- 或 Ph—）　　对甲苯基（Ar—）　　苯甲基或苄基（Ar—）

第三节　单环芳香烃的性质

一、单环芳烃的物理性质

苯及其同系物一般为无色而具有气味的液体，不溶于水，易溶于有机溶剂如乙醚、四氯化碳、石油醚等。单环芳香烃的相对密度都小于1。化合物的沸点随相对分子质量的升高而升高，而熔点除了与相对分子质量有关外，还与结构有关。分子对称性好的，熔点较高。液态芳香烃常用作有机溶剂，但具有一定的毒性，使用时应注意防护。如苯是易挥发、易燃的液体，其蒸气对人体有一定的毒性，长期吸入会引起慢性中毒，损伤造血系统，严重的可导致再生障碍性贫血。一些常见的单环芳烃的物理常数列于表5-1。

表5-1　苯及其某些同系物的物理常数

名称	熔点（℃）	沸点（℃）	相对密度（d_{20}^4）
苯	5.5	80.1	0.879
甲苯	-95	110.6	0.867
邻二甲苯	-25.2	144.4	0.880
间二甲苯	-47.9	139.1	0.864
对二甲苯	13.2	138.4	0.861
乙苯	-95	136.1	0.867
正丙苯	-99.6	159.3	0.862
异丙苯	-96	152.4	0.862
苯乙烯	-31	145	0.907
苯乙炔	-45	142	0.930

二、单环芳香烃的化学性质

由于苯环形成了环状的共轭大 π 键,因此苯环很稳定,不易发生开环加成反应和氧化反应,较易发生取代反应。

(一)苯的加成反应

与不饱和烃相比,苯不易发生加成反应,但在特殊条件下苯也可与氢气、氯气等进行加成,生成分别生成环己环和六氯代环己环(简称六六六)。

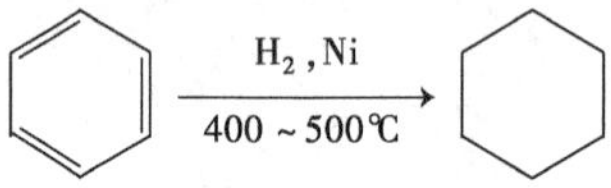

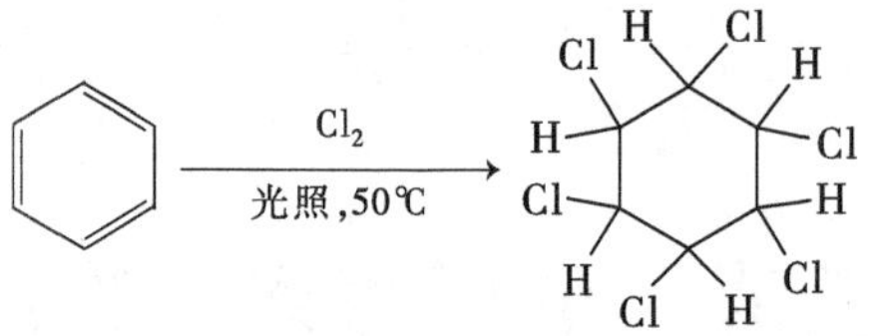

六六六曾是一种有效杀虫剂,但由于其化学性质稳定,残存毒性大,目前基本上已被高效的有机磷农药代替。

(二)氧化反应

1. 芳环侧链的氧化反应

苯环一般不易被氧化,但当苯环上连接有碳链(常称为侧链)时,侧链可被强氧化剂如酸性高锰酸钾、重铬酸钾、硝酸等氧化。一般说来不论侧链长短,只要含有 α—H,都只能保留一个碳,并转变为羧基,而苯环不被氧化,但没有 α—H 的侧链不被氧化,这可作为苯环上有无 α—H 的侧链的鉴别反应。

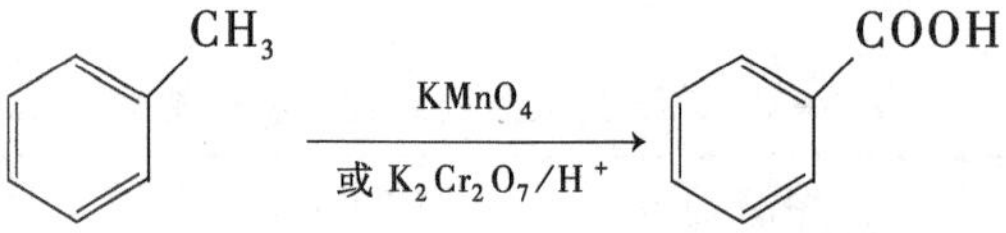

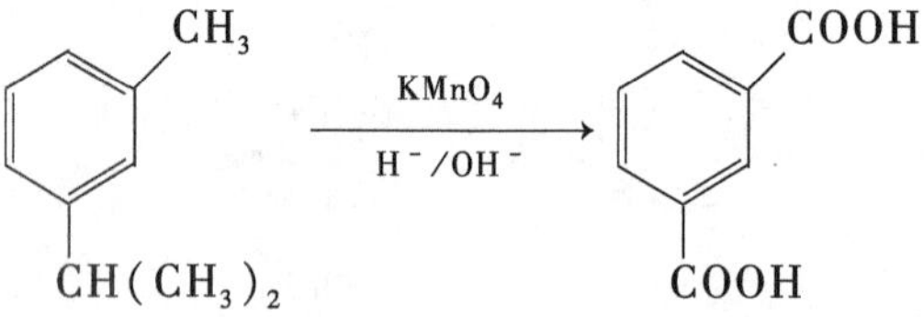

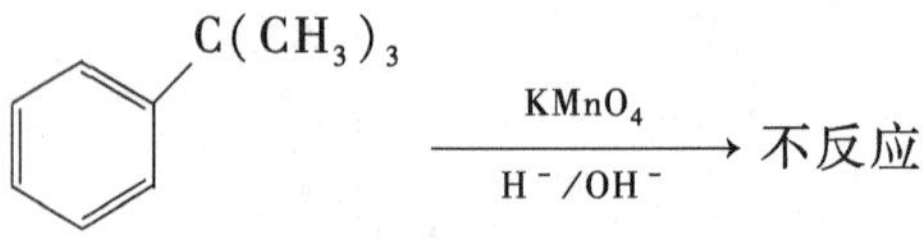

2. 苯环一般不易氧化,但在高温和催化剂作用下,也可氧化开环,生成顺丁烯二酸酐。

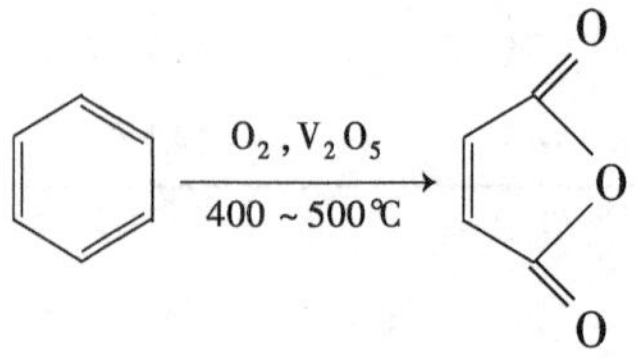

(三) 苯环侧链上的卤代反应

甲苯在光照条件下与氯反应，甲基中的 H 原子被取代，生成氯化苄。甲苯氯化时，反应容易停留在一元取代阶段，与烷烃的卤代反应相似，属于游离基（自由基）取代反应。如果苯环侧链有多个碳原子，一般是 α – H 优先被取代。

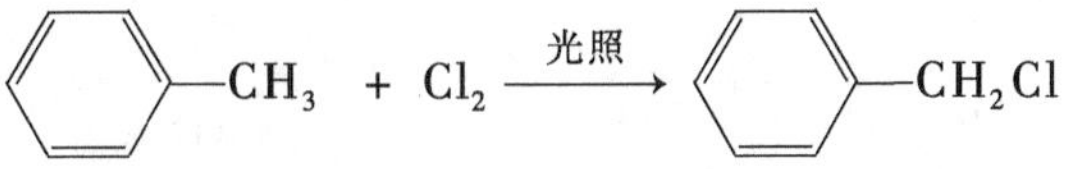

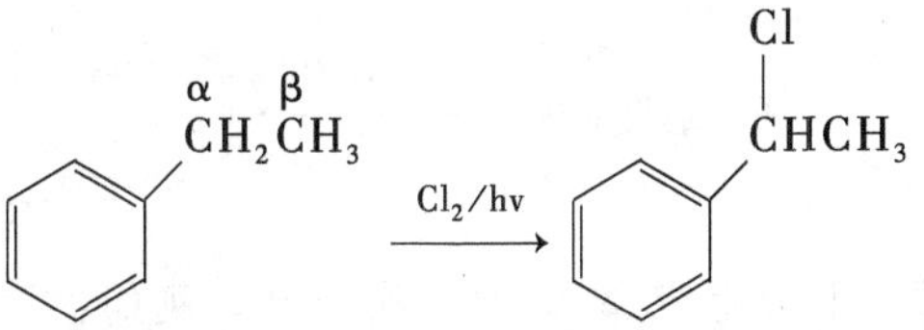

$$C_6H_5-CH_3 + Cl_2 \xrightarrow{光照} C_6H_5-CH_2Cl$$

$$C_6H_5-\underset{\alpha}{CH_2}\underset{\beta}{CH_3} \xrightarrow{Cl_2/h\nu} C_6H_5-CHClCH_3$$

(四) 苯环上的亲电取代反应

苯环的 π 电子云分布在分子平面的上、下方，容易受亲电试剂进攻。由于苯环结构很稳定，如果亲电试剂加成到苯环上，会破坏苯环的稳定结构，因此，苯环不易发生加成反应，在适当催化剂的存在下，发生取代反应。

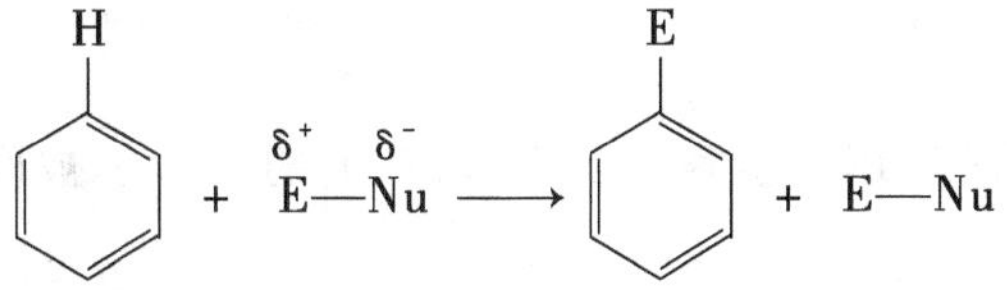

$$C_6H_5-H + \overset{\delta^+}{E}-\overset{\delta^-}{Nu} \longrightarrow C_6H_5-E + E-Nu$$

芳烃所发生的亲电取代反应包括卤代、硝化、磺化、烷基化、酰基化等。

1. 卤代反应

苯与卤素发生卤代反应，苯环上的氢原子被卤原子(—X)取代生成卤代苯，反应常用三卤化铁(FeX₃)或铁粉作催化剂。卤素的活性顺序为：氟 > 氯 > 溴 > 碘，一般常用氯和溴（氟活性太强，难以控制，碘活性太差，反应不能发生）。例如：

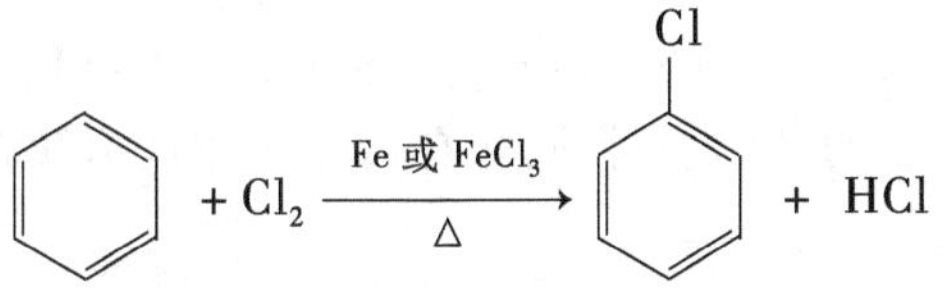

$$C_6H_6 + Cl_2 \xrightarrow[\Delta]{Fe \text{ 或 } FeCl_3} C_6H_5Cl + HCl$$

烷基苯与卤素可发生类似的反应，反应比苯容易，得到的产物以邻、对位取代为主。例如：

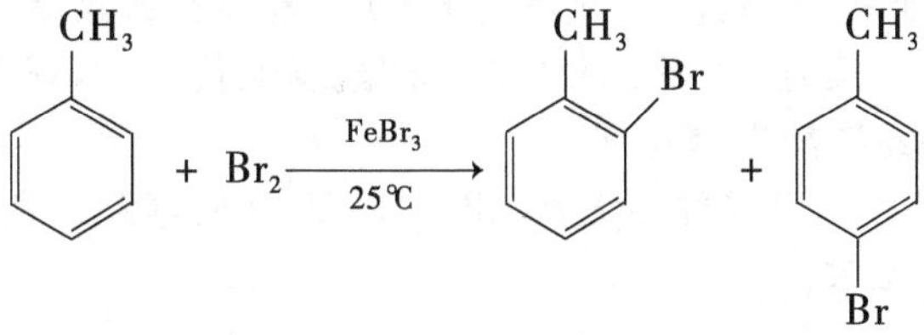

$$C_6H_5CH_3 + Br_2 \xrightarrow[25℃]{FeBr_3} o\text{-}BrC_6H_4CH_3 + p\text{-}BrC_6H_4CH_3$$

2. 硝化反应

苯与浓硝酸和浓硫酸的混合物（常称混酸）共热发生硝化反应，苯环上的氢原子被硝基(—NO₂)取代，生成硝基苯。例如：

有机化学

$$\text{C}_6\text{H}_6 \xrightarrow[50\sim 60\text{℃}]{\text{HNO}_3/\text{H}_2\text{SO}_4} \text{C}_6\text{H}_5\text{NO}_2 + \text{H}_2\text{O}$$

硝基苯不易继续硝化,但在较高温度下,增加硝酸的浓度,硝基苯可继续被硝化,主要得到间二硝基苯:

$$\text{C}_6\text{H}_5\text{NO}_2 + \text{发烟 HNO}_3 \xrightarrow[100\text{℃}]{\text{浓 H}_2\text{SO}_4} \text{间-C}_6\text{H}_4(\text{NO}_2)_2$$

烷基苯的硝化比苯容易,主要生成邻、对位取代产物。例如:

$$\text{C}_6\text{H}_5\text{CH}_3 + \text{HNO}_3(\text{浓}) \xrightarrow[30\text{℃}]{\text{浓 H}_2\text{SO}_4} \text{邻-CH}_3\text{C}_6\text{H}_4\text{NO}_2 + \text{对-CH}_3\text{C}_6\text{H}_4\text{NO}_2$$

3. 磺化反应

苯与浓硫酸或发烟硫酸作用发生磺化反应,苯环上的氢原子被磺酸基(—SO_3H)取代,生成苯磺酸。

$$\text{C}_6\text{H}_6 \xrightarrow[\text{或发烟 H}_2\text{SO}_4, 40\text{℃}]{\text{浓 H}_2\text{SO}_4, 75\sim 80\text{℃}} \text{C}_6\text{H}_5\text{SO}_3\text{H}$$
苯磺酸

与卤代和硝化反应不同,磺化反应是可逆的,生成的磺化产物与稀酸共热,磺酸基可以脱掉,又生成苯和硫酸。利用磺化反应的可逆性,在有机反应中可用磺酸基来占位,反应结束后再水解掉,以得到所需要合成的产物。另外,在有机分子中引入磺酸基,可以增大化合物的水溶性。

4. 傅-克反应

傅-克反应分为两类:一类是傅-克烷基化反应,苯环上的氢原子被烷基取代生成烷基苯;另一类是傅-克酰基化反应,苯环上的氢原子被酰基取代,在苯环上引入酰基,生成芳酮。反应常用无水 $AlCl_3$ 等路易斯酸做催化剂。

(1) 傅-克烷基化反应 卤代烷在无水 $AlCl_3$、$FeCl_3$、BF_3 等路易斯酸催化下与苯反应,在苯环上引入烷基,生成烷基苯:

$$\text{C}_6\text{H}_6 + \text{RX} \xrightarrow{\text{Lewis 酸}} \text{C}_6\text{H}_5\text{R} + \text{HX}$$

$$\text{C}_6\text{H}_6 + \text{CH}_3\text{CH}_2\text{Cl} \xrightarrow{\text{AlCl}_3} \text{C}_6\text{H}_5\text{CH}_2\text{CH}_3$$

(2) 傅-克酰基化反应 在无水 AlCl₃ 等催化下,苯与酰卤或酸酐反应,在苯环上引入一个酰基,生成芳酮(酰基苯)。例如:

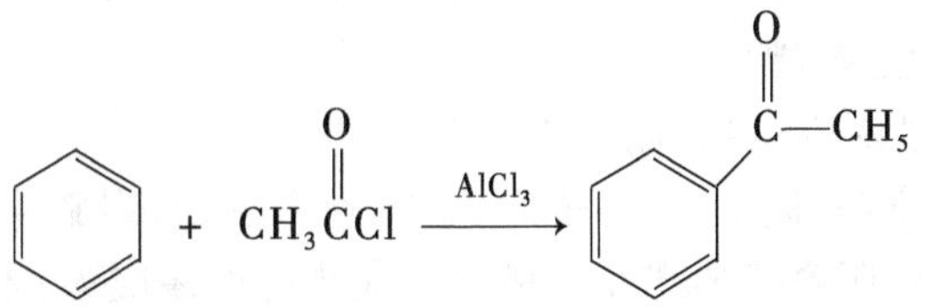

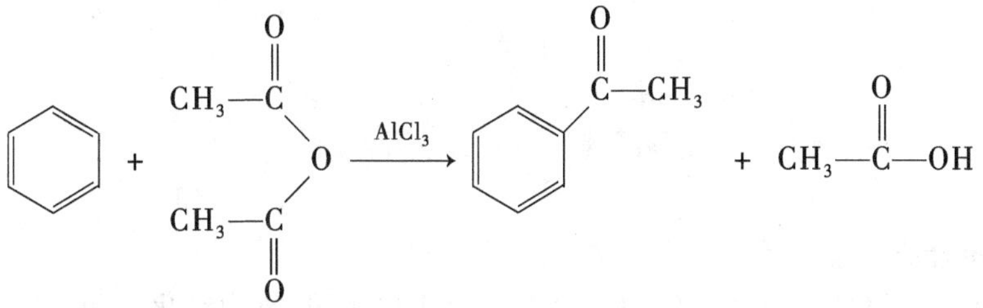

傅-克反应值得注意的是,当有强吸电子基团如—NO₂、—COOH、—COR、—SO₃H 等与芳环直接相连时,傅-克反应难以进行。

三、苯环上亲电取代反应的定位规律

(一)定位规律

从前面列举的一些亲电取代反应例子可以看出,若苯环上已有取代基,再进行亲电取代反应时,环上原有的取代基会对后引入的取代基进入苯环的位置及反应活性产生指导(或制约)的作用,这就是苯环上亲电取代反应的定位规律,也称定位效应,原有的取代基称定位基。

根据大量实验结果,常见的定位基可以归纳为以下两大类:

1. 邻、对位定位基

这类定位基使芳环进一步发生取代反应时,新的取代基主要进入它的邻位和对位,间位产物很少;同时,连有此类定位基(卤素除外)的芳环比苯更容易发生亲电取代,故常称此类定位基具有致活作用。常见的邻、对位定位基及其对苯的亲电取代反应活性的影响如下:—NR₂、—NHR、—NH₂、—OH 为强活化作用;—OR、—NHCOR、—OCOR 为中等活化作用;—R、—Ar 为弱活化作用;只有—X 为弱钝化作用。

邻、对位定位基的特点是定位基中与苯环直接相连的原子大都是饱和的,有的该原子上带负电荷或具有未共用电子对,对苯环有供电子效应(大都是通过诱导效应或共轭效应产生供电子效应的),使苯环电子云密度增加。

2. 间位定位基

这类定位基使芳环进一步发生取代反应时,新的取代基主要进入它的间位,邻位和对位产物很少;同时,连有间位定位基的芳环比苯更难发生亲电取代,故常称此类定位基具有致钝作用。常见的间位定位基有—N⁺R₃、—NO₂、—CF₃、—CN、—SO₃H、—CHO、—COR、—COCl、—COOH(R)、—CONH₂等。

间位定位基的特点是定位基中与苯环直接相连的原子带有正电荷(如—N⁺R₃)或连有多个吸电子(如—CF₃);或以不饱和键与其他原子相连,对苯环有吸电子效应,使苯环电子云密度下降。

有机化学

(二)定位规律的应用

苯环上取代反应的定位规律不仅能预测芳香化合物亲电取代反应的主要产物,并且在芳香化合物合成路线的设计上有指导作用。

例1 由苯合成(经过反应得到)间氯硝基苯。

分析:硝基是间位定位基,氯是邻、对位定位基,若先氯代,则硝化时主要产物是邻氯硝基苯和对氯硝基苯,而得不到所希望的产物。所以反应步骤顺序应为:先硝化,再氯化。

例2 由苯合成对氯甲苯。

分析:甲基和氯都是邻、对位定位基,但甲基为活化基团,氯为钝化基团。当活化基团和钝化基团定位相同时,应先在苯环上引入活化基团,后引入钝化基团,才有利于反应的进行。因此,对氯甲苯的合成顺序为:先烷基化,后氯化。若先氯化,再烷基化的反应路线,会因为环上连有钝化基团,而使反应较难进行。

相关知识

一、芳环上的亲电取代反应的机制

单环芳烃的卤代、硝化、磺化及傅-克等反应,从反应历程看是由于苯环富含π电子云,易受亲电试剂(正离子试剂)的进攻,在适当催化剂的存在下,发生的取代反应。

其反应机制可以概述如下。

1. 亲电试剂的产生

在催化剂的作用下或试剂本身的解离,产生亲电性的正离子。

如卤化反应中在 FeX_3 作用下,$X—X$ 键发生极化,形成 X^+ 离子:

$$X_2 + FeX_3 \longrightarrow X^+ FeX_4^-$$

硝化反应中,浓硝酸在浓硫酸作用下,形成硝基正离子(NO_2^+)(或称硝酰正离子):

$$HNO_3 + 2H_2SO_4 \rightleftharpoons NO_2^+ + H_3O^+ + 2HSO_4^-$$

在磺化反应中,亲电试剂是缺电子的 SO_3。发烟硫酸是含 SO_3 的浓硫酸,而浓硫酸自身反

第五章 芳香烃

应也会产生 SO_3。

$$2H_2SO_4 \rightleftharpoons SO_3 + H_3O^+ + HSO_4^-$$

在傅-克反应中,卤代烷、酰卤或酸酐在无水 $AlCl_3$ 等作用下产生烷基正离子或酰基正离子作为亲电试剂。例如:

$$RCl + AlCl_3 \longrightarrow R^+ + AlCl_4^-$$

$$R-\overset{O}{\underset{\|}{C}}-Cl + AlCl_3 \longrightarrow R-\overset{O}{\underset{\|}{C}}{}^+ + AlAl_4^-$$

2. 亲电试剂进攻苯环

亲电试剂对苯环进行进攻,与苯环上的一个碳原子形成 σ 键,此碳由 sp^2 杂化变成了 sp^3 杂化,形成一个碳正离子中间体。

3. 碳正离子中间体中与亲电试剂 E 相连的碳上的氢,很快以质子形式离去,sp^3 杂化的碳又变成 sp^2 杂化的碳,恢复苯环的稳定结构,最后形成取代产物。

综上所述,芳烃的亲电取代反应历程可表示如下:

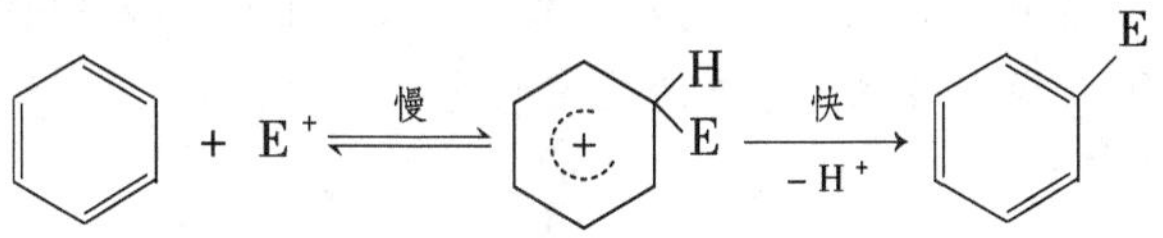

以溴代反应的机制为例:在 $FeBr_3$ 作用下,$Br-Br$ 键发生极化,形成 Br^+ 离子,Br^+ 向苯环进攻形成碳正离子,然后离去质子;同时生成的 $[FeBr_4^-]$ 负离子与离解出来的质子结合生成 HBr。

$$Br-Br + FeBr_3 \longrightarrow Br^+ + FeBr_4^-$$

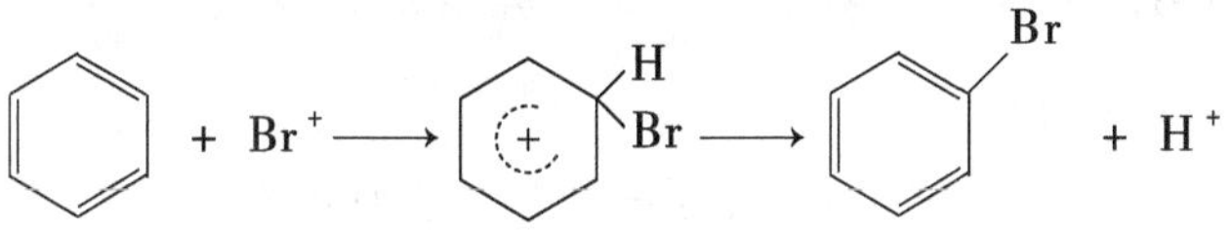

又如硝化反应的机制:

$$HNO_3 + 2H_2SO_4 \rightleftharpoons NO_2^+ + H_3O^+ + 2HSO_4^-$$

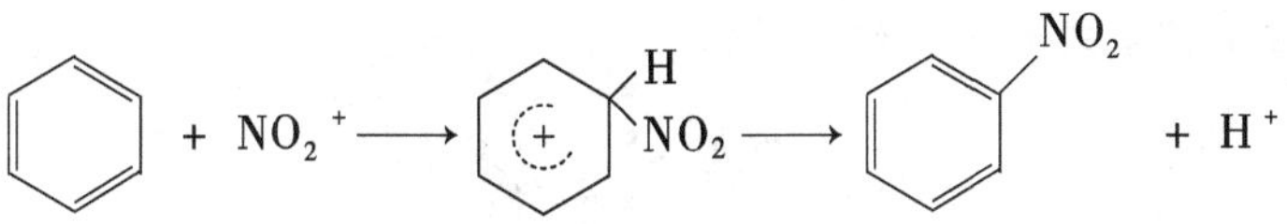

二、苯环上亲电取代反应定位规律的理论解释

当苯环引入取代基后,其环上的电子云密度会发生改变,而不同的取代基对苯环电子云密度发生改变的影响是不一样的,因此,对芳环再次发生亲电取代反应的活性也产生了不同的影响;同时不同取代基对苯环上邻、间、对三种位置的影响亦不同,亲电试剂在进攻苯环时首先进攻电子云密度稍高的碳原子。这可以用定位基的电子效应进行解释,现以几个典型的定位基为例,解释如下。

(一) 邻、对位定位基的影响

邻、对位定位基(卤素除外)对苯环有供电子效应,能使苯环的电子云密度增加,亲电取代反应活性增加,即有利于亲电取代反应的发生。

有机化学

1. 甲基

甲基的诱导效应(+I)和超共轭效应(+C)都是供电子效应,因此甲苯发生亲电取代反应比苯容易,同时邻、对位电子云密度比间位大,亲电试剂首先进攻邻、对位,因此,甲基为活化苯环的邻、对位定位基。

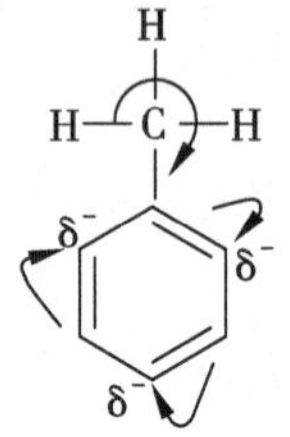

2. 羟基

羟基的氧原子直接与苯环相连,尽管其电负性比碳大,有吸电子诱导效应(−I),但其p轨道上的孤对电子与苯环π电子可形成p−π共轭体系,因此产生供电子的共轭效应(+C)。由于+C > −I,共轭效应起主导作用,所以,总的结果,苯环上电子云的密度增大,并且邻、对位电子云密度增加较多,所以羟基是邻、对位活化定位基。

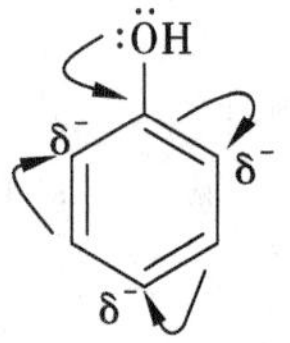

其他基团如—OCH_3、—NH_2、—$NHCOCH_3$等与羟基类似,都是邻、对位活化基团。

(二)间位定位基的影响

以硝基为例,当硝基连接在苯环上时,会产生吸电子的诱导效应(−I)和吸电子的共轭效应(−C)的共同作用,使苯环上的电子云密度大大降低,且邻、对位的电子云密度降低得更多,而间位的电子云密度稍高些,故亲电试剂更容易进攻硝基的间位。所以,硝基为强钝化的间位定位基。其他间位定位基的分析与硝基类似。

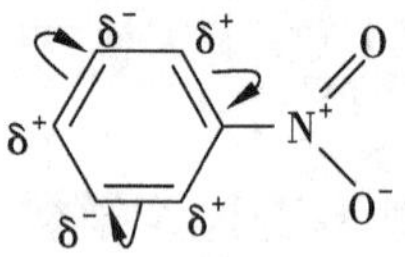

第四节 稠环芳烃

稠环芳烃是指由两个或多个苯环彼此通过共用两个相邻碳原子稠合而成的芳烃,如萘、蒽、菲等,它们存在煤焦油中,是合成染料、药物的重要原料。这里重点讨论萘。

第五章 芳香烃

一、萘

（一）萘的结构与命名

萘的分子式为 $C_{10}H_8$。实验证明，萘是一个平面分子，由两个苯环稠和而成，萘环上的每个碳原子均为 sp^2 杂化，成键方式与苯相似。所有碳原子的 p 轨道都平行重叠形成环状芳香大 π 键（图 5-4），具有芳香稳定性。但萘与苯不同，其 π 电子云并不是均匀地分布在环的十个碳原子上，各键键长有差异，没有完全平均化（图 5-5）。

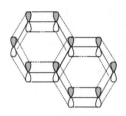

图 5-4 萘分子中的共轭大 π 键

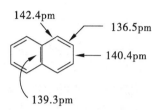

图 5-5 萘分子的键长

因此萘分子中的碳原子位置不完全等同，环碳原子的编号如下图所示，其中 1、4、5、8 位等同，也称 α 位；2、3、6、7 位等同，也称 β 位。

$$\begin{matrix} (\alpha) & (\alpha) \\ (\beta)7 \; 8 & 1 \; 2(\beta) \\ (\beta)6 & 3(\beta) \\ 5 & 4 \\ (\alpha) & (\alpha) \end{matrix}$$

萘及其衍生物在命名时，取代基的位次可以用阿拉伯数字标明，也可用 α、β 等希腊字母标明。例如：

1-硝基萘　　　　5-甲基-2-萘磺酸　　　　1-萘酚
α-硝基萘　　　　　　　　　　　　　　　　α-萘酚

（二）萘的性质

萘是一种无色片状的晶体，熔点 80.2℃，沸点 218℃，不溶于水，易溶于乙醇、乙醚、苯等有机溶剂，有特殊气味，易升华，可用于制防蛀的卫生球，因其有一定的毒性和对环境的污染，现在已基本不用。萘可从煤焦油中提取而得，是重要的化工原料，主要用于生产邻苯二甲酸酐，染料中间体和橡胶助剂等。

萘的化学性质与苯相似，但稳定性比苯差，而反应活性比苯高，发生亲电取代、氧化反应及加成反应都比苯容易。

有机化学

1. 亲电取代反应

萘能发生卤代、硝化、磺化和傅-克酰基化等常见的芳香亲电取代反应,由于萘分子中 α 位的电子云密度高于比 β 位,所以,亲电取代反应主要发生在 α 位,得到 α 取代产物。例如:

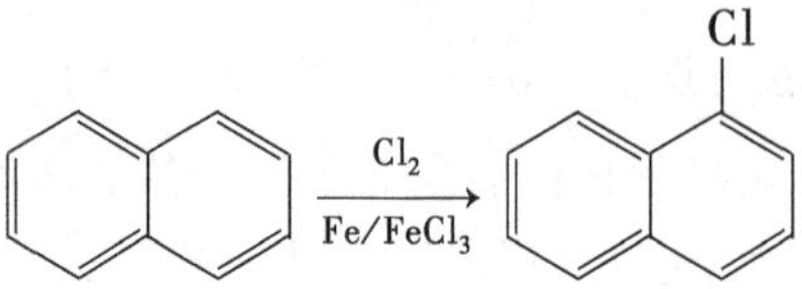

$$\text{萘} \xrightarrow{Cl_2, Fe/FeCl_3} \text{1-氯萘}$$

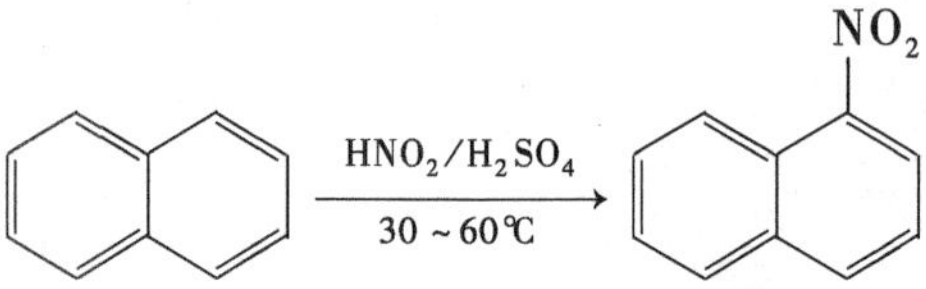

$$\text{萘} \xrightarrow[30\sim 60℃]{HNO_2/H_2SO_4} \text{1-硝基萘}$$

萘在发生磺化反应时,磺酸基进入萘环的位置和反应温度有关,低温主要产物为 α-萘磺酸(1-萘磺酸);较高温度时,主要产物为 β-萘磺酸(2-萘磺酸)。

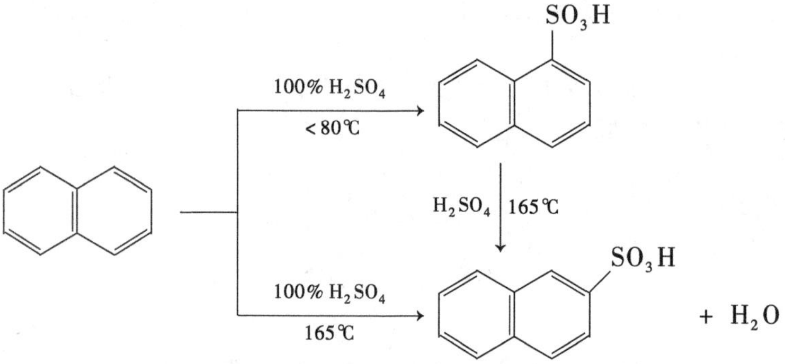

$$\text{萘} \xrightarrow[<80℃]{100\% H_2SO_4} \text{1-萘磺酸} \xrightarrow{H_2SO_4, 165℃} \text{2-萘磺酸} + H_2O$$

$$\text{萘} \xrightarrow[165℃]{100\% H_2SO_4} \text{2-萘磺酸} + H_2O$$

磺酸基体积较大,在 α 位的空间干扰比 β 位大,所以 β-萘磺酸较稳定,当温度升高时 β-萘磺是萘磺化反应的主要产物。

萘也能发生傅-克反应,例如:

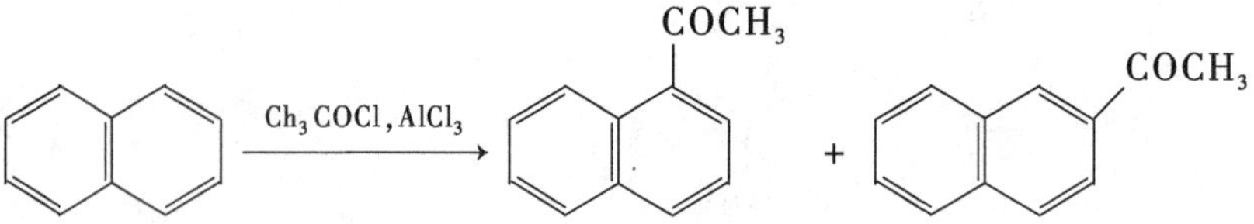

$$\text{萘} \xrightarrow{Ch_3COCl, AlCl_3} \text{1-乙酰萘} + \text{2-乙酰萘}$$

2. 氧化反应

萘的稳定性比苯差,所以萘比苯容易氧化,在不同氧化剂作用下,得到不同的产物。例如:

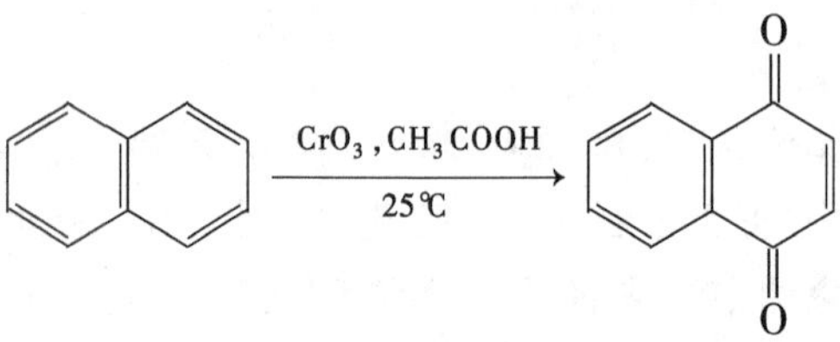

$$\text{萘} \xrightarrow[25℃]{CrO_3, CH_3COOH} \text{1,4-萘醌}$$

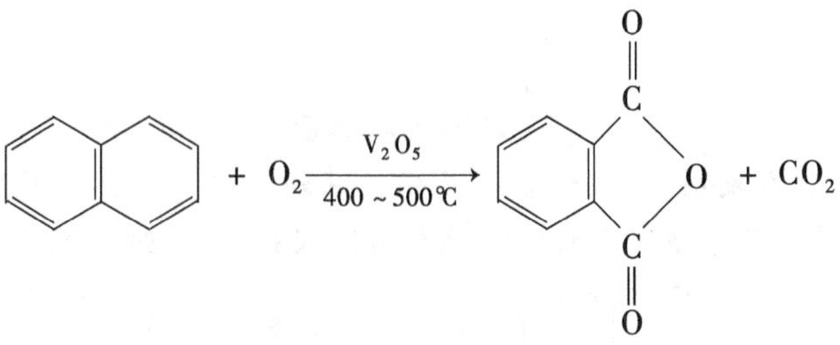

$$\text{萘} + O_2 \xrightarrow[400\sim500℃]{V_2O_5} \text{邻苯二甲酸酐} + CO_2$$

邻苯二甲酸酐

以五氧化二钒为催化剂,用空气氧化萘,生成邻苯二甲酸酐,这是工业上生产邻苯二甲酸酐的方法。

3. 还原反应

萘比苯容易发生还原反应。不同的条件下,得到的产物不同。例如:

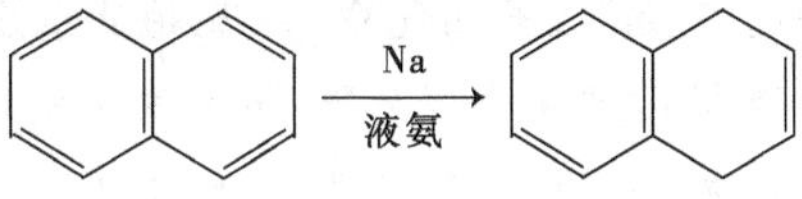

$$\text{萘} \xrightarrow[\text{液氨}]{Na} \text{1,4-二氢萘}$$

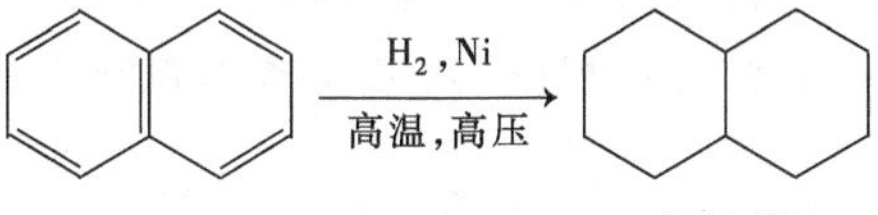

$$\text{萘} \xrightarrow[\text{高温,高压}]{H_2,Ni} \text{十氢萘}$$

二、蒽和菲

煤焦油中含有丰富的蒽和菲。蒽是白色片状略带蓝色荧光的晶体,熔点216℃,沸点340℃,不溶于水,难溶于乙醚和乙醇,易溶于苯。菲为白色的片状晶体,熔点100℃,沸点340℃,不溶于水,易溶于乙醚和苯。它是制药工业的重要原料,许多对人体具有生理活性的物质如胆固醇、性激素、肾上腺皮质激素等都含有菲的骨架。

蒽和菲的分子式都是 $C_{14}H_{10}$,两者互为同分异构体,都是由三个苯环稠和而成,所有原子都处在同一平面,都具有芳香大 π 键,都有芳香性。蒽和菲的编号都有其固定的顺序,其结构、编号如下:

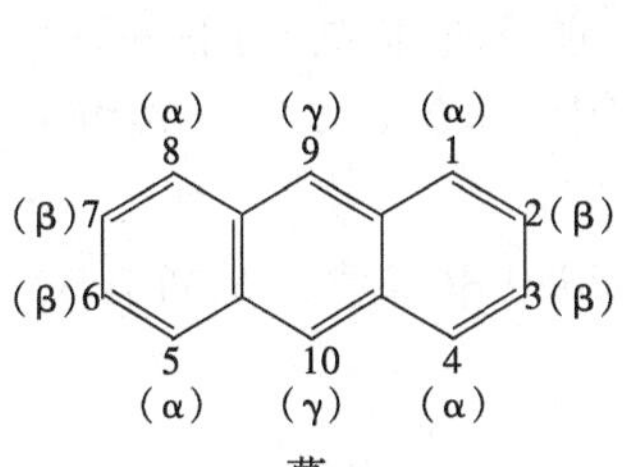

蒽 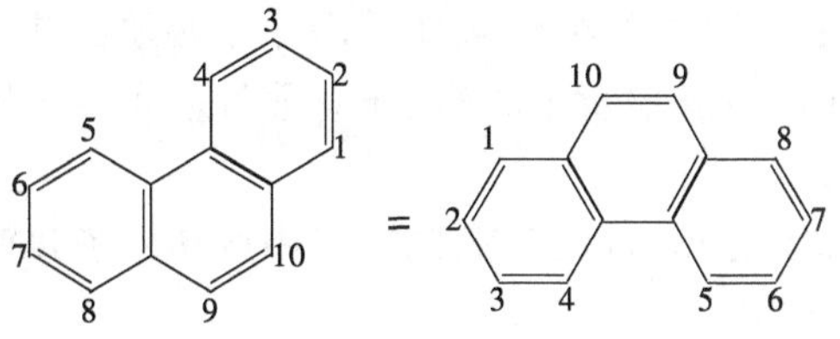　　　　　　　　　　菲

在蒽分子中,1、4、5、8 四个位置等同,称 α 位;2、3、6、7 四个位置等同,称 β 位;9、10 两个位置相同,称 γ 位。菲分子中,有五对相互对应的位置,即 1 与 8、2 与 7、3 与 6、4 与 5、9 与 10。蒽和菲具有芳香性,但芳香性都比苯差。

有机化学

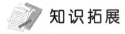

多环芳烃与癌症

很多的多环芳烃具有致癌作用,许多还是强致癌物。现在已知的致癌物质中以2,3-苯并芘最为常见,甲基苯并蒽等多环芳烃的致癌效力比较强。其结构如下:

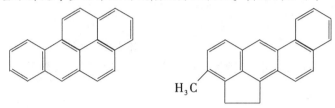

3,4-苯并芘　　　　　　甲基苯并蒽

在汽车废气和未燃烧完全的石油、煤等烟气中,以及柏油散发出的蒸气中往往含有多环芳烃。因此治理废气,减少污染,保护环境是保护人民身体健康的重要内容。此外,垃圾及香烟等的不完全燃烧也可以产生这些物质,用木炭火烤制牛排可以测出其中15种不同的多环芳烃,烤肉时的油滴在木炭上,烤制出来的食品中致癌物苯并芘的含量更高,所以要少吃这些烧烤食物。蛋白质、脂肪等在烟熏、烘烤过程中,致癌物苯并芘含量也相当大,所以,也应尽量少吃烟熏食品。

第五节　休克尔规则和非苯系芳香烃

一、休克尔(Hückel)规则

前面讨论的苯、萘、蒽、菲等芳烃具有相似的结构:平面环状闭合的共轭体系,因而化学性质也类似,它们都具有芳香性。然而如环丁二烯的化学性质却活泼,类似共轭烯烃的性质。那么,如何判断化合物具有芳香性呢?德国化学家休克尔(E. Hückel)于1931年提出了化合物具有芳香性的判据,称休克尔(Hückel)规则。

休克尔规则的主要内容:①成环原子必须都是 sp^2 杂化原子,它们处于同一平面,形成一个平面环状闭合共轭体系;②π电子总数符合 $4n+2$ 规则,其中 $n=0,1,2,3\cdots$(注意 n 不是指环碳原子数)。

例如,依据 Hückel 规则,苯分子中成环原子共平面,离域π电子数为6,符合 $4n+2$ 规则,苯具有芳香性。

二、非苯系芳香烃

一些不含苯环的环烯,因符合休克尔规则,故也具有芳香性,此类化合物称为非苯系芳香烃。例如:

1. 环状离子的芳香性

某些环状烯烃虽然没有芳香性,但转变成离子(正或负离子)后则有可能显示芳香性。例如:环戊二烯、环庚三烯,分子中有一个 sp^3 杂化碳原子,不能构成环状共轭体系,但当它们成为负离子或正负离子时,就有可能成为环状共轭体系。

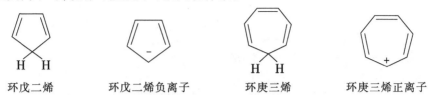

| 环戊二烯 | 环戊二烯负离子 | 环庚三烯 | 环庚三烯正离子 |

一个 sp^3 杂化碳原子　6 个 π 电子,有芳香性　一个 sp^3 杂化碳原子　6 个 π 电子,有芳香性

例如:按 Hückel 规则,环戊二烯负离子的五个碳都为 sp^2 杂化,同在一个平面上,形成环状闭合共轭体系,π 电子数为 6 个,符合 $4n+2$,故具有芳香性。

芳香离子中的正或负电荷不再局限在某一碳原子上,而是离域于环上各碳原子,因此一些具有芳香性的离子在书写时可表示为以下的结构式。

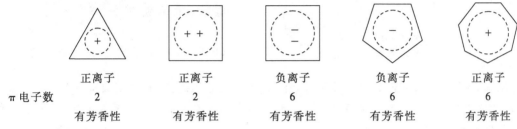

	正离子	正离子	负离子	负离子	正离子
π 电子数	2	2	6	6	6
	有芳香性	有芳香性	有芳香性	有芳香性	有芳香性

2. 轮烯的芳香性

单环共轭多烯亦称轮烯,命名时,π 电子数在方括号[ ]内表示,称为某轮烯,如[10]轮烯、[14]轮烯、[18]轮烯。π 电子数符合 $4n+2$,并且所有原子在同一平面上的轮烯,具有芳香性。

[10]轮烯　　　　[14]轮烯　　　　[18]轮烯

[10]轮烯虽然是一个环状闭合共轭体系的单环化合物,π 电子数也符合 $4n+2$,但由于分子中环内空间太小,环内氢原子的阻碍,使分子中的原子不能在同一平面内,故没有芳香性。[14]轮烯要构成平面环,需要四个氢在环内,因此也破坏了其平面性,也是没有芳香性的。

[18]轮烯虽然环内有六个氢原子。但环较大,可允许成为平面环,其 π 电子数也符合 $4n+2$,因此具有芳香性。

 考点提示

1. 苯是平面分子,分子中碳原子均为 sp^2 杂化,并形成一个闭合的共轭大 π 键,具有芳香性。

2. 单环芳香烃的化学反应发生在苯环和侧链两个部分。苯环上可发生亲电取代反应,侧链的 α—C 上的氢可卤代和氧化。例如:侧链具有 α—H 的芳烃可与高锰酸钾反应而使高锰酸钾溶液褪色(此性质可应用于鉴别)。

有机化学

苯环上典型的亲电取代反应(卤代、硝化、磺化、傅-克烷基化、傅-克酰基化等)归纳如下：

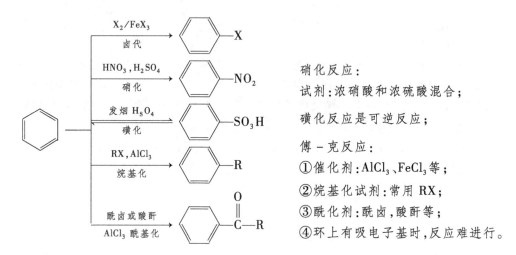

3. 苯环上原有的取代基对后引入的取代基会产生定位效应(也称定位规律)。定位基分为邻、对位定位基和间位定位基两类，邻、对位定位基除卤素外一般都是致活基团，而间位定位基都是致钝基团。

4. 稠环芳烃中的萘的结构和性质与苯相似，有芳香性，也能发生亲电取代反应，反应活性比苯大，取代基主要进入 α 位；其他氧化、还原反应也比苯容易。

蒽和菲也具有芳香性。

5. 休克尔(Hückel)规则：含有 $4n+2(n=0,1,2\cdots)$ π 电子的单环平面共轭多烯具有芳香性。

 目标检测

1. 用系统命名法命名下列化合物或写出结构式

(1) 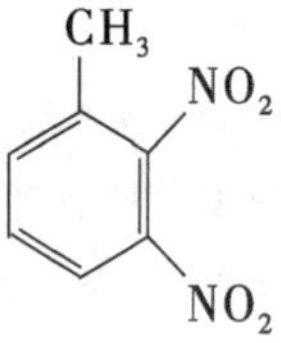 [structure: 甲基-2,3-二硝基苯]

(2) [structure: 5-甲基萘-2-磺酸]

(3) [structure: 1-乙基-4-叔丁基苯]

(4) [structure: 2-氯-4-甲基苯甲酸]

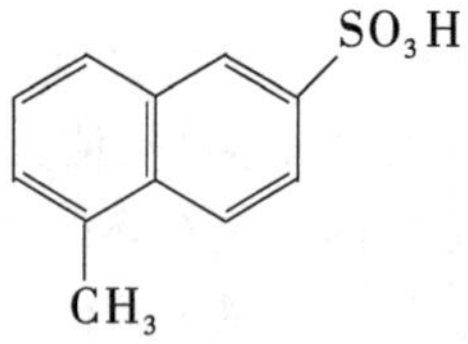

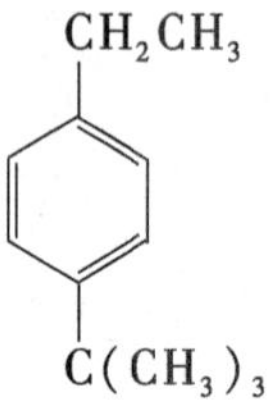

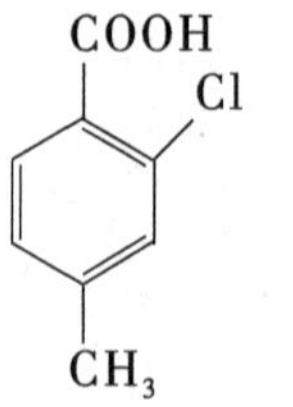

(5) 3-硝基苯甲酸

(6) 对硝基甲苯

(7) β-萘酚

(8) 6-氯-1-萘磺酸

2. 完成下列反应式

(1)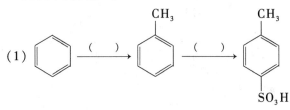

(2) 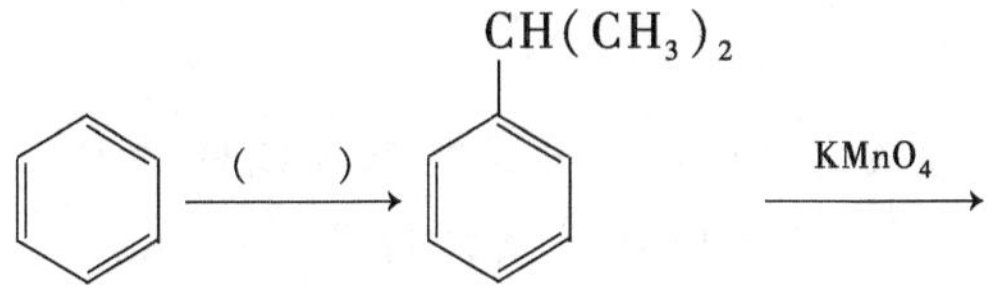 [benzene] ─( )→ [isopropylbenzene] $\xrightarrow{KMnO_4}$

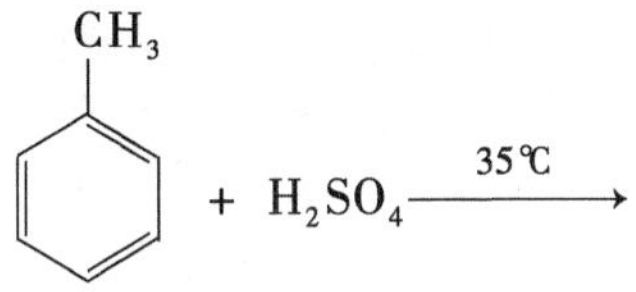

(3) [toluene] + H_2SO_4 $\xrightarrow{35℃}$

(4) [nitrobenzene] $\xrightarrow[\Delta]{Cl_2, FeCl_3}$

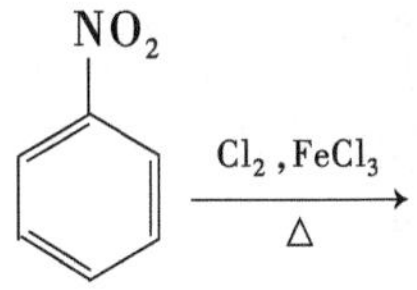

(5) 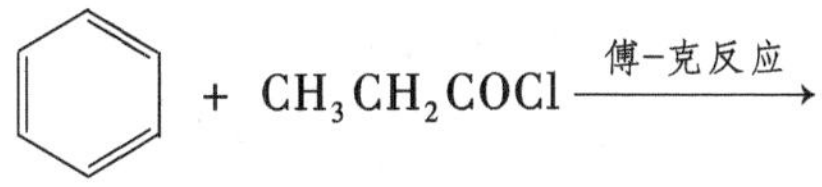 [benzene] + CH_3CH_2COCl $\xrightarrow{傅-克反应}$

3. 选择题

(1) 下列各化合物中具有芳香性的是

A. 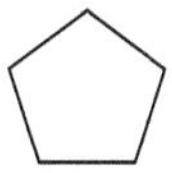 　　B.  　　C. 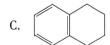　　D.

(2) 下列化合物中不具有芳香性的是

A. 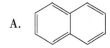　　B. 　　C. 　　D.

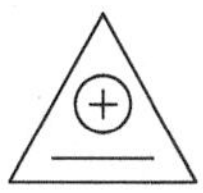

(3) 苯与浓硝酸在浓硫酸催化下进行反应的机制是

A. 亲电加成　　B. 自由基取代　　C. 亲核取代　　D. 亲电取代

(4) 下列基团属于邻、对位定位基的是

A. —CHO　　B. —SO_3H　　C. —OH　　D. —COOH

(5) 下列基团属于间位定位基的是

A. —NO_2　　B. —NH_2　　C. —OR　　D. —Cl

(6) 比较下列化合物进行亲电取代反应时的活性[ ]>[ ]>[ ]>[ ]>[ ]

A. 苯酚　　B. 甲苯　　C. 苯　　D. 硝基苯

E. 溴苯

(7) 甲苯和氯气在光照下进行反应,其反应机制是

A. 亲电取代　　B. 亲电加成　　C. 自由基取代　　D. 自由基加成

有机化学

(8) 下列化合物最容易发生苯环上硝化反应的是

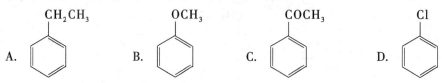

4. 用简单化学方法鉴别下列各组化合物

(1) 苯乙炔、苯乙烯、环己环

(2) 甲苯、1-戊烯、甲基环丙环

5. 某芳烃 A 分子式为 C_8H_{10}，被酸性高锰酸钾氧化生成分子式为 $C_8H_6O_4$ 的 B。若将 B 进一步硝化，只得到一种一元硝化产物而无异构体，试写出 A、B 的结构式。

(邓超澄)

第六章 卤代烃

学习目标

【掌握】卤代烃的命名,卤代烃的化学性质,扎依采夫规则。
【熟悉】卤代烃的结构和分类。
【了解】重要的卤代烃。

烃分子中一个或多个氢原子被卤原子取代后生成的化合物称为卤代烃。卤代烃的结构通式用(Ar)R—X表示,其中卤原子X是卤代烃的官能团。天然卤代烃并不多,主要分布在海洋生物中;大多数卤代烃为合成产物,烃发生卤代或与卤素、卤化氢加成,均可以得到卤代烃。许多卤代烃是有机合成的中间体,有些卤代烃常用作溶剂,还有些卤代烃具有药理活性。例如,三氯甲烷既可作为溶剂,也是最早使用的全身麻醉药之一;氟烷是中国药典收载的一种全身麻醉药。

第一节 卤代烃的分类、命名和结构

一、卤代烃的分类

卤代烃的分类方法比较多,主要有以下几种。

1. 根据卤代烃分子中卤原子的种类不同,分为氟代烃、氯代烃、溴代烃和碘代烃,例如:

$$R-F \qquad R-Cl \qquad R-Br \qquad R-I$$
氟代烃　　氯代烃　　溴代烃　　碘代烃

2. 根据卤代烃中所含卤原子的数目不同,分为一卤代烃、二卤代烃和多卤代烃,例如:

$$CH_3Cl \qquad CH_2Cl_2 \qquad CHCl_3$$
一卤代烃　　二卤代烃　　多卤代烃

3. 根据卤原子所连接的饱和碳原子种类不同,将卤代烃分为伯卤代烃(1°卤代烃)、仲卤代烃(2°卤代烃)和叔卤代烃(3°卤代烃),例如:

伯卤代烃　　　　仲卤代烃　　　　叔卤代烃

4. 根据卤原子所连接烃基的种类不同,可将卤代烃分为脂肪族卤代烃和芳香族卤代烃;

有机化学

又可以根据卤代烃中是否含有不饱和键,分为饱和卤代烃与不饱和卤代烃,例如：

$$\underset{\underset{Cl}{|}}{CH_3CH_2CH_2} \qquad \underset{\underset{Cl}{|}}{CH_2=CHCH_2} \qquad C_6H_5Br$$

脂肪族饱和卤代烃　　　脂肪族不饱和卤代烃　　　芳香族卤代烃

二、卤代烃的命名

(一)普通命名法

简单卤代烃的名称根据烃基的种类用普通命名法,在烃的名称前加卤素名,称为"某烃基卤",例如：

$$\underset{\underset{Cl}{|}}{H_3C\overset{\overset{CH_3}{|}}{C}CH_3} \qquad \underset{\underset{Br}{|}}{CH_2=CHCH_2} \qquad C_6H_5CH_2Cl$$

叔丁基氯烯　　　　　丙基溴　　　　　苄基氯(氯化苄)

(二)系统命名法

比较复杂的卤代烃用系统命名法:以烃为母体,将卤原子当作取代基,把连有卤原子的最长碳链为主链,按照烷烃或烯烃的命名法编号,依据"次序规则"按照优先基团后列出的原则,依次写出取代基的位置和名称,置于烃的名称之前,例如：

$$\underset{\underset{CH_3}{|}}{CH_3CHCH_2\underset{\underset{Cl}{|}}{CH_2}} \qquad \underset{\underset{Cl}{|}}{CH_3\overset{\overset{CH_3}{|}}{CH}CHCH_3} \qquad \underset{\underset{Br}{|}\underset{Cl}{|}}{CH_3CHCHCH_3}$$

3-甲基-1-氯丁烷　　　2-甲基-3-氯丁烷　　　2-氯-3-溴丁烷

$$\underset{\underset{Br}{|}}{CH_2=CHCH_2CH_2} \qquad \underset{\underset{Cl}{|}}{CH\equiv CCH_2}$$

4-溴-1-丁烯　　　　　3-氯-1-丙炔

有些卤代烃用习惯名称,例如:三氯甲烷($CHCl_3$)习惯称为氯仿,三碘甲烷(CHI_3)习惯称为碘仿。

三、卤代烃的结构

大多数卤代烃是极性分子。由于卤素的电负性比碳的强,因而碳卤键的电子云偏向卤原子,使卤原子带部分的负电,碳原子带部分的正电。卤代烃的碳卤键为极性键,碳卤键为极性导致卤代烃具有较高的化学活性。

$$\overset{\delta^+ \quad \delta^-}{-C-X} \longrightarrow$$

第二节 卤代烃的性质

一、物理性质

室温下,除氯甲烷、溴甲烷和氯乙烷为气体外,其他低级卤代烷为液体,15个碳以上的卤代烷为固体。卤代烃都有毒,许多卤代烃具有强烈的气味。卤代烃均难溶于水,易溶于醇、醚等有机溶剂。有些一氯代烃的密度比水小,而溴代烃、碘代烃的密度则比水大;卤代烃的密度随其分子中卤原子数目增多而增大。

二、化学性质

由于卤原子的电负性比碳原子大,所以 C—X 键为极性共价键,容易断裂,使卤代烃的化学性质比较活泼,易发生取代反应、消除反应及与金属反应等。

在外界电场的影响下,C—X 键被极化,极化性强弱的顺序为:C—I > C—Br > C—Cl。极化性强的分子,在外界条件影响下,更容易发生化学反应。因此,当烃基相同时,卤代烃发生化学反应的活泼性顺序为:R—I > R—Br > R—Cl。

（一）卤代烃的亲核取代反应

C—X 键具有极性,容易发生异裂,带有部分正电荷碳原子易受到带负电荷试剂或含有未共用电子对试剂的进攻,使卤原子以负离子的形式离去。如 NH_3、OH^- 等具有较大的电子云密度,易进攻带部分正电荷碳原子的试剂,称为亲核试剂,通常用 Nu^- 或 $Nu:$ 表示。由亲核试剂进攻带部分正电荷的碳原子而引起的取代反应,称为亲核取代反应,可以用通式表示为:

$$\overset{\delta^+}{-}\!\!\overset{}{\underset{|}{C}}\!-\!\overset{\delta^-}{X} + Nu^- \longrightarrow \overset{\delta^+}{-}\!\!\overset{}{\underset{|}{C}}\!-\!\overset{\delta^-}{Nu} + X^-$$

卤代烃分别与 OH^-、OR^-、CN^-、NH_3、ONO_2^- 等亲核试剂作用,生成醇、醚、腈、胺、硝酸酯等,各反应通式如下:

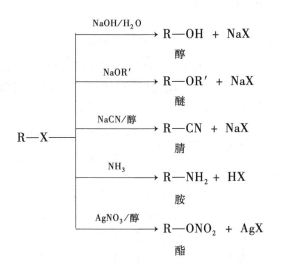

有机化学

卤代烃通过取代反应能够转化为各种不同类型的有机物。

1. 卤代烃与碱（NaOH、KOH 等）的水溶液共热，卤原子被羟基取代生成醇的反应，称为卤代烃的水解反应，常用于醇的制备。例如：

$$CH_3CH_2CH_2CH_2Br \xrightarrow{NaOH/H_2O} CH_3CH_2CH_2CH_2OH$$

2. 卤代烃与醇钠反应常用于制备混醚（Williamson 反应），也称醇解反应，反应中所用的卤代烷通常为伯卤代烷。例如：

$$CH_3Br + NaOCH_2CH_3 \xrightarrow{\triangle} CH_3OCH_2CH_3 + NaBr$$

3. 卤代烃与氰化钠、氰化钾作用生成可得到腈。卤代烃变成腈后，分子中增加一个碳原子，而且腈可水解为羧基。但氰化物毒性极强，应慎用。例如：

$$CH_3-\underset{Cl}{\underset{|}{CH}}-CH_3 + NaCN \xrightarrow[\triangle]{醇溶液} CH_3-\underset{CN}{\underset{|}{CH}}-CH_3 + NaCl$$

4. 卤代烷与氨作用生成胺，也称氨解反应。

5. 卤代烷在醇溶剂中与硝酸银作用生成硝酸酯和卤化银沉淀。反应过程中生成了卤化银沉淀，有明显的现象。可用此反应来区别卤代烃与其他类有机化合物。由于不同烃基结构的卤代烷与硝酸银醇溶液反应时，叔卤代烷反应最快，最先生成沉淀，其次是仲卤代烷，反应最慢的是伯卤代烷，因此，此法也可用于鉴别伯、仲、叔卤代烷。

（二）卤代烃的消除反应

卤代烃中的 C—X 键的极性可以通过诱导效应影响到 β-碳原子，使 β-碳原子上的氢原子表现出一定的活泼性。当卤代烃与强碱（NaOH、KOH 等）的醇溶液共热时，分子内消去一分子卤化氢形成烯烃。这种从分子内消去一个简单分子，形成不饱和烃的反应称为消除反应（elimination, E）。由于此类反应消除的是卤原子和 β-氢原子，因此，又称为 β-消除反应，即具有 β-H 的卤代烷在强碱的作用下，可以发生消除反应，生成烯烃。消除反应的通式为：

$$\overset{\beta}{R}\underset{\boxed{H}}{C}H-\overset{\alpha}{C}\underset{\boxed{X}}{H_2} + NaOH \xrightarrow[\triangle]{乙醇} RCH=CH_2 + NaX + H_2O$$

例如：$CH_3CH_2CH_2CH_2Br \xrightarrow{NaOH/醇} CH_3CH_2CH=CH_2$

从消除反应的通式可以看出，仲卤代烷和叔卤代烷消除卤化氢时，分子结构中存在着不同的 β-H，反应可以有不同的取向，得到不同的烯烃。例如，2-溴丁烷消除溴化氢时，生成 1-丁烯和 2-丁烯，而 2-丁烯是主要产物。

$$CH_3\underset{Br}{\underset{|}{CH}}CH_2CH_3 \xrightarrow[\triangle]{NaOH/醇} \begin{array}{l} CH_3CH=CHCH_3 \quad 81\% \\ CH_3CH_2CH=CH_2 \quad 19\% \end{array}$$

大量实验表明，仲、叔卤代烷消除卤化氢时，主要脱去含氢较少的 β-碳上的氢原子，生成双键碳上有较多烃基的烯烃。这一经验规律称为扎依采夫（Saytzeff）规则。消除反应的这种取向与生成烯烃的稳定性有关，不同烯烃的稳定性如下：

$$R_2C=CR_2 > R_2C=CHR > R_2C=CH_2 > RCH=CHR > RCH=CH_2 > CH_2=CH_2$$

第六章 卤代烃

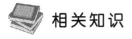相关知识

一、亲核取代反应机制

动力学研究表明,在碱催化下,不同卤代烃的水解反应按以下两种不同反应历程进行。

1. 单分子亲核取代反应机制

一些卤代烃(如叔丁基溴)在碱性条件下水解反应为分两步完成。

第一步:叔丁基溴中 C—Br 键发生异裂,生成叔丁基碳正离子和溴负离子,反应速率很慢。

$$(CH_3)_3C—Br \xrightarrow{慢} (CH_3)_3C^+ + Br^-$$

第二步:生成的叔丁基碳正离子很快与进攻试剂结合生成叔丁醇。

$$(CH_3)_3C^+ + OH^- \xrightarrow{快} (CH_3)_3C—OH$$

实验证明,叔丁基溴在碱性条件下水解反应速率只与叔丁基溴的浓度有关,速率方程为 $v = kc\{(CH_3)_3CBr\}$,称为单分子亲核取代反应,简写为 S_N1。

S_N1 反应历程的特点:①反应速率只与卤代烃的浓度有关,不受亲核试剂浓度的影响;②反应分两步进行;③反应过程中有活性中间体碳正离子生成;④反应活性次序:叔卤代烃 > 仲卤代烃 > 伯卤代烃 > 卤代甲烷。

2. 双分子亲核取代反应机制

以溴甲烷水解反应为例,该取代反应一步完成,属于基元反应。

$$CH_3Br + OH^- \longrightarrow CH_3OH + Br^-$$

实验证明,溴甲烷在碱性条件下的水解反应速率与溴甲烷及碱的浓度都有关,速率方程为 $v = kc(CH_3Br)c(OH^-)$,称为双分子亲核取代反应,简写为 S_N2。在反应过程中,OH^- 从溴原子的背面进攻带部分正电荷的 α-碳原子,形成一个过渡状态;C—O 键逐渐形成与 C—Br 键逐渐断裂同时进行。

$$OH^- + H-\underset{H}{\overset{H}{C}}-H \xrightarrow{慢} \left[HO\cdots\underset{H}{\overset{H}{C}}\cdots Br\right] \xrightarrow{快} HO-\underset{H}{\overset{H}{C}}-H + Br^-$$

S_N2 反应历程的特点:①反应速率与卤代烃、亲核试剂的浓度均有关;②旧键的断裂与新键的形成同时进行,反应一步完成;③反应过程中伴随"构型转化";④反应活性次序:伯卤代烃 > 仲卤代烃 > 叔卤代烃。

二、消除反应机制

动力学研究表明,卤代烃的消除反应主要按以下两种不同反应历程进行。

1. 单分子消除反应机制

单分子消除反应是分两步进行的。第一步:生成叔碳正离子和溴负离子,α-碳原子转变为 sp^2 杂化,这一步与 S_N1 机制第一步相同。第二步:试剂 B^- 进攻 β 碳原子上的氢原子,β 碳原子失去质子后也转变为 sp^2 杂化,两个相邻的 sp^2 杂化原子 p 轨道平行重叠形成 π 键,生成

有机化学

烯烃。其中第一步是反应的决速步,这一步只有卤代烃一种分子发生共价键的异裂,所以是单分子消除反应 E1。

$$\begin{array}{c}\overset{H}{\underset{\beta}{C}}-\overset{\alpha}{\underset{X}{C}}\xrightarrow{\text{慢}} \overset{H}{\underset{}{C}}-\overset{+}{C} + X^-\end{array}$$

$$B^- \quad \overset{H}{\underset{\beta}{C}}-\overset{+}{\underset{}{C}} \xrightarrow{\text{快}} C=C + HB$$

E1 和 S_N1 机制的第一步都是生成碳正离子,因此这两类反应往往同时发生,至于谁占优势,主要看碳正离子在第二步反应中消除质子或与试剂结合的相对趋势而定。

2. 双分子消除反应机制

双分子消除反应以 E2 表示,E2 和 S_N2 都是一步反应,往往相伴发生。E2 机制的反应中,碱性亲核试剂进攻卤代烃的 β-氢原子,使该氢质子以质子的形式与试剂结合而脱去,同时卤原子则在溶剂作用下带着一对电子离去,α 和 β 碳原子之间形成 C=C,而生成烯烃。C—H 和 C—X 的断裂和双键的形成是同时进行的。

$$B^- \quad \overset{H}{\underset{\beta}{C}}-\overset{\alpha}{\underset{X}{C}}\xrightarrow{\text{慢}}\left[\begin{array}{c}B^-\cdots H\\|\\-C-C-\\|\\X\end{array}\right]\longrightarrow C=C + HB + X^-$$

E2 机制中,决定反应速率的一步有卤代烃和试剂两种分子参与,因此为双分子消除反应机制。E2 和 S_N2 的过渡态很相似,两种机制的差次序别是在 S_N2 反应中,试剂进攻 α 碳原子;而在 E2 反应中,试剂进攻 β 碳上的氢原子。

不论是 E1 机制还是 E2 机制,不同卤代烃发生消除反应的活性为:叔卤代烃 > 仲卤代烃 > 伯卤代烃。

(三)卤代烃与金属的反应

卤代烃可与 Li、Na、K、Mg、Al、Cd 等金属反应,形成具有 C—M 键(M 代表金属原子)的有机金属化合物。其中卤代烃和金属钠合成烷烃的反应,称为伍尔兹反应。常用的卤代烃为溴代烷和碘代烷。例如:

$$2RX + 2Na \longrightarrow 2RH + NaX$$

在无水醚中,卤代烃与金属镁作用生成有机镁化合物,该化合物被称为格林雅(Grignard)试剂,简称格氏试剂,一般用通式 RMgX 表示。

$$R—X + Mg \xrightarrow{\text{无水乙醚}} RMgX$$

由于格氏试剂中的 C—Mg 键具有强极性,使碳原子带有部分负电荷,所以其性质非常活泼,是有机合成中重要的强亲核试剂。利用格氏试剂可以制备烷烃、醇、羧酸等许多有机物。格氏试剂很容易与氧气、二氧化碳及各种含有活泼氢原子的化合物(水、醇、酸、氨等)反应,制备和应用格氏试剂时,必须使用绝对无水的醚作为溶剂,并且不存在其他任何含有活泼氢原子的物质,反应体系尽可能与空气隔绝,常用氮气作保护。

$$RMgX + CO_2 \longrightarrow RCOOMgX$$
$$RMgX + H_2O \longrightarrow RH + Mg(OH)X$$

第三节　不饱和卤代烃的结构与反应活性

不饱和卤代烃分子中卤素的活泼性取决于卤素与键的相对位置。

一、乙烯型卤代烃

此类卤代烃的结构特征是卤原子与不饱和碳原子直接相连。例如:

$$CH_2=CH-X \qquad \phenyl-X$$

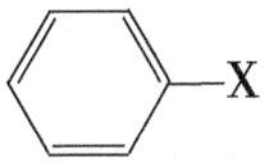

此类卤代烃的卤原子很不活泼,不易发生取代反应;与硝酸银醇溶液共热,也无卤化银沉淀生成。这是因为乙烯型卤代烃中的卤原子上的孤对电子占据的 p 轨道与不饱和键中的 π 键形成 p–π 共轭,导致 C—X 键的稳定性增强,卤原子的活泼性很低,溴乙烯中的 p–π 共轭体系可表示为:

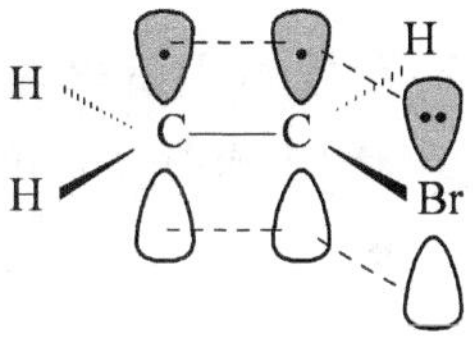

二、烯丙型卤代烃

此类卤代烃的结构特征是卤原子与碳碳双键相隔一个饱和碳原子。例如:

$$CH_2=CH-CH_2-X \qquad \phenyl-CH_2-X$$

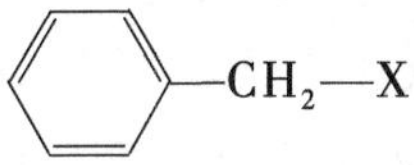

此类卤代烃中的卤原子非常活泼,易发生取代反应;在室温下与硝酸银醇溶液反应生成卤化银沉淀。这类卤代烃中卤原子与碳碳双键之间不存在共轭效应,但卤原子离去后,形成的碳正离子中存在 p–π 共轭效应,正电荷得到分散,使碳正离子趋向稳定而容易生成,有利于取代反应的进行。烯丙基碳正离子的 p–π 共轭体系如下所示:

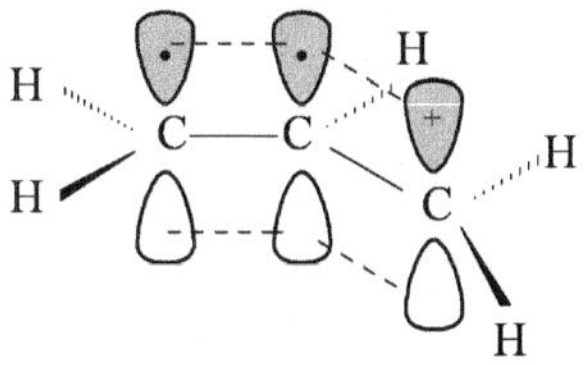

三、孤立型卤代烃

此类卤代烃包括卤代烷及卤原子与不饱和键相隔 2 个或 2 个以上饱和碳原子的卤代烯烃、卤代芳烃,又称为卤烷烃型。例如:

$$CH_3—X \qquad CH_2=CH—(CH_2)_2—X \qquad \text{(苯基)}CH_2CH_2—X$$

此类不饱和卤代烃分子中,卤原子与双键(或苯环)间隔较远,相互影响小,因此孤立型不饱和卤代烃中的卤素的活泼性与卤代烷烃中卤原子的活泼性相似。此类卤代烃与硝酸银醇溶液反应加热后缓慢生成卤化银沉淀。

综上可知,不同类型卤代烃与 $AgNO_3$ 反应的活性不同,反应现象易于辨别,因此常用 $AgNO_3$ 醇溶液区分不同类型的卤代烃。

知识拓展

氟烷和血防 846 的性质及应用

氟烷($CF_3CHClBr$)化学名称 1,1,1 - 三氟 - 2 - 氯 - 2 - 溴乙烷,为无色液体,无刺激性,性质稳定,可以与氧气以任意比例混合,不燃不爆。氟烷是目前常用的吸入性全身麻醉药之一,其麻醉强度比乙醚强 2~4 倍,比氯仿强 1.5~2 倍,对黏膜无刺激性,对肝、肾功能不会造成持久性的损害。

血防 846 是一种广谱抗寄生虫病药,常用于治疗血吸虫病和肝吸虫病。其化学名称是对 - 二(三氯甲基)苯,因其分子式为 $C_8H_6Cl_6$ 而得名。它是白色有光泽的结晶粉末,无味,易溶于氯仿,可溶于乙醇和植物油,不溶于水。

考点提示

1. 卤代烃的命名。
2. 卤代烃的亲核取代反应:
不同类型卤代烃发生亲核取代反应的活性不同,活泼性次序如下:
(1)烯丙型卤烃、叔卤烷 > 仲卤烷 > 伯卤烷 > 乙烯型卤烃
(2)RI > RBr > RCl > RF
(3)卤代烃的鉴别(硝酸银的乙醇溶液)
3. 仲卤烃、叔卤烃易发生消除反应,通常遵循扎依采夫规则,主要脱去含氢较少的一碳上的氢原子,生成双键碳上有较多烃基的烯烃。

目标检测

一、单项选择题

1. 下列物质中,属于叔卤代烷的是
   A. 3 - 甲基 - 1 - 氯丁烷
   B. 2 - 甲基 - 3 - 氯丁烷

C. 2-甲基-2-氯丁烷　　　　　　D. 2-甲基-1-氯丁烷

2. 卤代烃与氨反应的产物是

A. 腈　　　　　B. 胺　　　　　C. 醇　　　　　D. 醚

3. 仲卤烷、叔卤烷消除 HX 生成烯烃,遵循

A. 马氏规则　　B. 反马氏规则　　C. 次序规则　　D. 扎依采夫规则

4. 区分 $CH_3CH=CHCH_2Br$ 和 $(CH_3)_3CBr$ 应选用的试剂是

A. Br_2/CCl_4　　B. Br_2/H_2O　　C. $AgNO_3/H_2O$　　D. $AgNO_3/C_2H_5OH$

5. 下列化合物中,属于烯丙型卤代烃的是

A. $CH_3CH=CHCH_2Cl$　　　　　B. $CH_2=CHCH_2CH_2Cl$

C. $CH_3CH_2CH=CHCl$　　　　　D. $CH_3CH_2CHClCH_3$

6. 叔丁基溴与 KOH 醇溶液共热,主要发生

A. 亲核取代反应　　　　　　B. 亲电取代反应

C. 加成反应　　　　　　　　D. 消除反应

7. 常用于表示格氏试剂的通式是

A. RMgR′　　B. RMgX　　C. RX　　D. MgX_2

8. 下列化合物中,属于一元卤代烃的是

A. 1,2-二氯苯　　B. 氯仿　　C. 2-氯甲苯　　D. 2,4-二氯甲苯

9. 与 $AgNO_3$ 乙醇溶液混合,立即生成白色沉淀的是

A. 氯苯　　B. 4-氯环己烯　　C. 1-氯环己烯　　D. 3-氯环己烯

二、命名下列各物质

1. $CH_3CHCH_2CHCHCH_3$
   　　$\ \ \ \ \ |\ \ \ \ \ \ \ \ |\ \ \ \ |$
   　　$\ \ \ CH_3\ \ \ Cl\ \ CH_3$

2. $CH_3CH=CHCHBr$
   　　　　　　　　$|$
   　　　　　　　CH_3

3. 苯-CH_2CHCH_3
   　　　　　　$|$
   　　　　　　Br

4. 苯环-Cl, CH_3（邻位）

5. $CH_3CH_2CHCH_2CH_3$
   　　　　　$|$
   　　　　CH_2Br

6. 环己烯-Cl

三、写出下列各反应的主要产物

1. $CH_3CH-CHCH_2CH_3 \xrightarrow{NaOH/H_2O}{\Delta}$
   　　$\ \ |\ \ \ \ \ \ |$
   　　$Cl\ \ CH_3$

2. $CH_3CHCH_2CHCH_2CH_3 \xrightarrow{KOH/C_2H_5OH}{\Delta}$
   　　$\ \ |\ \ \ \ \ \ \ \ |$
   　　$CH_3\ \ \ Br$

3. $CH_3I + NaOC_2H_5 \longrightarrow$

4. 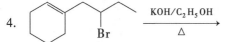 $\xrightarrow{KOH/C_2H_5OH}{\Delta}$

有机化学

四、用化学方法区分下列各组化合物

1. 氯苯和氯苄
2. 溴苯和 1-苯基-2-溴乙烯
3. 2-氯丙烷和 2-碘丙烷

五、推断结构

1. 某卤代烃 A(C_3H_7Cl) 与 KOH 醇溶液共热,生成 B(C_3H_6)。B 被氧化后得到乙酸、二氧化碳和水,B 与 HCl 作用得到 A 的同分异构体 C。试写出 A、B 和 C 的结构式。

2. 分子式为 C_5H_{10} 的化合物 A,室温时不能使溴褪色;在光照下与溴发生取代反应,得到产物 B(C_5H_9Br);B 与 KOH 醇溶液共热得到化合物 C(C_5H_8);C 被酸性 $KMnO_4$ 氧化为戊二酸,试写出 A、B、C 的结构式。

(张爱华)

第七章 醇、酚、醚

学习目标

【掌握】掌握醇、酚、醚的通式和结构特点及主要化学性质。
【熟悉】醇、酚、醚的命名。
【了解】重要醇、酚、醚与医药的关系。

醇、酚和醚的分子组成中都含有 C、H、O 三种元素,属于烃的含氧衍生物。醇、酚、醚是一类重要的有机化合物,跟医药的关系十分密切。

而酚是指芳香烃芳环上的氢原子被羟基取代而成的化合物。醇和酚的分子中都含有羟基—OH。他们有的是药物合成的重要原料,溶剂或中间体。

第一节 醇

一、醇的结构、分类和命名

(一)醇的结构

醇可以看成是链烃、脂环烃或芳香烃侧链上的一个或几个氢原子被羟基取代而成的化合物。其结构通式可用 R—OH(或 Ar—OH)表示。其官能团为醇羟基(—OH)。

醇的结构特点:羟基直接和饱和碳原子结合,羟基中的氧原子为 sp^3 杂化,它以两个 sp^3 杂化轨道分别与碳、氢原子形成以 σ 键,其余两个 sp^3 杂化轨道被两个未共用电子对所占据。最简单的醇类化合物甲醇的结构如下图所示:

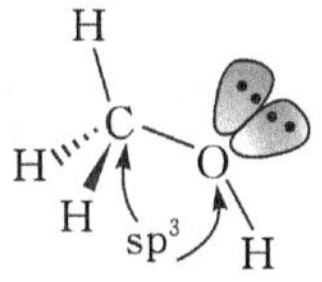

由于氧原子的电负性比碳大,氧原子吸引电子的能力强,使得碳带有部分正性,氧带有部分负性(例如甲醇:$H_3\overset{\delta^+}{C}\longrightarrow\overset{\delta^-}{OH}$),所以,醇分子是一个极性分子。

(二)醇的分类

1. 根据羟基所连的烃基结构不同分为脂肪醇(又分为饱和醇和不饱和醇)、脂环醇和芳

有机化学

香醇。

CH_3CH_2OH　　　$CH_2=CHCH_2OH$　　　苯-CH_2OH　　　环戊基-OH

乙醇(饱和醇)　　烯丙醇(不饱和醇)　　苯甲醇(芳香醇)　　环戊醇(脂环醇)

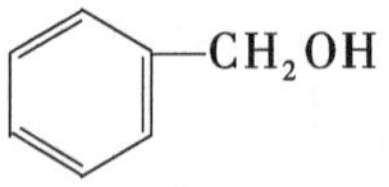

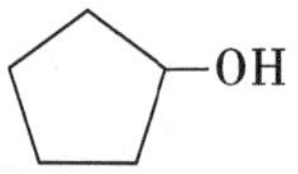

2. 根据羟基所连接的碳原子类型,可将醇分为伯醇、仲醇和叔醇。

$CH_3CH_2CH_2OH$　　$CH_3CHCH_2CH_3$　　$CH_3-\underset{CH_3}{\overset{CH_3}{C}}-OH$
　　　　　　　　　　　　　　　$\underset{OH}{|}$

丙醇(伯醇、1°醇)　　2-丁醇(仲醇、2°醇) 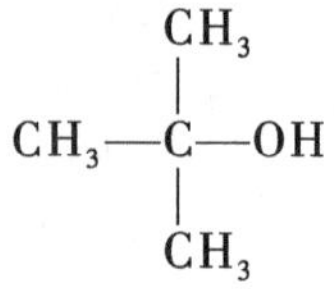　　叔丁醇(叔醇、3°醇)

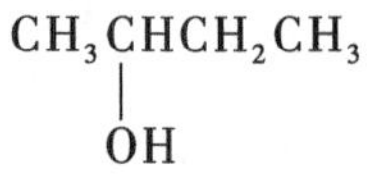

3. 根据分子中所含羟基的数目,可将醇分为一元醇、二元醇和多元醇。含三个或三个以上羟基的醇称为多元醇。

$CH_3CH_2CH_2OH$　　$\underset{OH\ OH}{CH_2-CH_2}$　　$\underset{OH\ OH\ OH}{CH_2-CH-CH_2}$

丙醇(一元醇)　　乙二醇(二元醇) 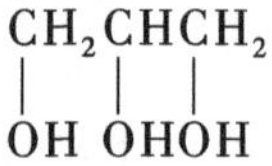　　丙三醇(三元醇)

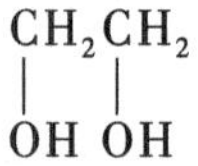

(三)命名

1. 普通命名法

对于结构简单的醇可用普通命名法命名。在烃基名称加上"醇"字,省去基字称为"某醇"。

$CH_3CH_2CH_2CH_2OH$　　$CH_3-\underset{CH_3}{\overset{|}{CH}}-CH_2OH$　　$CH_3-\underset{\underset{CH_3}{|}}{\overset{\overset{CH_3}{|}}{C}}-CH_2-OH$　　苯-CH_2OH

正丁醇　　　　异丁醇 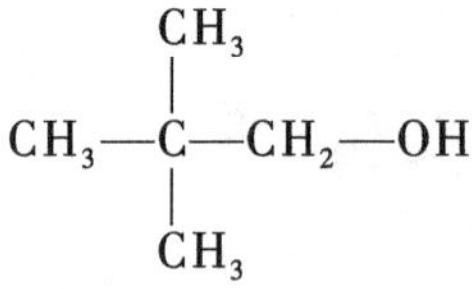　　　　新戊醇 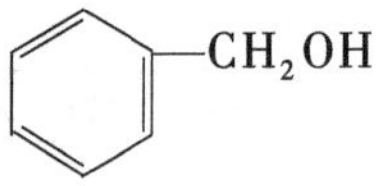　　　　苯甲醇(苄醇)

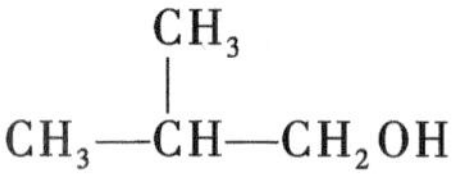

2. 系统命名法

结构比较复杂的醇用系统命名法命名。饱和一元醇的命名是选择连有羟基的碳原子在内的最长的碳链作为主链,按主链的碳原子数称为某醇。从距离羟基最近的一端将主链的碳原子依次用阿拉伯数字编号。命名时可将羟基的位次及其取代基的位次、名称和数目写在某醇的前面。例如:

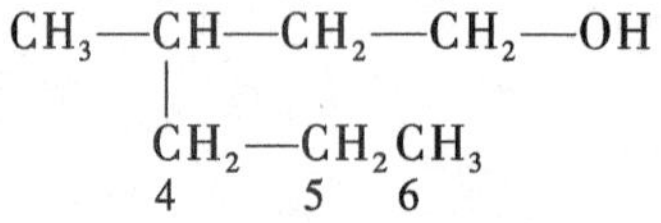

$\overset{3}{C}H_3-\overset{2}{C}H-\overset{1}{C}H_2-\overset{}{C}H_2-OH$
　　　　$|$
　　$\overset{4}{C}H_2-\overset{5}{C}H_2-\overset{6}{C}H_3$

3-甲基-1-己醇

$\overset{1}{C}H_3-\overset{2}{C}H-\overset{3}{C}-\overset{4}{C}H-\overset{5}{C}H_2-\overset{6}{}$
　　　　$|\ \ \ |\ \ \ |$
　　　$CH_3\ OH\ CH_3\ CH_3$ (with CH_2-CH_3 on C3)

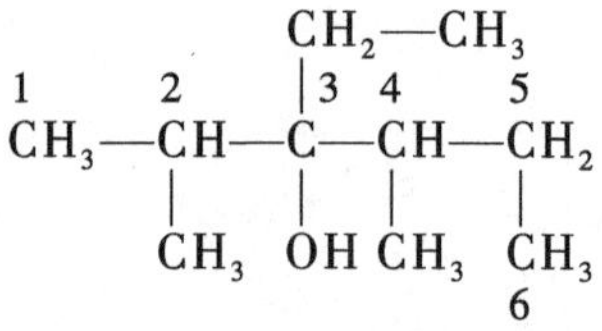

2,4-二甲基-3-乙基-3-己醇

不饱和醇的命名应选择含有羟基和不饱和键在内的最长的碳链为主链,根据所包括的碳原子数称为"某烯"醇或"某炔"醇;从靠近羟基的一端开始编号,不饱和键和羟基的位次要标明。例如:

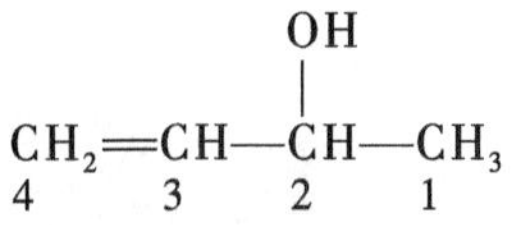

$$\underset{4}{CH_2}=\underset{3}{CH}-\underset{2}{\overset{OH}{\underset{|}{CH}}}-\underset{1}{CH_3} \qquad HC\equiv C-CH_2OH$$

3-丙烯-2-醇 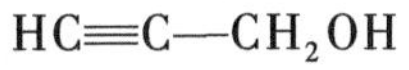   2-丙炔-1-醇

脂环醇可根据环上碳原子的数目称环某醇,若有取代基时,从羟基所连的碳原子开始编号,尽量使环上其他取代基处于较小位次,一元脂环醇的位次始终在首位,不必标出。芳香醇可将芳香烃基作为取代基,链醇作为母体加以命名。例如:

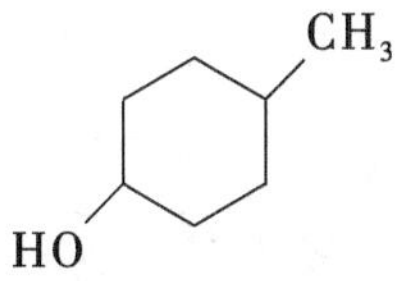

3-甲基环己醇 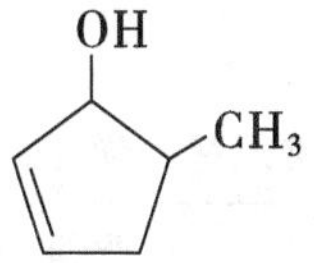   5-甲基-2-环戊烯醇 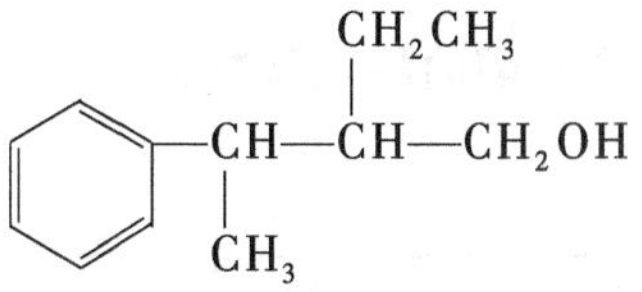   2-乙基-3-苯基-1-丁醇

多元醇的命名,应选择含有尽可能多的羟基的碳链做主链,依羟基的数目称某二醇、某三醇等,并在名称前面标上羟基的位次。因羟基是连在不同的碳原子上,所以当羟基数目与主链的碳原子数目相同时,可不标明羟基的位次。例如:

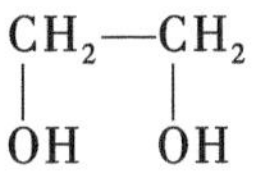

乙二醇 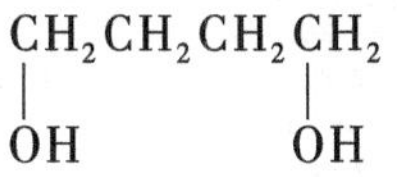   1,4-丁二醇 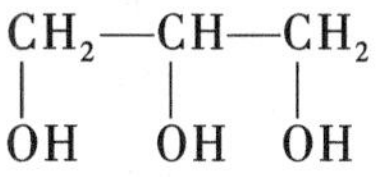   丙三醇

二、醇的物理性质

在常温下,低级的一元醇(C_1~C_4)一般为无色液体,具有特殊的气味。中级醇(C_5~C_{11})的醇为油状黏稠液体。高级醇(C_{12}以上)为无色蜡状固体。低级醇中甲醇、乙醇、丙醇能与水以任意比混溶;丁醇与多元醇易溶于水,醇的溶解度随相对分子质量的增大而减小。这是因为醇是极性分子,与水相似,低级醇分子的羟基与水分子的羟基之间能形成氢键,使其与水无限混溶,随着醇分子中碳链的增长,碳链起了屏蔽作用,使醇羟基与水形成氢键的能力下降;多元醇由于羟基数目增多,故在水中的溶解度增大。

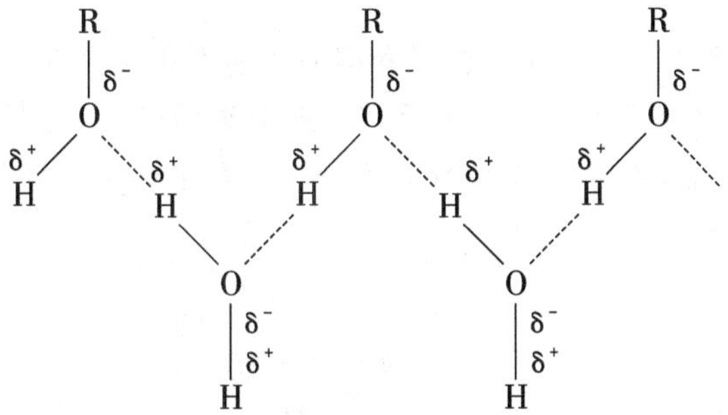

醇的沸点比含同数碳原子的烷烃、卤代烷高。如乙醇的沸点为78.5℃,而乙烷的沸点为-88.6℃。这是因为液态时水分子和醇分子一样,在它们的分子间有氢键缔合现象存在。由于氢键缔合的结果,使它具有较高的沸点。在同系列中醇的沸点也是随着碳原子数的增加而有规律地上升。

有机化学

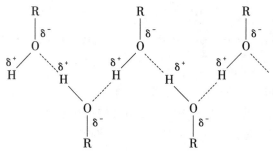

部分常见醇的物理常数见表7-1。

表7-1 部分常见醇的物理常数

名称	熔点(℃)	沸点(℃)	密度(g/ml)	溶解度(g/100ml H_2O)
甲醇	-97.8	64.7	0.792	∞
乙醇	-117.3	78.5	0.789	∞
丙醇	-126.0	97.8	0.804	∞
异丙醇	-88.0	82.3	0.789	∞
正丁醇	-89.6	117.7	0.810	8.3
异丁醇	-108	107.9	0.802	10.0
正戊醇	-78.5	138.0	0.817	2.3
正己醇	-52.0	156.5	0.819	0.6
环己醇	25.01	61.5	0.962	3.6
苯甲醇	-15.0	205	1.046	4.0
乙二醇	12.6	197.5	1.113	∞
丙三醇	17.9	290.0	1.261	∞

三、醇的化学性质

由于醇分子中氧原子的电负性比氢原子和碳原子的电负性大，C—O 键和 O—H 键具有较强的极性，醇的化学反应主要发生在—OH 及与相连的碳原子上，主要有 C—O 键和 O—H 键的断裂反应。此外，由于羟基的吸电子诱导效应，α—H 和 β—H 也有一定的活泼性，它们还能发生氧化反应、消除反应等。

（一）醇与金属反应

醇分子中 O—H 键断裂，能与钠、钾、镁、铝等活泼金属反应生成醇金属化合物并放出氢气和热量。

第七章 醇、酚、醚

$$ROH + Na \longrightarrow RONa + \frac{1}{2}H_2\uparrow$$

$$C_2H_5OH + Na \longrightarrow C_2H_5ONa + \frac{1}{2}H_2\uparrow$$

醇跟金属钠的反应跟水与金属钠的反应相似,但醇跟金属钠的反应要缓和的多,放出的热量不足以使生成的氢气燃烧。因此实验室常用醇与钠反应销毁残余的钠,而不至于发生燃烧或爆炸。醇钠的水溶液能使酚酞变红,是因为醇钠遇到水能水解生成氢氧化钠和醇。

不同结构的醇,其反应活性不同。顺序为:甲醇 > 伯醇 > 仲醇 > 叔醇

(二) 醇与无机酸反应(与 HX 反应、与含氧无机酸反应生成酯)

1. 与氢卤酸反应

醇与氢卤酸反应,生成卤代烃和水。这是制备卤烃的重要方法。

$$X = Cl、Br、I$$
$$ROH + HX \rightleftharpoons RX + H_2O$$

反应速率取决于醇的结构和酸的性质。各类醇的取代反应活性顺序与不同类型卤烃的取代反应活性顺序相一致,原因同样是共轭效应和诱导效应的影响。

ROH 的反应活性顺序:烯丙醇、苄醇 > 叔醇 > 仲醇 > 伯醇

HX 的活性顺序:HI > HBr > HCl

HCl 与醇的反应速率慢,为提高其反应速率,需加无水氯化锌。无水氯化锌与浓盐酸的混合试剂称为卢卡斯试剂(Lucas)。6 个碳以下的醇可以溶解于卢卡斯试剂,生成的氯代烃难溶于卢卡斯试剂中而产生混浊。在室温下,叔醇与卢卡斯试剂反应速率最快,立即产生混浊现象;仲醇一般需要数分钟后才能混浊现象;而伯醇放置数小时也不会出现混浊。

$$(CH_3)_3C-OH + HCl \xrightarrow[\text{室温}]{ZnCl_2} (CH_3)_3C-Cl + H_2O$$
立刻混浊

$$CH_3CH_2CH_2CH_2OH + HCl \xrightarrow[\text{室温}]{ZnCl_2} CH_3CH_2CH_2CH_2Cl + H_2O$$
数小时不出现混浊

因此可用卢卡斯试剂来区别含 6 个碳以下的伯、仲、叔醇。另外,烯丙醇和苄醇可以直接和浓盐酸在室温下反应。

$$C_6H_5-CH_2OH \xrightarrow{\text{浓 HCl}} C_6H_5-CH_2Cl$$

2. 醇与无机含氧酸反应

醇与无机含氧酸发生分子间脱水反应生成相应的无机酸酯。

醇与硝酸、硫酸、磷酸等无机酸作用,脱水生成无机酸酯。此类反应是醇分子中的 C—O 键发生断裂,羟基被无机酸根取代后生成无机酸酯。

$$CH_3CH_2-OH + H-ONO_2 \rightleftharpoons CH_3CH_2-O-NO_2 + H_2O$$
硝酸　　　　　硝酸乙酯

多数硝酸酯受热后因剧烈分解而爆炸,多元醇的硝酸酯是烈性炸药。

有机化学

$$\begin{array}{c}CH_2-CH-CH_2 \\ | \quad | \quad | \\ OH \quad OH \quad OH\end{array} + 3HONO_2 \xrightleftharpoons[10℃]{H_2SO_4} \begin{array}{c}CH_2-CH-CH_2 \\ | \quad | \quad | \\ ONO_2 \quad ONO_2 \quad ONO_2\end{array}$$

甘油 　　　　　　　　　　　　三硝酸酯

三硝酸甘油酯是无色油状液体,有毒,受震动即猛烈爆炸,是一种烈性炸药。三硝酸甘油酯是血管舒张剂,在临床上用作缓解心绞痛的药物。

(三)脱水反应

醇在催化剂(如硫酸、氧化铝等)的作用下受热可发生脱水反应,根据反应条件不同,脱水反应可按以下两种方式进行:

1. 分子内脱水

醇在浓硫酸的催化作用并加热,发生分子内脱水反应生成烯烃和水。例如:

$$\begin{array}{c}CH_2-CH_2 \\ | \quad\quad | \\ H \quad OH\end{array} \xrightarrow{浓\ H_2SO_4,\ 170℃} CH_2=CH_2 + H_2O$$

应注意的是叔醇和仲醇在发生分子内脱水时,同样遵循扎依采夫规则,主产物趋向于生成碳碳双键上烃基最多的比较稳定的烯烃,即氢原子从含氢较少的碳原子上脱去。例如:

$$CH_3CH_2CH_2CH_2 \xrightarrow{75\%\ H_2SO_4,\ 140℃} CH_3CH_2CH=CH_2 + H_2O$$
$$\quad\quad\quad | \\ \quad\quad\ OH$$

$$CH_3CHCH_2CH_3 \xrightarrow{66\%\ H_2SO_4,\ 100℃} CH_3CH=CHCH_3 + H_2O$$
$$\quad | \\ \ OH \quad\quad\quad\quad\quad\quad\quad\quad\quad 主要产物$$

不同结构的醇发生分子内脱水反应活性不同,其反应活性顺序为:叔醇 > 仲醇 > 伯醇

2. 分子间脱水

醇能发生分子间脱水生成醚和水。例如:乙醇在硫酸作用下加热至140℃,可经分子间脱水生成乙醚和水。

$$CH_3CH_2-OH + H-OCH_2CH_3 \xrightarrow{浓\ H_2SO_4,\ 140℃} CH_3CH_2OCH_2CH_3 + H_2O$$

应注意醇的脱水反应受条件的支配,特别是温度的影响很大,条件不同,脱水的方式不同,生成的产物也不同。

(四)氧化反应

醇分子中的α-氢原子受羟基的影响,比较活泼,容易发生氧化反应。在有机反应中,把脱氢或加氧的反应称为氧化反应,把加氢或脱氧的反应称为还原反应。

伯醇可以被高锰酸钾($KMnO_4$)或重铬酸钾($K_2Cr_2O_7$)氧化为醛,醛进一步被氧化生成羧酸。$KMnO_4$溶液从紫红色变成无色,而$K_2Cr_2O_7$溶液从橙红色转变为绿色。仲醇氧化生成酮。叔醇因不含α-H而不易被氧化,利用此性质可将叔醇与伯、仲醇区分开。

$$RCH_2-OH \xrightarrow{[O]} RCHO \xrightarrow{[O]} RCOOH$$
伯醇　　　　　　醛　　　　　羧酸

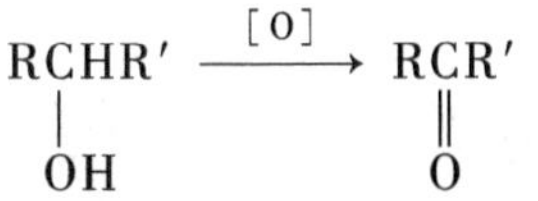

第七章 醇、酚、醚

$$\underset{\underset{OH}{|}}{RCHR'} \xrightarrow{[O]} \underset{\underset{O}{\|}}{RCR'}$$

  仲醇   酮

伯醇和仲醇还可通过脱氢反应生成醛或酮。而叔醇由于无 α-H,不能发生脱氢反应。

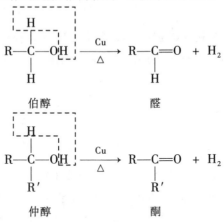

  伯醇   醛

  仲醇   酮

知识拓展

酒驾检测原理

酒精检测仪是用来检测人体是否摄入酒精及摄入酒精程度多少的仪器。它可以作为交通警察执法时检测饮酒司机饮酒多少的检测工具,有效减少重大交通事故的发生。

交警可让司机对装有橙红色的重铬酸钾($K_2Cr_2O_7$)溶液的仪器吹气,若发现颜色橙红色变为绿色,即可证明司机是酒后驾车。这是因为 $K_2Cr_2O_7$ 具有强还原性能与乙醇发生反应绿色的 Cr^{3+},颜色的变化产生的电信号通过传感器产生蜂鸣声,从而判断司机饮酒。

$$2K_2Cr_2O_7 + 3CH_3CH_2OH \longrightarrow K_2SO_4 + 2Cr_2(SO_4)_3 + 3CH_3COOH + 11H_2O$$

(五)邻二醇的特性

邻二醇是指两个羟基连在相邻两个碳原子的多元醇,此醇除了具有一些一元醇的性质而外,还具有一些一元醇所没有的特性。

1. 与氢氧化钠的反应生成配合物

例如:丙三醇可与氢氧化溶液作用生成深蓝色的甘油铜。

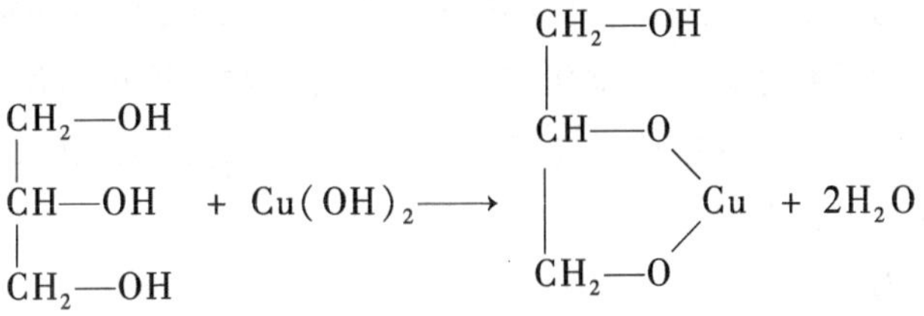

$$\begin{array}{c} CH_2-OH \\ | \\ CH-OH \\ | \\ CH_2-OH \end{array} + Cu(OH)_2 \longrightarrow \begin{array}{c} CH_2-OH \\ | \\ CH-O \\ | \\ CH_2-O \end{array}\!\!\!\!\!\!\!\!Cu + 2H_2O$$

甘油铜

此反应为邻二醇的特征性反应,其他醇无此反应。

有机化学

2. 与高碘酸反应

邻二醇能被高碘酸 HIO_4 断键氧化成两个羰基化合物，即邻二醇跟高碘酸反应生成醛、酮或羧酸。

$$R-\underset{OH}{CH}-\underset{OH}{CH}-R' + HIO_4 \longrightarrow R-\underset{O}{\overset{\|}{C}}-H + H-\underset{O}{\overset{\|}{C}}-R' + HIO_3 + H_2O$$
（碘酸）

这个特殊的氧化反应在分析中常被用来检验邻二羟基结构。由于这个反应是定量的，每分裂一组邻二醇结构要消耗一个分子 HIO_4，因此根据 HIO_4 的消耗量可以推知分子中有几组邻二醇结构。

四、重要的醇化合物

1. 甲醇（CH_3OH）

因甲醇最初是由木材干馏得到的，所以俗称木醇或木精。甲醇是无色易燃性液体，能与水及大多数有机溶剂混溶。甲醇是常用的有机溶剂，也是塑料、制药及有机合成的重要工业原料。甲醇有剧毒，通常情况下，饮用少量（10～20ml）甲醇可导致失明，饮用 30ml 甲醇则致死。工业酒精中通常混有一定量的甲醇，因此不可用工业酒精勾兑饮料，以免造成人员中毒。

2. 乙醇（CH_3CH_2OH）

乙醇俗称酒精，是无色易燃性液体，能与水及大多数有机溶剂混溶。医用酒精的体积分数是 0.95，沸点为 78.15℃。用生石灰回流处理普通酒精，可以得到体积分数为 0.995 的无水乙醇。

0.95 的医用酒精，在医药上可以用于配制碘酒、作为提取中草药有效成分的溶剂，临床用的消毒酒精一般是体积分数为 75% 的乙醇水溶液，具有消毒杀菌的作用。

3. 苯甲醇（⌬—CH_2OH）

苯甲醇又称苄醇，是最简单的芳香醇，常温下为无色具有芳香气味的液体，微溶于水，易溶于乙醇、甲醇等有机溶剂。苯甲醇具有微弱的麻醉作用，既能镇痛又能防腐。含有苯甲醇的注射液一般称为无痛水。

4. 丙三醇（$\underset{OH}{CH_2}-\underset{OH}{CH}-\underset{OH}{CH_2}$）

丙三醇俗称甘油，是无色、无臭、具有甜味的黏稠液体。纯净的甘油吸湿性很强，甘油能以任意比与水混溶。甘油的稀水溶液能润滑皮肤，0.50 的甘油溶液可治疗便秘。

甘油能与 $Cu(OH)_2$ 反应，使蓝色 $Cu(OH)_2$ 的沉淀转变为深蓝色的透明溶液，此性质可用于鉴别含有 2 个相邻羟基的化合物。

5. 甘露醇（$C_6H_{14}O_6$）

甘露醇是白色透明的固体，具有类似蔗糖的甜味，易溶于水。它广泛存在于水果及蔬菜中，可用作药物的辅料。甘露醇是医药上良好的利尿药，能降低颅内压、眼内压。

第二节 酚

一、酚的结构、分类和命名

(一)酚的结构

酚的羟基直接连在芳环上,芳环上的碳原子及羟基上的氧原子都是 sp^2 杂化,氧原子的一个 sp^2 杂化轨道被一对孤对电子占据,还有一对孤对电子占据着未杂化的 p 轨道,此 p 轨道与芳环上的 π 键形成 p-π 共轭体系(图7-1)。

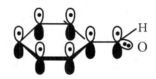

图7-1 苯酚分子的 p-π 共轭示意图

(二)酚的分类

芳环与羟基直接相连的化合物称为酚,结构通式为 Ar—OH。酚的官能团也是羟基,称为酚羟基。

根据分子中含有酚羟基的数目,酚可以分为一元酚、二元酚、三元酚等。分子中只含有一个酚羟基的酚为一元酚,含有两个以上酚羟基的酚为多元酚。按芳香烃基的不同,酚又可以分为苯酚、萘酚等。

(三)酚的命名

酚的命名一般是在酚字前面加上芳环的名称作为母体名称。母体前再冠以取代基的位次、数目和名称,例如:

苯酚　　邻甲基苯酚　　2,5-二甲基苯酚

间硝基苯酚　　α-萘酚　　β-萘酚
　　　　　　　　(1-萘酚)　　(2-萘酚)

命名多元酚时,要标明羟基的数目和相对位置,称为某二酚、某三酚等,例如:

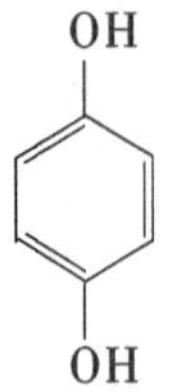

有机化学

1,4-苯二酚
（对苯二酚）

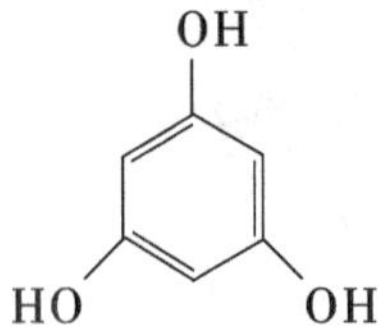

1,3,5-苯三酚
（均苯三酚）

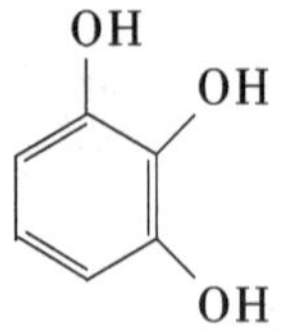

1,2,3-苯三酚
（连苯三酚）

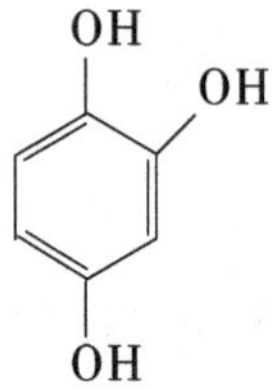

1,2,4-苯三酚
（偏苯三酚）

对于苯环上连有其他官能团的酚类也可把羟基作为取代基来命名,例如:

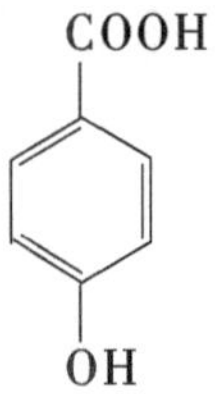

对羟基苯甲酸

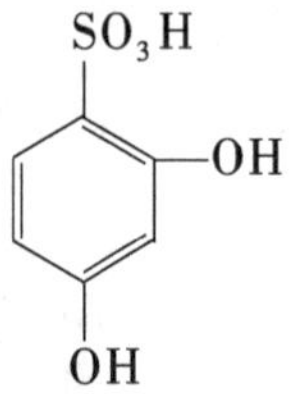

2,4-二羟基苯磺酸

二、酚的物理性质

除少数烷基酚为液体,酚一般多为固体。纯的酚是无色的,有特殊的气味。由于分子间形成氢键,所以沸点都很高,微溶于水,易溶于乙醇、乙醚等有机溶剂中。由于酚羟基易被空气中的氧气氧化往往带有红色至褐色。酚毒性很大,杀菌和防腐作用是酚类化合物的重要特性之一。

三、酚的化学性质

醇和酚中均有羟基,由于酚羟基中氧原子上具有未共用电子对的 p 轨道与苯环形成 p-π 共轭体系,使得酚的性质与醇的性质有不同之处。在酚的 p-π 共轭体系中,氧原子上的电子云向苯环偏移,与氧相连的碳原子上电子云密度增高,所以酚不像醇那样易发生亲核取代反应;相反,由于氧的给电子共轭效应使苯环上的电子云密度增高,使得苯环上易发生亲电取代反应。同时由于 p-π 共轭体系,使 O—H 键极性增大,给出 H^+ 能力增强,因此酚表现出酸性,且酸性比醇强。

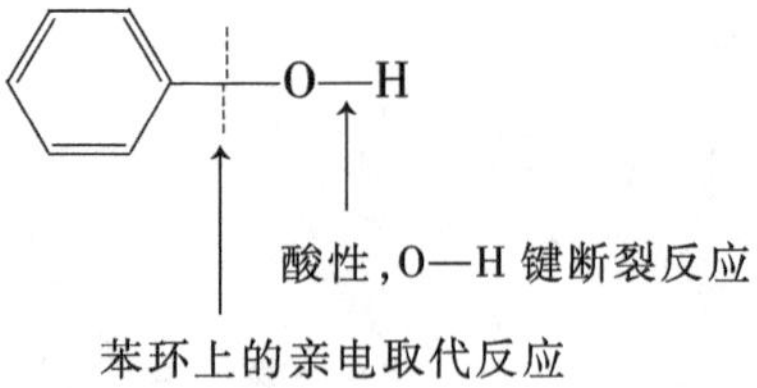

酸性,O—H 键断裂反应

苯环上的亲电取代反应

（一）弱酸性

酚具有弱酸性,酚羟基不仅能与钾、钠等活泼金属反应,还可与 NaOH、KOH 等强碱反应,生成易溶于水的酚钠等。

例如:

苯酚钠 + NaOH ⟶ 苯酚钠 + H_2O

苯酚钠

第七章 醇、酚、醚

酚的酸性一般比碳酸弱。如苯酚的 $pK_a = 10.0$，碳酸的 $pK_{a1} = 6.38$。所以在苯酚钠的溶液中通入 CO_2，苯酚可以重新生成。

$$\text{C}_6\text{H}_5\text{—ONa} + \text{CO}_2 + \text{H}_2\text{O} \longrightarrow \text{C}_6\text{H}_5\text{—OH} + \text{NaHCO}_3$$

不同类酸性物质的酸性变化规律：羧酸 > 碳酸 > 苯酚 > 水 > 醇。

（二）芳环上的亲电取代反应

由于苯环受酚羟基的影响，使苯环上酚羟基的邻位和对位的氢原子变得活泼，酚的亲电取代反应比苯容易得多，容易发生卤代、硝化和磺化反应。

1. **卤代反应**

在苯酚的水溶液中加入饱和溴水，可以观察到溶液立即生成 2,4,6 - 三溴苯酚白色沉淀。凡是酚羟基的邻、对位上有氢原子都能被溴取代，生成溴代物。

$$\text{C}_6\text{H}_5\text{OH} + \text{Br}_2 \xrightarrow{\text{H}_2\text{O}} 2,4,6\text{-Br}_3\text{C}_6\text{H}_2\text{OH} \downarrow + \text{HBr}$$

由于此反应灵敏、迅速、简便，可用于苯酚的定性分析和定量分析。

2. **硝化反应**

苯酚与稀硝酸在室温下即发生反应，主要产物是邻硝基甲酚和对硝基甲酚。

$$\text{C}_6\text{H}_5\text{OH} \xrightarrow{\text{稀 HNO}_3} \text{o-NO}_2\text{C}_6\text{H}_4\text{OH} + \text{p-NO}_2\text{C}_6\text{H}_4\text{OH}$$

3. **磺化反应**

苯酚的室温下，与浓硫酸作用生成邻羟基苯磺酸；在 100℃ 时主要生成对羟基苯磺酸；高于 100℃，则生成对羟基苯磺酸。

$$\text{C}_6\text{H}_5\text{OH} + \text{浓 H}_2\text{SO}_4 \begin{array}{c} \xrightarrow{25℃} \text{邻-HOC}_6\text{H}_4\text{SO}_3\text{H} \\ \xrightarrow{100℃} \text{对-HOC}_6\text{H}_4\text{SO}_3\text{H} \end{array} \xrightarrow[100℃]{\text{浓 H}_2\text{SO}_4} \text{HOC}_6\text{H}_3(\text{SO}_3\text{H})_2$$

(三) 与 FeCl₃ 的显色反应

大多数含酚羟基的化合物可以与 FeCl₃ 作用，发生显色反应，生成有色的配合物。例如：

$$6C_6H_5OH + FeCl_3 \rightleftharpoons H_3[Fe(OC_6H_5)_6] + 3HCl$$
紫色

不同结构的酚所显示的颜色不同。间苯二酚、1,3,5-苯三酚、α-萘酚与 FeCl₃ 作用显紫色，邻苯二酚、对苯二酚与 FeCl₃ 作用均显绿色，连苯三酚、甲酚与 FeCl₃ 作用分别显红色、蓝色。

凡具有烯醇式结构（$-\underset{|}{C}=\underset{|}{C}-OH$）的化合物都与 FeCl₃ 发生显色反应。醇羟基不发生此反应，因此可用 FeCl₃ 区分醇与酚。

(四) 氧化反应

酚很容易被氧化，所以，进行磺化、硝化、卤化时，必须控制反应条件，尽量避免酚被氧化。

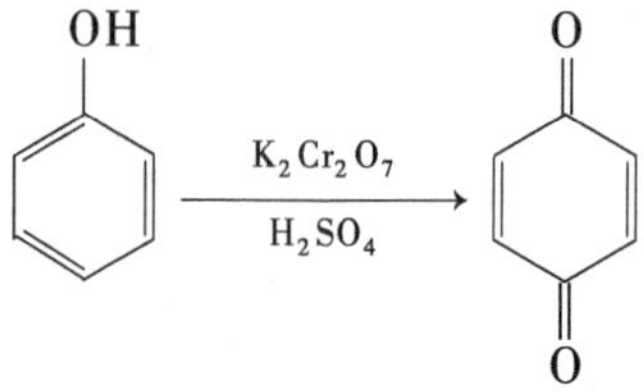

多元酚更易被氧化。例如，邻苯二酚在无水醚中可被 Ag₂O 氧化生成邻苯醌。由于酚容易被空气中的氧气所氧化，所保存酚及含酚的药物时，应避免跟空气接触，必要时需加抗氧剂。

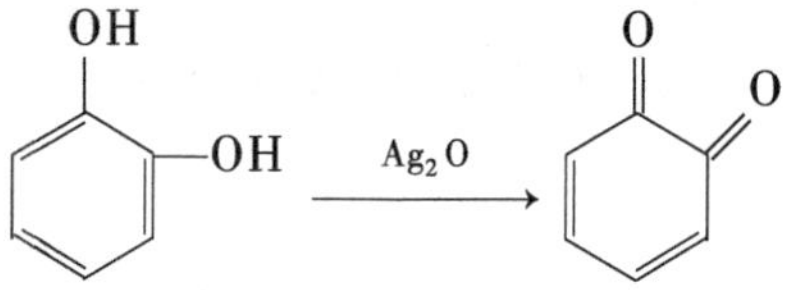

四、重要的酚类化合物

1. 苯酚（C₆H₅OH）

苯酚简称酚，俗称石炭酸，是一种有特殊气味的无色结晶，常温下微溶于水，高于 65℃ 时能与水混溶，易溶于乙醇和乙醚等有机溶剂。苯酚能凝固蛋白质，具有杀菌作用。在医药上用作消毒剂和防腐剂，如苯酚的稀溶液用于外科器具消毒、皮肤止痒等。但苯酚及其浓溶液对皮肤有很强的腐蚀作用。由于苯酚有毒性，目前已不用于人体消毒。苯酚易氧化，应储存在棕色瓶中并避光保存。

2. 甲苯酚

甲苯酚有对-甲苯酚、邻-苯酚、间-苯酚三种同分异构，且三种同分异构体的沸点接近，通过蒸馏的方法很难分开，常用的是其混合物。因其来源于煤焦油，又称煤酚。其消毒杀菌能力强于苯酚。而煤酚难溶于水，易溶于肥皂溶液，故常配成 50% 的肥皂溶液，俗称"来苏儿"，用作器械和环境消毒。

3. 维生素 E

维生素 E 是一种天天然存在的酚，广泛分布于小麦胚芽、豆类及蔬菜等植物中。因其与动物生殖有关,故又名生育酚。生育酚有多种异构体 α、β、γ、δ 等,其中 α－生育酚(维生素E)活性最高。维生素 E 是一种黄色油状液体,临床上常用于治疗先兆流产和习惯性流产的治疗。维生素 E 具有抗衰老的作用。其结构式如下:

α－生育酚

知识拓展

苯酚对人体的危害

含有酚类的污染水是一种来源广、比较难被微生物降解、对自然环境有巨大伤害的有机污染物废水,是一种被国内外都要控制的污染物之一。酚类化合物主要是通过用苯合成以及从煤焦油中提取这两种方式产生,是一种非常重要的化工原料。酚类的用途主要分布在工业制造这方面,以石油和化工为主的一些相关行业都要用到酚类物质,如合成纤维、制造高分子材料等;因此这些相关的工厂排放的废水如果不处理,其酚类的含量就会很高,这些酚类物质中尤以苯酚最为常见。酚类进入人体的途径主要有皮肤吸收、食入和呼吸系统吸入;对人造成伤害主要是酚类能与人体内的一些物质发生化学反应从而导致细胞原浆中的蛋白质由可溶性的变成不溶性的,进一步地使细胞失活使人体产生一些疾病。

苯酚侵入人体的主要途径包括三方面:吸入、食入、通过皮肤吸收。

当酚类物质进入人体后,可能会使人体的细胞失去活力,主要的原因是细胞原浆中的可溶性蛋白质通过与酚类物质的化学反应从变成不可溶解的蛋白质。一般而言,当人体摄入较少苯酚时就有可能使体内的蛋白质发生变性的现象,而当比较高浓度的苯酚进入人体血液中时就会使得血液中的可溶性蛋白质发生凝固。当酚类物质向人体内部深处渗透时,人们可能会发生全身中毒的现象,这是由于酚能使人体神经损伤、坏死。如果人们饮用含有一定浓度酚类的污染水一段时间就非常有可能患头晕、贫血等疾病,而用此类水时间过长的话还有可能得神经系统疾病。

第三节　醚

一、醚的结构、分类和命名

醚是指两个烃基通过一个氧原子相连而成的化合物。醚也可以看作是水分子中的 2 个氢被 2 个烃基取代而成的化合物,通式为 (Ar)R—O—R′(Ar′),醚的官能团是醚键(C—O—C),醚键中的氧呈 sp^3 杂化状态。

有机化学

醚可分为单醚和混醚。氧原子两端的两个烃基相同的为单纯醚,简称单醚,例如,CH_3-O-CH_3;两个烃基不同时为混合醚,简称混醚,例如,$CH_3-O-CH_2CH_3$。醚还可分为脂肪醚和芳香醚。两个烃基都是脂肪烃基的为脂肪醚,一个或两个烃基是芳香烃基的称芳香醚。另外,烃基与氧原子形成环状结构的醚称为环醚。

常见的醚通常采用普通命名法命名。单醚可根据烃基的名称,称为二某基醚,常把"二"和"基"字省略,直接称为"某醚";混醚一般按由小到大的顺序先命名烃基,最后加个"醚"字;命名芳香混醚时,常把芳香烃基的名称放在脂肪烃基名称的前面。例如:

CH_3-O-CH_3　　　　$CH_3CH_2-O-CH_2CH_3$　　　　二苯醚结构

甲醚　　　　　　　　　　乙醚　　　　　　　　　　　　二苯醚

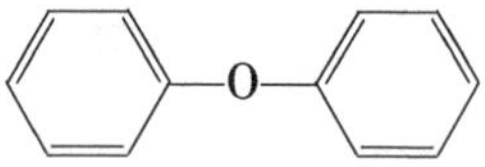

$CH_3OCH_2CH_3$　　　　　　　　苯-O-CH_3

甲乙醚　　　　　　　　　　　　　苯甲醚

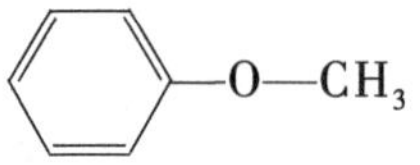

结构复杂的醚采用系统命名法命名。以较大的烃基为母体,较小的烃基与氧合并作为取代基(称为烷氧基),进行系统命名。例如:

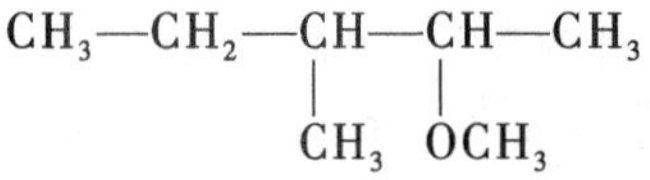

$CH_3-CH_2-CH-CH-CH_3$
　　　　　　$|$　$|$
　　　　　CH_3 OCH_3

3-甲基-2-甲氧基戊烷 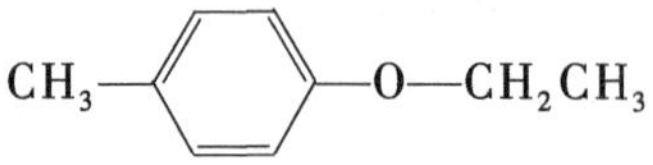　　　　　　　　4-乙氧基甲苯

环醚的命名则通常称为环氧某烷。例如:

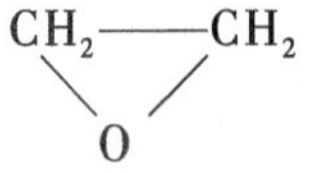

环氧乙烷 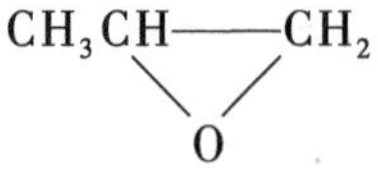　　　　　　　　　　1,2-环氧丙烷

二、醚的物理性质

除甲醚、甲乙醚是气体而外,大多数醚在室温下是具有挥发性的有特殊气味的易燃液体,沸点比同碳原子数的醇低得多。醚分子中的氧原子可与水分子形成氢键,因而在水中有一定的溶解度。只有少数醚与水互溶,多数醚不溶于水,而易溶于有机溶剂。醚是良好的有机溶剂。

三、醚的化学性质

醚的化学性质较稳定,在常温下,大多数醚对碱、氧化剂和还原剂都稳定,但在一定条件下能发生某些反应。

(一)锌盐的形成

醚分子结构中的氧原子具有孤对电子,能接受强酸如硫酸、盐酸中质子,生成锌盐

$$R-O-R' + H_2SO_4 \longrightarrow \left[\begin{array}{c} R-\overset{+}{O}-R' \\ | \\ H \end{array} \right] HSO_4^-$$

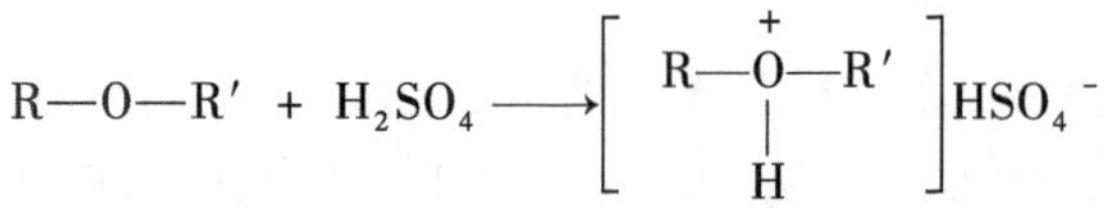

锌盐

锌盐能溶解于强酸,利用此性质可以区别醚、烷烃和卤代烃。

(二)醚键的断裂

醚与氢卤酸共热,会发生醚键的断裂,生成卤代烃和醇,生成的醇进一步与过量的氢卤酸作用生成卤代烃和水。

$$C_2H_5OC_2H_5 + HI \xrightarrow{\Delta} C_2H_5OH + C_2H_5I$$

氢卤酸的反应活性为 HI > HBr > HCl。混醚与 HX 反应时,通常是较小烷基生成卤代烃,较大烷基或芳基生成醇或酚,芳基烷基醚与 HX 反应时,醚键总是优选在脂肪烃基一端断裂,生成卤代烃和酚:

$$CH_3OC_2H_5 + HI \xrightarrow{\Delta} CH_3I + C_2H_5OH$$

$$C_6H_5\text{—O—}CH_3 + HI \xrightarrow{\Delta} CH_3I + C_6H_5\text{—OH}$$

(三)过氧化物的形成

醚与空气长期接触或经光照,生成过氧化醚,过氧化物不稳定,受热时易分解发生爆炸因而醚类化合物应保存在棕色瓶中,同时加入抗氧剂避光密封保存,以防止过氧化物的生成。使用醚类物质前要检查是否有过氧化乙醚存在,检查的方法是用湿润的淀粉-碘化钾试纸测试是否有过氧化乙醚存在。若试纸变蓝,表明有过氧化物生成。也可用 $FeSO_4$ 和 KSCN 混合溶液与乙醚一起振摇,若溶液变红,则说明有过氧化乙醚存在。

四、重要的醚类化合物

1. 乙醚

乙醚是无色易挥发性液体,沸点 34.5℃,有特殊气味,易燃易爆。乙醚蒸气与空气混合达到一定的比例时,遇明火可引起猛烈爆炸。因此在制备、运输、使用乙醚时,周围应避免明火的存在,应采取不要的安全预防措施。乙醚微溶于水,比水轻,能溶解多种有机化合物,是一种常用的有机溶剂和萃取剂。在外科手术中乙醚可作为吸入全身麻醉剂。由于乙醚易氧化产生过氧化乙醚,人体吸入少量的过氧化乙醚对呼吸道有刺激作用,吸入多量则会引起肺炎和肺水肿,现已被更安全的安氟醚和异氟醚所取代。

$$CH_3CH_2OCH_2CH_3 \xrightarrow{O_2} CH_3CH_2OCH(\text{O—OH})CH_3$$

2. 环氧乙烷

环氧乙烷是无色气体,有毒,熔点 -111.3℃,沸点 10.7℃,能与水混溶,也溶于乙醇、乙醚等有机溶剂。环氧乙烷化学性质很活泼,广泛用于物品和器械消毒,是一种高效消毒剂。易燃易爆,与空气形成爆炸性混合物。使用时要特别注意安全。

有机化学

 考点提示

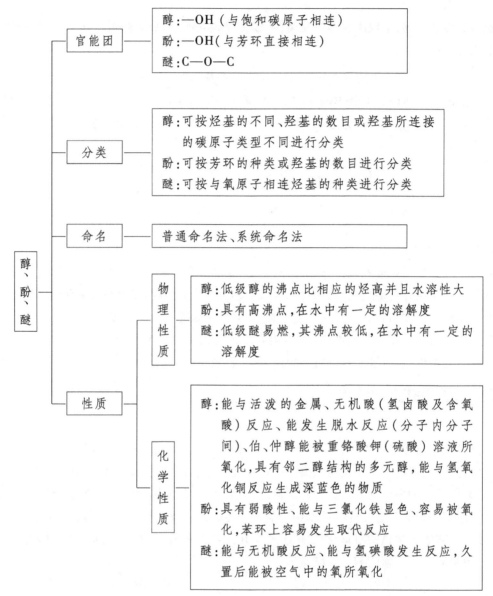

第七章 醇、酚、醚

目标检测

一、选择题（每小题只有一个正确答案）

1. 下列物质中，沸点最高的是
   A. 1-丙醇　　　B. 2-丙醇　　　C. 丙三醇　　　D. 乙醇

2. 不能跟金属钠反应放出氢气的是
   A. 乙醇　　　　B. 乙二醇　　　C. 丙醇　　　　D. 液态石蜡

3. 下列化合物中，酸性最强的是
   A. 碳酸　　　　B. 醇　　　　　C. 苯酚　　　　D. 水

4. 乙醇跟浓硫酸加热到140℃时的产物是
   A. 乙烯　　　　B. 乙醚　　　　C. 乙酸　　　　D. 乙醛

5. 在苯酚的混浊液中加入氢氧化钠溶液，可以观察到的现象是
   A. 变红　　　　B. 变蓝　　　　C. 变澄清　　　D. 以上均不是

6. 乙醇和甲醚互为
   A. 碳链异构体　B. 位置异构体　C. 官能团异构体　D. 均不是

7. 甲酚易溶于下列哪种溶剂中
   A. 水　　　　　B. 丙酮　　　　C. 酒精　　　　D. 肥皂溶液

8. 下列哪种物质在水中显酸性
   A. 苯甲醇　　　B. 甘油　　　　C. 乙醚　　　　D. 苯酚

9. 可用下列何种物质检验过氧化乙醚
   A. 酚酞　　　　B. 氧气　　　　C. 淀粉-碘化钾试纸　D. 淀粉试液

10. 下列物质中，能与 $Cu(OH)_2$ 反应生成深蓝色溶液的是
    A. $CH_3CH_2CH_2OH$　B. C_6H_5OH　C. $\underset{OH\ \ \ \ \ \ OH}{CH_2CH_2CH_2}$　D. $\underset{OH\ OH}{CH_3CHCH_2}$

11. 下列化合物，遇 $FeCl_3$ 溶液显紫色的是
    A. 酒精　　　　B. 甲酚　　　　C. 甘油　　　　D. 甲苯

12. 下列试剂中，能将伯、仲、叔醇区别开的是
    A. 高锰酸钾　　B. 硫酸　　　　C. 高碘酸　　　D. 卢卡斯试剂

13. 来苏儿中的有效成分是
    A. 丙酮　　　　　　　　　　　B. 乙醛
    C. 苯酚　　　　　　　　　　　D. 甲苯酚三种同分异构体混合物

14. 不同级别的醇与钠反应的活性顺序是
    A. 伯醇＞仲醇＞叔醇　　　　　B. 叔醇＞仲醇＞伯醇
    C. 仲醇＞叔醇＞伯醇　　　　　D. 伯醇＞叔醇＞仲醇

15. 下列化合物互为同分异构体的是
    A. 乙醇和甲醚　B. 乙醚和乙醇　C. 苯甲醇和苯酚　D. 乙二醇和丁醇

二、用系统命名法命名下列化合物或写出结构式

1. $CH_3CH(CH_3)CH(OH)CH_3$　　2. $CH_3CH(OH)CH_2CH_2CH_3$　　3. $C_2H_5OCH_3$

有机化学

4. 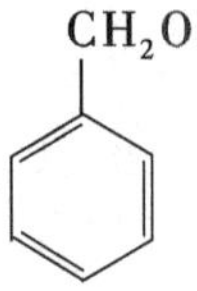 C₆H₅-CH₂OH (苯甲醇) 5. 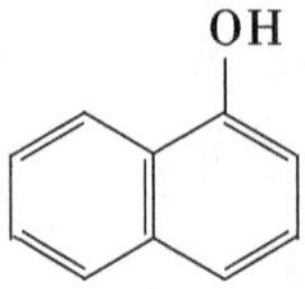 萘-1-酚 6. 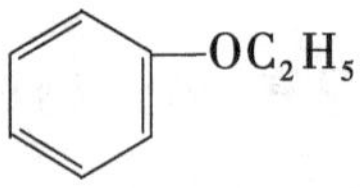 C₆H₅-OC₂H₅

7. 邻苯二酚 8. 苯乙醇 9. 2-苯基-1-丙醇 10. 1,3-丙二醇

三、完成化学反应方程式

1. $CH_3OH + Na \longrightarrow$

2. $CH_3CHCH_2CH_3 \xrightarrow{K_2Cr_2O_7 + H_2SO_4}$
    $\quad\quad |$
    $\quad\ OH$

3. 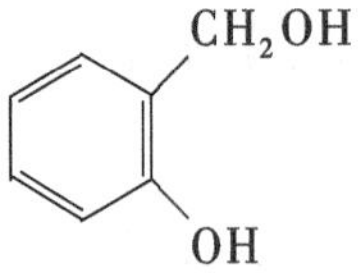 邻-(HOC₆H₄)CH₂OH + NaOH ⟶

4. $CH_3CHCH_2CH_3 + HCl \xrightarrow{ZnCl}$
    $\quad\quad |$
    $\quad\ OH$

5. 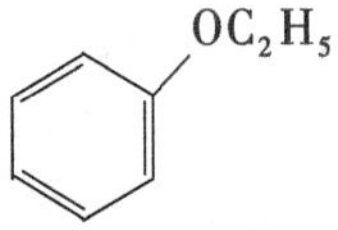 C₆H₅-OC₂H₅ + HI ⟶

四、用化学方法区分下列各组物质

1. 苯酚和乙醇
2. 乙醇和甘油
3. 叔丁醇、仲丁醇、正丁醇
4. 苯甲醇,甲苯,乙醚

五、结构推断题

1. 某有机化合物 A 的分子式为 $C_5H_{12}O$,能与金属钠作用放出氢气;被酸性高锰酸钾溶液氧化生成酮 B;与浓硫酸共热只生成 1 种烯烃 C,若将生成的烯烃催化氢化得 2-甲基丁烷。写出化合物 A、B、C 的结构式及名称。

2. 化合物 A(C_7H_8O),溶于氢氧化钠溶液,向其水溶液中通入二氧化碳又析出 A,A 经热的高锰酸钾溶液氧化得 B($C_7H_6O_3$),B 可形成分子内氢键,试写出 A、B 的结构式及名称。

(吴小琼　王　芬)

第八章　醛、酮、醌

学习目标

【掌握】醛、酮的结构及化学性质。
【熟悉】醛、酮的分类和命名。
【了解】醛、酮的物理性质，重要的醛、酮化合物；醌的结构、分类和命名。

第一节　醛和酮

碳原子以双键和氧原子相连的基团称羰基（ $\diagdown\!\!\!\mathrm{C}\!\!=\!\!\mathrm{O}\diagup$ ），含有羰基的化合物称为羰基化合物。羰基碳与一个烃基和一个氢原子相连的化合物叫作醛，—CHO 称为醛基，羰基碳与两个烃基相连的化合物称为酮。酮分子中的羰基也称为酮基。

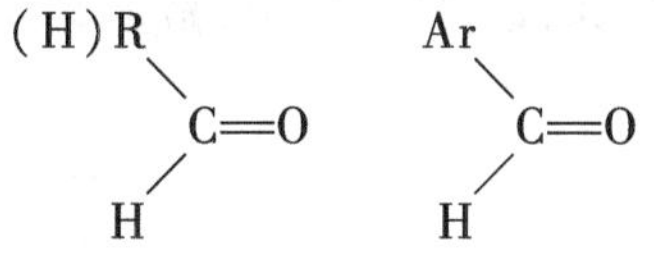

$$\underset{\text{醛}}{\underset{H}{\overset{(H)R}{>}}C=O \qquad \underset{H}{\overset{Ar}{>}}C=O} \qquad \underset{\text{酮}}{\underset{R}{\overset{R'}{>}}C=O \qquad \underset{R}{\overset{Ar}{>}}C=O}$$

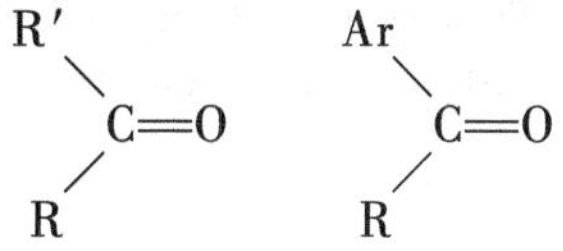

醛和酮是一类重要的有机化合物，它们不仅在自然界广泛存在，而且在工业生产和实验室合成中也是重要的原料和试剂。它们有些是香料，如苯甲醛、苯乙酮、紫罗兰香酮等；有些是重要的药物或合成药物的原料，如糠醛、苯乙酮、维生素 A、丙烯醛、环己酮等。

一、分类和命名和结构

（一）醛酮的分类

根据醛、酮的羰基上连接烃基的情况，醛、酮可分为脂肪族和芳香族两大类；根据烃基是否饱和又可分为饱和及不饱和醛、酮；根据分子中所含羰基的数目，可分为一元、二元、多元醛、酮等。

- 分类
  - 按含羰基数目
    - 一元醛酮 $CH_3-\overset{O}{\overset{\|}{C}}-CH_3$
    - 多元醛酮 $CH_3-\overset{O}{\overset{\|}{C}}-CH_2-\overset{O}{\overset{\|}{C}}-CH_3$
  - 按含烃基的饱和性
    - 饱和醛酮 CH_3CH_2CHO
    - 不饱和醛酮 $CH_2=CHCHO$
  - 按烃基的类别分
    - 脂肪醛酮 CH_3CHO,
    - 芳香醛酮

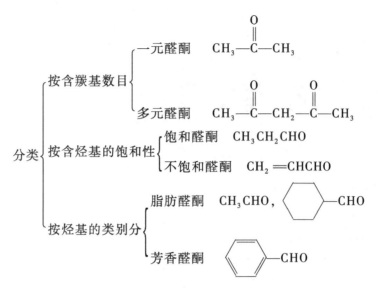

(二)醛酮的命名

1. 普通命名法简单的醛、酮用普通命名法命名

(1)脂肪醛按分子内碳原子数和碳骨架称为“某醛”,芳香族醛和脂环醛看作是甲醛的取代物,例如

HCHO	CH_3CHO		
甲醛	乙醛	苯甲醛	环己醛

(2)在酮字的前面加上所连接的两个烃基的名称,通常把简单的烃基或苯基放前,复杂的烃基放后,然后加“甲酮”。(与醚命名相似)例如:

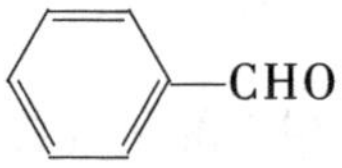

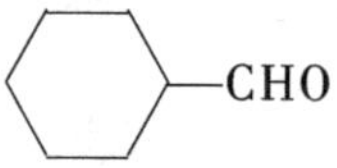

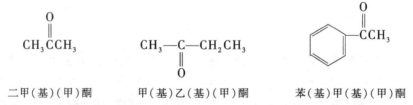

$CH_3\overset{O}{\overset{\|}{C}}CH_3$	$CH_3-\underset{O}{\underset{\|}{C}}-CH_2CH_3$	
二甲(基)(甲)酮	甲(基)乙(基)(甲)酮	苯(基)甲(基)(甲)酮

2. 系统命名法结构复杂的醛、酮采用系统命名法命名

(1)选主链　选择含羰基最长的碳链作为主链,根据主链上碳原子数称为某醛或某酮;

(2)编号　给主链碳原子编号,从醛基一端或靠近酮基一端开始,使羰基尽量有最小位次,在此前提下,使不饱和键和取代基有较小位次。对于醛,醛基处于链端,总是在第一位。

(3)命名　将取代基位次、数目和名称写在母体之前,并把羰基的位次写在母体某酮的前面(醛基总是第一位,不必标出),例如:

$CH_3CH_2\underset{CH_3}{\underset{\vert}{C}H}CH_2\underset{CH_3}{\underset{\vert}{C}H}CHO$	$CH_3\overset{O}{\overset{\|}{C}}CH_2\underset{CH_3}{\underset{\vert}{C}H}CH_3$
2,4-二甲基己醛(α,γ-二甲基己醛)	3-甲基-2-戊酮

不饱和醛酮中羰基的编号应最小,例如:

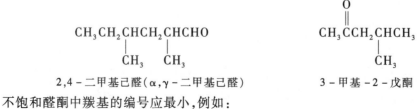

第八章 醛、酮、醌

3-丁烯-2-酮 2-甲基-4-庚烯醛

脂环酮的羰基在环内称为环酮,例如:

环戊酮 4-乙基环己酮

较复杂的芳香族醛酮将芳环作取代基,例如:

苯乙醛 苯乙酮 3-苯基丙烯醛

另外,还有一些醛和酮,由于习惯,还按其最初的来源保留了其相应的俗名,例如,甲醛俗名又叫蚁醛,呋喃甲醛又叫糠醛,邻羟基苯甲醛俗名又叫水杨醛,3-苯基丙烯醛又叫桂皮醛(肉桂醛)等。

(三)醛、酮的结构

醛、酮中的羰基,碳和氧以双键结合,成键与碳碳双键相似。碳原子以 sp^2 杂化,与其他的原子形成三个 σ 键(其中一个与氧原子成键),这三个 σ 键处于同一个平面,键角大约为 120°。氧原子也为 sp^2 杂化,氧原子未参加杂化的 p 轨道与碳原子未参加杂化的 p 轨道彼此侧面重叠形成 π 键,因此羰基的碳氧双键是由一个 σ 键和一个 π 键组成。

在羰基结构中,由于氧原子的电负性大于碳原子,故双键上的 π 电子明显偏向氧原子,氧原子附近电子密度较高,带有部分负电荷,而碳原子则带部分正电荷,因此,羰基具有较大的极性,如图 8-1 所示。

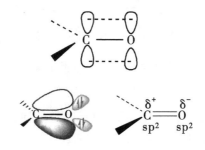

图 8-1 羰基的结构和电子云分布图

二、醛、酮的物理性质

物理状态:常温下,甲醛是气体,其余低级饱和醛、酮都是液体,高级醛、酮是固体。低级醛具有强烈刺激气味,取代芳醛和芳酮、$C_6 \sim C_{10}$ 的中级脂肪醛和 $C_7 \sim C_{13}$ 的中级脂肪酮多数具有特定的花果香和清香气味,可用于各种高级香精的配制;$C_{14} \sim C_{19}$ 的脂环酮类(如麝香酮、灵猫

有机化学

酮)则是麝香香料的香气成分,在化妆品和医药工业中广泛应用。

1. 沸点

由于羰基具有较强的极性,分子之间偶极的静电引力比较大,故醛、酮的沸点一般比分子量相近的非极性化合物(如烷烃和醚)高。但因为羟基本身不能形成氢键,没有缔合现象,所以醛、酮的沸点一般又比分子量相近的醇低(表 8-1)。

表 8-1 分子量相近的化合物的沸点比较

	正丁烷	甲乙醚	丙醛	丙酮	丙醇
分子量	58	60	58	58	60
沸点(℃)	0.5	8	49	56	97

2. 溶解性

醛、酮中羰基的氧原子能与水分子形成氢键,所以低级醛、酮可溶于水,当分子中烃基部分增大时,溶解度迅速降低。甲醛、乙醛、丙酮都能和水混溶,市售的福尔马林(Formalin)是 40% 甲醛水溶液。六个碳以上的醛、酮在水中几乎不溶,而易溶于苯、乙醚、四氯化碳等有机溶剂中。有些酮(比如丙酮)是常用的有机溶剂。

三、醛、酮的化学性质

羰基是醛、酮的反应中心。由于羰基具有极性,碳原子带部分正电荷,所以醛、酮不像烯烃那样容易与缺电子的亲电试剂加成,而是容易受到一系列负电子亲核试剂的进攻而发生加成反应,故醛、酮的一大类重要反应是亲核加成反应。由于羰基吸电子作用的影响,其 α-碳上的 α-H 比较活泼,涉及的 α-H 的一些反应是醛、酮化学性质的重要组成部分。此外,醛、酮还可以发生氧化反应、还原反应和其他一些反应。

羰基化合物的化学性质可以用下图概括:

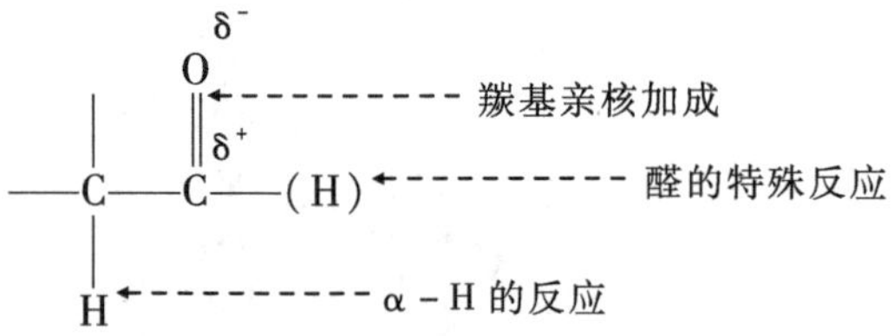

$$\begin{array}{c} \overset{\delta^-}{O} \\ \| \\ —C—\overset{\delta^+}{C}—(H) \\ | \\ H \end{array}$$

- 羰基亲核加成
- 醛的特殊反应
- α-H 的反应

(一)亲核加成反应

羰基中的 π 键和碳碳双键中的 π 键相似,也易断裂,因此它与碳碳双键类似可以断开双键而发生加成反应,不同的是羰基易于发生亲核加成反应。

羰基的亲核加成反应分两步进行:第一步是亲核试剂中的亲核部分(Nu^-)首先进攻羰基碳,与之成键,同时 π 键断开;第二步是试剂中的亲电部分(A^+)与带负电荷的氧原子结合,生成最终的加成产物。由于反应的第一步,即亲核的一步属于反应速度较慢的决速步骤,所以称为亲核加成反应。反应通式:

第八章 醛、酮、醌

$$\text{C=O} + \text{Nu}^-\text{A}^+ \longrightarrow -\underset{\underset{\text{Nu}}{|}}{\overset{|}{\text{C}}}-\text{OA}$$

醛、酮的亲核加成反应的难易取决于羰基碳原子部分正电荷的多少、空间位阻的大小,以及亲核试剂亲核性的强弱。例如:烃基的供电子能力越强,羰基碳的反应活性越低,如:

$$\underset{\text{H}}{\overset{\text{CF}_3}{\text{C=O}}} > \underset{\text{H}}{\overset{\text{H}}{\text{C=O}}} > \underset{\text{H}}{\overset{\text{R}}{\text{C=O}}} > \underset{\text{R'}}{\overset{\text{R}}{\text{C=O}}}$$

烃基的体积越大,空间位阻越大,阻碍亲核试剂与羰基碳接近,因此,在亲核加成反应中,醛的活性比酮高,如:

$$\underset{\text{H}}{\overset{\text{R}}{\text{C=O}}} > \underset{\text{CH}_3}{\overset{\text{CH}_3}{\text{C=O}}} > \underset{\text{CH}_3}{\overset{\text{RCH}_2}{\text{C=O}}} > \underset{\text{CH}_3}{\overset{\text{R-CH}}{\text{C=O}}} > \underset{\text{CH}_3}{\overset{\text{R-C-R}}{\text{C=O}}}$$

常见的亲核试剂有含碳、氧、硫、氮等元素的试剂,如 HCN、$NaHSO_3$、ROH、RMgX、RNH_2 等,亲核试剂的亲核性强弱也影响着亲核加成反应的难易。

1. 与氢氰酸的加成

氢氰酸能与醛、脂肪族甲基酮或少于 8 个碳的环酮加成,生成 α-羟基腈(也称 α-氰醇):

$$\underset{(\text{CH}_3)\text{H}}{\overset{\text{R}}{\text{C=O}}} + \text{HCN} \rightleftharpoons \underset{(\text{CH}_3)\text{H}}{\overset{\text{R}}{\underset{\text{CN}}{\overset{\text{OH}}{\text{C}}}}}$$

该反应一般在碱催化下进行。这是因为该反应起决定作用的是亲核试剂 CN^- 的浓度,因 HCN 是一个弱酸,在酸性环境中 CN^- 的浓度较低,故反应速度较慢,在加入碱的情况下,可加速 HCN 的离解,增加 CN^- 的浓度,从而加快反应的速度。

$$\text{HCN} + \text{OH}^- \underset{\text{快}}{\rightleftharpoons} \text{CN}^- + \text{H}_2\text{O}$$

$$\text{C=O} \underset{\text{慢}}{\overset{\text{CN}^-}{\rightleftharpoons}} \underset{\text{CN}}{\overset{\text{O}^-}{\text{C}}} \underset{\text{快}}{\overset{\text{H}_2\text{O}}{\rightleftharpoons}} \underset{\text{CN}}{\overset{\text{OH}}{\text{C}}}$$

由于氢氰酸挥发性大(沸点 26.5℃),有剧毒,使用不方便,因此通常将醛、酮与 NaCN(或 KCN)水溶液混合,再慢慢向混合液中滴加无机酸,以便氢氰酸一生成就立即与醛(或酮)作用。例如:

$$\text{CH}_3\overset{\overset{\text{O}}{\|}}{\text{C}}\text{CH}_3 + \text{NaCN} \xrightarrow[10\sim 20\text{℃}]{\text{H}_2\text{SO}_4} \underset{\text{CH}_3}{\overset{\text{CH}_3}{\underset{\text{CN}}{\overset{\text{OH}}{\text{C}}}}}$$

在自然界中也存在氰醇类化合物。如桃、杏等果核中的苦杏仁苷就是一种氰醇类化合物。

有机化学

某些昆虫体内也有苯乙醇氰,当机体受到袭击时,就释放一种酶,促使苯乙醇氰分解成苯甲醇和氢氰酸的混合物,进行有效的防御。

2. 与亚硫酸氢钠加成

醛、脂肪族甲基酮及少于8个碳的环酮能与亚硫酸氢钠的饱和溶液(约40%)反应,析出白色结晶加成物——α-羟基磺酸钠。

$$\underset{(CH_3)H}{\overset{R}{>}}C=O \underset{}{\overset{NaHSO_3}{\rightleftharpoons}} \left[\underset{(CH_3)H}{\overset{R}{>}}C\underset{SO_3H}{\overset{ONa}{<}}\right] \rightleftharpoons \underset{(CH_3)H}{\overset{R}{>}}C\underset{SO_3Na}{\overset{OH}{<}}$$

醛、酮的亚硫酸氢钠加成物为白色结晶,易溶于水,但不溶于饱和的亚硫酸氢钠溶液中,因而析出结晶。所以这个反应可用来鉴别醛、脂肪族甲基酮或少于8个碳的环酮。此外,这个反应又是可逆反应。当向加成物中加入稀酸或稀碱并加热时,都会使产物分解而再游离出原来的醛或酮因此,常利用这一反应从混合物中分离或提纯醛或酮。

3. 与醇的加成

醇是一种含氧亲核试剂,在干燥氯化氢或浓硫酸的作用下,一分子醛或酮和一分子醇发生加成反应,生成的化合物分别称为半缩醛或半缩酮。在酸性条件下,过量的醇能与半缩醛(酮)进一步反应,失去一分子水而生成稳定的化合物,称为缩醛或缩酮,并能从过量的醇中分离出来。

$$>C=O \underset{}{\overset{ROH,H^+}{\rightleftharpoons}} >C\underset{OH}{\overset{OR}{<}} \underset{}{\overset{ROH,H^+}{\rightleftharpoons}} >C\underset{OR}{\overset{OR}{<}} + H_2O$$

半缩醛(酮)(不稳定)　　缩醛(酮)

例如:

$$CH_3CH_2CHO \xrightarrow{CH_3OH,H^+} CH_3CH_2CH\underset{OCH_3}{\overset{OCH_3}{<}}$$

$$CH_3\overset{O}{\overset{\|}{C}}CH_3 \xrightarrow{HOCH_2CH_2OH,H^+} CH_3\overset{\overset{O\frown O}{|}}{\underset{}{C}}CH_3$$

半缩醛(酮)一般是不稳定的,易分解成原来的醛(酮),因此不易分离出来。但环状半缩醛(酮)却较稳定,能够分离得到。例如,5-羟基戊醛在室温下主要以环状半缩醛的形式存在:

缩醛(酮)可以看作是同碳二元醇的醚,性质与醚相似,对碱及氧化剂是稳定的。但在酸性溶液中不稳定,故醛(酮)在稀酸溶液中,室温下就可水解为原来的醛(酮)和醇。因此,制备缩醛(酮)须在干的氯化氢气体(或无机强酸)存在下进行。

第八章 醛、酮、醌

$$\underset{(R')}{\overset{R}{\underset{H}{>}}}C\underset{OR''}{\overset{OR''}{<}} + H_2O \xrightarrow{H^+} \underset{(R')H}{\overset{R}{>}}C=O + 2R''OH$$

在有机反应中常利用缩醛的生成和水解来保护醛基。例如：

$$CH_3CH=CHCHO + 2C_2H_5OH \xrightarrow{H^+} CH_3-CH=CH-CH\underset{OC_2H_5}{\overset{OC_2H_5}{<}}$$

$$\xrightarrow{稀 KMnO_4} CH_3-\underset{OH}{\overset{|}{C}}H-\underset{OH}{\overset{|}{C}}H-CH\underset{OC_2H_5}{\overset{OC_2H_5}{<}} \xrightarrow{H^+} CH_3-\underset{OH}{\overset{|}{C}}H-\underset{OH}{\overset{|}{C}}H-CHO$$

4. 与氨及其衍生物的加成

氨（:NH$_3$）及其衍生物，如伯胺、羟胺、肼（及取代肼）、氨基脲等（统称为羰基试剂）都是含氮的亲核试剂，这些化合物中氮原子有一对孤对电子，因而具有亲核性，它们与羰基化合物加成，再脱去一分子水，生成缩合产物。这是一个加成－消除反应，反应结果，C＝O 变成了 C＝N。其反应可用通式表示如下：

加成－消除反应：

$$>C=O + H-NH-G \rightleftharpoons >\underset{N-G}{\overset{OH\;H}{C}} \xrightarrow{-H_2O} >C=N-G$$

　　　　　　　伯胺　　　　　　　　　　　　　　　亚胺

G：—H　—OH　—NH$_2$　—NH—C$_6$H$_5$　—NH—C$_6$H$_3$(NO$_2$)$_2$　—NH—C(=O)—NH$_2$

例如：

$$>C=O + H_2NR \xrightarrow{-H_2O} >C=NR$$

$$>C=O + H_2NOH \xrightarrow{-H_2O} >C=N-OH$$
　　　　　　　羟胺　　　　　　　　　　　肟

$$>C=O + H_2NNH_2 \xrightarrow{-H_2O} >C=N-NH_2$$
　　伯胺　　　肼　　　　　　　　　　腙

$$>C=O + H_2N-NH-C_6H_3(NO_2)_2 \xrightarrow{-H_2O} >C=N-NH-C_6H_3(NO_2)_2$$

　　　　2,4－二硝基苯肼　　　　　　　　　　　2,4－二硝基苯腙

有机化学

$$\diagdown C=O + H_2NNHCONH_2 \xrightarrow{-H_2O} \diagdown C=NNHCONH_2$$

氨基脲　　　　　　　　　　缩氨脲

醛、酮与羰基试剂反应所生成的缩合产物大多是具有固定熔点和一定晶型的固体,因此常用来鉴别醛酮,常用的羰基试剂是2,4-二硝基苯肼,它与醛酮的加成产物一般是黄色的结晶。例如,临床上鉴别糖尿病患者尿液中是否含有丙酮。这些加成产物不仅易于从反应体系中分离出来,而且还容易进行重结晶提纯,更重要的是这些产物在稀酸作用下,可水解得到原来的醛或酮。故常用此反应分离和提纯醛和酮。

5. 与格氏试剂的加成

除 CN^- 外,其他的含碳亲核试剂,如格氏试剂($RMgX$)等能与绝大多数醛、酮进行加成,加成物经水解后生成醇,这是由格氏试剂制备醇的重要方法。

$$\diagdown C=O + R-MgX \rightleftharpoons \diagdown \underset{R}{\overset{OMgX}{C}} \diagup \xrightarrow{H_2O} \diagdown \underset{R}{\overset{OH}{C}} \diagup$$

这也是有机合成中增加碳原子的重要方法之一。用甲醛、其他的醛和酮为原料与格氏试剂反应(在无水乙醚条件下),可以制成含碳原子更多结构不同的伯醇、仲醇和叔醇。

$$\underset{H}{\overset{H}{>}}C=O \xrightarrow[2.\ H_2O]{1.\ RMgX} RCH_2OH$$

$$\underset{H}{\overset{R}{>}}C=O \xrightarrow[2.\ H_2O]{1.\ RMgX} \underset{OH}{\overset{}{RCHR}}$$

$$\underset{R}{\overset{R}{>}}C=O \xrightarrow[2.\ H_2O]{1.\ RMgX} R_3COH$$

如:

环己酮 + CH_3CH_2MgBr $\xrightarrow[2.\ H_3O^+]{1.\ Et_2O}$ 1-乙基环己醇

(二) α-氢的反应

醛、酮分子中与羰基直接相连的碳原子称为α-碳原子,α-碳原子上氢原子称为α-氢原子的。α-氢原子因受羰基吸电子诱导效应的影响而具有较大的活泼性,可引起如下反应:

1. 卤代和卤仿反应

在酸和碱的催化下,醛、酮的α-氢原子容易被卤素取代,生成α-卤代醛、酮。这类反应随着反应条件的不同,其反应也不同。一般在酸催化下,卤代反应易控制在一卤代产物的阶

第八章 醛、酮、醌

段,且酮的卤代反应较醛的卤代反应易于控制。例如:

$$C_6H_5-\underset{\underset{O}{\|}}{C}-CH_3 \xrightarrow[\text{乙醚},0℃,88\%\sim96\%]{Br_2,AlCl_3} C_6H_5-\underset{\underset{O}{\|}}{C}-CH_2Br + HBr$$

在碱催化下的卤代反应中,当 α - 碳原子上引入一个卤原子后,由于卤原子的 - I 效应,使连在 α - 碳上的剩余氢原子具有比前体更强的活性,在碱的作用下更易离去而发生多取代。

乙醛、甲基酮与次卤酸盐(即卤素的碱溶液)作用,三个 α - 氢原子会彻底被卤代,生成 α - 三卤代醛、酮:

$$CH_3CH_2-\underset{\underset{O}{\|}}{C}-CH_3 \xrightarrow{X_2/NaOH} CH_3CH_2-\underset{\underset{O}{\|}}{C}-CX_3$$

在碱的作用下,这种 α - 三卤代物,会进一步发生三卤甲基与羰基碳之间键的断裂,生成三卤甲烷(即卤仿):

$$R\underset{\underset{O}{\|}}{C}CH_3 + X_2 \xrightarrow{NaOH} RCOONa + \underset{\text{卤仿}}{CHX_3}$$

通常把醛、酮与次卤酸钠的碱溶液反应生成三卤甲烷的反应叫作卤仿反应。如果所用的卤素是碘,则生成具有特殊气味的碘仿的黄色沉淀,称为碘仿反应,反应现象十分明显,可用于甲基酮的鉴定。如:

$$C_6H_5\underset{\underset{O}{\|}}{C}CH_3 + I_2 \xrightarrow{NaOH} C_6H_5CONa + CHI_3 \downarrow \text{黄}$$

次卤酸钠具有一个氧化性,它可以使具有 $CH_3-\underset{\underset{OH}{|}}{CH}-$ 结构的醇氧化成 $CH_3-\underset{\underset{O}{\|}}{C}-$。因此,凡含有 $CH_3-\underset{\underset{O}{\|}}{C}-$ 结构的醛酮和具有结构 $CH_3-\underset{\underset{OH}{|}}{CH}-$ 的醇都能发生卤仿反应。在药典中则用此反应鉴别甲醇和乙醇。如:

$$\left.\begin{array}{l}CH_3CHCH_3\\ \quad |\\ \quad OH\\ CH_3CH_2OH\end{array}\right\} \xrightarrow[I_2]{NaOH} \left\{\begin{array}{l}CH_3\underset{\underset{O}{\|}}{C}CH_3\\ CH_3CHO\end{array}\right. \xrightarrow[I_2]{NaOH} \left\{\begin{array}{l}CH_3CONa + CHI_3 \downarrow\\ HC\underset{\underset{O}{\|}}{-}ONa + CHI_3 \downarrow\end{array}\right.$$

2. 羟醛(酮)缩合

在稀酸或稀碱的作用下,两分子的醛或酮可以相互作用,其中一个醛(或酮)分子中的 α - 氢加到另一个醛(或酮)分子的羰基氧原子上,其余部分加到羰基碳原子上,生成一分子β - 羟基醛或一分子β - 羟基酮。这个反应叫作羟醛(酮)缩合或叫醇醛(酮)缩合。生成物分子中的 α - 氢原子同时被羰基和β - 碳上羟基所活化,因此只需稍微受热或碱的作用即发生分子内脱水而生成具有共轭双键,比较稳定的 α,β - 不饱和醛。例如:

有机化学

$$2CH_3CHO \xrightarrow{10\% NaOH} CH_3\underset{OH}{\underset{|}{CH}}CH_2CHO \underset{\triangle}{\rightleftharpoons} CH_3CH=CHCHO$$

除乙醛外，由其他醛所得到的羟醛缩合产物，都是在 α-碳上带有支链的产物。例如：

$$2CH_3CH_2CHO \underset{}{\overset{OH^{\ominus}}{\rightleftharpoons}} CH_3CH_2\underset{CH_3}{\underset{|}{CH}}-\underset{OH}{\underset{|}{CH}}CHO$$

两种不同的醛、酮之间发生的羟缩合反应称为交叉的羟醛缩合反应。一般指不含 α-H 的醛或酮（如 HCHO、R_3CCHO、ArCHO、ArCOAr、$ArCOR_3$ 等）可与另一个含有 α-H 的醛或酮发生交叉的羟醛（酮）缩合反应。

$$C_6H_5-CHO + CH_3CHO \underset{\triangle}{\overset{OH^{\ominus}}{\rightleftharpoons}} C_6H_5-CH=CHCHO$$

肉桂醛

（三）氧化和还原反应

1. 氧化反应

醛和酮的最明显区别是对氧化剂的敏感程度不同。醛的羰基碳原子直接连着氢原子，表现出醛非常容易被氧化，不仅强氧化剂，即使是弱氧化剂甚至空气中的氧也可以使醛氧化成含有同碳数原子的羧酸。铬酸和高锰酸钾是常用的氧化剂。但反应条件不能强烈，否则会使碳链断裂生成低级羧酸。

（1）醛的特性氧化　常用的弱氧化剂有多伦（Tollen）试剂、斐林（Fehling）试剂及班尼地（Benedict）试剂。它们可以氧化醛，但不能氧化酮类，这是区别醛和酮常用的方法之一。芳香醛只能还原多伦试剂，而与斐林试剂和班尼地试剂都不作用。因此可用它来区别脂肪醛与芳香醛。这些试剂都不能氧化双键、羟基、氨基等易被氧化的基团。

多伦试剂是氢氧化银的氨溶液，它与醛的反应可表示如下：

$$R-CHO + 2Ag(NH_3)_2^+OH^- \xrightarrow{\triangle} R-COONH_2 + 2Ag\downarrow + 3NH_3 + H_2O$$

无色的多伦试剂与醛作用时，醛被氧化成羧酸，银离子则被还原成金属银，金属银或者以黑色沉淀析出或者附在试管壁上形成银镜，所以这个反应常称为银镜反应。工业上用此反应原理来制镜。

斐林试剂又称为酒石酸钾钠铜试剂，是硫酸铜溶液和氢氧化钠及酒石酸钾钠溶液混合使用的氧化剂，一般是使用时才以 1∶1 的比例混合。起氧化作用的是酒石酸钾钠铜中的二价络合铜离子，醛与斐林试剂反应时，二价铜离子被还原成砖红色的氧化亚铜沉淀：

$$R-CHO + 2Cu(OH)_2 + NaOH \xrightarrow{\triangle} R-COONa + Cu_2O\downarrow + 3H_2O$$

班尼地试剂是硫酸铜、碳酸钠和柠檬酸钠的混合液与菲林试剂和醛的反应是一致的。只是班尼地试剂比菲林试剂稳定，使用和配制较方便，在临床上被广泛用作尿糖的常规检验，不受尿酸的影响。

（2）酮的氧化　酮则不易被弱氧化剂氧化，只有在强烈的氧化条件下（如采用强氧化剂高

第八章 醛、酮、醌

锰酸钾或硝酸),酮发生断裂氧化分解成小分子的羧酸。碳键的断裂是发生在酮基和 α - 碳原子之间,生成多种低级羧酸的混合物。例如:

$$CH_3-\underset{\underset{O}{\|}}{C}-CH_2CH_3 \xrightarrow{HNO_3} \begin{cases} 2CH_3COOH \\ CH_3CH_2COOH + HCOOH \end{cases}$$

所以一般酮的氧化反应在合成上没有实用意义。但环酮用强氧化剂氧化可以生成二元羧酸,具有一定的合成意义。例如:

环己酮 $\xrightarrow[60\sim100℃]{60\%\ HNO_3}$ HOOCCH$_2$CH$_2$CH$_2$CH$_2$COOH

2. 还原反应

醛、酮可以在不同条件下,用不同的试剂得到不同的还原产物。

(1) 将羰基还原为醇羟基的反应

① 催化加氢应用:催化加氢,醛可被还原成伯醇,酮被还原成仲醇。常用的金属催化剂为 Ni、Cu、Pt、Pd 等。例如:

环戊烯酮 $\xrightarrow{H_2/Ni}$ 环戊基甲醇

② 金属氢化物还原:金属氢化物是还原羰基最常用的试剂,其中选择性高和还原效果好的有硼氢化钠(NaBH$_4$)、氢化锂铝(LiAlH$_4$)。它们只对亲电性较强的羰基起还原作用,对 C=C、C≡C 不起作用,故可用于不饱和醛、酮的选择性还原。

LiAlH$_4$非常活泼,遇到含有活泼氢的化合物会迅速分解放出 H$_2$。所以在使用 AlLiH$_4$作还原剂时,一般都是在非质子性溶剂如醚溶液中进行的。NaBH$_4$是比较温和的还原剂,在水或醇的溶液中可以还原醛和酮。

己二烯醛 $\xrightarrow[THF]{LiAlH_4}$ $\xrightarrow{H_3O^+}$ 己二烯醇

CH$_3$CH=CHCHO $\xrightarrow{NaBH_4}$ CH$_3$CH=CHCH$_2$OH

(2) 将羰基还原为亚甲基的反应

① 克莱门森还原法:将醛、酮与锌汞齐和浓盐酸一起回流反应,羰基被彻底还原为亚甲基,这个反应称为克莱门森(E. Clemmensen)反应。一般反应式为:

苯乙酮 $\xrightarrow[HCl]{Zn-Hg}$ 苯丙烷

克莱门森还原法对羰基有很好的选择性,一般对双键无影响,只还原 α,β - 不饱和键。此法因在酸性环境中进行反应,故只适用于对酸稳定的化合物。对酸不稳定(如呋喃醛、酮和吡咯类醛和酮)而对碱稳定的羰基化合物的还原,可以用下面的方法。

② 沃尔夫 - 凯希涅尔(Wolff - Kishner) - 黄鸣龙反应:将醛、酮与肼在高沸点溶剂如一缩乙二醇与碱一起加热,羰基变成亚甲基,并释放出 N$_2$。

有机化学

$$\underset{(R')}{\overset{R}{\text{C}}}=O \xrightarrow[(\text{HOCH}_2\text{CH}_2)_2\text{O}/\Delta]{\text{NH}_2\text{NH}_2/\text{NaOH}} \underset{(R')}{\overset{R}{\text{C}}}=\text{NNH}_2 \xrightarrow{-N_2} \underset{(R')}{\overset{R}{\text{CH}_2}}$$

例如：

$$\square=O \xrightarrow{\text{NH}_2\text{NH}_2, \text{KOH}, \text{HOCH}_2\text{CH}_2\text{OH}} \square$$

此法适用于对酸敏感对碱稳定的醛或酮的还原，可以和克莱门森还原法互相补充。

（四）康尼查罗反应

在浓碱作用下，不含 α-氢的醛（如甲醛，苯甲醛）自身发生氧化-还原反应生成醇和羧酸盐的混合物。这个反应称为康尼查罗（Cannizzaro）反应，也叫歧化反应（dispropotionation）。

例如：

$$2\text{HCHO} + \text{NaOH} \xrightarrow{\Delta} \text{HCOONa} + \text{CH}_3\text{OH}$$

$$2\,\text{Ph—CHO} \xrightarrow[H^+]{40\%\,\text{NaOH}} \text{Ph—CH}_2\text{OH} + \text{Ph—COOH}$$

两种不同的不含 α-氢的醛在浓碱条件下进行的歧化反应称为交叉的康尼查罗反应。但产物成分复杂，包括两种羧酸和两种醇。但是，当两种之一为甲醛时，由于甲醛还原性强，反应结果总是另一种醛被还原成醇而甲醛被氧化成酸。例如：

$$\text{Ph—CHO} + \text{HCHO} \xrightarrow{\text{浓 NaOH}} \text{Ph—CH}_2\text{OH} + \text{HCOONa}$$

（五）醛的显色反应

品红是一种桃红色三苯甲烷染料，在其水溶液中加入亚硫酸，可使桃红色褪去。无色的品红亚硫酸溶液称为希夫（Schiff）试剂，希夫试剂与醛作用使之显紫红色，而酮不发生此显色反应。在醛的紫红色溶液中再加入浓硫酸，此时，只有甲醛的颜色会保留，而其他的醛类的紫红色会褪去。因此，此法可鉴别甲醛、其他醛类和酮。

四、重要的醛和酮

1. 甲醛

甲醛又称为蚁醛，是一种具有强烈刺激气味的气体。工业上常用作生产酚醛树脂，40%的甲醛溶液又叫福尔马林，是一种有效的防腐剂和消毒剂，工业上甲醛是用来合成药物、染料和塑料的原料。甲醛的浓溶液在室温下长期放置可以自动聚合成三分子的聚合物，三聚甲醛是白色结晶，易于储存和运输。

2. 乙醛

乙醛是无色而具有刺激性气味的气体，可溶于水，乙醇和乙醚，沸点是 21℃，很容易被氧化。乙醛也是重要的有机合成原料，是生产乙酸、乙酸乙酯和乙酸酐等的原料。三氯乙醛是乙醛的一个重要衍生物，它与水的加成产物水合三氯乙醛在医药上用作催眠剂。

3. 苯甲醛

苯甲醛具有苦杏仁气味的无色液体，又称苦杏仁油。它和糖类物质结合在一起存在于杏

第八章 醛、酮、醌

仁、梅、桃等许多的果实中,广泛用于制作香料。

4. 丙酮

丙酮是一种无色具有特殊香味的液体,能与水、乙醇等极性或非极性的溶剂混溶,故广泛用作溶剂。正常人的血液中丙酮的含量极低,但当糖代谢紊乱时,脂肪会加速分解产生过量的丙酮,成为酮体的组成之一,从尿中排出或随呼吸呼出,丙酮的临床检验可用碘仿反应,或用亚硝酰铁氰化钠溶液和氨水,若尿中存在丙酮,则会呈现鲜红色。

5. 鱼腥草素

鱼腥草素又称癸酰乙醛,是鱼腥草中的一种有效成分,对呼吸道炎症有一定疗效,已能通过化学途径人工合成。

6. 原儿茶醛

原儿茶醛为无色的片状结晶,是中药四季青叶中的有效成分之一,对金黄色葡萄球菌、大肠杆菌和绿脓杆菌的生长有抑制作用。

7. 香兰醛

香兰醛又叫香荚兰素、香草醛、香草素,具有特殊的香味,可用作饮料、食品的香料或药剂中的矫味剂。

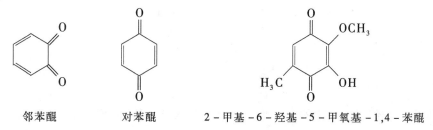

第二节 醌

一、醌的分类与命名

醌类化合物是一类特殊的不饱和环状共轭二酮,从结构上看存在 α,β - 不饱和二酮共轭体系,所以只有对醌和邻醌,而没有间醌。醌类主要可以分为苯醌、萘醌、蒽醌和菲醌以及它们的衍生物。其衍生物都是以苯醌、萘醌、蒽醌和菲醌等作为母体类命名。

1. 苯醌

天然苯醌类化合物多为黄色或橙黄色的结晶体,由于邻醌不稳定,所以中草药中大都是对醌的衍生物。

有机化学

2. 萘醌

天然萘醌类衍生物多为橙黄色或橙红色的结晶,个别化合物是紫色结晶。萘醌有三种异构体:1,4-萘醌、1,2-萘醌和2,6-萘醌。1,4-萘醌又叫作α-萘醌,可溶于水,能溶于乙醇和醚,具有刺鼻性。1,2-萘醌又叫作β-萘醌,是黄色针状或片状结晶。

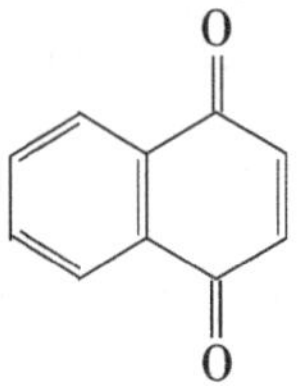

1,4-萘醌 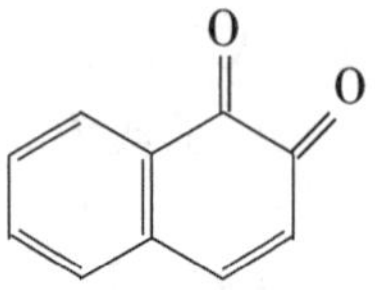　　　　1,2-萘醌 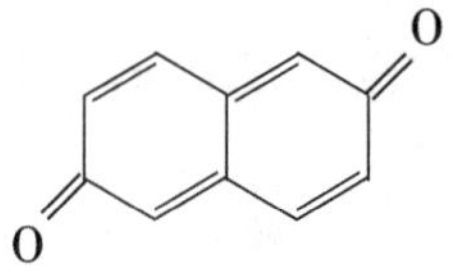　　　　2,6-萘醌

3. 蒽醌

蒽醌有九种异构体,但目前存在的只有三种,其中又以9,10-蒽醌及其衍生物为最多。9,10-蒽醌通常简称为蒽醌,是淡黄色的晶体,无气味,挥发性不大,不溶于水,但溶于硫酸,微溶于乙醇、乙醚、氯仿等有机溶剂中。

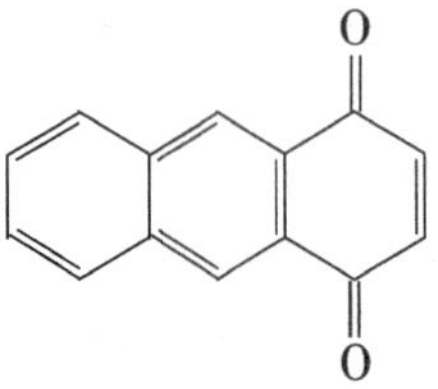

1,4-蒽醌 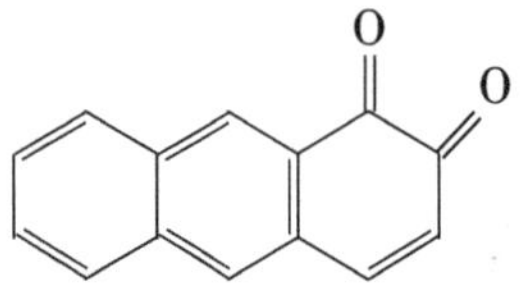　　　　1,2-蒽醌 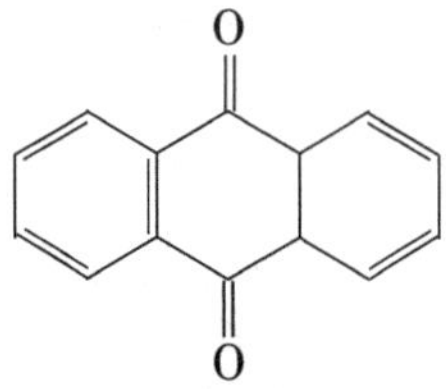　　　　9,10-蒽醌

4. 菲醌

一些药物具有菲醌的结构。从丹参中可提取多种蒽醌的衍生物,丹参红色素多为橙色、红色至棕红色结晶体,少数为黄色,是中药丹参的主要有效成分,如隐丹参醌等。

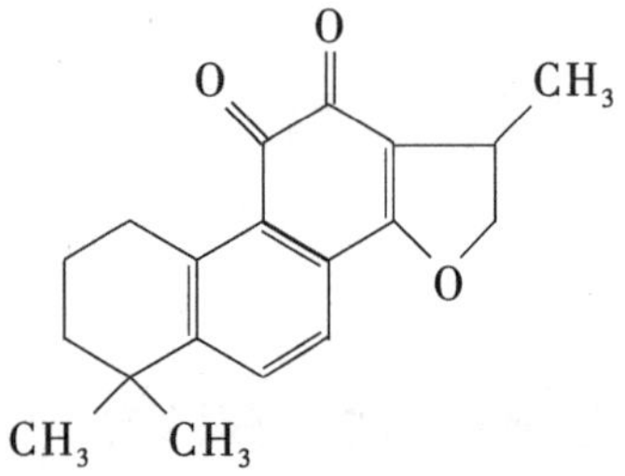

隐丹参醌

二、对苯醌的还原性

对苯醌很容易被加氢还原生成对苯二酚(又称氢醌),还原试剂可以是 H_2S、HI、$Na_2S_2O_3$、$FeCl_2$ 等,工业上也用这种方法制取对苯二酚。

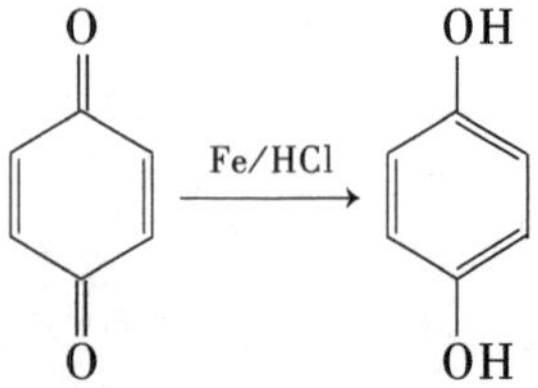

对苯醌与氢醌能以1∶1比例形成难溶于水的墨绿色晶体,叫醌氢醌,熔点191℃,可用于

第八章 醛、酮、醌

测定半电池的电势。这是一种电荷转移络合物,由于氢醌富有 π 电子,而对苯醌缺少 π 电子,通过电子的转移形成,同时分子中的氢键对稳定这种络合物也起到了一定作用。

蒽醌在锡粉的酸性水溶液中可以被还原生成蒽酮,蒽酮的硫酸溶液与糖类化合物呈现蓝绿色,此反应可用于糖类化合物的鉴定。

知识拓展

人眼有视觉是因为视觉感光细胞中含有感光色素——视紫红质。从化学结构来看,这是由顺-11-视黄醛的羰基与视蛋白中氨基进行缩合反应,形成具有亚胺结构的希夫碱。当视紫红质吸收光子后,可导致 C_{11} 的顺式双键转变成反式构型,触发神经冲动,将信息传递到大脑形成视觉。视紫红质在分解和再合成过程中,有一部分视黄醛被消耗,主要靠血液中的维生素 A 补充。

考点提示

	考　点
命名及结构	醛、酮的系统命名;羰基是醛、酮的官能团,C、O 原子均为 sp^2 杂化,平面结构,具有极性,羰基碳带正电
亲核加成反应	1. 与 HCN 的加成 2. 与 $NaHSO_3$ 的加成 3. 与 ROH 的加成 4. 与氨衍生物的加成 5. 与 RMgX 的加成
氧化还原反应	1. 与氢化铝锂和硼氢化钠的还原 2. 克莱门森还原 3. 黄鸣龙反应 4. 康尼查罗反应
α-氢的反应	卤仿反应(碘仿反应可用于甲基酮结构)
醛的鉴别	托伦试剂,斐林试剂

有机化学

目标检测

1. 用系统命名法命名下列化合物或写出化合物结构式。

   (1) $(CH_3)_2C=CHCH_2CHO$　　(2) 对羟基苯乙酮　　(3) 环戊基甲醛

   (4) 3-甲基环戊酮　　(5) 2-甲基-4-异丙基苯甲醛　　(6) $CH_3CHCOCH_3$
   　　　　　　　　　　　　　　　　　　　　　　　　　　　　$\quad\ |$
   　　　　　　　　　　　　　　　　　　　　　　　　　　　　$\ OCH_3$

2. 排列出下列化合物进行亲核加成反应的难易顺序。

   (1) A. CH_3CHO　　B. Cl_3CCHO　　C. $HCHO$　　D. CH_3COCH_3

   (2) A. CH_3COCH_3　　B. CH_3CH_2CHO　　C. 苯乙酮　　D. 二苯甲酮

3. 下列化合物既可与 HCN 反应,又可以发生碘仿反应的物质有哪些?

   (1) CH_3CHO　　(2) CH_3CH_2OH　　(3) 苯丙酮 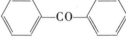　　(4) 环己酮

   (5) 正辛醛　　(6) 3-戊酮　　(7) 苯乙酮　　(8) 2,4-戊二酮

4. 下列物质中可以与饱和亚硫酸氢钠发生反应的是哪些?

   (1) 丙酮　(2) 苯乙酮　(3) 苯甲醛　(4) 戊醛　(5) 3-戊酮

   (6) 乙醇　(7) 仲丁醇　(8) 环己酮　(9) 4-苯基丁酮　(10) 2-戊酮

5. 下列物质中可以发生银镜反应的有哪些?

   (1) 3-己酮　　(2) 环己基甲醛　　(3) 异丙基甲醛

   (4) 苯乙酮 　　(5) $CH_3CH_2CH_2COOH$　　(6) 2-甲氧基四氢呋喃

6. 完成下列化学反应式。

   (1) $CH_3CHO + HOCH_2CH_2OH \longrightarrow ?$

   (2) $CH_3CH_2CHO \xrightarrow{CH_3MgBr} ? \xrightarrow{H_2O} ?$

   (3) 环己酮 $+ HCN \longrightarrow ?$

   (4) 环己酮 $\xrightarrow[\Delta]{\text{稀 } OH^-} \xrightarrow{NaBH_4} ?$

   (5) 苯乙酮 $+ NaOH + I_2 \longrightarrow ?$

(6) 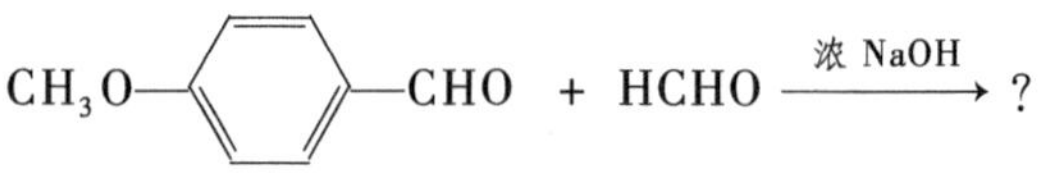 CH₃O—C₆H₄—CHO + HCHO $\xrightarrow{\text{浓 NaOH}}$?

(7) 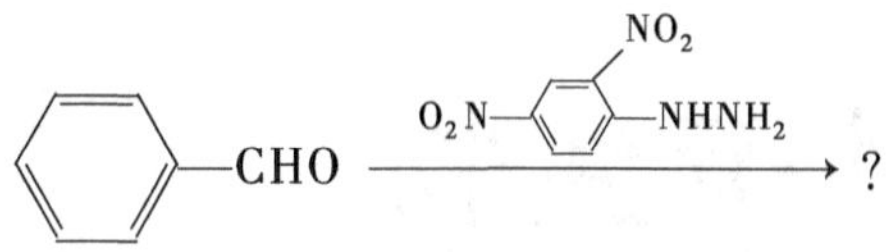 C₆H₅—CHO $\xrightarrow{\text{2,4-(O_2N)_2C_6H_3NHNH_2}}$?

7. 用化学方法鉴别下列化合物。

(1) 甲醛、乙醛、丙醛、苯甲醛

(2) 甲醛、丁醛、2-丁酮

(3) 2-戊酮、3-戊酮和环己酮

(4) 苯甲醛、苯乙酮和1-苯基-2-丙酮

8. 下列化合物中,哪些既可与 HCN 加成,又能起碘仿反应?

(1) $CH_3CH_2CH_2OH$ (2) CH_3CH_2CHO

(3) $CH_3CH_2COCH_3$ (4) CH_3CH_2OH

(5) 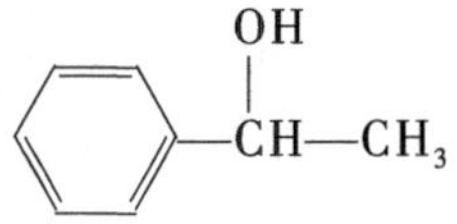 C₆H₅—CH(OH)—CH₃ (6) 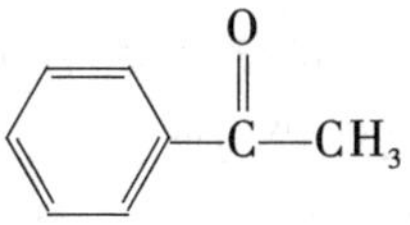 C₆H₅—CO—CH₃

(7) 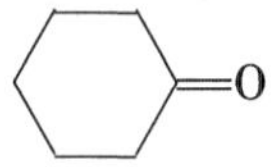 环己酮 (8) CH_3CHO

9. 分子式同为 $C_6H_{12}O$ 的化合物 A、B、C 和 D,其碳链不含支链。它们均不与溴的四氯化碳溶液作用;但 A、B 和 C 都可与 2,4-二硝基苯肼生成黄色沉淀;A 和 B 还可与 HCN 作用,A 与 Tollens 试剂作用,有银镜生成,B 无此反应,但可与碘的氢氧化钠溶液作用生成黄色沉淀。D 不与上述试剂作用,但遇金属钠能放出氢气。试写出 A、B、C 和 D 的结构式。

10. 某化合物化学式为 $C_5H_{12}O(A)$,A 氧化后得一产物 $C_5H_{10}O(B)$。B 可与亚硫酸氢钠饱和溶液作用,并有碘仿反应。A 经浓硫酸脱水得一烯烃 C,C 被氧化可得丙酮。写出 A 可能的结构式及有关反应式。

(卢茂芳 霍丽妮)

第九章　羧酸及其衍生物

学习目标

【掌握】羧酸及羧酸衍生物（酰卤、酸酐、酯、酰胺）的结构和主要化学性质。
【熟悉】羧酸、羧酸衍生物（酰卤、酸酐、酯、酰胺）的分类和命名。
【了解】重要的羧酸、羧酸衍生物在医药上的应用。

分子中具有羧基（—COOH）的化合物，称为羧酸。它的通式为 RCOOH。羧酸分子中羧基上的羟基被其他原子或原子团取代的产物叫作羧酸衍生物。羧酸衍生物包括酰卤、酸酐、酯、酰胺等。羧酸、羧酸衍生物都广泛存在于自然界中，是一类与人类生活密切相关的化合物。

第一节　羧　酸

一、羧酸的分类、命名和结构

（一）分类

RCOOH 中 R 为脂烃基或芳烃基，分别称为脂肪（族）酸或芳香（族）酸，又可根据羧基的数目分为一元酸、二元酸与多元酸，脂肪羧酸还可根据烃基是否饱和分为饱和酸和不饱和酸。

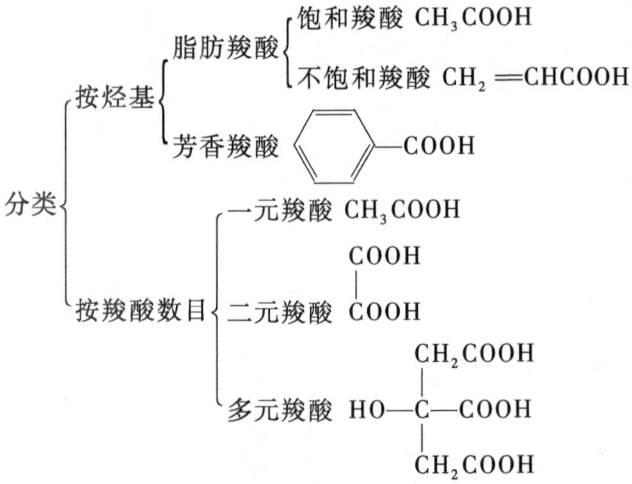

$$
\text{分类}\begin{cases}
\text{按烃基}\begin{cases}
\text{脂肪羧酸}\begin{cases}\text{饱和羧酸 } CH_3COOH \\ \text{不饱和羧酸 } CH_2=CHCOOH\end{cases}\\
\text{芳香羧酸 } C_6H_5\text{—COOH}
\end{cases}\\
\text{按羧酸数目}\begin{cases}
\text{一元羧酸 } CH_3COOH \\
\text{二元羧酸 } \begin{array}{c}COOH\\|\\COOH\end{array}\\
\text{多元羧酸 } \begin{array}{c}CH_2COOH\\|\\HO-C-COOH\\|\\CH_2COOH\end{array}
\end{cases}
\end{cases}
$$

(二)命名

1. 根据酸的来源命名

只含有一个羧基的羧酸称为一元酸。许多羧酸是从天然产物中得到的,可根据它的来源命名。例如:

$HCOOH$	CH_3COOH	C_6H_5COOH	$HOOCCOOH$
蚁酸	醋酸	安息香酸	草酸

2. 系统命名法

(1)对于一元脂肪羧酸,选含有羧基的最长碳链为主链,编号从羧基开始,用阿拉伯数字标明主链碳原子的位次,根据主链的碳原子数目称为某酸。简单的羧酸习惯上也用希腊字母(α,β,…,ω)标位。

$CH_3CH_2CH_2CH(CH_3)CH_2COOH$　3 - 甲基己酸(β - 甲基己酸)

$CH_3CH_2CH_2CH_2CH_2C(CH_3)_2COOH$　2,2 - 二甲基庚酸

$CH_2{=}C(CH_3){-}COOH$　2 - 甲基丙烯酸(α - 甲基丙烯酸)

(2)对于多元羧酸的命名,选择含羧基最多的最长碳链为主链,称为某几酸。

$HOOC{-}COOH$　乙二酸(草酸)

$HOOC(CH_2)_2COOH$　丁二酸(琥珀酸)

$HO{-}C(COOH)(CH_2COOH)_2$　3 - 羧基 - 3 - 羟基戊二酸(柠檬酸)

(3)羧基与脂环或者芳环相连的羧酸命名时,可将脂环或者芳环看作取代基。

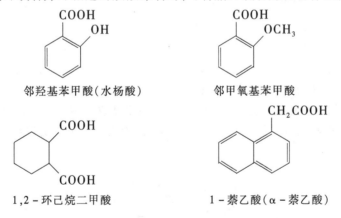

邻羟基苯甲酸(水杨酸)

邻甲氧基苯甲酸

1,2 - 环己烷二甲酸

1 - 萘乙酸(α - 萘乙酸)

(三)结构

羧酸分子中的羧基是由羟基和羰基组成的,羧基碳原子三个 sp^2 杂化轨道分别与烃基碳原子、羰基氧原子和羟基氧原子形成三个 σ 键,未参与杂化的 p 轨道与羰基氧原子的 p 轨道重叠形成 π 键。羧基中的羟基氧原子上有一对孤对电子,能够与 π 键形成 p - π 共轭体系。p - π 共轭的结果,导致羧基碳上的正电性降低,使羧酸的羰基不易发生亲核加成反应;同时还导致羧基中羟基氧的电子云向羰基转移,增强了羧酸羟基 O—H 键的极性而容易离解出 H^+,使羧酸具有酸性。

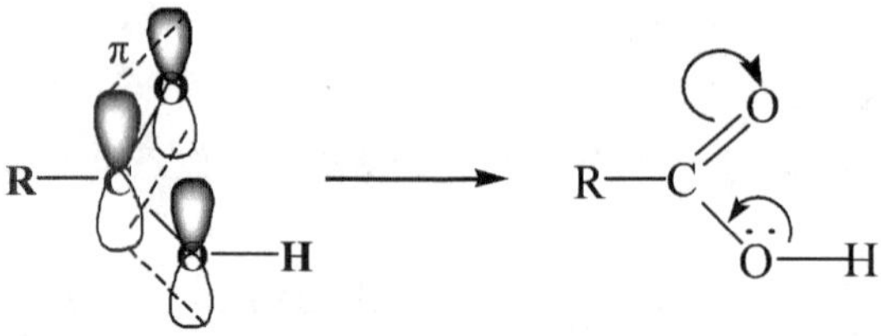

有机化学

二、羧酸的物理性质

低级饱和一元羧酸($C_1 \sim C_9$)是液体,$C_1 \sim C_3$ 的羧酸有一定挥发性,并且有较强的刺激性;$C_4 \sim C_9$ 的羧酸不同程度地具有腐败气味,并且是具有一定黏度的油状液体;C_{10} 以上的羧酸则是无臭无味石蜡状固体。脂肪二元羧酸以及芳香族羧酸都是结晶性固体。

羧酸的沸点较分子量相近的醇高,这是由于羧基的强极性和分子间的氢键所致。在气态时,甲酸、乙酸等是以双分子缔合形态出现。

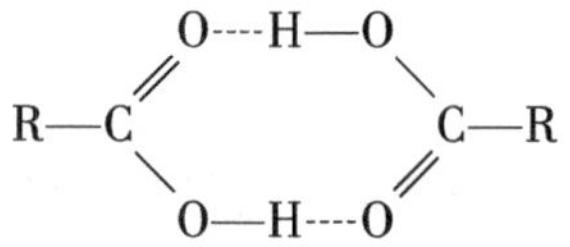

羧酸二聚体

低级酸易溶于水,因为羧基是亲水基团易与水分子可很好地形成氢键,所以它们的溶解度很大(如乙酸在蒸气状态仍然保持双分子缔合)。高级羧酸随分子量增大而在水中的溶解度减小。常见的二元酸在水中都有很好的溶解度。

三、羧酸的化学性质

羧酸的化学性质主要发生在羧基上,由于 P-π 共轭体系的形成,使羧基中羟基氧原子上的电子云向羰基方向转移,氧氢键电子云更偏向氧原子,氧氢键极性增强,在水溶液中更容易解离出 H^+ 而显示明显的酸性,因此如下结构中:①处的氧氢键断裂呈酸性,且酸性随 R 基的吸电子诱导效应的增强而增加,反之亦然;②处易被亲核试剂进攻,羟基被取代而生成羧酸衍生物;③处键断裂可发生脱羧反应,R 基团取代有吸电子基团则更有利于脱羧反应的发生;④处的键易断裂可被卤素取代,发生 α-卤代反应,因为羧基吸电子的诱导效应,使羧基 α-H 较为活泼。

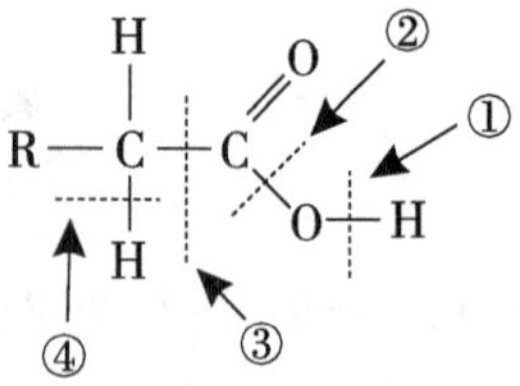

(一)酸性

羧酸最重要的性质之一是具有酸性,在水中可离解出质子。

$$RCOOH \underset{}{\overset{Ka}{\rightleftharpoons}} RCOO^- + H^+$$

第九章 羧酸及其衍生物

一元饱和羧酸 pK_a 一般为 3～5，酸性弱于盐酸、硫酸等无机强酸，但酸性大于碳酸（pK_a = 6.38）及苯酚（pK_a = 9.89）等。酸性顺序如下：

$$H_2SO_4、HCl > RCOOH > H_2CO_3 > ArOH > H_2O > ROH$$

因此，羧酸能与氢氧化钠、碳酸钠、碳酸氢钠等反应生成羧酸盐。在实验室利用这种羧酸可以与 Na_2CO_3、$NaHCO_3$ 反应放出 CO_2，但苯酚则不能的性质分离、区分羧酸和酚类化合物。

$$CH_3COOH + NaOH \longrightarrow CH_3COONa + H_2O$$
$$RCOOH + Na_2CO_3 \longrightarrow RCOONa + CO_2\uparrow + H_2O$$
$$RCOOH + NaHCO_3 \longrightarrow RCOONa + CO_2\uparrow + H_2O$$

羧酸盐遇强酸则游离出原来的羧酸，利用此性质可分离、精制羧酸，也可从中草药中提取、分离含羧基的有效成分。

$$RCOONa + HCl \longrightarrow RCOOH + NaOH$$

羧酸酸性的强弱与它们的结构有关。一般情况下，羧酸的酸性取决于诱导效应、共轭效应和空间效应。脂肪酸中，羧基连接吸电子基团时，酸性增强；羧基连接供电子基团时，酸性减弱。例如：

一卤代醋酸的酸性为：

$$FCH_2COOH > ClCH_2COOH > BrCH_2COOH > ICH_2COOH$$

一氯、二氯、三氯代醋酸的酸性为：

$$Cl_3CHCOOH > Cl_2CHCOOH > ClCOOH > CH_3COOH$$

取代基的诱导效应在饱和链上的传递随距离的增加而快速减弱，通常经过三个原子后，诱导效应的影响就很弱了。

$$\underset{\underset{Cl}{|}}{CH_3CH_2CHCOOH} > \underset{\underset{Cl}{|}}{CH_3CHCH_2COOH} > \underset{\underset{Cl}{|}}{CH_2CH_2CH_2COOH} > CH_3CH_2CH_2COOH$$

甲酸（pK_a = 3.37）的酸性比其他脂肪酸强（pK_a = 4.7～5.0），因为其他脂肪酸分子中的烷基的供电子诱导效应使其酸性减弱。

二元羧酸的酸性比对应的一元脂肪酸强，特别是乙二酸（pK_{a1} = 1.46），其直接相连的两个羧基吸电子诱导效应的相互影响，使酸性显著增强。

芳香酸（pK_a = 4.17）的酸性比甲酸弱，但比一般的脂肪酸的酸性强，这是因为苯环与羧基的 $\pi-\pi$ 共轭效应苯甲酸分子中羧基上的氧氢键比一般的脂肪酸的氧氢键更容易离解出质子。当苯甲酸的苯环上有取代基时，酸性将发生变化。当羧基的对位取代有硝基、卤原子、羰基等吸电子基团时，酸性增强；而对位取代有烷基（如甲基）、烷氧基（如甲氧基）、羟基等供电子基团时，则酸性减弱。间位取代基的影响不能在共轭体系内传递，只考虑诱导效应，影响较小；至于邻位取代基，因受位阻影响，比较复杂。例如以下化合物的酸性大小顺序为：对硝基苯甲酸 > 对氯苯甲酸 > 对甲基苯甲酸。

（二）羧基中的羟基取代反应（羧酸衍生物的生成）

羧酸分子中的羧基上的羟基在一定条件下可被卤素（—X）、酰氧基（—OOCR）、烷氧基（—OR）或氨基（—NH_2）取代，分别生成酰卤、酸酐、酯或酰胺等羧酸衍生物。

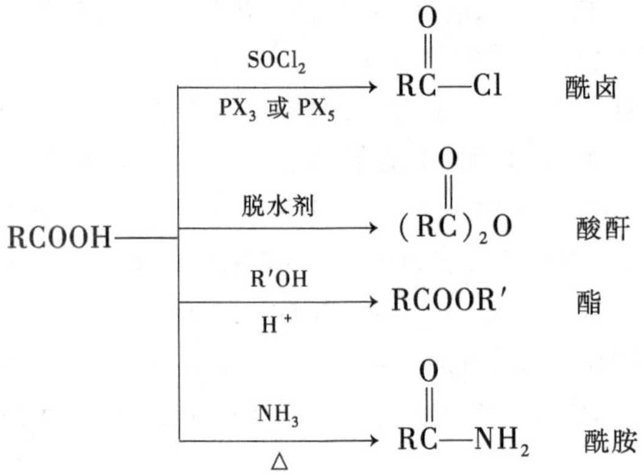

有机化学

$$RCOOH \begin{cases} \xrightarrow{SOCl_2, PX_3 \text{ 或 } PX_5} RC(=O)Cl \quad \text{酰卤} \\ \xrightarrow{\text{脱水剂}} (RC(=O))_2O \quad \text{酸酐} \\ \xrightarrow{R'OH, H^+} RCOOR' \quad \text{酯} \\ \xrightarrow{NH_3, \triangle} RC(=O)NH_2 \quad \text{酰胺} \end{cases}$$

1. 成酰卤反应

羧酸的羟基被卤素取代的反应称为成酰化反应。其中最重要的是酰氯,它是羧酸与三氯化磷、五氯化磷或者亚硫酰氯反应生成的。用氯化亚砜卤代剂制取酰氯较易提纯处理,所得的酰卤较纯,因此该法制酰卤应用较广。

$$RCOOH + PCl_3 \longrightarrow R-C(=O)-Cl + HPO_3$$

$$RCOOH + PCl_5 \longrightarrow R-C(=O)-Cl + POCl_3 + HCl\uparrow$$

$$RCOOH + SOCl_2 \longrightarrow R-C(=O)-Cl + SO_2\uparrow + HCl\uparrow$$

2. 成酸酐反应

除甲酸外,羧酸在乙酸酐、P_2O_5 等脱水剂存在下加热,两分子羧酸脱水生成酸酐。因为乙酸酐与水反应快,价格便宜,生成的乙酸易除去,因此,常用乙酸酐作准备其他酸酐的脱水剂。

$$2R-C(=O)-OH \xrightarrow[\triangle]{\text{脱水剂}} R-C(=O)-O-C(=O)-R + H_2O$$

五元环或六元环的酸酐,可由二元羧酸加热分子内失水形成。如:

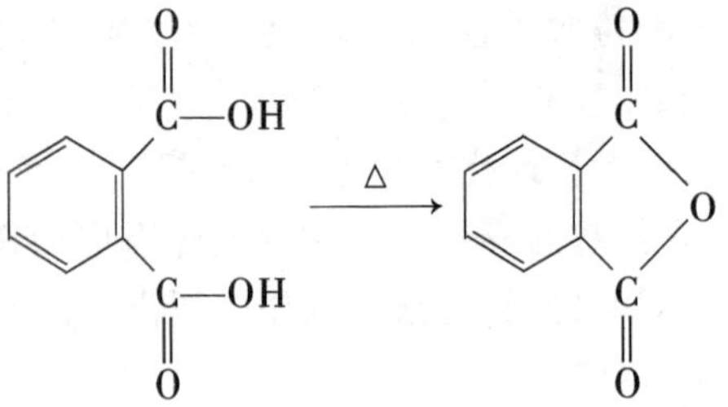

邻苯二甲酸酐

3. 成酯反应

羧酸与醇在酸的催化作用下失去一分子水而生成酯的反应称为酯化反应。

$$R-C(=O)-OH + HO-R' \underset{\triangle}{\overset{H^+}{\rightleftharpoons}} R-C(=O)-OR' + H_2O$$

例如：

$$CH_3COOH + CH_3CH_2OH \underset{\triangle}{\overset{H^+}{\rightleftharpoons}} CH_3COOC_2H_5 + H_2O$$

酯化反应的特点是可逆反应。提高酯的产量的措施如下：

(1)增加反应物的浓度。用过量的醇或用过量的酸都能完全酯化。有机合成中，常常选择合适的原料比例，以最低经济的价格，来得到最好的产率。

(2)除去反应的水。在酯化过程中采用共沸等方法，随时把水蒸出除去，使平衡向生成酯的方向移动。

酯化反应的两种途径：

$$R-\overset{O}{\overset{\|}{C}}-OH + \boxed{HO}-R' \underset{\triangle}{\overset{H^+}{\rightleftharpoons}} R-\overset{O}{\overset{\|}{C}}-OR' + H_2O$$

醇的烷氧键断裂

$$R-\overset{O}{\overset{\|}{C}}-\boxed{OH + H}O-R' \underset{\triangle}{\overset{H^+}{\rightleftharpoons}} R-\overset{O}{\overset{\|}{C}}-OR' + H_2O$$

羧酸的酰氧键断裂

实验表明酯化反应一般是按羧酸的酰氧键断裂方式进行的，生成酯和水，如一级、二级醇与羧酸生成酯的反应。如用含有 ^{18}O 的醇和羧酸进行酯化反应，生成了含有 ^{18}O 的酯。只有少数情况下也有按醇的烷氧键断裂方式进行的。

4. 成酰胺反应

向羧酸中通入氨可生成羧酸的铵盐，在加热可分子内脱水生成酰胺。例如：

$$CH_3COOH + NH_3 \longrightarrow CH_3-\overset{O}{\overset{\|}{C}}-ONH_4 \overset{\triangle}{\longrightarrow} CH_3-\overset{O}{\overset{\|}{C}}-NH_2 + H_2O$$

(三)脱羧反应

羧酸分子失去羧基(CO_2)的反应。

饱和一元羧酸对热稳定，直接加热都不容易脱去羧基。在特殊条件下如羧酸钠盐与碱石灰(NaOH、CaO)共热，可以发生脱羧反应，生成少一个碳原子的烃，实验室一般常用于制备低级烷烃。如：

$$CH_3COONa + NaOH \underset{\triangle}{\overset{NaOH/CaO}{\longrightarrow}} CH_4\uparrow + Na_2CO_3$$

当羧酸的 α-碳原子上有吸电子基团(如硝基、卤素、酰基)时，容易脱羧；两个羧基直接相连或者连在一个碳原子上的二元羧酸受热容易脱羧。

$$CH_3-\overset{O}{\overset{\|}{C}}-CH_2-COOH \longrightarrow CH_3-\overset{O}{\overset{\|}{C}}-CH_3 + CO_2\uparrow$$

$$CCl_3-\overset{O}{\overset{\|}{C}}-OH \overset{\triangle}{\longrightarrow} CHCl_3 + CO_2\uparrow$$

$$HOOCCH_2COOH \overset{\triangle}{\longrightarrow} CH_3COOH + CO_2\uparrow$$

有机化学

(四) 羧酸 α–H 的反应

由于羧基吸电子效应影响,使得羧酸分子中的 α–H 具有一定活性(比醛、酮活性弱),在光、硫或红磷等催化剂存在下可被卤素取代。例如:

$$RCH_2COOH \xrightarrow{P+Br_2} RCHBrCOOH$$

(五) 还原反应

羧酸中的羰基受到羟基影响,很难用催化氢化法还原,但用强还原剂氢化锂铝($LiAlH_4$)能顺利地把羧酸直接还原为一级醇,还原时常用溶剂是无水乙醚、四氢呋喃。

$$RCOOH \xrightarrow[Et_2O]{LiAlH_4} \xrightarrow{H_3O^+} RCH_2OH$$

氢化锂铝是一种选择性还原剂,它可以还原很多具有羰基结构的化合物,但双键、三键不受影响。

$$CH_2=CHCH_2COOH \xrightarrow[Et_2O]{LiAlH_4} \xrightarrow{H_3O^+} CH_2=CHCH_2CH_2OH$$

四、重要的羧酸

(一) 甲酸

甲酸的分子式为 HCOOH。甲酸无色而有刺激气味,且有腐蚀性,人类皮肤接触后会起泡红肿。甲酸同时具有酸和醛的性质。在化学工业中,甲酸被用于橡胶、医药、染料、皮革种类工业。甲酸易燃,能与水、乙醇、乙醚和甘油任意混溶,和大多数的极性有机溶剂混溶,在烃中也有一定的溶解性。由于甲酸的结构特殊,它的一个氢原子和羧基直接相连,因此甲酸同时具有酸和醛和性质。所以,甲酸具有与醛类似的还原性,它能发生银镜反应。

$$HCOOH + 2Ag(NH_3)_2OH \longrightarrow 2H_2O + 2Ag\downarrow + 4NH_3 + CO_2$$

(二) 乙酸

乙酸,也叫醋酸,化学式 CH_3COOH,为食醋内酸味及刺激性气味的来源。纯的无水乙酸(冰醋酸)是无色的吸湿性液体,凝固点为 16.7℃,凝固后为无色晶体。乙酸具有腐蚀性,其蒸汽对眼和鼻有刺激性作用。

(三) 乙二酸

乙二酸也叫草酸,结构简式 HOOCCOOH。它一般是无色透明结晶,对人体有害,会使人体内的酸碱度失去平衡,影响儿童的发育。草酸在工业中有重要作用,草酸可以除锈。草酸遍布于自然界,常以草酸盐形式存在于植物如伏牛花、羊蹄草、酢浆草和酸模草的细胞膜,几乎所有的植物都含有草酸盐。

草酸的酸性比醋酸(乙酸)强得多,是有机酸中的强酸,能与碱发生中和反应,能使指示剂变色,能与碳酸根作用放出二氧化碳。例如:

$$H_2C_2O_4 + Na_2CO_3 \Longrightarrow Na_2C_2O_4 + CO_2\uparrow + H_2O$$

同时草酸具有很强的还原性,与氧化剂作用易被氧化成二氧化碳和水。可以使酸性高锰酸钾(KMnO₄)溶液褪色,并将其还原成2价锰离子。这一反应在定量分析中被用作测定高锰酸钾浓度的方法。草酸还可以洗去溅在布条上的墨水迹。

$$2KMnO_4 + 5H_2C_2O_4 + 3H_2SO_4 \longrightarrow K_2SO_4 + 2MnSO_4 + 10CO_2\uparrow + 8H_2O$$

(四)苯甲酸

苯甲酸为具有苯或甲醛的气味的鳞片状或针状结晶,熔点122.13℃,沸点249℃,相对密度1.2659,在100℃时迅速升华。它的蒸气有很强的刺激性,吸入后易引起咳嗽。苯甲酸微溶于水,易溶于乙醇、乙醚等有机溶剂。该品常以6%~12%浓度与水杨酸配制成酊剂和软膏治疗皮肤浅部真菌感染,外涂皮损。作为药品制剂和食物的防腐剂有效浓度为0.05%~0.3%。

 知识拓展

不饱和羧酸与人类的健康

1. 花生四烯酸

花生四烯酸是人体大脑和视神经发育的重要物质,对提高智力和增强视敏度具有重要作用。花生四烯酸具有酯化胆固醇、增加血管弹性、降低血液黏度,调节血细胞功能等一系列生理活性。花生四烯酸对预防心血管疾病、糖尿病和肿瘤等具有重要功效。

高纯度的花生四烯酸是合成前列腺素(prostaglandins),血栓烷素(thromboxanes)和白细胞三烯(leukotrienes)等二十碳衍生物的直接前体,这些生物活性物质对人体心血管系统及免疫系统具有十分重要的作用。

2. 亚麻酸

亚麻酸简称LNA,属ω-3系列多烯脂肪酸(简写PUFA),为全顺式9,12,15-十八碳三烯酸。它以甘油酯的形式存在于深绿色植物中,是构成人体组织细胞的主要成分,在体内不能合成、代谢,转化为机体必需的生命活性因子DHA(二十二碳六烯酸)和EPA(二十碳五烯酸)。然而,它在人体内不能合成,必须从体外摄取。人体一旦缺乏,即会引导起机体脂质代谢紊乱,导致免疫力降低、健忘、疲劳、视力减退、动脉粥样硬化等症状的发生。尤其是婴幼儿、青少年如果缺乏亚麻酸,就会严重影响其智力正常发育,这一点已经被国内外科学家所证实,并被世界营养学界所公认。

3. EPA

EPA即二十碳五烯酸的英文缩写,是鱼油的主要成分。EPA属于ω-3系列多不饱和脂肪酸,是人体自身不能合成但又不可缺少的重要营养素,因此称为人体必需脂肪酸。虽然亚麻酸在人体内可以转化为EPA,但此反应在人体中的速度很慢且转化量很少,远远不能满足人体对EPA的需要,因此必须从食物中直接补充。EPA具有帮助降低胆固醇和甘油三酯的含量,促进体内饱和脂肪酸代谢。从而起到降低血液黏稠度,增进血液循环,提高组织供氧而消除疲劳。防止脂肪在血管壁的沉积,预防动脉粥样硬化的形成和发展、预防脑血栓、脑溢血、高血压等心血管疾病。

4. DHA

DHA学名为二十二碳六烯酸,是大脑营养必不可少的高度不饱和脂肪酸,它除了能阻止胆固醇在血管壁上的沉积、预防或减轻动脉粥样硬化和冠心病的发生外,更重要的是DHA对大脑细胞有着极其重要的作用。它占了人脑脂肪的10%,对脑神经传导和突触的生长发育极为有利。

第二节 羧酸衍生物

羧酸分子中羧基上的羟基被其他原子或原子团取代后的产物称为羧酸衍生物。

一、羧酸衍生物的结构特点

羧酸衍生物结构上的特点是分子中都含有酰基,表示如下:

$$R-\overset{O}{\underset{\|}{C}}-L \quad L = -X, RO-, R-\overset{O}{\underset{\|}{C}}-O-, -NH_2(-NHR, -NR_2)$$

羧酸分子中去掉羧基中的羟基,余下的基团称为酰基($R-\overset{O}{\underset{\|}{C}}-$),根据原来羧酸的名称将酰基命名为"某酰基"。如:

$$CH_3-\overset{O}{\underset{\|}{C}}- \qquad CH_3CH_2-\overset{O}{\underset{\|}{C}}- \qquad C_6H_5-\overset{O}{\underset{\|}{C}}-$$

乙酰基　　　　　　丙酰基　　　　　　苯甲酰基

酰基中的羰基可与相连的卤素、氧或氮原子上的未用 p 电子对形成 p-π 共轭体系:

$$R-\overset{O}{\underset{L}{C}}$$

二、羧酸衍生物的分类和命名

(一)分类

羧酸衍生物按照取代羧基中羟基的基团不同,分为酰卤、酸酐、酯和酰胺,它们的通式如下:

$$R-\overset{O}{\underset{\|}{C}}-X \qquad R-\overset{O}{\underset{\|}{C}}-O-\overset{O}{\underset{\|}{C}}-R \qquad R-\overset{O}{\underset{\|}{C}}-OR' \qquad R-\overset{O}{\underset{\|}{C}}-NR'R''$$

酰卤　　　　　酸酐　　　　　　酯　　　　　　酰胺

(二)命名

1. 酰卤和酰胺的命名

酰卤和酰胺根据酰基的名称而命名为"某酰卤"和"某酰胺"。酰胺若氮原子上有取代基,在取代基名称前加 N 标出。

苯甲酰氯　　　丙酰氯　　　N-甲基丙酰胺　　　N,N-二甲基甲酰胺(DMF)

2. 酸酐的命名

二分子相同一元酸所得的酐叫单酐。命名在酸字后加"酐"字。二分子不同一元羧酸所得的酐叫混酐。命名时,简单或低级酸在前,复杂或高级酸在后,再加上"酐"字。若为环酐则在二元酸的名称后加酐字。

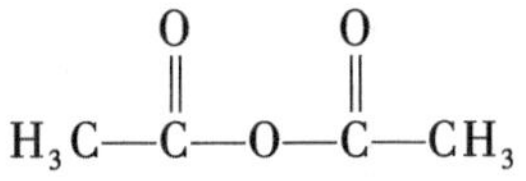

乙酐 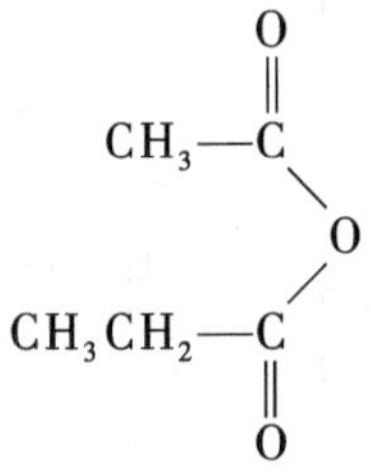　　　　　乙丙酐 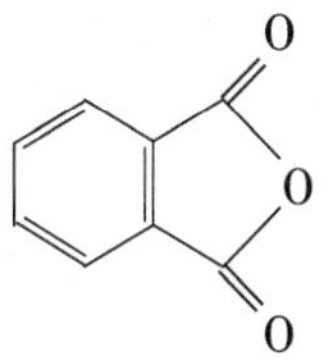　　　　　邻苯二甲酸酐

3. 酯的命名

酯根据相应羧酸和醇的名称称为"某酸某酯",多元醇的酯称为"某醇某酸酯"。

$CH_3COOCH_2CH_3$　　　　　　　　　　　　　　　　　

乙酸乙酯　　　　苯甲酸乙酯 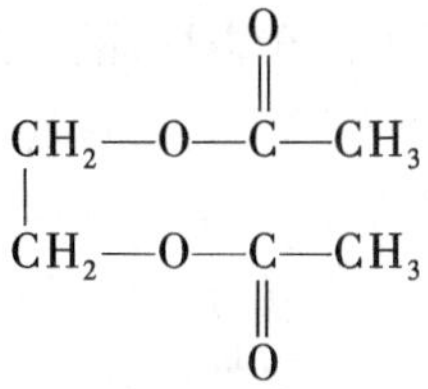　　　　乙二酸二乙酯

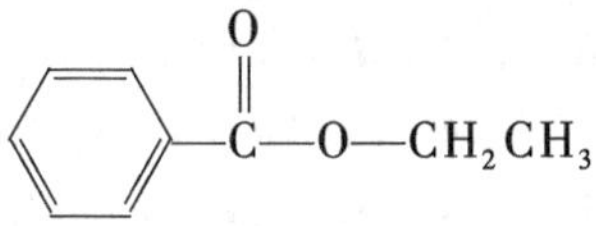

三、羧酸衍生物的物理性质

低级的酰卤和酸酐都是有强烈刺激性气味的无色液体,高级的为白色固体。低级的酯是有香味的无色挥发性液体,如乙酸异戊酯有香蕉香味、苯甲酸甲酯有茉莉香味、正戊酸异戊酯有苹果香味,故许多低级酯可用作香料。高级酯为蜡状固体。酰胺中除了甲酰胺是液体,其他多数为固体。

酰卤和酸酐不溶于水,但低级酰卤和酸酐遇水会分解。酰卤、酸酐和酯的分子中都没有可以形成氢键的氢,分子间不能缔合。酰卤的沸点比相应的羧酸低,酸酐的沸点比其分子量相当的羧酸低,酯的沸点比相应的酸或醇都要低,而与相同碳数的醛、酮差不多。酰胺分子中(除去 N,N-二取代酰胺)氨基上的氢原子可以形成氢键,因此酰胺的熔点和沸点较高。除甲酰胺外,其余酰胺均为结晶固体。

四、羧酸衍生物的化学性质

羧酸衍生物分子中都含有酰基,而酰基上所连的基团都是电负性较大的原子或基团,所以分子中的羰基容易与亲核试剂(水、醇、氨)发生水解、醇解和氨解反应,这些反应都是亲核取代反应,由于酰基上所连接的原子和基团不同,它们的反应活性有差异。

(一)亲核取代反应

1. 水解反应

酰氯、酸酐、酯和酰胺都可与水发生亲核取代反应生成相应的羧酸:

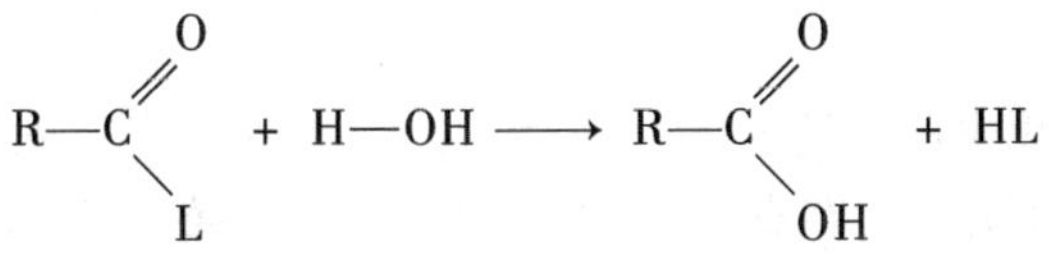

$$R-\underset{L}{\underset{\|}{C}}{=}O + H-OH \longrightarrow R-\underset{OH}{\underset{\|}{C}}{=}O + HL$$

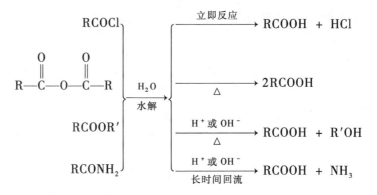

水解反应的难易次序为:酰氯 > 酸酐 > 酯 > 酰胺。

低级的酰卤极易水解,如乙酰氯遇水反应很激烈;随着酰卤分子量的增大,水解速度逐渐减慢。酸酐可以在中性、酸性或碱性溶液中水解,反应活性比酰卤稍缓和一些,但比酯容易水解。由于酸酐不溶于水,室温下水解很慢,必要时需加热、酸碱催化加速水解。

在通常情况下,酯和酰胺水解速度较慢,酸或碱的存在和加热可加速反应的进行。由于酯碱性水解产物可与碱作用羧酸钠盐而使得水解完全,肥皂就是用油脂碱水解来制取,故酯的碱性水解反应也称为皂化反应。

2. 醇解反应

酰氯、酸酐、酯和酰胺都可与醇作用,通过亲核取代反应生成相应的酯。

$$\begin{matrix} \text{RCOX} \\ (RCO)_2O \\ RCOOR' \\ RCONR'R'' \end{matrix} + HOR'' \longrightarrow RCOOR'' + \begin{matrix} HX \\ RCOOH \\ HOR' \text{ 酯交换反应} \\ HNR'R'' \end{matrix}$$

醇解反应的活性次序为:酰氯 > 酸酐 > 酯 > 酰胺。

酰氯性质比较活泼,一般难以制备的酯和酰胺,可通过酰氯来合成。例如酚酯不能直接用羧酸与酚酯化制备,但用酰氯则反应可顺利进行。

$$CH_3COCl + HOC_6H_5 \longrightarrow CH_3COOC_6H_5 + HCl$$

酯与醇作用需在盐酸或在醇钠催化下,可生成另一种醇和另一种酯,这个反应称为酯交换反应,酯交换反应也是可逆的。在有机合成中,常常利用酯的醇解使之转变成另外一种醇的酯。在制药工业上有重要意义。例如可将没有药用价值或药用价值较小的酯通过酯交换反应变成有药用价值或药用价值更高的酯。

$$\underset{NH_2}{C_6H_4}\text{-}COOC_2H_5 + HOCH_2CH_2N(C_2H_5)_2 \rightleftharpoons \underset{NH_2}{C_6H_4}\text{-}COOCH_2CH_2N(C_2H_5)_2 + C_2H_5OH$$

二乙氨基乙醇　　普鲁卡因(局部麻醉剂)

酰胺的醇解是可逆的,需用过量的醇才能生成酯并放出氨,酸或碱对反应有催化作用。

3. **氨解反应**

酰氯、酸酐、酯和酰胺与氨(或胺)作用生成酰胺的反应叫作氨解。由于氨(或胺)的亲核性比水、醇强,故羧酸衍生物的氨解反应比水解、醇解更容易进行。

$$\left.\begin{array}{l} RCOCl \\ R\text{-}\overset{O}{\underset{\|}{C}}\text{-}O\text{-}\overset{O}{\underset{\|}{C}}\text{-}R \\ RCOOR' \end{array}\right\} \xrightarrow{NH_3} \left\{\begin{array}{l} RCONH_2 + NH_4Cl \\ RCONH_2 + RCOONH_4 \\ RCONH_2 + R'OH \end{array}\right.$$

反应活性:酰卤 > 酸酐 > 酯。

$$RCONH_2 \xrightarrow[\text{过量}]{R'NH_2} RCONHR' + NH_3$$

酰胺与胺的作用是可逆反应,需胺过量才可得到 N-烷基酰胺,因此反应实际意义不大。

(二)**还原反应**

羧酸衍生物都比羧酸易被还原,可以催化加氢还原,也可用氢化铝锂还原。酰氯、酸酐和酯的还原产物均为伯醇,酰胺的还原产物为胺。若用氢化铝锂作为还原剂,双键可不受影响。

$$\left.\begin{array}{l} \overset{O}{\underset{\|}{RCX}} \\ \overset{O}{\underset{\|}{RCOCR'}} \\ \overset{O}{\underset{\|}{RCOR'}} \\ \overset{O}{\underset{\|}{RCNH_2(NHR', NR'_2)}} \end{array}\right\} \xrightarrow{LiAlH_4} \left\{\begin{array}{l} RCH_2OH + HX \\ \text{伯醇} \\ RCH_2OH + R'CH_2OH \\ \text{伯醇} \\ RCH_2OH + R'OH \\ \text{伯醇} \\ RCH_2NH_2(NHR', NR'_2) \\ \text{伯胺} \end{array}\right.$$

酯的还原反应还可以用金属钠和醇作还原剂,将酯还原为醇,该还原剂对碳碳双键或三键无影响,可用于从油脂制备高级不饱和脂肪醇。例如:

$$CH_3(CH_2)_7CH=CH(CH_2)_7COOC_4H_9 \xrightarrow{Na + C_4H_9OH} CH_3(CH_2)_7CH=CH(CH_2)_7CH_2OH$$

有机化学

(三)克莱森酯缩合反应

具有活泼 α 氢的酯,在碱的作用下,两分子酯相互作用,生成 β-羰基酯,同时失去一分子醇的反应。例如,在乙醇钠的作用下,两分子的乙酸乙酯脱去一分子乙醇,生成乙酰乙酸乙酯。

$$CH_3-\underset{O}{\overset{\|}{C}}-OC_2H_5 + CH_3-\underset{O}{\overset{\|}{C}}-OC_2H_5 \xrightarrow[\text{②}H_3O^+]{\text{①}C_2H_5ONa} CH_3-\underset{O}{\overset{\|}{C}}-CH_2-\underset{O}{\overset{\|}{C}}-OC_2H_5$$

(四)酰胺的特性

1. 酸碱性

酰胺分子中氮原子的未共用电子对与羰基存在 p-π 共轭效应,使氮原子上的电子云密度降低,减弱了它接受质子的能力,因此,酰胺是近于中性的化合物。另外,由于 N—H 键极性有所增大,氮原子上的氢具有质子化倾向,使得酰胺具有微弱的酸性。一般,酰胺的弱酸弱碱性仅在强酸强碱的条件下表现出来。

$$R-\underset{\ddot{N}H_2}{\overset{\overset{\displaystyle O}{\|}}{C}}$$

在酰亚胺分子中,氮原子连接两个酰基,氮上电子云密度极大降低,使 N—H 键极性加大,而呈现明显的酸性。酰亚胺能与氢氧化钾水溶液生成盐,成盐后氮上的负电荷可被两个酰基分散而得以稳定。

邻苯二甲酰亚胺 + KOH ⟶ 邻苯二甲酰亚胺钾盐 + H₂O

2. 霍夫曼降级反应

酰胺与次氯酸钠或次溴酸钠的碱溶液作用,脱去羰基生成伯胺。在反应中碳链减少一个碳原子,故称为酰胺降级反应,也叫霍夫曼(Hofmann)降级反应。

$$R-\underset{O}{\overset{\|}{C}}-NH_2 \xrightarrow[\text{NaOH}]{\text{NaOX}} R-NH_2$$

例如: 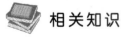 $\xrightarrow{Br_2, NaOH}$ $(CH_3)_2CCH_2NH_2$

📖 相关知识

羧酸衍生物亲核取代反应机制

羧酸衍生物的水解、醇解、氨解属于亲核取代反应,反应机制是加成-消除机制:

第九章 羧酸及其衍生物

$$R-\overset{\overset{O}{\|}}{C}-L + :Nu^- \rightleftharpoons \left[R-\overset{\overset{O^-}{|}}{\underset{\underset{Nu}{|}}{C}}-L \right] \longrightarrow R-\overset{\overset{O}{\|}}{C}-Nu + L^-$$

（:Nu = H_2O、ROH、NH_3 等，L = —X、—OR、—OCOR、—NH_2 等）

加成和消除这两步都会对反应速度产生影响。第一步亲核加成，反应速度慢，羰基正电性强（羰基碳所连接的基团具有吸电子诱导效应，将使羰基碳的正电性增加），且形成的四面体中间体的空间位阻小，则有利于亲核加成反应这步进行；第二步消除反应的难易，决定于离去基团本身的结构，离去基团的碱性越小，基团越易离去，则有利于消除的进行。羧酸衍生物中离去基团的碱性由强至弱的次序是：NH_2^- > RO^- > $RCOO^-$ > Cl^-，它们离去能力是 Cl^- > $RCOO^-$ > RO^- > NH_2^-。

所以羧酸衍生物发生亲核取代反应的活性次序是：

$$R-\overset{\overset{O}{\|}}{C}-Cl > R-\overset{\overset{O}{\|}}{C}-O-\overset{\overset{O}{\|}}{C}-R > R-\overset{\overset{O}{\|}}{C}-O-R' > R-\overset{\overset{O}{\|}}{C}-NH_2$$

（酰卤 > 酸酐 > 酯 > 酰胺）

羧酸与其衍生物之间可相互转化。由羧酸可制备各种羧酸衍生物，由羧酸衍生物可制备羧酸。羧酸的各种衍生物之间也可相互转化，一般只能由反应活性高的羧酸衍生物转化成反应活性低的羧酸衍生物。

 知识拓展

青霉素

青霉素（penicillin）又被称为青霉素 G、peillin G、盘尼西林、配尼西林、青霉素钠、苄青霉素钠、青霉素钾、苄青霉素钾。青霉素是抗生素的一种，是指分子中含有青霉烷、能破坏细菌的细胞壁并在细菌细胞的繁殖期起杀菌作用的一类抗生素，是由青霉菌中提炼出的抗生素。青霉素属于 β - 内酰胺类抗生素（β - lactams）。β - 内酰胺类抗生素包括青霉素、头孢菌素、碳青霉烯类、单环类、头霉素类等。青霉素是很常用的抗菌药品，但每次使用前必须做皮试，以防过敏。

主要特点：青霉素类抗生素是 β - 内酰胺类中一大类抗生素的总称，由于 β - 内酰胺类作用于细菌的细胞壁，而人类只有细胞膜无细胞壁，故对人类的毒性较小，除能引起严重的过敏反应外，在一般用量下，其毒性不甚明显，但它不能耐受耐药菌株所产生的酶，易被其破坏，且其抗菌谱较窄，主要对革兰阳性菌有效。青霉素 G 有钾盐、钠盐之分，钾盐不仅不能直接静注，静脉滴注时，也要仔细计算钾离子量，以免注入人体形成高血钾而抑制心脏功能，造成死亡。

青霉素类抗生素的毒性很小，是化疗指数最大的抗生素。但其青霉素类抗生素常见的过敏反应在各种药物中居首位，发生率最高可达 5%～10%，为皮肤反应，表现皮疹、血管性水肿，最严重者为过敏性休克，多在注射后数分钟内发生，症状为呼吸困难、发绀、血压下降、昏迷、肢体强直，最后惊厥，抢救不及时可造成死亡。各种给药途径或应用各种制剂都能引起过敏性休克，但以注射用药的发生率最高。过敏反应的发生与药物剂量大小无关。对本品高度过敏者，虽极微量亦能引起休克。注入体内可致癫痫样发作。大剂量长时间注射对中枢神经

有机化学

系统有毒性(如引起抽搐、昏迷等),停药或降低剂量可以恢复。

巴比妥类药物

巴比妥类药物(又称巴比妥酸盐,barbiturate)是一类作用于中枢神经系统的镇静剂,属于巴比妥酸的衍生物,其应用范围可以从轻度镇静到完全麻醉,还可以用作抗焦虑药、安眠药、抗痉挛药,长期使用则会导致成瘾性。巴比妥类药物目前在临床上已很大程度上被苯二氮䓬类药物所替代,后者过量服用后产生的副作用远小于前者。不过,在全身麻醉或癫痫的治疗中仍会使用巴比妥类药物。

 考点提示

第一节 羧酸	一、羧酸的分类、命名和结构(羧基是极性官能团) 二、羧酸的性质 (一)酸性 (二)羧基中的羟基被取代的反应(羧酸衍生物的生成) (三)还原反应 (四)羧酸 α-氢的反应 (五)脱羧反应 三、重要化合物 〔重要的羧酸:甲酸、乙二酸等(重要性质)〕
第二节 羧酸衍生物	一、羧酸衍生物的结构特点 二、羧酸衍生物的分类和命名 三、羧酸衍生物的性质 (一)亲核取代反应 (水解、醇解、氨解反应以及反应活性) (二)还原反应 (三)酰胺的特性 (酸碱性、霍夫曼降级反应)

 目标检测

1. 单项选择题

(1)下列醇中,最易发生酯化反应的是

A. 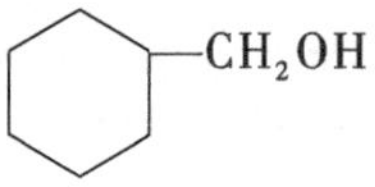 环己基-CH₂OH B. 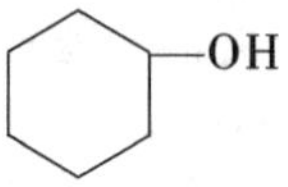 环己基-OH C. 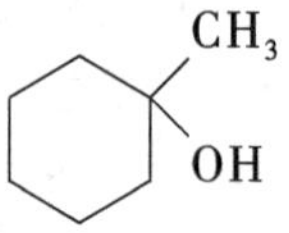 1-甲基环己基-OH D. 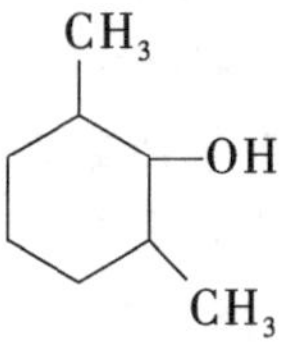 2,6-二甲基环己基-OH

(2)羧酸具有酸性的主要原因是羧基结构中存在

A. 供电子诱导效应 B. 空间效应

C. p-π 共轭效应 D. 吸电子诱导效应

第九章 羧酸及其衍生物

(3) 羧酸衍生物水解的历程为
A. 亲核加成　　　　　　　　　B. 亲核取代
C. 亲电加成-消去　　　　　　　D. 亲核加成-消去

(4) 脂肪酸发生 α 卤代反应的催化剂是
A. 不用催化剂　　B. $FeCl_3$　　C. 红磷　　D. 无水 $AlCl_3$

(5) 下列酸中加热脱羧生成甲酸的是
A. 草酸　　　　B. 丙酸　　　　C. 乙酸　　　　D. 乙酸乙酯

(6) 肉桂酸系统命名的名称是
A. 丙烯酸　　　　　　　　　　B. 3-苯丙烯酸
C. 3-丁烯酸　　　　　　　　　D. 3-苯基-2-丁烯酸

(7) Hofmann 降解反应可用来制备
A. 仲胺　　　　B. 伯胺　　　　C. 叔胺　　　　D. 季胺

2. 用系统命名法命名下列化合物或写出结构式

(1) $CH_3-\underset{\underset{CH_3}{|}}{CH}CH_2COOH$

(2) $HOOC-\langle\bigcirc\rangle-COOH$

(3) $\langle\bigcirc\rangle-\underset{\underset{CH_3}{|}}{CH}CH_2COOH$

(4) $CH_3-\langle\bigcirc\rangle-\overset{O}{\underset{\|}{C}}-Cl$

(5) $CH_3CH_2\overset{O}{\underset{\|}{C}}NH_2$

(6) $CH_3COOCH(CH_3)_2$

(7) 2,3-二甲基戊酸

(8) 丙烯酰氯

(9) 邻苯二甲酸酐

3. 完成下列反应方程式

(1) $C_6H_5CH_2CH_2COOH \xrightarrow{SOCl_2}$

(2) $2 \langle\bigcirc\rangle-COOH \xrightarrow{乙酐}$

(3) $\langle\bigcirc\rangle\underset{OH}{\overset{COOH}{|}} + NaHCO_3 \longrightarrow$

(4) $\langle\bigcirc\rangle-\overset{O}{\underset{\|}{C}}-OH + (CH_3)_2CHOH \longrightarrow$

(5) $\langle\bigcirc\rangle-CH_2\overset{O}{\underset{\|}{C}}Cl + NH_3 \longrightarrow$

有机化学

(6) $(CH_3CO)_2O$ + C$_6$H$_5$NH$_2$ $\longrightarrow$

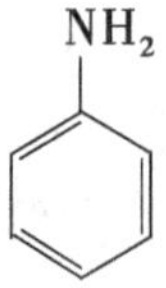

4．用化学方法鉴别下列化合物

(1) 甲酸　乙酸

(2) 甲酸、肉桂酸、苯乙酸、丙二酸

(3) 草酸、乙酸、甲酸、乙醛

5．比较下列化合物酸性的强弱

(1) 乙醇、乙酸、甲酸、乙二酸

(2) 甲酸、苯甲酸、苯酚、乙酸

(3) α-氯丙酸、α,α-二氯丙酸丙、β-氯丙酸

6．有三种化合物的分子式均为 $C_3H_6O_2$，其中 A 能与 $NaHCO_3$ 反应放出 CO_2，B 和 C 则不能。B 和 C 在 NaOH 溶液中加热均可发生水解，B 的水溶液蒸馏出的液体能发生碘仿反应，而 C 的则不能。试推测 A、B、C 的结构式。

（杨　莎　邓超澄）

第十章 取代羧酸

学习目标

【掌握】羟基酸、酮酸的酸性,羟基酸的氧化反应、脱水反应、脱羧反应。
【熟悉】羟基酸、羰基酸的分类与命名。
【了解】羟基酸、羰基酸的代表性化合物。

羧酸分子中烃基或芳环上的氢原子被其他原子或基团取代生成的化合物称为取代羧酸。取代羧酸按取代基的种类分为卤代酸、羟基酸、羰基酸(氧代酸)和氨基酸等。本章中主要学习羟基酸、羰基酸的分类、命名和性质,还有羟基酸和羰基酸的重要化合物,为药物化学、天然药物化学、药物分析等后续课程奠定基础。

第一节 羟基酸

羟基酸是羧酸分子中烃基上的氢原子被羟基取代而生成的化合物,或分子中既有羟基又有羧基的化合物,广泛存在于动植物体内,有的是生物体内进行生命活动的物质,有的是合成药物的原料。

一、羟基酸的分类与命名

(一)羟基酸的分类

1. 根据羟基的不同可以为分醇酸和酚酸两类。羟基与脂肪烃基相连的为醇酸,羟基与芳环相连的称为酚酸,例如:

$$CH_3CHCOOH$$
$$|$$
$$OH$$
醇酸

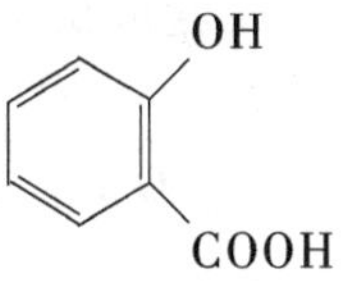

酚酸

2. 根据羟基与羧基的位置不同,醇酸可分为 α-羟基酸、β-羟基酸、γ-羟基酸等,例如:

$CH_3CHCOOH$ CH_2CH_2COOH $CH_2CH_2CH_2CH_2COOH$
    | | |
    OH   OH   OH
α-羟基丙酸   β-羟基丙酸   δ-羟基戊酸

有机化学

(二) 羟基酸的命名

羟基酸的命名以羧酸为母体,羟基为取代基来命名,取代基的位置用阿拉伯数字或希腊字母表示。许多羟基酸是天然产物,常根据其来源而采用俗名。例如:

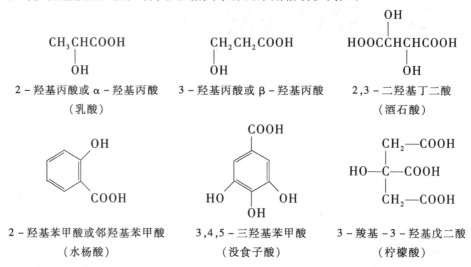

二、羟基酸的性质

(一) 醇酸的化学性质

醇酸分子中含有醇羟基和羧基两种官能团,故兼有醇和羧酸的一般性质,如醇羟基上可发生氧化、酯化、脱水等反应。羧基可成盐、成酯等。又由于羟基与羧基的相互影响,而使得醇酸表现出一些特殊的性质,而且这些特殊的性质因羟基与羧基的位置不同而表现出一定的差异。

1. 酸性

羟基连在脂肪烃基上时,由于羟基是吸电子基团,因此醇酸的酸性比相应的羧酸强,但随羟基和羧基的距离增大,这种影响依次减小,酸性逐渐减弱。例如:

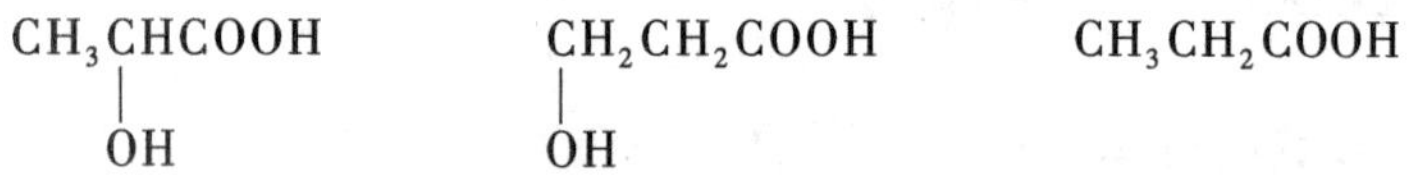

	CH₃CHCOOH | OH	CH₂CH₂COOH | OH	CH₃CH₂COOH
pK_a	3.87	4.51	4.86

2. 氧化反应

醇酸分子中羟基受到羧基的影响更容易被氧化。如托伦试剂、稀硝酸不能氧化醇,却能将醇酸氧化成醛或酮酸。例如:

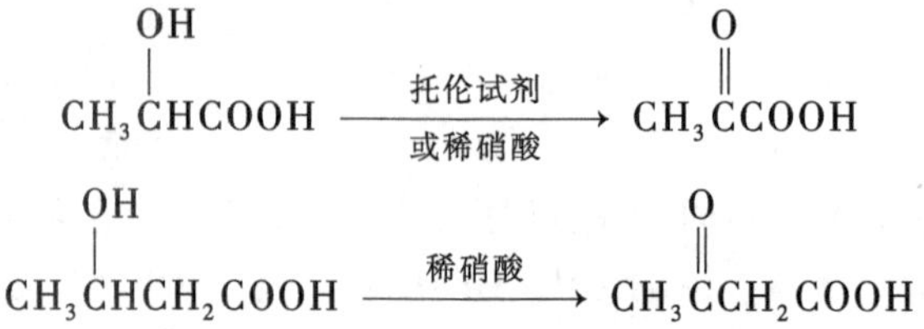

$$CH_3CHCOOH \xrightarrow[\text{或稀硝酸}]{\text{托伦试剂}} CH_3CCOOH$$
（OH）→（O）

$$CH_3CHCH_2COOH \xrightarrow{\text{稀硝酸}} CH_3CCH_2COOH$$
（OH）→（O）

3. 脱水反应

醇酸对热敏感,加热时容易发生脱水反应。羟基和羧基的相对位置不同,其脱水方式和脱水产物也不同。

(1) α-醇酸　α-醇酸受热时,两分子间交叉脱水,相互酯化,生成交酯。

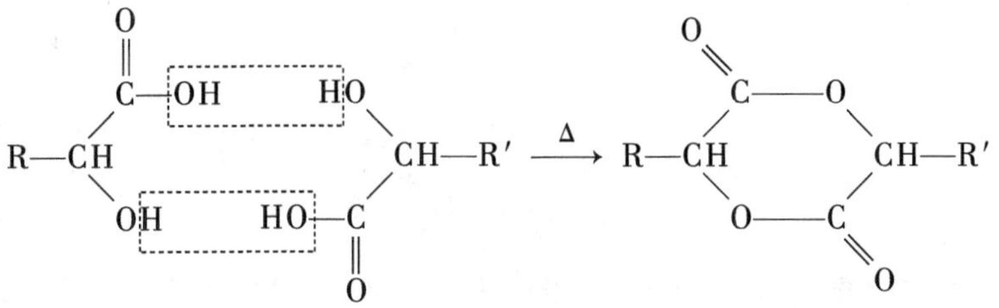

$$\text{R-CH(OH)-COOH} + \text{HOOC-CH(OH)-R'} \xrightarrow{\Delta} \text{交酯} $$

例如:

$$2\,CH_3CH(OH)COOH \xrightarrow{-2H_2O} \text{丙交酯}$$

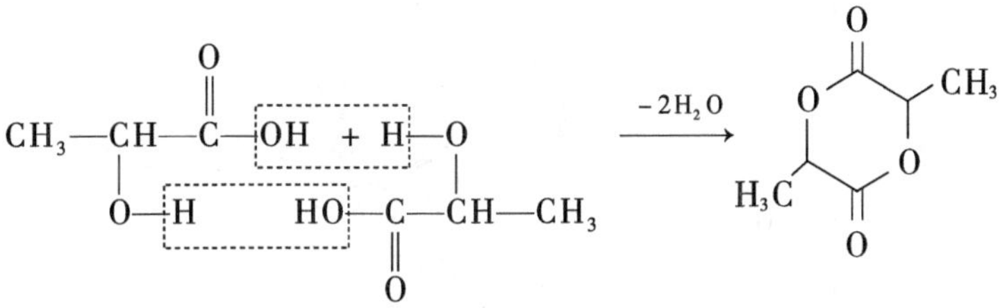

交酯与其他酯类相似,在中性溶液中稳定,与酸或碱共热易水解生成相应的醇酸。

(2) β-醇酸　β-醇酸受热发生分子内脱水,主要生成 α,β-不饱和羧酸。

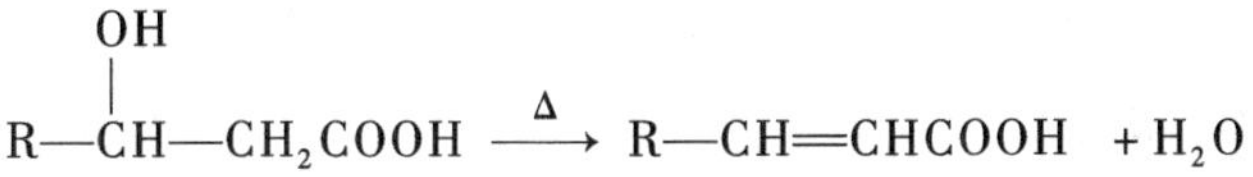

$$R-CH(OH)-CH_2COOH \xrightarrow{\Delta} R-CH=CHCOOH + H_2O$$

例如:

$$CH_3CH(OH)-CH(H)COOH \xrightarrow{\Delta} CH_3CH=CHCOOH + H_2O$$

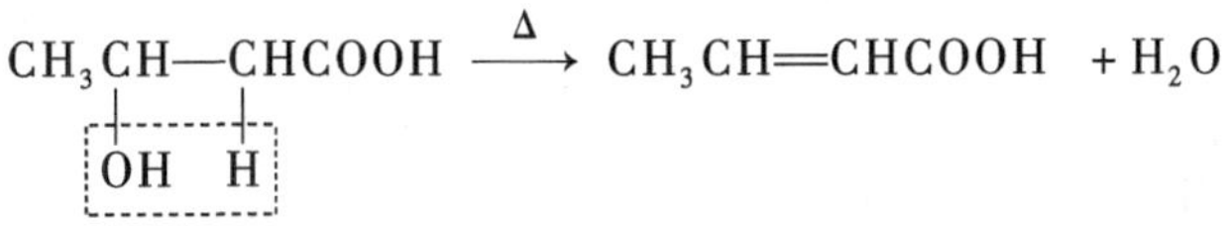

(3) γ- 和 δ-醇酸　γ- 和 δ-醇酸受热,生成五元和六元环内酯。

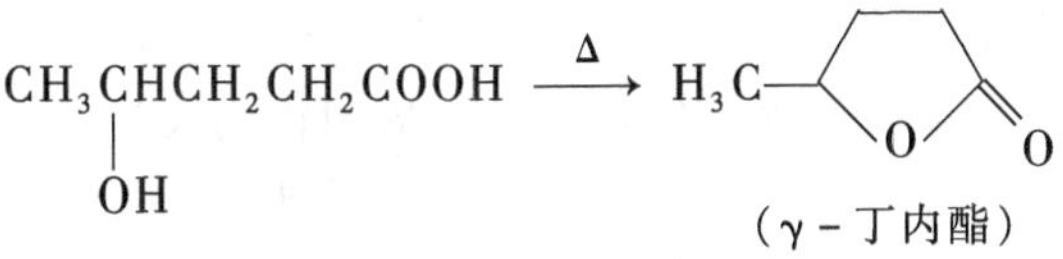

$$CH_3CH(OH)CH_2CH_2COOH \xrightarrow{\Delta} \text{(γ-丁内酯)}$$

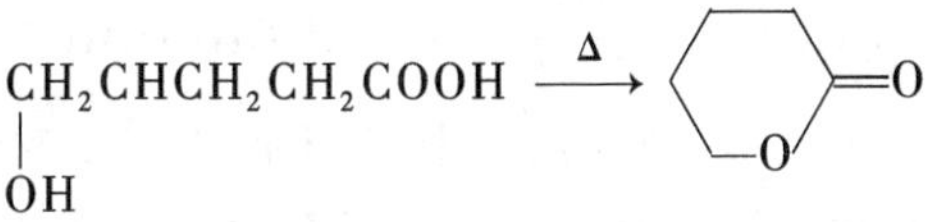

$$CH_2(OH)CH_2CH_2CH_2COOH \xrightarrow{\Delta} \text{(δ-戊内酯)}$$

(二) 酚酸的化学性质

酚酸分子中含有酚羟基和羧基两种官能团,故兼有醇羟基和羧基的一般性质。如酚羟基有酸性并能使三氯化铁显紫色,羧基可成盐、成酯等。又由于羟基与羧基的相互影响,而使得酚酸表现出一些特殊的性质,而且这些特殊的性质因羟基与羧基的位置不同而表现出一定的差异。

1. 酸性

在酚酸中,羟基处于对位是供电子基,使酸性减弱,处于邻位由于氢键作用使酸性增强。例如:

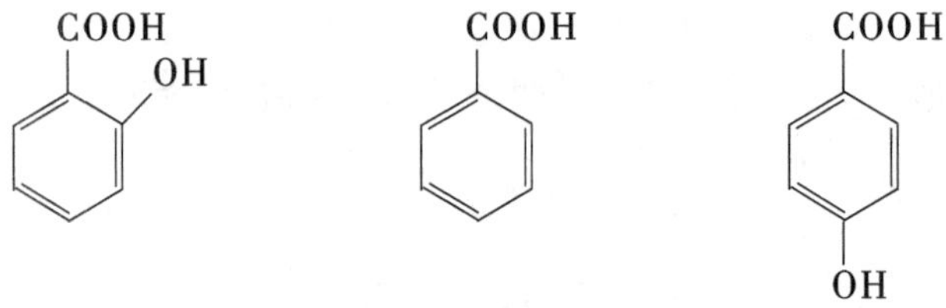

有机化学

水杨酸 pK$_a$ 2.98　　苯甲酸 4.17　　对羟基苯甲酸 4.57

2. 酚酸的脱羧

羟基处于邻对位的酚酸,对热不稳定,当加热到熔点以上时,则脱去羧基生成酚。例如:

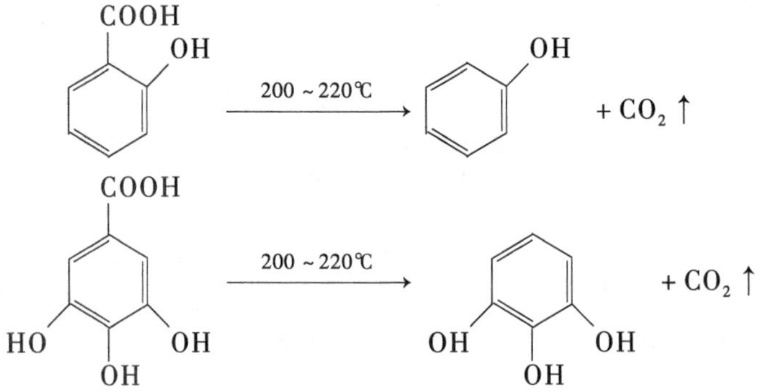

水杨酸 $\xrightarrow{200\sim220℃}$ 苯酚 + CO$_2$↑

没食子酸 $\xrightarrow{200\sim220℃}$ 焦性没食子酸(邻苯三酚) + CO$_2$↑

三、代表性的化合物

(一) 重要的醇酸

1. 乳酸 (CH$_3$CHCOOH)
　　　　　　　　|
　　　　　　　OH

乳酸化学名称为 α-羟基丙酸,最初是从变酸的牛奶中发现的,所以俗名叫乳酸。乳酸也存在于动物的肌肉中,特别是肌肉经过剧烈活动后含乳酸更多,因此肌肉感觉酸胀。由肌肉中得来的乳酸称为肌乳酸。乳酸在工业上是由糖经乳酸菌作用发酵而制得。

$$C_6H_{12}O_6 \xrightarrow[35\sim45℃]{乳酸菌} 2CH_3\underset{OH}{\overset{}{C}}HCOOH$$

乳酸是无色黏稠液体,溶于水、乙醇和乙醚中,但不溶于氯仿和油脂,吸湿性强,有旋光性。在医药上,乳酸可作为消毒剂和外用防腐剂,1% 的乳酸溶液可用于治疗阴道滴虫。乳酸的钙盐治疗佝偻病等一般缺钙症,乳酸的钠盐用于纠正酸中毒。

2. 苹果酸 (HOCHCOOH)
　　　　　　　　　　|
　　　　　　　　CH$_2$COOH

苹果酸化学名称为 α-羟基丁二酸,广泛存在于植物中,尤其是在未成熟的苹果中含量最多,所以称为苹果酸。其他果实如山楂、杨梅、葡萄、番茄等都含有苹果酸。苹果酸受热后,易脱水生成丁烯二酸:

$$\underset{CH_2COOH}{\overset{HOCHCOOH}{|}} \xrightarrow{\Delta} \underset{CHCOOH}{\overset{CHCOOH}{\parallel}} + H_2O$$

天然苹果酸为无色针状晶体,熔点100℃,易溶于水和乙醇,是人体代谢的中间产物。苹果的钠盐可作为禁盐患者的食盐代用品。

3. 柠檬酸（
$$\begin{matrix} CH_2-COOH \\ HO-C-COOH \\ CH_2-COOH \end{matrix}$$
）

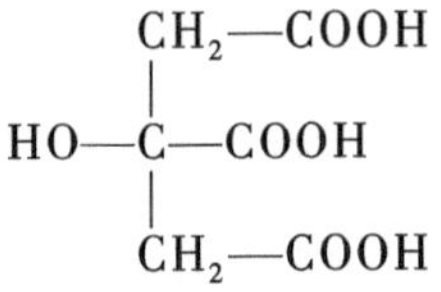

柠檬酸也称枸橼酸,化学名称为3-羧基-3-羟基戊二酸,存在于柑橘、山楂、乌梅等的水果中,尤以柠檬中含量最多。柠檬酸为无色结晶或结晶性粉末,无臭、味酸,易溶于水和醇,内服有清凉解渴作用,常用作调味剂、清凉剂,可用来配制饮料。柠檬酸的钾盐,用作祛痰剂和利尿剂。柠檬酸的钠盐也有防止血液凝固的作用,医药上用作抗凝血剂。柠檬酸的铁铵常用作补血剂,治疗缺铁性贫血。

4. 酒石酸（
$$\begin{matrix} OH \\ HOOCCHCHCOOH \\ OH \end{matrix}$$
）

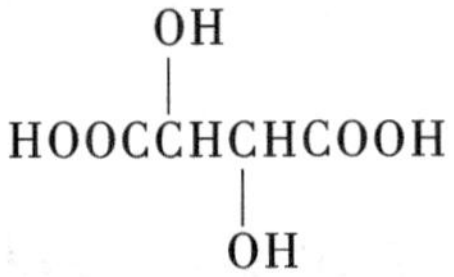

酒石酸化学名称为2,3-二羟基丁二酸,广泛分布于植物中,尤其以葡萄中的含量最多,常以游离态或盐的形式存在。自然界中的酒石酸是巨大的透明结晶,不含结晶水,熔点170℃极易溶于水,不溶于有机溶剂。酒石酸常用于配制饮料,它的盐类如酒石酸氢钾是配制发酵粉的原料。用氢氧化钠将酒石酸氢钾中和,即得酒石酸钾钠。酒石酸钾钠可用作泻药和用于配制斐林试剂。酒石酸锑钾又称吐酒石,医药上用作催吐剂,也广泛用于治疗血吸虫病。

（二）重要的酚酸

1. 水杨酸（邻羟基苯甲酸结构式）

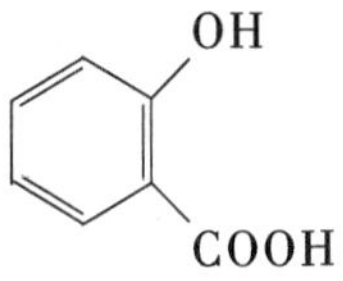

水杨酸也称柳酸,化学名称为邻羟基苯甲酸,存在于柳树或水杨树皮中。水杨酸为白色针状结晶,熔点为159℃,微溶于冷水,易溶于热水、乙醇和乙醚中。水杨酸分子中含酚羟基,遇三氯化铁溶液显紫红色,水杨酸具有杀菌、防腐作用,用作消毒剂和食品防腐剂。由于直接内服对胃有强烈的刺激性作用,常用其衍生物乙酰水杨酸作为解热镇痛剂和抗风湿药物。

2. 乙酰水杨酸（邻乙酰氧基苯甲酸结构式）

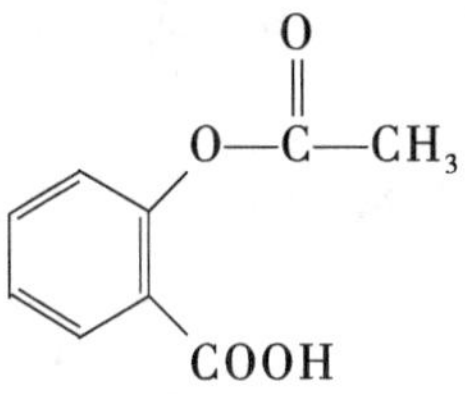

乙酰水杨酸也称阿司匹林,可由水杨酸与乙酐在醋酸中加热进行酰化而制得。

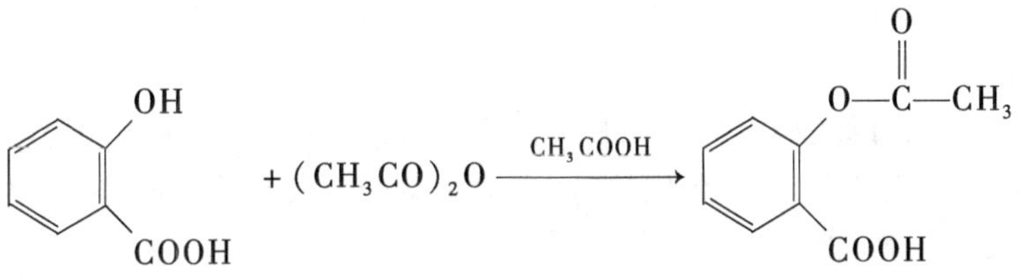

水杨酸 + (CH₃CO)₂O $\xrightarrow{CH_3COOH}$ 乙酰水杨酸（阿司匹林）

有机化学

阿司匹林常用于治疗感冒、发热、头痛、牙痛、关节痛、风湿病,还能抑制血小板聚集,用于预防和治疗缺血性心脏病、心绞痛、心肺梗死、脑血栓形成等。由阿司匹林、非那西丁与咖啡三者配制的制剂为复方制剂,常称为 APC。

3. 对氨基水杨酸(结构式如图所示)

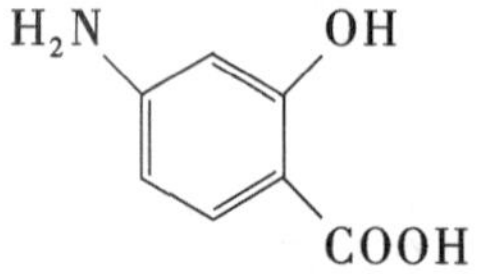

对氨基水杨酸熔点为 135~145℃,水溶性 2g/L(20℃),为黄白色或微黄色粉末,用于结核病的治疗。对氨基水杨酸不慎与眼睛接触后,请立即用大量清水冲洗并征求医生意见。

4. 对羟基苯甲酸(结构式如图所示)

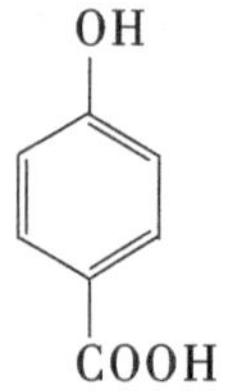

对羟基苯甲酸主要作为精细化工产品的基础原料,其酯类称为尼泊金酯,作为食品、医药和化妆品的防腐剂,已得到广泛应用。它还大量应用于制备各种染料、杀菌剂、彩色电影胶片等。具有广泛用途的新型耐高温聚合物对羟基苯甲酸类聚酯也以此为基本原料。

第二节 羰基酸

羰基酸又称氧代酸,是羧酸分子中烃基上的氢原子被羰基取代而生成的化合物,或分子中既有羰基又有羧基的化合物。

一、羰基酸的分类和命名

(一)羰基酸的分类

1. 根据官能团的不同可以为分醛酸和酮酸两大类。羰基连在碳链端位的称为醛酸,羰基连在碳链中其他位置的称为酮酸。例如:

$$H-\overset{O}{\underset{\|}{C}}-CH_2COOH \qquad CH_3-\overset{O}{\underset{\|}{C}}-COOH$$

醛酸   酮酸

2. 根据羰基与羧基的位置不同,酮酸可分为 α-酮酸、β-酮酸、γ-酮酸等。例如:

$$CH_3-\overset{O}{\underset{\|}{C}}-COOH \qquad CH_3-\overset{O}{\underset{\|}{C}}-CH_2COOH \qquad CH_3-\overset{O}{\underset{\|}{C}}-CH_2CH_2COOH$$

α-酮酸   β-酮酸   γ-酮酸

(二)羰基酸的命名

羰基酸的命名以羧酸为母体,羰基为取代基来命名,取代基的位置用阿拉伯数字或希腊字母表示,称为"某醛酸"或"某酮酸"。命名酮酸时,应把酮基的位置标在"某酮酸"之前。许多酮酸也常使用俗名来命名。例如:

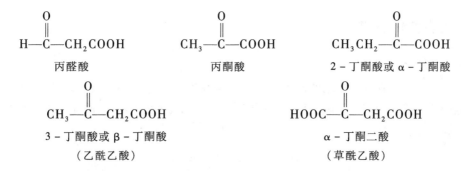

丙醛酸　　　丙酮酸　　　2-丁酮酸或α-丁酮酸

$$CH_3-\overset{\overset{O}{\|}}{C}-CH_2COOH \qquad HOOC-\overset{\overset{O}{\|}}{C}-CH_2COOH$$

3-丁酮酸或β-丁酮酸　　　α-丁酮二酸
（乙酰乙酸）　　　　　　（草酰乙酸）

二、羰基酸的性质

羰基酸分子中含有羰基和羧基两种官能团，故兼有羰基和羧基的一般性质，如羰基可发生加成、还原、与羰基试剂等反应。羧基可成盐、成酯等。又由于羰基与羧基的相互影响，而使得酮酸表现出一些特殊的性质，而且这些特殊的性质因羰基与羧基的位置不同而表现出一定的差异。

（一）酸性

由于羰基是吸电子基团，故酮酸的酸性要大于相同碳原子的羧酸，又由于羰基吸电子能力大于羟基，因此羰基酸的酸性大于相应的羟基酸。结构不同的羰基酸，其分子中羰基距羧基越近，酸性越强，例如：

$$CH_3-\overset{\overset{O}{\|}}{C}-COOH \qquad CH_3-\overset{\overset{OH}{|}}{C}-COOH \qquad CH_3CH_2COOH$$

pK_a　　　2.50　　　　　　3.87　　　　　　4.87

（二）分解反应

1. α-酮酸

α-酮酸的碳-碳键容易断裂，因为与稀硫酸或浓硫酸共热时可发生分解反应。

$$R-\overset{\overset{O}{\|}}{C}-\boxed{\overset{\overset{O}{\|}}{C}-OH} \xrightarrow[\Delta]{\text{稀}H_2SO_4} R-\overset{\overset{O}{\|}}{C}-H + CO_2\uparrow\text{（脱羧反应）}$$

$$R-\overset{\overset{O}{\|}}{C}-\boxed{\overset{\overset{O}{\|}}{C}}-COOH \xrightarrow[\Delta]{\text{稀}H_2SO_4} RCOOH + CO\uparrow\text{（脱羰反应）}$$

2. β-酮酸

β-酮酸与浓碱共热时，在α-碳原子与β-碳原子之间发生σ键断裂，生成两分子羧酸盐，称为β-酮酸的酸式分解。

$$R-\overset{\overset{O}{\|}}{C}\vdash CH_2COOH + 2NaOH \xrightarrow{\Delta} RCOONa + CH_3COONa + H_2O\text{（酸式分解）}$$

β-酮酸受热脱羧生成酮，称为β-酮酸的酮式分解。

$$R-\overset{\overset{O}{\|}}{C}-CH_2COOH \xrightarrow{\Delta} R-\overset{\overset{O}{\|}}{C}-CH_3 + CO_2\uparrow\text{（酮式分解）}$$

三、代表性化合物

(一) 乙酰乙酸乙酯

乙酰乙酸乙酯又叫 3-丁酮酸乙酯或 β-丁酮酸乙酯。它是一个具有清香气的无色透明液体，熔点 45℃，沸点 181℃，稍溶于水，易溶于乙醇、乙醚、氯仿等有机溶剂。结构简式如下：

$$CH_3\overset{O}{\underset{\|}{C}}\text{---}CH_2\text{---}\overset{O}{\underset{\|}{C}}\text{---}OC_2H_5$$

1. 乙酰乙酸乙酯特性

乙酰乙酸乙酯具有特殊的结构，分子中含有羰基和酯基两种官能团。通常情况下，乙酰乙酸乙酯具有双重的反应性能，乙酰乙酸乙酯具有酮的性质，例如它能与羰基试剂（苯肼、羟胺等）反应，与氢氰酸、亚硫酸氢钠等起加成反应，体现出羰基的性质；能发生碘仿反应，显示出甲基酮的性质；又能发生水解反应，表现出酯的性能。同时，在吸电子的羰基和酯基的双重影响下，亚甲基的 α-H 变得更为活泼。所以乙酰乙酸乙酯主要表现在互变异构和 α-活泼氢的反应等方面的特性。

（1）互变异构　乙酰乙酸乙酯的酮式结构中亚甲基的 α-H 在一定程度上有质子化的倾向，α-H 与羰基的氧原子结合，就形成了烯醇式结构。并且，酮式与烯醇式两种异构体可以不断地相互转变，并以一定比例呈动态平衡同时共存。

因此，乙酰乙酸乙酯能使溴水或溴的四氯化碳溶液褪色，表现出碳碳双键的性质；与金属钠反应放出氢气，表现出活泼氢的性质；与乙酰氯作用生成酯，表现出醇羟基性质；使三氯化铁水溶液作用呈紫红色，表现出烯醇的性质。

像这样两种或两种以上异构体相互转变，并以动态平衡同时共存的现象称为互变异构现象，酮式和烯醇式称为互变异构体。凡是具有（ $-\overset{H}{\underset{|}{C}}-\overset{O}{\underset{\|}{C}}-$ ）结构单元的化合物都可能存在酮式与烯醇式互变异构现象，在不同物质的互变异构平衡体系中，互变异构体的相对含量也不相同，如表 10-1。

表 10-1　几种化合物中烯醇式结构的相对含量

化合物	酮式	烯醇式	烯醇式含量(%)
丙酮	$CH_3-\overset{O}{\underset{\|}{C}}-CH_3$	$CH_3-\overset{OH}{\underset{\|}{C}}=CH_2$	0.00015
丙二酸二乙酯	$H_5C_2O-\overset{O}{\underset{\|}{C}}-CH_2-\overset{O}{\underset{\|}{C}}-OC_2H_5$	$H_5C_2O-\overset{OH}{\underset{\|}{C}}=CH-\overset{O}{\underset{\|}{C}}-OC_2H_5$	0.1
乙酰乙酸乙酯	$CH_3-\overset{O}{\underset{\|}{C}}-CH_2-\overset{O}{\underset{\|}{C}}-OC_2H_5$	$CH_3-\overset{OH}{\underset{\|}{C}}=CH-\overset{O}{\underset{\|}{C}}-OC_2H_5$	7.5

续表

化合物	酮式	烯醇式	烯醇式含量(%)
2,4-戊二酮	$CH_3-\overset{O}{\overset{\|}{C}}-CH_2-\overset{O}{\overset{\|}{C}}-CH_3$	$CH_3-\overset{OH}{\overset{\|}{C}}=CH-\overset{O}{\overset{\|}{C}}-CH_3$	76.0
苯乙酰丙酮	$C_6H_5-\overset{O}{\overset{\|}{C}}-CH_2-\overset{O}{\overset{\|}{C}}-CH_3$	$C_6H_5-\overset{OH}{\overset{\|}{C}}=CH-\overset{O}{\overset{\|}{C}}-CH_3$	90.0
醛	$R-CH_2-\overset{O}{\overset{\|}{C}}-H$	$R-CH=\overset{OH}{\overset{\|}{C}}-H$	痕量

酮式和烯醇式互变异构体的相对含量与其分子结构有关。一般来说,烯醇式所占的比例随着 α-H 的活性增强、分子内氢键的形成和 π-π 共轭体系的延伸而增加。

(2)活泼亚甲基上 α-氢的活性(酸性) 乙酰乙酸乙酯分子中亚基由于有两个羰基的影响,使得 α-氢原子的活性比一般的醛、酮、酯的活性强。在强碱,如乙醇钠的作用下,乙酰乙酸乙酯变成钠盐,其中碳负离子作为亲核试剂,与卤代烷、酰卤等发生亲核取代反应,在 α-碳原子上引入烷基或酰基,得到 α-取代乙酰乙酸乙酯。

2. 乙酰乙酸乙酯在合成上的应用

(1)用于合成羧酸、甲基酮和 β-酮酸等化合物 乙酰乙酸乙酯钠盐与卤代烃(一级卤代烷或烯丙型卤代烃)反应生成烃基取代的乙酰乙酸乙酯,再经酸式分解生成羧酸,经酮式分解生成 β-酮酸,β-酮酸受热脱羧生成甲基酮,例如:

$$CH_3CCH_2COC_2H_5 \xrightarrow{NaOC_2H_5} CH_3C\overset{-}{C}HCOC_2H_5 \cdot Na^+ \xrightarrow{RX} CH_3C\underset{R}{C}HCOC_2H_5$$

乙酰乙酸乙酯钠盐

$$CH_3C\underset{R}{C}HCOC_2H_5 \xrightarrow[②H^+]{①稀 NaOH} CH_3C\underset{R}{C}HCOOH \xrightarrow{酮式分解} CH_3CCH_2R$$

甲基酮

β-酮酸

$$\xrightarrow{酸式分解} RCH_2COOH + CH_3COOH$$

羧酸

α-取代乙酰乙酸乙酯中第二个 α-H 原子也可发生上述的相似反应,得到复杂结构的羧酸、甲基酮和 β-酮酸等化合物。

(2)用于合成 β-二羰基化合物 乙酰乙酸乙酯负离子或其一取代衍生物与酰卤反应生成二羰基羧酸酯,经水解脱羧(酮式分解)生成 β-二羰基化合物,例如:

$$CH_3CCH_2COC_2H_5 \xrightarrow{NaOC_2H_5} CH_3C\overset{-}{C}HCOC_2H_5 \cdot Na^+ \xrightarrow{RCOX}$$

有机化学

$$CH_3\underset{\underset{COR}{|}}{\overset{\overset{O}{\|}}{C}}CH\overset{\overset{O}{\|}}{C}OC_2H_5 \xrightarrow{水解脱羧} CH_3COCH_2COR$$

β-二羰基化合物

（二）丙二酸二乙酯

丙二酸二乙酯也称为胡萝卜酸乙酯，为无色芳香液体，熔点 -50℃，沸点 199.3℃，相对密度为 1.0551；不溶于水，易溶于醇、醚和其他有机溶剂中。其结构简式如下：

$$H_5C_2O\overset{\overset{O}{\|}}{-C}-CH_2-\overset{\overset{O}{\|}}{C}-OC_2H_5$$

1. 丙二酸二乙酯的性质

丙二酸酯在有机合成中是十分有用的试剂，能够发生水解和脱羧反应，同时亚甲基较易形成碳负离子而发生酰化、烷基化等，然后进行水解和脱羧，可得到复杂较结构的羧酸、酮酸等化合物。

如在碱（如 $NaOC_2H_5$ 等）的作用下，丙二酸二乙酯的亚甲基较易形成碳负离子，进而可发生烷基化等反应，再进行水解和脱羧反应，可制备不同取代的羧酸；若丙二酸二乙酯经酰化反应后，进行部分水解和脱羧反应，可应用到 β-酮酯的合成。例如：

$$CH_2(COOC_2H_5)_2 \xrightarrow[2.\ CH_3CH_2CH_2Cl]{1.\ EtONa} CH_3CH_2CH_2-CH(COOC_2H_5)_2$$

$$\xrightarrow[2.\ H^+\ \Delta]{1.\ KOH,H_2O} CH_3CH_2CH_2CH_2COOH$$

2. 丙二酸二乙酯的应用

丙二酸二乙酯在染料、香料、磺酰脲类除草剂等生产中用途广泛，丙二酸二乙酯主要用于生产乙氧甲叉、巴比妥酸、烷基丙二酸二乙酯，进而合成医药如诺氟沙星、罗美沙星、氯喹、保泰松等及合成染料和颜料如苯并咪唑酮类有机颜料。国外丙二酸二乙酯主要用来生产乙氧甲叉、巴比妥酸及丙二酸二乙酯烷基化物。

 知识拓展

酮体与糖尿病

β-丁酮酸（ $CH_3-\overset{\overset{O}{\|}}{C}-CH_2COOH$ ）又叫乙酰乙酸，是最简单的 β-酮酸。乙酰乙酸是生物体内脂肪代谢的中间产物，为黏稠的液体。β-丁酮酸本身并不重要，但 β-丁酮酸的酯在理论及应用上都具有重要意义。

β-羟基丁酸（ $CH_3\underset{\underset{OH}{|}}{C}HCH_2COOH$ ）约占酮体总量的 70%。严重的酸中毒患者，体内 β-羟基丁酸也会增加。β-羟基丁酸的测定方法中以酶法测定最为灵敏、快速、经济、简便，是临床常用的方法。

丙酮、β-丁酮酸和 β-羟基丁酸总称为酮体。酮体存在于糖尿病患者的小便和血液中，并能引起患者的昏迷和死亡。所以临床上对于进入昏迷状态的糖尿病患者，除检查小便中含葡萄糖外，还需要检查是否有酮体的存在。

考点提示

- 取代羧酸
  - 羟基酸
    - 分类：根据羟基种类不同分为醇酸和酚酸。醇酸根据羟基与羧基位置不同分为α、β、等γ羟基酸
    - 命名：系统命名法（羧酸为母体，羟基为取代基来命名）、俗名
    - 化学性质：醇酸具有酸性、氧化反应、分解反应、脱水反应等；酚酸具有酸性、脱羧反应等
    - 重要的羟基酸：乳酸、苹果酸、酒石酸、柠檬酸、水杨酸
  - 羰基酸
    - 分类：根据官能团不同分为醛酸和酮酸。酮酸根据羰基与羧基位置不同分为α、β、γ等酮酸
    - 命名：系统命名法（羧酸为母体，羰基为取代基来命名）、俗名
    - 化学性质：酮酸具有酸性、α-酮酸具有脱羧、脱羰分解反应等。β-酮酸具有酮式、酸式分解反应等
    - 乙酰乙酸乙酯：1. 乙酰乙酸乙酯的特性（亚甲基α-H的活性）；2.用于合成羧酸、甲基酮、β-酮酸化合物
    - 丙二酸二乙酯：丙二酸二乙酯的性质及应用

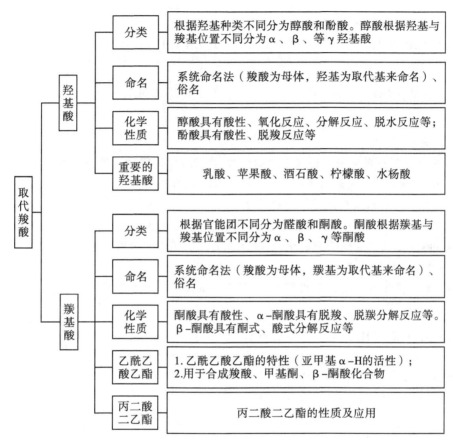

目标检测

一、单项选择题

1. 下列化合物中能与托伦试剂反应产生银镜反应的是

A. 乙酸　　B. 乳酸

C. 丙酮酸　　D. 水杨酸

2. 水杨酸和乙酸酐反应的主要产物是

A.

B.

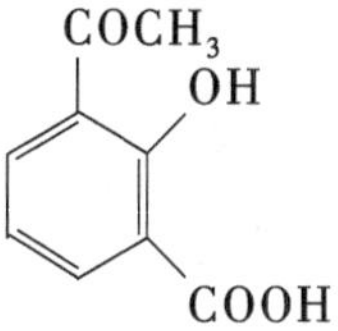

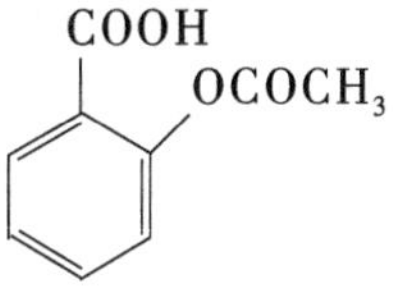

有机化学

C.

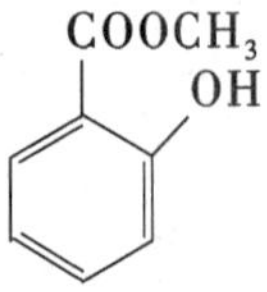

D. 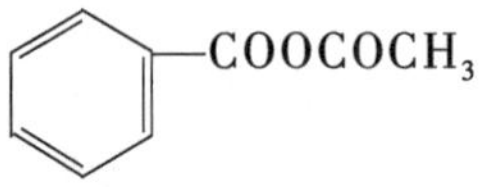 COOCOCH$_3$ (benzene ring)

3. 下列化合物中酸性最强的是

A. CH$_3$CHCOOH
　　　|
　　　Cl

B. CH$_3$CH$_2$COOH

C. CH$_3$CHCOOH
　　　|
　　　OH

D. CH$_3$CCOOH
　　　‖
　　　O

4. 酮体是指

A. 丙酮、β-丁酮酸和β-羟基丁酸的统称
B. 丙酮、丙酸和乳酸的统称
C. 丙酮、丁酮和2-戊酮的统称
D. 人的身体

5. 关于醇酸的脱水反应叙述不正确的是

A. α-醇酸受热时,两分子间交叉脱水,相互酯化,生成交酯
B. β-醇酸受热发生分子内脱水,主要生成α,β-不饱和羧酸
C. γ-和δ-醇酸受热,生成五元和六元环内酯
D. α-醇酸受热时发生分子内脱水,主要生成α,β-不饱和羧酸

6. CH$_3$CCH$_2$COOH 命名不正确的为
　　‖
　　O

A. 3-丁酮酸
B. β-丁酮酸
C. 乙酰乙酸
D. α-丁酮酸

7. 对乙酰乙酸乙酯的叙述不正确的是

A. 能与三氯化铁发生显色反应
B. 能使溴水或溴的四氯化碳溶液褪色
C. 能发生碘仿反应
D. 可与氢氧化钾成盐

8. 乙酰乙酸乙酯用稀碱加热水解并酸化后的产物是

A. 乙酰乙酸
B. 乙酸乙酯
C. 丙酮
D. 乙酸

二、多项选择题

1. 下列属于取代羧酸的是

A. CH$_2$CH$_2$CH$_2$COOH
　　|
　　Cl

B. CH$_2$CH$_2$CCOOH
　　　　　‖
　　　　　O

C.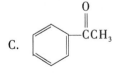

D. CH$_3$CH$_2$CHCOOH
　　　　　|
　　　　　OH

2. 下列化合物能与三氯化铁显色反应的是

A. 乙酰乙酸乙酯
B. 水杨酸
C. 丙酸酸
D. 乳酸

3. 关于酮酸化学性质的说法正确的是
A. 酮酸的酸性要大于相同碳原子的羧酸
B. α-酮酸与浓硫酸共热发生脱羰反应
C. β-酮酸受热发生脱羧反应
D. β-酮酸与浓碱共热发生酸式分解

4. 乙酰乙酸乙酯能够用来合成
A. 羧酸
B. 甲基酮
C. β-酮酸
D. β-二羰基化合物

三、用系统命名法命名下列化合物或写出结构式

1. 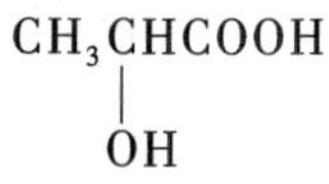 CH₃CHCOOH
      |
      OH

2.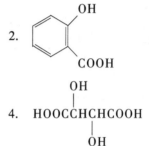

3. 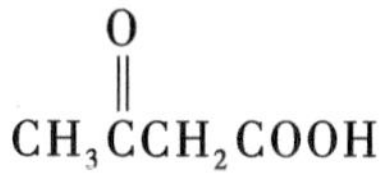 CH₃CCH₂COOH
       ‖
       O

4. HOOCCHCHCOOH
         | |
         OH OH

5. 丙酮酸

6. 乙酰水杨酸

7. β-羟基丁酸

8. 乙酰乙酸乙酯

四、用化学方法鉴别下列化合物

1. 水杨酸、乳酸、丙酮酸

2. 乙酰乙酸乙酯、乙酰乙酸、丙酮

五、完成化学反应方程式

1. 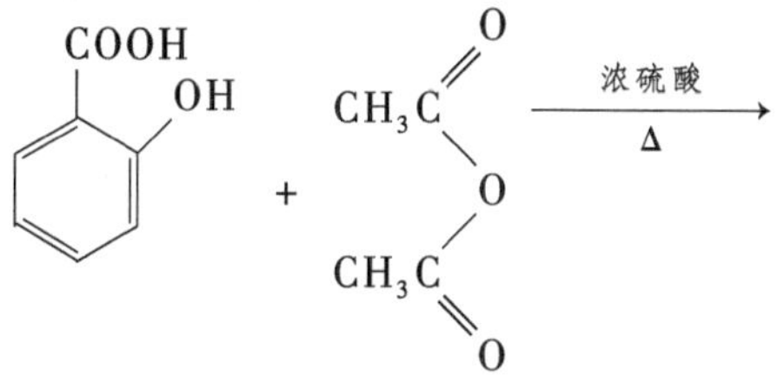 水杨酸 + 乙酸酐 —浓硫酸/Δ→

2.  CH₃CHCH₂COOH —Δ→
      |
      OH

3. 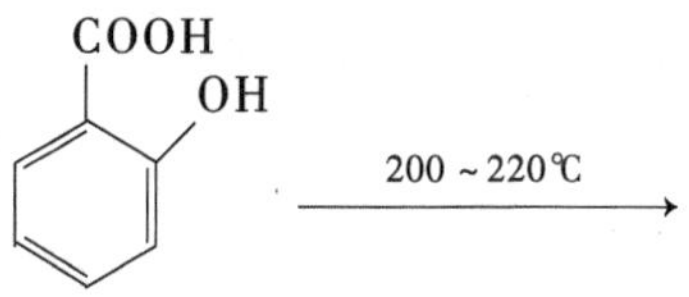 水杨酸 —200~220℃→

4. 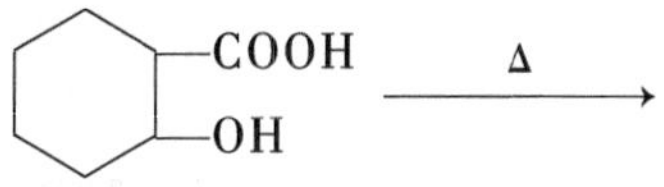 环己基(COOH)(OH) —Δ→

六、推断题

1. 某化合物 A 分子式为 $C_7H_{10}O_3$,可与 2,4-二硝基苯肼反应产生沉淀;A 加热后生成环酮 B 并放出 CO_2 气体,B 与肼反应生成环己酮腙,试写出 A、B 的结构式和有关的反应式。

有机化学

2. 分子式为 $C_4H_8O_3$ 的两种同分异构体 A 和 B，A 与稀硫酸共热，得到分子式为 C_3H_6O 的化合物 C 和另一化合物 D，C、D 均能与托伦试剂反应产生银镜。B 加热脱水生成分子式为 $C_4H_6O_2$ 的化合物 E，E 能使饱和溴水褪色，催化氢化后生成分子式为 $C_4H_8O_2$ 的直链羧酸 F。试推断 A、B、C、D、E、F 的结构式。

（王 芬）

第十一章 含氮有机化合物

学习目标

【掌握】含氮有机化合物的命名及理化性质。
【熟悉】伯、仲、叔胺的定义,硝基的结构。
【了解】重氮化反应、重氮盐反应及其应用,生物碱的定义及其一般化学性质。

含氮有机化合物是指分子中碳原子与氮原子直接相连所形成的化合物,其范围广,种类多,与生命过程和人类日常生活关系非常密切,是一类非常重要的化合物。含氮有机化合物的种类很多,硝基化合物、胺、酰胺、重氮化合物、偶氮化合物、氨基酸、含氮杂环化合物和生物碱等,都属于含氮有机化合物的范畴。不同类型的含氮有机物具有不同的性质,有的是重要的化工原料,有的是药物、染料的主要成分,有些则具有重要的生理功能,与人类生命活动密切相关。本章主要学习硝基化合物及胺类化合物,了解重氮、偶氮化合物和生物碱。

第一节 硝基化合物

烃分子中的氢原子被官能团硝基(—NO_2)取代后所形成的化合物称为硝基化合物,常用RNO_2或$ArNO_2$表示。硝基化合物根据分子中所含烃基不同分为脂肪族、脂环族及芳香族硝基化合物,根据分子中所连硝基的数目不同分为一元硝基化合物和多元硝基化合物。

硝基化合物命名与卤代烃相似,以烃或芳环为母体,硝基为取代基。例如:

CH_3NO_2 　　　　CH_3CHCH_3　　　　H_3C—〇—NO_2
　　　　　　　　　　　　|
　　　　　　　　　　　NO_2

硝基甲烷　　　　2 - 硝基丙烷　　　　　对甲基硝基苯

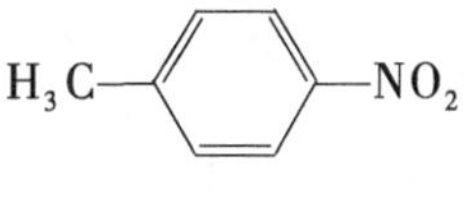

一、硝基的结构

硝基(—NO_2)中氮原子是采取sp^2杂化,形成的三个等同的sp^2杂化轨道并分别与两个氧原子、一个碳原子形成处于同一个平面的三个σ键,氮原子中未参与杂化的2p轨道和2个氧原子的两个未参与σ键的2p轨道互相重叠,形成三中心四电子的离域大π键,如图11-1所示。

有机化学

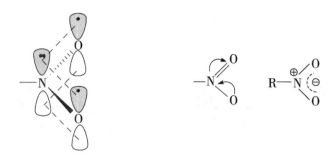

图 11-1 硝基的结构

硝基($-NO_2$)具有强极性,硝基上的氮原子呈正电性,所以,$-NO_2$是强的吸电子基,硝基化合物是极性化合物。

二、硝基化合物的性质

(一)物理性质

硝基是强的吸电子基团,所以硝基化合物分子的极性较大,具有较高的沸点。硝基化合物不溶于水,溶于有机溶剂,相对密度大于1,硝基越多,密度越大。脂肪族的硝基化合物,是无色具有芳香气味高沸点的液体。芳香族硝基化合物为无色或淡黄色高沸点的液体或低熔点的固体,大多具有苦杏仁气味,一般难溶于水,易溶于有机溶剂。多硝基化合物为固体,在受热时易分解爆炸,可做炸药使用,如三硝基甲苯(俗称 TNT)是烈性炸药,在实验室里应保存在水中。硝基化合物具有毒性,其蒸气可透过皮肤被肌体吸收,能和血液中的血红素作用,严重时可以导致死亡。

(二)还原反应

硝基化合物易被还原,反应条件及介质对还原反应产物有较大的影响,在不同介质中可以得到不同的还原产物,实验室常用的硝基还原剂有 Fe、Zn、Sn、$SnCl_2$ 和 Na_2S 等。

在酸性介质中(常用盐酸、硫酸或醋酸),以 Zn、Fe 或 Sn 等金属作还原剂,可将硝基直接还原为氨基。

$$\text{C}_6\text{H}_5\text{NO}_2 + 2\text{Fe} + 6\text{HCl} \longrightarrow \text{C}_6\text{H}_5\text{NH}_2 + 2\text{FeCl}_3 + 2\text{H}_2\text{O}$$

在中性介质中,例如以锌作还原剂,氯化铵为催化剂,还原硝基苯可以得到羟基苯胺,羟基苯胺在强酸性还原体系中能进一步被还原,得到苯胺。

$$\text{C}_6\text{H}_5\text{NO}_2 \xrightarrow{\text{Zn} + \text{NH}_4\text{Cl}} \text{C}_6\text{H}_5\text{NHOH} \xrightarrow{\text{Fe} + \text{HCl}} \text{C}_6\text{H}_5\text{NH}_2$$

在碱性介质中,例如以锌为还原剂,还原硝基苯可以得到氢化偶氮苯。氢化偶氮苯在酸性条件下以铁为还原剂,可生成苯胺,而在没有铁参与反应时,发生重排反应,生成联苯胺。联苯胺有很强的致癌性,在体内易引起膀胱癌,被 IARC(国际癌症研究机构)列为第一类致癌物。

第二节 胺

胺可以看作是氨分子中氢原子被烃基取代而形成的衍生物,其通式可表示为 RNH_2 或 $ArNH_2$。胺广泛存在于自然界中,许多来源于植物的有机含氮化合物(又称生物碱),具有较强的生物活性,可被用作药物,如从金鸡纳树皮中分离得到的奎宁具有抗疟作用,从鸦片中提取到的可待因则具有阵痛作用。有些胺还是生物体内重要的神经递质,支配人体中枢或外周神经系统的功能,如多巴胺等。因此,胺类化合物与药物具有密切的联系,许多药物分子中都含有氨基或取代氨基,可以作为退热、镇痛、抗菌等药物。

一、胺的分类、命名和结构

(一)胺的分类

1. 根据氮原子所连烃基数目的不同,胺可分为伯胺、仲胺、叔胺和季铵类化合物。

季铵类化合物是指铵盐($NH_4^+X^-$)或氢氧化铵($NH_4^+OH^-$)分子中氮原子上的四个氢原子都被烃基取代形成的化合物,它们分别称为季铵盐和季铵碱。

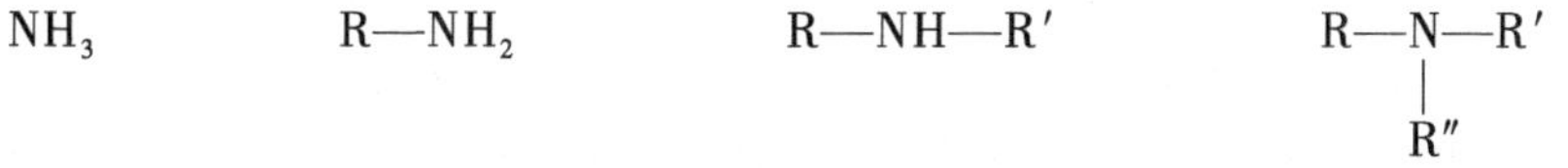

NH_3 　　　　 $R—NH_2$ 　　　　 $R—NH—R'$ 　　　　 $R—N(R'')—R'$

氨　　　　　　伯胺　　　　　　仲胺　　　　　　叔胺

$[R—N(R'')(R''')—R']^+ X^-$ 　　　　 $[R—N(R'')(R''')—R']^+ OH^-$

季铵盐　　　　　　　　　　　　　季铵碱

其中—NH_2 称为氨基,—NH— 称为亚氨基,$\diagup N \diagdown$ 称为次氨基。特别需要注意是,伯胺、仲胺和叔胺中的伯、仲、叔的含义与伯醇、仲醇、叔醇的不同。伯胺、仲胺、叔胺的命名与胺的分类是根据氮原子上所连的烃基的数目来确定的,与烃基本身的结构无关,伯胺、仲胺、叔胺指氮原子分别与一个烃基、两个烃基、三个烃基相连。而伯醇、仲醇、叔醇是根据羟基所连的碳原子的种类来确定的,伯醇、仲醇、叔醇指羟基分别与伯碳原子、仲碳原子、叔碳原子相连。例如:

叔丁醇(叔醇)　　　　　　　　　　叔丁胺(伯胺)

2. 根据氮原子所连烃基种类的不同,胺可分为脂肪胺和芳香胺。

脂肪胺 CH₃CH₂NH₂   CH₃CH₂NHCH₃   (CH₃CH₂)₃N

芳香胺

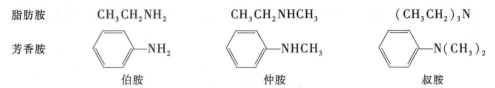

   伯胺   仲胺   叔胺

3. 根据分子中所含氨基数目的不同,胺可分为一元胺、二元胺和多元胺。

   CH₃NH₂   H₂NCH₂CH₂NH₂
   一元胺   二元胺

(二)胺的命名

1. 简单胺的命名

对于结构比较简单的胺命名时,以胺为母体,烃基作为取代基,命名时在"胺"前面加上烃基的名称,称为"某胺"。如果氨基氮原子上的氢仍然被烃基所取代,可以在取代基前面加"N—"来表明取代基的位置。例如:

CH₃NH₂   苯胺 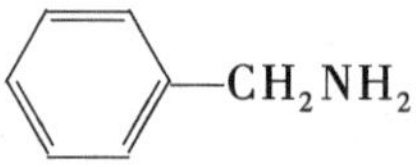   苯甲胺(苄胺)

甲胺

对甲苯胺 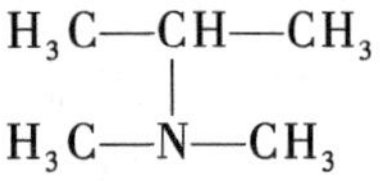   N,N-二甲基-2-丙胺

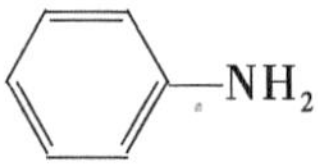

当胺分子中氮原子上所连的烃基相同时,可将烃基名称合并,并在名称前用"二""三"等数字来表示烃基数目。如果与氮原子相连的烃基不相同,则按照次序规则由小到大排列烃基,简单烃基名称放在前面,复杂烃基放在后面。例如:

CH₃CH₂—NH—CH₂CH₃   二苯胺   (CH₃)₃N

二乙胺   三甲胺

CH₃—NH—CH₂CH₃   (CH₃CH₂CH₂)₂NH

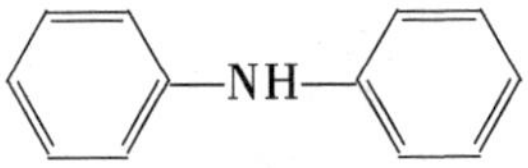

甲乙胺   二丙基胺

多元胺采用与多元醇类似的方法进行命名。例如:

H₂NCH₂CH₂NH₂   H₂N—⟨⟩—NH₂

乙二胺   对苯二胺

2. 芳香胺的命名

芳香胺的氮原子连有脂肪烃基时,则以芳香胺为母体,脂肪烃基作为取代基,在脂肪烃基名称前面加上"N-"或"N,N-",表示该脂肪烃基直接与氮原子直接相连。例如:

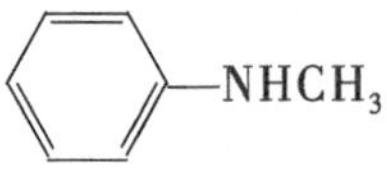

⟨⟩—NHCH₃   ⟨⟩—N(CH₃)₂   ⟨⟩—N(CH₃)(CH₂CH₃)

N-甲基苯胺 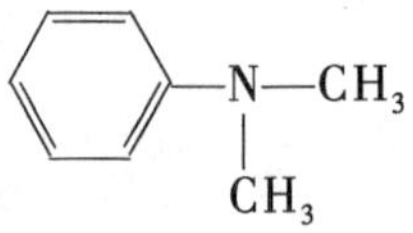   N,N-二甲基苯胺 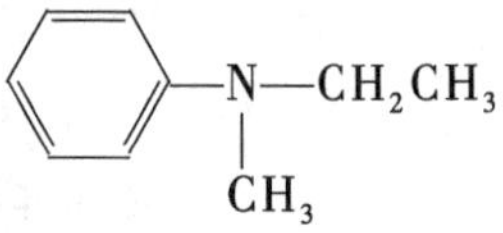   N-甲基-N-乙基苯胺

3. 复杂胺的命名

对于结构比较复杂的胺命名时,以烃基作为母体,氨基作为取代基,按照烃的命名规则进行命名。例如:

$$\underset{\text{3-甲基-2-氨基戊烷}}{\text{CH}_3\text{CH}_2\overset{\text{H}_3\text{C}}{\underset{|}{\text{CH}}}\overset{\text{NH}_2}{\underset{|}{\text{CH}}}\text{CH}_3} \qquad \underset{\text{3-二乙氨基戊烷}}{\text{CH}_3\text{CH}_2\overset{\text{N(CH}_2\text{CH}_3)_2}{\underset{|}{\text{CH}}}\text{CH}_2\text{CH}_3}$$

4. 季铵类化合物的命名

与无机铵盐及氢氧化物的命名相似,例如:

$$\underset{\text{氯化四甲铵(季铵盐)}}{\left[\text{H}_3\text{C}-\overset{\overset{\text{CH}_3}{|}}{\underset{\underset{\text{CH}_3}{|}}{\text{N}}}-\text{CH}_3\right]^+ \text{Cl}^-} \qquad \underset{\text{氢氧化三甲乙铵(季铵碱)}}{\left[\text{H}_3\text{C}-\overset{\overset{\text{CH}_3}{|}}{\underset{\underset{\text{CH}_3}{|}}{\text{N}}}-\text{CH}_2\text{CH}_3\right]^+ \text{OH}^-} \qquad \underset{\text{溴化二甲二乙铵(季铵盐)}}{\left[\text{CH}_3\text{CH}_2-\overset{\overset{\text{CH}_3}{|}}{\underset{\underset{\text{CH}_3}{|}}{\text{N}}}-\text{CH}_2\text{CH}_3\right]^+ \text{Br}^-}$$

命名时应注意"氨""胺"和"铵"字的用法不同。"氨"用于表示气态氨(NH_3)或基团,如氨基、亚氨基、次氨基、甲氨基($CH_3NH—$)等;"胺"用来表示氨的烃基衍生物;"铵"用来表示铵盐或季铵类化合物。

(三)胺的结构

胺可以看作氨(NH_3)分子中的氢原子被烃基取代所生成的化合物。因此,胺分子中的氮原子与氨相同,为 sp^3 不等性杂化,形成4个 sp^3 杂化轨道,其中一个 sp^3 杂化轨道被 N 原子的一对孤电子对占据,其余3个 sp^3 杂化轨道分别与氢原子或碳原子结合形成3个 σ 键,整个分子为棱锥形空间构型。一对孤对电子位于棱锥体的顶端,类似于第4个"基团"。氨、甲胺和二甲胺的结构如图11-2所示。

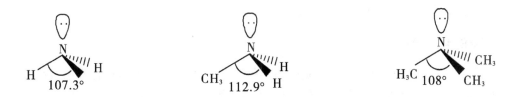

图 11-2 氨、甲胺和三甲胺的结构示意图

季铵类化合物分子中,氮原子上的 4 个 sp^3 杂化轨道都用于成键(其中有一个配位键),因此,$[R_4N]^+$ 具有四面体结构。

在苯胺中,其 C—N 键键长 140pm,较脂肪胺中的 C—N 键键长 147pm 稍短。这是由于一方面与氮原子成键的碳原子为 sp^2 杂化,吸引电子的能力更强,但苯胺的氮原子为不等性的 sp^3 杂化,孤对电子所占的杂化轨道含有更多的 p 轨道成分,其与苯环上的 π 轨道虽然不平行,但仍能与苯环的大 π 键产生部分重叠,形成共轭体系,使氮原子上的孤对电子离域到苯环。同时,也使得以氮原子为中心的四面体变得比脂肪胺中的更扁平一些,H—N—H 所

有机化学

构成的平面与苯环平面之间存在一个 39.4°的夹角,并不处于同一个平面内,如图 11-3 所示。

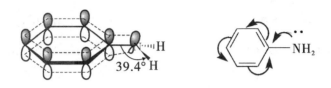

图 11-3 苯胺的结构示意图

二、胺的物理性质

胺与氨的性质很相似。低级脂肪胺是中甲胺、二甲胺、三甲胺和乙胺是气体,丙胺以上是液体,它们的气味与氨相似,有的还有鱼腥味,腐鱼的臭味是由于蛋白质分解产生了三甲胺,肉腐烂时可以产生极臭而且剧毒的丁二胺(腐胺)和戊二胺(尸胺)。高级胺为固体,不易挥发,几乎没有气味。芳香胺为高沸点的液体或低熔点的固体,具有特殊气味,难溶于水,易溶于有机溶剂。芳香胺具有一定的毒性,如苯胺可以通过消化道、呼吸道或皮肤吸收而引起中毒;联苯胺等有致癌作用。

胺和氨一样是极性分子,伯胺、仲胺都可以形成分子间氢键而相互缔合,因此胺的沸点比相对分子质量相近的烷烃高,但是由于氮原子的电负性比氧原子的弱,胺分子间的氢键不如羟基分子间形成的氢键强,所以胺的沸点比相对分子质量相近的醇或羧酸的沸点低。由于叔胺氮原子上没有氢原子,分子间不能形成氢键,因此沸点与相对分子质量相近的烷烃相似。

伯胺、仲胺和叔胺都能与水分子形成氢键,因此低级胺易溶于水,但是随着相对分子质量的增加,溶解度迅速降低,从含 6 个碳原子的胺开始就难溶或不溶于水。芳胺一般微溶或难溶于水。一般胺能溶于醚、醇、苯等有机溶剂。

三、胺的化学性质

胺中的氮上有一对孤对电子对,可提供与其他原子共享,所以胺具有碱性和亲核性。而在芳香胺中,除在氮原子上的反应外,芳环也可发生亲电取代反应,且比苯容易。

$$
(Ar)R\!-\!\overset{..}{N}H_2
\begin{cases}
\text{碱性} \\
\text{烃基化反应、酰基化反应} \\
\text{芳环亲电取代反应、氧化反应}
\end{cases}
$$

(一)胺的碱性与成盐反应

胺中氮原子上有一对未成对的孤对电子,可以接受质子,与氨相似,胺在水溶液中呈碱性,在水中发生下列电离:

$$R\!-\!NH_2 + HOH \rightleftharpoons R\!-\!NH_3^+ + OH^-$$

胺的碱性以碱式解离常数 K_b 或其负对数 pK_b 值表示。K_b 值愈大或 pK_b 值愈小则碱性愈强，K_b值愈小伙 pK_b值愈大则碱性愈弱。胺的碱性也可用其共轭酸铵离子的解离常数 K_a 或其负对数 pK_a值表示。K_a值愈小或 pK_a值愈大，则胺的碱性愈强。例如：

	二甲胺	甲胺	三甲胺	氨	苯胺
pK_b	3.27	3.34	4.19	4.76	9.40

在水溶液中，脂肪胺一般以仲胺的碱性最强。但是，无论是伯胺、仲胺或叔胺，其碱性都比氨强，芳香胺的碱性则比氨弱。胺的碱性强弱主要受电子效应和空间效应的影响：氮原子的电子云密度越大，接受质子的能力就越强，胺的碱性越强；氮原子相连的基团的体积越大，空间位阻越大，氮原子结合质子越困难，碱性越弱。

胺是弱碱，能与大多数酸作用成盐，铵盐是典型的离子型化合物，胺的盐酸盐、硝酸盐、硫酸盐易溶于水，而不溶于非极性溶剂。胺及其盐在溶解性上的差异可用于胺的鉴别及分离提纯。

1. 脂肪胺的碱性

由于烃基是供电子基团，使胺分子中的氮原子的电子云密度增加。因此，脂肪胺接受质子的能力比氨强，也就是脂肪胺的碱性强于氨。氮原子上所连的烃基越多，氮原子上的电子云密度就越大，导致脂肪仲胺碱性大于脂肪伯胺，这就是电子效应起主导作用的结果；当氮原子上连有 3 个烃基时，氮原子上的电子云密度增大的同时，由于烃基增多，占据的空间位置也增大，即空间位阻增大，对氮原子上的孤对电子起着屏蔽作用，使质子难与氮原子接近，此时空间效应占主导地位，脂肪叔胺的碱性反而比脂肪伯胺和仲胺弱；在水溶液中，氮原子上所连的氢越多，与水形成氢键的机会越多，溶剂化的程度越大，铵离子越稳定，胺的碱性越强，因此胺的碱性还取决于其与质子结合后形成的铵离子水化的难易程度。因此，综合上述三个因素共同影响的结果，脂肪胺碱性强弱顺序为：

$$仲胺 > 伯胺 > 叔胺 > 氨$$

2. 芳香胺的碱性

芳香胺的碱性比脂肪胺弱得多，这是因为氮上的孤对电子与苯环的 π 电子相互作用，形成一个稳定的共轭体系，氮上的孤电子对部分的转向苯环，降低了氮原子上的电子云密度，使氮原子结合质子的能力降低，碱性减弱，因此苯胺的碱性比氨的碱性弱。芳香胺氮原子上所连的苯环愈多，共轭程度愈大，碱性也就愈弱。所以，苯胺、二苯胺、三苯胺的碱性强弱次序是：

$$脂肪胺 > 氨 > 苯胺 > 二苯胺 > 三苯胺$$

胺具有弱碱性能与强酸作用生成盐。例如：

$$CH_3NH_2 + HCl \longrightarrow CH_3\overset{+}{N}H_3Cl^- \;(CH_3NH_2 \cdot HCl)$$

氯化甲铵　甲胺盐酸盐或盐酸甲胺

$$C_6H_5-NH_2 + HCl \longrightarrow C_6H_5-\overset{+}{N}H_3Cl^- \;\left(C_6H_5-NH_2 \cdot HCl\right)$$

氯化苯铵　　苯胺盐酸盐或盐酸苯胺

铵盐的命名与无机铵盐相似，也可直接叫作"某胺某酸盐"或"某酸某胺"。铵盐多为结晶形固体，易溶于水和乙醇，性质较胺稳定，无胺的难闻气味。胺的成盐性质在医学上有实用价值。有些胺类药物在成盐后，不但水溶性增加，而且比较稳定。在医药上常将含有氨基、亚氨基或次氨基等难溶于水的药物制成盐，以增加其水溶性，如局部麻醉药普鲁卡因，在水中溶解

有机化学

度小且不稳定,常将其制成水溶性盐酸盐,以便于制成注射液。

$$H_2N-C_6H_4-COOCH_2CH_2N(C_2H_5)_2 + HCl \longrightarrow H_2N-C_6H_4-COOCH_2CH_2NH(C_2H_5)_2 \cdot HCl$$

    普鲁卡因   盐酸普鲁卡因

  胺类是一类弱碱,它们的盐与强碱(如 NaOH)反应时,能使胺游离出来,利用这一性质可用来分离、提纯胺类。例如:

$$RNH_3^+ X^- + NaOH \longrightarrow RNH_2 + NaX + H_2O$$

  季铵碱是有机化合物中的强碱,离子型化合物,易溶于水,其碱性与氢氧化钠或氢氧化钾相当。

(二)烃基化反应

  与氨一样,胺类化合物中氮原子上存在一对孤对电子对,使其可以作为亲核试剂与卤代烷发生取代反应,反应一般按照 S_N2 机制进行。如伯胺与卤代烷反应,可以得到仲铵盐,该铵盐经质子转移,可以得到仲胺。

$$R-NH_2 + R'-X \longrightarrow R-\overset{R'}{N^+}H_2X^- \xrightarrow{RNH_2} R-\overset{R'}{NH} + RNH_3^+ X^-$$

  仲胺的氮上仍有孤对电子对,一般仲胺的亲核性较伯胺更强,还可以作为亲核试剂与卤代烷继续反应,经类似的过程可以得到叔胺,而叔胺还可以再与卤代烷反应得到季铵盐,因此最后得到的是复杂的混合物。

$$R-\overset{R'}{NH} + R'-X \longrightarrow R-\overset{R'}{\overset{|}{{}^+NHX^-}}\overset{|}{R'} \xrightarrow{RNH_2} R-\overset{R'}{\underset{R'}{N}} \xrightarrow{R'-X} R-\overset{R'}{\underset{R'}{\overset{|}{N^+}}}-R'X^-$$

(三)酰基化反应

1. 酰化反应

  在有机分子中引入酰基的反应称为酰化反应,能提供酰基的试剂称为酰基化试剂,如酰卤和酸酐等。

  伯胺、仲胺都能与酰基化试剂(如乙酰氯、乙酸酐)作用,氨基上的氢原子被酰基取代,生成酰胺,这种反应叫作胺的酰化。叔胺因氮上没有氢原子,故不能发生酰化反应。

$$R'-\overset{O}{\overset{\|}{C}}-Cl + RNH_2 \longrightarrow R'-\overset{O}{\overset{\|}{C}}-NHR + HCl$$

$$R'-\overset{O}{\overset{\|}{C}}-Cl + \overset{R}{\underset{R}{NH}} \longrightarrow R'-\overset{O}{\overset{\|}{C}}-\overset{R}{\underset{R}{N}} + HCl$$

$$R'-\overset{O}{\overset{\|}{C}}-O-\overset{O}{\overset{\|}{C}}-R' + RNH_2 \longrightarrow R'-\overset{O}{\overset{\|}{C}}-NHR + R'COOH$$

第十一章 含氮有机化合物

酰胺是晶形很好的固体,有一定的熔点,根据熔点的测定可推断出原来的胺,所以利用酰化反应可以鉴定伯胺和仲胺。由于叔胺不发生酰化反应,可以利用此性质来鉴别、分离叔胺。酰胺不稳定,在酸性或碱性条件下容易水解为原来的胺,由于氨基活泼,且易被氧化,因此在有机合成中可用此性质对氨基进行保护或对伯胺、仲胺进行分离提纯。有机合成中可以用酰化的方法来保护芳胺的氨基。例如:

$$C_6H_5NH_2 \xrightarrow{(CH_3CO)_2O} C_6H_5NHCOCH_3 \xrightarrow{HNO_3, H_2SO_4} \text{对-}O_2N\text{-}C_6H_4\text{-}NHCOCH_3 \xrightarrow{H_2O, H^+} \text{对-}O_2N\text{-}C_6H_4\text{-}NH_2$$

酰化反应在医药上具有重要意义。在胺类药物的分子中引入酰基后可增加药物的脂溶性,有利于机体的吸收,以提高或延长疗效,并可降低毒性。如对羟基苯胺具有解热镇痛作用,因毒副作用强,不宜内服,但乙酰化后,其毒副作用降低,疗效增加。

$$HO\text{-}C_6H_4\text{-}NH_2 + CH_3COCOCH_3 \longrightarrow HO\text{-}C_6H_4\text{-}NHCCH_3 + CH_3COOH$$

对羟基苯胺　　　乙酸酐　　　N-对羟苯乙酰胺(扑热息痛)

2. 磺酰化反应

在碱性条件下伯胺、仲胺可与苯磺酰氯发生磺酰化反应,即苯磺酰基取代氮原子上的氢原子,生成相应的芳磺酰胺。叔胺氮原子上没有氢,不能发生磺酰化反应。磺酰胺在酸催化下水解重新生成胺。

$$RNH_2 + C_6H_5\text{-}SO_2Cl \longrightarrow C_6H_5\text{-}SO_2NHR\downarrow + HCl$$

$$R_2NH + C_6H_5\text{-}SO_2Cl \longrightarrow C_6H_5\text{-}SO_2NR_2\downarrow + HCl$$

苯磺酰基是较强的吸电子基团,苯磺酰伯胺受其影响,氮原子上未反应的氢原子性质比较活泼,具有一定弱酸性,因此在强碱性介质中能进一步发生中和反应,仲胺生成的磺酰胺分子中氮原子上没有氢原子,不能与 NaOH 反应。利用这个性质可区别伯胺、仲胺、叔胺。这个反应称为兴斯堡反应,磺酰氯称为兴斯堡试剂。

$$C_6H_5\text{-}SO_2NHR \underset{HCl,深沉}{\overset{NaOH,溶解}{\rightleftharpoons}} [C_6H_5\text{-}SO_2NR]^- Na^+$$

(四) 与亚硝酸反应

胺易与亚硝酸反应,不同类型的胺与亚硝酸反应的产物不同,该方法可以用来鉴别伯胺、仲胺和叔胺。亚硝酸不稳定、易分解,一般只能在反应过程中由亚硝酸(HNO_2)与盐酸(或硫酸)作用产生。

$$NaNO_2 + HCl \longrightarrow HNO_2 + NaCl$$

1. 伯胺与亚硝酸反应

脂肪族伯胺与亚硝酸在常温下作用,定量放出氮气反应,并生成醇、烯烃等的混合物。其

有机化学

反应式可简单地用下式表示：

$$RNH_2 + HONO \longrightarrow ROH + N_2\uparrow + H_2O$$

例如：
$$CH_3NH_2 + HONO \longrightarrow CH_3OH + N_2\uparrow + H_2O$$

由于此反应能定量地放出氮气，故可用于伯胺及氨基化合物的分析。

芳香族伯胺与亚硝酸在常温下的反应与脂肪伯胺相似，定量放出氮气，但在低温和强酸介质中与亚硝酸反应，生成芳香族重氮盐，有重氮盐生成的反应称为重氮化反应。例如：

$$C_6H_5-NH_2 + NaNO_2 + HCl \xrightarrow{0\sim5℃} C_6H_5-\overset{+}{N}\equiv NCl^- + NaCl + H_2O$$

氯化重氮苯

芳香族重氮盐不稳定，但比脂肪族重氮盐相对稳定。在5℃以下，氯化重氮苯在水溶液中不会分解，但受热可分解为酚并定量放出氮气，可用于芳香族重氮盐的定性和定量分析。

$$C_6H_5-\overset{+}{N}\equiv NCl + H_2O \xrightarrow{\Delta} C_6H_5-OH + N_2 + HCl$$

2. 仲胺与亚硝酸反应

脂肪族仲胺与芳香族仲胺与亚硝酸反应生成不溶于水的黄色油状液体或黄色固体N-亚硝基胺，其反应通式可表示为：

$$R_2NH + HNO_2 \longrightarrow R_2N-N=O + H_2O$$

例如：

$$C_6H_5-NHCH_3 + HNO_2 \longrightarrow C_6H_5-N(CH_3)(N=O) + H_2O$$

N-甲基-N-亚硝基苯胺

N-亚硝基胺为黄色的中性油状物质，不溶于水，可从溶液中分离出来；与稀酸共热则分解为原来的仲胺，故可利用此性质鉴别、分离或提纯仲胺。动物实验证明，N-亚硝基胺具有强烈的致癌作用，可引起动物多种组织和器官的肿瘤，现已被列为化学致癌物。亚硝酸盐在胃肠道能与体内代谢产生的仲胺反应生成N-亚硝基胺，因此在食品加工过程中对亚硝酸盐的含量作了强制性规定。

3. 叔胺与亚硝酸反应

脂肪族叔胺因氮上没有氢，与亚硝酸反应只能生成不稳定的亚硝酸盐，该盐很容易水解，加入碱后可重新得到游离的叔胺。

$$R_3N + HNO_2 \longrightarrow R_3\overset{+}{N}HNO_2^- \xrightarrow{NaOH} R_3N + NaNO_2 + H_2O$$

由于氨基的强致活作用，芳香族叔胺与亚硝酸反应，发生苯环上的亲电取代反应，称为亚硝基化反应，在芳香环上引入亚硝基，生成对亚硝基芳香叔胺，在碱性溶液中呈翠绿色，而在酸性溶液中呈橘红色；若对位已被其他官能团占据，则生成邻亚硝基芳香叔胺。

$$(H_3C)_2N-C_6H_4-NO \underset{OH^-}{\overset{H^+}{\rightleftharpoons}} (H_3C)_2\overset{+}{N}-C_6H_4=NOH$$

翠绿色　　　　　　　　橘红色

由于三种胺与亚硝酸的反应不同,所以可利用与亚硝酸的反应鉴别伯、仲、叔胺。

四、代表性化合物

(一)季铵盐和季铵碱

1. 季铵盐

季铵盐是指氮原子上连有四个烃基、带有正电荷的一类物质,叔胺可以与卤代烷作用,生成季铵盐。例如:

$$R_3N + RX \longrightarrow R_4N^+X^-$$

季铵盐与铵盐相似是白色结晶性固体,为离子型化合物,具有盐的性质,易溶于水,不溶于乙醚等非极性有机溶剂,熔点较高,受强热时分解成叔胺和卤代烷。

季铵盐与伯胺、仲胺、叔胺的盐不同,季铵盐氮原子上没有氢,与强碱作用时,不能使胺游离出来,而是生成季铵碱。例如:

$$R_4N^+X^- + Ag_2O + H_2O \longrightarrow 2R_4N^+OH^- + 2AgX\downarrow$$

季铵盐的用途广泛,具有长碳链的季铵盐既溶于水,又溶于有机溶剂,因此常用作阳离子表面活性剂,具有去污、杀菌和抗静电能力。季铵盐还可用于相转移催化剂,相转移反应是一种新的有机合成方法,具有反应速度快、操作简便,产率高等特点。

2. 季铵碱

季铵碱因在水中可完全电离,因此是强碱,其碱性与氢氧化钠相当,易溶于水,能够吸收空气中的二氧化碳和水,也能和酸发生中和反应。卤化季铵盐的水溶液用氧化银处理时生成季铵碱。

(二)重氮和偶氮化合物

重氮化合物和偶氮化合物都含有 —N≡N— 基团。该基团一端与烃基相连,另一端与非碳原子相连时为重氮化合物;该基团两端都与烃基相连时为偶氮化合物。重氮化合物的官能团 —N⁺≡N 叫重氮基,偶氮化合物的官能团 —N≡N— 叫偶氮基。

重氮盐是离子型化合物,具有盐的性质,干燥的重氮盐不稳定,受热或震动易爆炸。重氮盐很活泼,可用来合成多种类型的目标物,其主要化学反应分为两大类:放氮反应(取代反应)和保留氮反应(还原反应、偶合反应)。

1. 重氮盐的生成

芳香伯胺在低温、强酸性水溶液中与亚硝酸作用,发生重氮化反应,而生成重氮盐。

$$\text{C}_6\text{H}_5\text{—NH}_2 + \text{NaNO}_2 + \text{HCl} \xrightarrow{0\sim 5℃} \text{C}_6\text{H}_5\text{—}\overset{+}{\text{N}}\equiv\text{NCl}^- + \text{NaCl} + \text{H}_2\text{O}$$

2. 重氮盐的取代反应

重氮化合物中的重氮基可被多种其他基团如卤素、氰基、羟基、氢等取代,同时放出氮气,这一类反应可统称为桑德迈尔反应。

有机化学

$$C_6H_5-N_2^+Cl^- \begin{cases} \xrightarrow{H_2O, H^+, \Delta} C_6H_5-OH \\ \xrightarrow{CuCl, HCl, \Delta} C_6H_5-Cl \\ \xrightarrow{KCN, Cu_2(CN)_2, \Delta} C_6H_5-CN + N_2\uparrow \\ \xrightarrow{KI, \Delta} C_6H_5-I \\ \xrightarrow{H_3PO_2, \Delta} C_6H_6 \end{cases}$$

放氮反应可以把一些本来难以引入芳环上的基团,方便地连接到芳环上,在芳香化合物的合成中是很有意义的。借助氨基的定位效应可在苯环中引入所需官能团,再根据重氮反应在次磷酸加热下脱去氨基。例如由苯合成均三溴苯。

$$C_6H_6 \xrightarrow{HNO_3, H_2SO_3 \atop 55\sim60℃} C_6H_5NO_2 \xrightarrow{Fe \atop HCl} C_6H_5NH_2 \xrightarrow{Br_2} \text{2,4,6-三溴苯胺}$$

$$\xrightarrow{HNO_3, H_2SO_4 \atop 55\sim60℃} \text{2,4,6-三溴重氮苯盐} \xrightarrow{H_3PO_2 \atop \Delta} \text{1,3,5-三溴苯}$$

3. 偶合反应

重氮盐在低温下与酚或芳胺作用,生成有颜色的偶氮化合物的反应,称为偶合反应(或偶联反应)。重氮盐与酚或芳香叔胺的偶合反应通常发生在重氮基的对位,若对位被其他或原子团取代后,则发生在邻位;若邻、对位均有取代基时,则不发生偶合反应。

酚的偶合反应通常在 pH 为 8~10 的条件下进行:

$$C_6H_5-N_2^+Cl^- + C_6H_5-OH \xrightarrow[0℃]{\text{弱碱性}} C_6H_5-N=N-C_6H_4-OH + HCl$$
对羟基偶氮苯(橘红色)

重氮盐与芳叔胺偶合时在弱酸性(pH 为 5~7)时为宜:

$$C_6H_5-N_2^+Cl^- + C_6H_5-N(CH_3)_2 \xrightarrow[0℃]{\text{弱碱性}} C_6H_5-N=N-C_6H_4-N(CH_3)_2 + HCl$$
对二甲氨基偶氮苯

4. 偶氮化合物

偶氮化合物中—N=N—与两个烃基相连,其通式为 R—N=N—R′,由于脂肪族偶氮化合物不多,所以偶氮化合物的通式也可以写成 Ar—N=N—Ar′。偶氮化合物具有顺、反异构体,通常情况下,反式比顺式结构更稳定,两种异构体在光照或加热条件下可相互转换。偶氮化合物虽然分子中有氨基等亲水基团,但分子量较大,一般不溶或难溶于水,而溶于有机溶剂。大多数偶氮化合物都有颜色,许多偶氮化合物可作为染料,称为偶氮染料。

有的偶氮化合物能随着溶液的 pH 改变而灵敏地变色,可以作为酸碱指示剂,例如甲基橙(对甲二氨基偶氮苯磺酸钠)为常用的酸碱指示剂;有的可以凝固蛋白质,能杀菌消毒而用于医药。有的能够使细菌着色用作染料切片的染色,例如橙黄 C,是组织胚胎学上的一种染色剂,用于检查细胞结构。

(三)生物碱简介

生物碱是指存在于自然界(主要为植物,但有的也存在于动物)中的一类含氮的碱性有机化合物,由于生物碱主要存在于植物体内,因此又称为植物碱。在植物中生物碱常与有机酸结合成盐而存在,还有少数以糖苷、有机酸酯和酰胺的形式存在。

生物碱有显著的生物活性,是中草药中重要的有效成分之一,具有光学活性。有些不含碱性而来源于植物的含氮有机化合物,有明显的生物活性,故仍包括在生物碱的范围内。而有些来源于天然的含氮有机化合物,如某些维生素、氨基酸、肽类,习惯上又不属于"生物碱"。

目前已分离提纯出几千种生物碱,并有近百种用作临床药物,如麻黄碱、吗啡碱等。生物碱的毒性较大,量小可治疗疾病,量大可能引起中毒,甚至引起死亡,因此使用时一定要注意剂量。

1. 生物碱的分类和命名

(1)分类　生物碱的分类方法很多,常用的分类方法是根据生物碱的化学结构进行分类。如麻黄碱属于有机胺类,苦参碱属于吡啶衍生物类,莨菪碱属于莨菪烷衍生物类,茶碱属于嘌呤衍生物类,小檗碱属于异喹啉衍生物类等。

(2)命名　生物碱的命名多根据它所来源的植物进行命名。如麻黄碱是从麻黄中提取出来的,烟碱是从烟草中提取出来的。生物碱的名称也可采用国际通用名称的音译,如烟碱又称为尼古丁。

2. 生物碱的性质

生物碱多数为无色结晶状固体,少数为液体,味苦,游离的生物碱多难溶于水,能溶于乙醇等有机溶剂。生物碱具环状结构,与酸反应可以形成盐,有一定的旋光性和吸收光谱。

(1)碱性　生物碱分子中的氮原子上有 1 对孤对电子,能接受质子而显碱性,能与酸反应生成盐。生物碱盐能溶于水,难溶于有机溶剂。临床上利用此性质将生物碱类药物制成易溶于水的盐类而应用,如盐酸吗啡、硫酸阿托品、磷酸可待因等。在使用生物碱盐类药物时,应注意不能与碱性药物(如巴比妥钠等)并用,否则会析出沉淀而失去作用。利用游离生物碱与其盐的溶解性不同,还可以提取和精制生物碱。

(2)沉淀反应　大多数生物碱或生物碱的盐类水溶液,能与一些试剂反应生成难溶于水的盐或配合物而从溶液中沉淀析出,借此反应可鉴定或分离生物碱。能与生物碱发生沉淀的试剂称为生物碱沉淀剂,常用的有碘化汞钾(K_2HgI_4)、磷钼酸($H_3PO_4 \cdot 12MoO_3$)、鞣酸和苦味酸等。

(3)显色反应　生物碱能与一些试剂反应生成不同颜色的化合物,可用来识别生物碱。能与生物碱发生颜色反应的试剂称为生物碱显色剂,常用的有钼酸铵的浓硫酸溶液、甲醛 – 浓

有机化学

硫酸试剂、浓硫酸和浓硝酸等。如1%钒酸铵的浓硫酸溶液遇阿托品显红色,遇吗啡显棕色,遇可待因显蓝色等。

3. 生物碱的一般提取法

生物碱的提取是采用适当的溶剂和适当的方法将植物中的生物碱成分提取出来。由于一种植物中含有多种生物碱,而这些生物碱的结构、性质一般都很相似,因此提取出来的大多是几种生物碱的混合物,纯净的生物碱还需要进一步分离和精制。生物碱常用的提取方法有溶剂法、离子交换树脂法和沉淀法。

溶剂法是利用游离生物碱难溶于水,而生物碱盐易溶于水的性质,使生物碱在有机相和水相之间不断转移,从而达到提取、精制的目的。通常用稀酸(如稀盐酸)使生物碱转化为生物碱盐而转移到提取液中,再用氢氧化钠等处理提取液,此时生物碱就沉淀下来,最后用有机溶剂(如乙醇、氯仿等)把游离的生物碱萃取出来。

4. 常见的生物碱(表11-1)

表11-1 常见的生物碱

名称	类别	性质及生理作用	结构
烟碱又称尼古丁	吡啶衍生物类	烟草中含2%~8%,纸烟中约含1.5%,无色或微黄色油状液体,易溶于乙醇和乙醚,沸点为246℃,有旋光性,有剧毒和成瘾性,少量能兴奋中枢神经,增高血压,大剂量时则抑制中枢神经,引起恶心、呕吐、意识模糊等中毒症状,甚至使心肌麻痹以致死亡	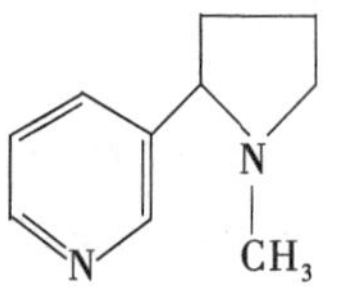
莨菪碱和阿托品	莨菪烷衍生物类	颠茄、莨菪、曼陀罗和洋金花等茄科植物中,总称为颠茄生物碱,莨菪碱为左旋体,在碱性条件下或受热时易外消旋化,形成外消旋的莨菪碱,即阿托品,为白色晶体,熔点118℃,无旋光性,难溶于水,易溶于乙醇、氯仿中,天然存在于植物中的左旋莨菪碱很不稳定。莨菪碱是副交感神经抑制剂,药理作用似阿托品,但毒性较大,临床应用较少。莨菪碱有止痛解痉功能,对坐骨神经痛有较好疗效,有时也用于治疗癫痫、晕船等。在临床上,阿托品用作抗胆碱药,具有抑制腺体分泌及扩大瞳孔的作用,用于平滑肌痉挛、胃及十二指肠溃疡、散瞳、盗汗和胃酸过多等,也可作有机磷农药中毒的解毒剂。阿托品的毒性比莨菪碱小,但作用强度只有莨菪碱的一半	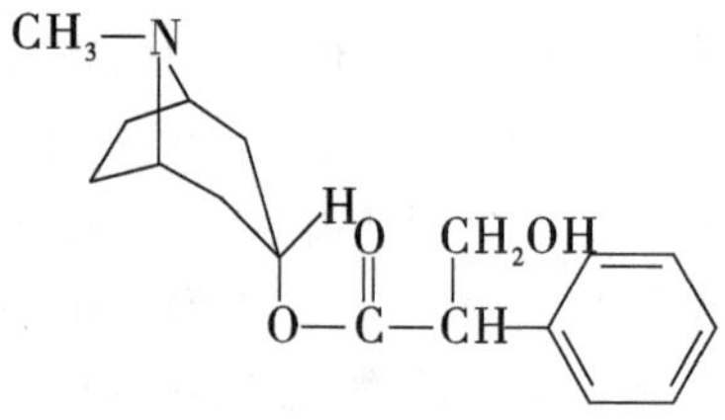

续表

名称	类别	性质及生理作用	结构
吗啡、可待因和海洛因	异喹啉类衍生物	存在于鸦片中,鸦片是罂粟果流出的浆液,在空气干燥后形成的棕黑色黏性团块,在鸦片中有 20 多种生物碱,其中吗啡约含 10%,可待因含 0.3%～1.9%。海洛因自然界中不存在,吗啡为无色结晶或白色结晶性粉末,无臭,微溶于水,在乙醇中略溶,在三氯甲烷或乙醚中几乎不溶,味苦,遇光易变质,为两性化合物。可待因是吗啡的甲基醚。海洛因是吗啡的二乙酰基衍生物,即二乙酰基吗啡,纯品为白色结晶性粉末,光照或久置变为淡黄色,难溶于水,易溶于氯仿、苯和热醇。吗啡对中枢神经有麻醉作用,有极快的镇痛效力,但易成瘾,不宜常用。医药上常用盐酸吗啡,是强烈的镇痛药物,镇痛作用能持续 6 小时,也能镇咳,但有成瘾和抑制呼吸的缺点,也不宜常用。可待因与吗啡有相似的生理作用,兼有镇咳和镇痛作用,其强度较吗啡弱,成瘾倾向较小,比吗啡安全,医药上应用的制剂是其磷酸盐。海洛因其镇痛作用较大,可以产生欣快和幸福的虚假感觉,但毒性和成瘾性极大,毒性是吗啡的 3～5 倍,过量能致死,被列为禁止制造和出售的毒品。纯品为白色结晶性粉末,光照或久置变为淡黄色,难溶于水,易溶于氯仿、苯和热醇	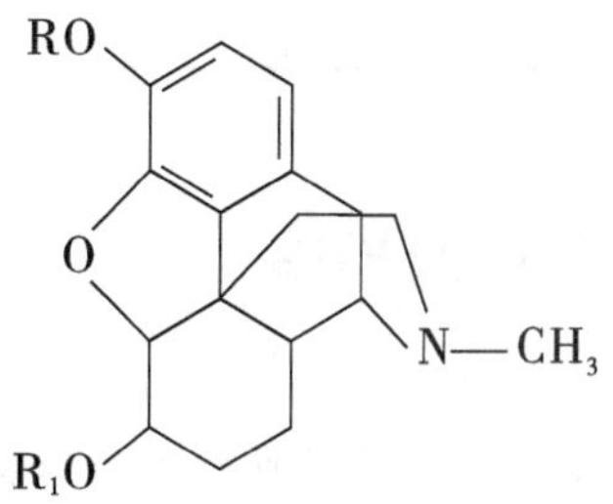 $R=R_1=H$ 吗啡 $R=-CH_3$, $R_1=H$ 可待因 $R=R_1=\overset{O}{\underset{\|}{C}}-CH_3$ 海洛因
麻黄碱又称为麻黄素	芳香族仲胺类生物碱	麻黄中含生物碱 1%～2%,其中含有较多的是左旋麻黄碱和右旋伪麻黄碱。它们的性质与一般生物碱不尽相同,与一般的生物碱沉淀剂也不易发生沉淀。麻黄碱有类似肾上腺素的作用,具有兴奋中枢神经、升高血压、扩张支气管、收缩鼻黏膜及止咳作用,也有散瞳作用。临床上常用盐酸麻黄碱治疗支气管哮喘、过敏性反应、鼻黏膜肿胀和低血压等	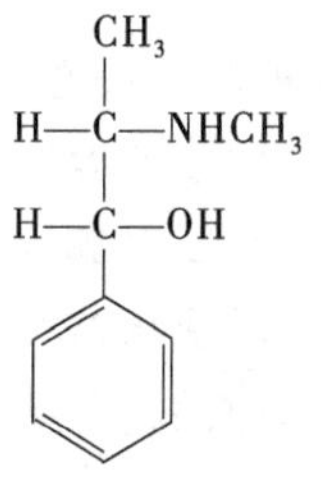 (−)-麻黄碱 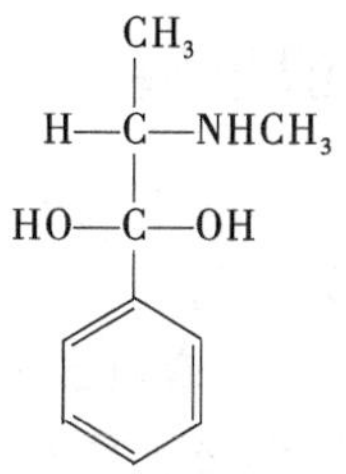 (+)-伪麻黄碱

有机化学

续表

名称	类别	性质及生理作用	结构
小檗碱俗称黄连素	异喹啉类生物碱	存在于黄连、黄柏等小檗属植物中，黄色针状结晶，味极苦，溶于水，难溶于有机溶剂；为广谱抗菌剂，对多种革兰阳性细菌和阴性细菌有抑制作用，也有温和的镇静、降压和健胃作用。临床上用于治疗痢疾和肠胃炎等症	（结构式）

 知识拓展

苯丙胺类化合物（毒品）

苯丙胺类毒品也称苯丙胺类兴奋剂，是对所有由苯丙胺转换而来的中枢神经兴奋剂的统称。该类毒品属于精神药物，一般分为传统型、减肥型和致幻型三种，三种毒品都会对人体的精神、脏器造成巨大的危害。由于并没有确定的生理依赖性，对苯丙胺类毒品的戒毒治疗只能采取对症治疗和心理治疗的方式。

苯丙胺类毒品都有相似的化学结构，即含有一个乙胺基（或丙胺基）和一个苯环，基本上都可以看作是以苯乙胺或苯丙胺作主体，由不同官能团取代其化学结构中不同位置上的氢原子衍生而来的同一类化合物。

苯丙胺　　　　　　甲基苯丙胺（冰毒）

滥用苯丙胺类兴奋剂后最常出现的后果是精神病样症状。苯丙胺类兴奋剂能对心血管产生兴奋性作用，导致心肌细胞肥大、萎缩、变性、收缩带坏死、小血管内皮细胞损伤和小血管痉挛，从而导致急性心肌缺血、心肌病和心律失常，造成吸毒者突然死亡。戒毒或停止吸食毒品一段时间后，耐受性消失，身体恢复了对毒品的敏感性，此时吸食少量的甲基苯丙胺等毒品身体就出现强烈反应，可导致急性严重的血管收缩、痉挛，心肌急性缺血，严重心律失常甚至突然死亡。

 知识拓展

表面活性剂

表面活性剂，表面活性剂是一类即使在很低浓度时也能显著降低表（界）面张力的物质。具有固定的亲水亲油基团，在溶液的表面能定向排列。表面活性剂的分子结构具有两亲性：一端为亲水基团，另一端为疏水基团；亲水基团常为极性基团，如羧酸、磺酸、硫酸、氨基或胺基及其盐，羟基、酰胺基、醚键等也可作为极性亲水基团；而疏水基团常为非极性链烃，如8个碳原子以上链烃。表面活性剂分为离子型表面活性剂(包括阳离子表面活性剂与阴离子表面活性剂)、非离子型表面活性剂、两性表面活性剂等。

表面活性剂的分类方法很多,根据疏水基结构进行分类,分直链、支链、芳香链、含氟长链等;根据亲水基进行分类,分为羧酸盐、硫酸盐、季铵盐等;根据其分子构成的离子性分成离子型、非离子型等;还有根据其水溶性、化学结构特征、原料来源等各种分类方法。但是众多分类方法都有其局限性,很难将表面活性剂合适定位,并在概念内涵上不发生重叠。人们一般都认为按照它的化学结构来分比较合适,即当表面活性剂溶解于水后,根据是否生成离子及其电性,分为离子型表面活性剂和非离子型表面活性剂。

表面活性剂由于具有润湿或抗黏、乳化或破乳、起泡或消泡以及增容、分散、洗涤、防腐、抗静电等一系列物理化学作用及相应的实际应用,成为一类灵活多样、用途广泛的精细化工产品。表面活性剂除了在日常生活中作为洗涤剂,其他应用几乎可以覆盖所有的精细化工和制药工业领域。随着合成化学工业的发展,具有各种性能的表面活性剂陆续问世,表面活性剂在制药工业中的应用有了较为迅猛的发展,表面活性剂作为药物制剂辅料,在传统剂型(如片剂、乳剂、液体制剂等)和新剂型(膜剂、脂质体、微球、泵片、滴丸、共沉物)中均有广泛的应用。

考点提示

硝基化合物	学习要点
概念	烃分子中的氢原子被官能团硝基(—NO_2)取代后所形成的化合物
结构	通式:用 RNO_2 或 $ArNO_2$,R—脂烃基,Ar—芳烃基。官能团:硝基
性质	物理性质和还原反应

胺	学习要点
概念	氨的烃基衍生物,即氨分子中的氢原子被烃基取代而形成的衍生物
结构	通式:(Ar)R—NH_2(R_1、R_2)。官能团:氨基、亚氨基、次氨基
分类	根据氮原子上所连烃基数目、种类和分子中所含氨基数目不同进行分类
命名	简单胺以胺为母体,芳香胺以芳香胺为母体
性质	碱性与成盐反应(脂肪胺的碱性,芳香胺的碱性),烃基化反应,酰基化反应(酰化反应,磺酰化反应),与亚硝酸反应(伯胺、仲胺、叔胺与亚硝酸反应)
其他	季铵盐和季铵碱,重氮和偶氮化合物,生物碱(此内容为了解内容)

目标检测

一、选择题

1. 能与亚硝酸作用生成难溶于水的黄色油状物的化合物是
   A. N,N-二甲基苄胺　　　　　　　　B. 乙胺
   C. N,N-二甲基甲酰胺　　　　　　　D. N-甲基苯胺

有机化学

2. 下列化合物属于季铵盐的是

A. $C_6H_5-\overset{+}{N}{\equiv}N\ Cl^-$
B. $C_6H_5-\overset{+}{N}(CH_3)_3\ Cl^-$
C. $C_6H_5-N{=}N-C_6H_4-OH$
D. $H_2\overset{+}{N}-C_6H_4-SO_3^-$

3. 下列化合物中碱性最强的是

A. 乙酰胺
B. 二乙胺
C. 氢氧化四甲铵
D. 苯胺

4. 室温下能与 HNO_2 反应放出 N_2 的化合物是

A. 二乙胺
B. N-甲基苯甲酰胺
C. 对氨基苯酚
D. 甲乙胺

5. 下列脂肪胺中碱性最强的是

A. 伯胺
B. 氨
C. 仲胺
D. 叔胺

6. 在苯胺与 HNO_2 反应中，试管放在冰水浴中时反应现象为

A. 有气泡放出
B. 无气泡放出
C. 黄色固体生成
D. 黄色油状物生成

7. 下列化合物能与乙酸酐反应的是

A. N,N-二甲基苯胺
B. 三甲胺
C. 三乙胺
D. 甲乙胺

8. 关于生物碱叙述错误的是

A. 一般有碱性
B. 易溶于水
C. 分子中都含氮杂环
D. 分子中都含有 N 原子

二、填空题

1. 胺可看作是_____的烃基衍生物。
2. 常用来鉴别伯胺、仲胺和叔胺的试剂是_____。
3. 凡含有_____结构的物质均可发生缩二脲反应。
4. 苯胺中氮原子的杂化类型是_____。
5. 氨的碱性比脂肪族胺的碱性_____，比芳香族胺的碱性_____。
6. 氮原子上连有1个烃基的胺称为_____。
7. 酰胺是氨或胺分子中氮原子上的氢原子被_____取代所形成的化合物。
8. 生物碱的性质主要包括_____、_____和_____等。

三、简答题

1. 胺类化合物的碱性强弱受哪些因素影响？是如何影响的？
2. 为什么常将一些胺类药物制成盐使用？

四、命名化合物或写出结构式

1. $CH_3CH_2NHCH_3$
2. $(CH_3CH_2)_4N^+I^-$
3. $CH_3CH_2CONHCH_3$
4. 甲基二乙胺
5. 苯甲酰胺

五、用化学方法鉴别下列各组化合物

1. 甲胺、甲乙胺和三乙胺
2. 邻甲苯胺、N-甲基苯胺、苯甲醇和水杨酸
3. N-乙基苯胺、三乙基胺和邻甲基苯胺
4. 苯胺、苯酚、苄胺和苄醇

六、完成化学反应方程式

1. $(CH_3)_2CH_2NH_2 + HNO_2 \longrightarrow$

2.  $C_6H_5-NH_2 + (CH_3CO)_2O \longrightarrow$

3. 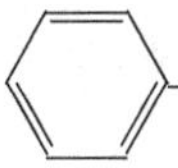 $C_6H_5-NH_2 + NaNO_2 + HCl \xrightarrow{0\sim 5℃}$

七、推断题

化合物 A 的分子式为 $C_5H_{11}O_2N$,具有旋光性,用稀碱处理发生水解可生成 B 和 C。B 也具有旋光性,它既能与酸成盐,也能与碱成盐,并与 HNO_2 反应放出 N_2。C 没有旋光性,但能与金属钠反应放出氢气,并能发生碘仿反应。试写出 A、B、C 的结构式。

(张 悦)

第十二章 杂环化合物

学习目标

【掌握】简单杂环化合物的命名,重要的五元、六元杂环化合物的结构(吡咯、呋喃和噻吩、吡啶)与性质。

【熟悉】杂环化合物的分类。

【了解】重要杂环化合物和生物碱在医药方面的应用。

杂环化合物是由碳原子和非碳原子共同组成环状骨架结构的一类化合物,这些非碳原子统称为杂原子,常见的杂原子为氮、氧、硫等。在前面章节里曾学习过的内酯、环状酸酐及内酰胺等也有杂原子参与成环,但由于它们的性质与同类开链化合物相似,不属于本章讨论的范围。本章将主要讨论的是环系比较稳定、具有一定程度芳香性的杂环化合物,即芳杂环化合物。

杂环化合物的种类繁多,数量庞大,在自然界分布极为广泛,许多天然杂环化合物在动、植物体内起着重要的生理作用。例如动物血液中的血红素、植物中的叶绿素、中草药中的有效成分生物碱及部分苷类、部分抗生素和维生素、组成蛋白质的某些氨基酸和核苷酸的碱基等都含有杂环的结构。在现有的药物中,含杂环结构的约占半数。它们应用于各种疾病的治疗,如青霉素、甲硝唑等药物都是含杂环的化合物。因此,杂环化合物在有机化合物(尤其是有机药物)中的地位相当重要。

第一节 杂环化合物的分类和命名

一、分类

杂环化合物的种类很多,根据它们结构中环的情况可分为单杂环和稠杂环两大类。又可根据成环原子的数目分为五元杂环和六元杂环,它们可含一个、两个或更多个杂质子。稠杂环根据稠合环的类型不同又可分为芳环稠杂环和杂环稠杂环。

第十二章 杂环化合物

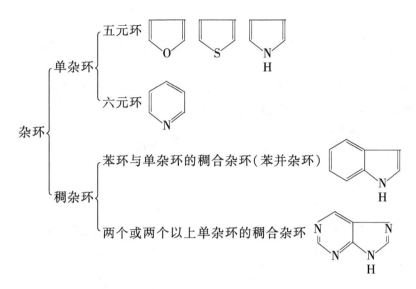

二、杂环化合物的命名

(一) 杂环母环的命名

杂环化合物的命名比较复杂。现广泛应用的是按 IUPAC(1980)命名原则规定,保留特定的 45 个杂环化合物的俗名和半俗名,并以此为命名的基础。我国采用"音译法",按照英文名称的读音,选用同音汉字加"口"旁组成音译名,其中"口"代表环的结构。下面是一些常见杂环化合物的名称及编号:

1. 五元杂环

呋喃　　噻吩　　吡咯　　噻唑　　吡唑　　咪唑

2. 六元杂环

吡啶　　哒嗪　　嘧啶　　吡嗪　　吡喃

3. 稠杂环

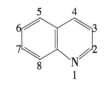 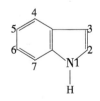 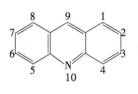 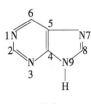

喹啉　　异喹啉　　吲哚　　吖啶　　嘌呤

有机化学

(二) 杂环母环的编号规则

当杂环上连有取代基时,为了标明取代基的位置,必须对杂环母体进行编号。杂环母体的编号原则是:

1. 含一个杂原子的杂环从杂原子开始依次用阿拉伯数字编号;或从与杂原子相邻的碳原子开始用希腊字母编码,依次为 α 位、β 位等,如:

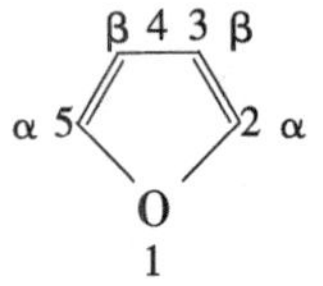

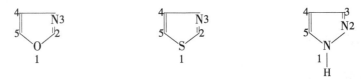

呋喃 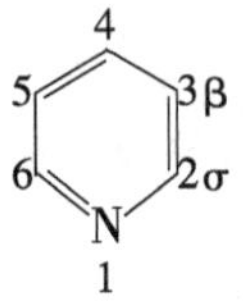　　　　　　　　吡啶

2. 含两个或多个杂原子的杂环编号时应使杂原子位次尽可能小,或为此之和最小,并按 O、S、NH、N 的优先顺序决定优先的杂原子。

3. 有特定名称的稠杂环的编号有几种情况。有的按其相应的稠环芳烃的母环编号,有的从一端 α-位开始编号,共用碳原子一般不编号,编号时注意杂原子的号数字尽可能小,并遵守杂原子的优先顺序,如喹啉、异喹啉等的编号。有些稠杂环母环具有特殊规定的编号,如嘌呤。

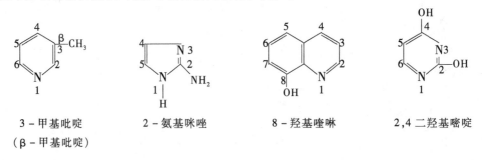

喹啉　　　　　　　异喹啉　　　　　　　嘌呤

(三) 取代杂环化合物的命名

当杂环上连有取代基时,先确定杂环母体的名称和编号,然后将取代基的名称连同位置编号写在母体名称前,构成取代杂环化合物的名称。例如:

3-甲基吡啶　　　2-氨基咪唑　　　8-羟基喹啉　　　2,4二羟基嘧啶
(β-甲基吡啶)

第二节　五元杂环化合物

含一个杂原子的典型五元杂环化合物是吡咯、呋喃和噻吩。含两个杂原子的有噻唑、咪唑和吡唑。本节重点讨论呋喃、噻吩和吡咯。

一、五元杂环化合物的结构

吡咯、呋喃、噻吩在结构上具有共同点，即构成环的五个原子都为 sp^2 杂化，故成环的五个原子处在同一平面，杂原子上的孤对电子参与共轭形成环状共轭体系（环状共轭大 π 键，如下图），其 π 电子数符合休克尔规则（π 电子数 = $4n+2$），所以它们都不同程度地具有芳香性。

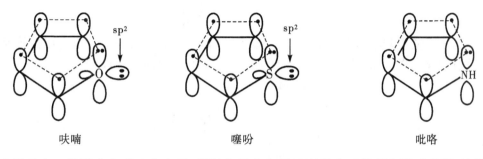

由于 5 个 p 轨道分布有 6 个电子，所以杂环上电子云密度大于苯环电子云密度，这类杂环又被称为"多 π"芳杂环。由于杂原子 O、S、N 的电负性比 C 原子大，故杂环上电子云分布不如苯环上均匀，导致吡咯、呋喃、噻吩各原子间键长并不完全相等，芳香性比苯差，稳定性也不如苯环。它们比苯更容易发生亲电取代反应。其芳香性强弱顺序为：

二、五元杂环化合物的性质

（一）物理性质

吡咯、呋喃和噻吩和都是无色液体。由于共轭效应的影响，杂原子电子云密度下降，与水缔合的能力减弱，较难与水形成氢键，所以吡咯、呋喃和噻吩都较难溶于水，易溶于有机溶剂。但三者的水溶性有差别，吡咯氮原子上的氢与水形成氢键，呋喃的氧原子与水也可形成氢键，但相对较弱，而噻吩上的硫原子不能与水形成氢键，因此三种杂环化合物的水溶性顺序为：吡咯＞呋喃＞噻吩。

此外，吡咯的沸点（131℃）比噻吩（84℃）和呋喃（31℃）高，其原因也是由于吡咯分子间氢

有机化学

键导致的。

(二) 化学性质

1. 亲电取代反应

从结构上分析，呋喃、噻吩、吡咯都属于多π杂环，碳原子上的电子云密度比苯环的高，易于发生亲电取代反应，而且主要发生在α位上。因环上的π电子云密度比苯环大，且分布不匀，它们在亲电取代反应中的速率也比要苯快得多。其活性顺序为：吡咯 > 呋喃 > 噻吩 > 苯。

(1) 卤代反应　呋喃、噻吩、吡咯比苯活泼，一般不需要催化剂，要在较低温度和进行。

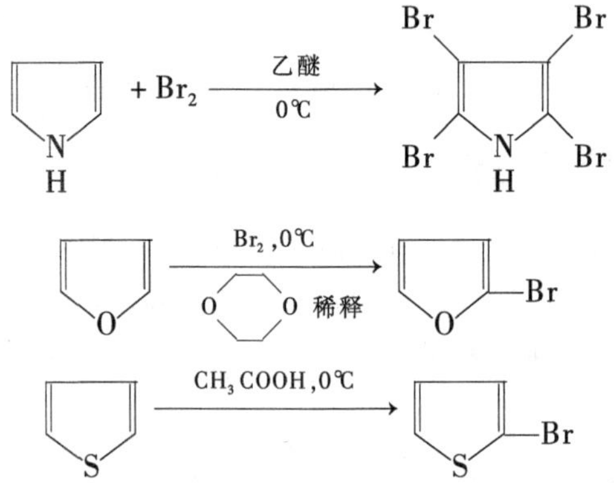

(2) 硝化反应　呋喃、吡咯和噻吩易被氧化，一般不用硝酸直接硝化，通常用比较温和的非质子硝化剂如乙酰基硝酸酯(CH_3COONO_2)，且在低温下进行。例如：

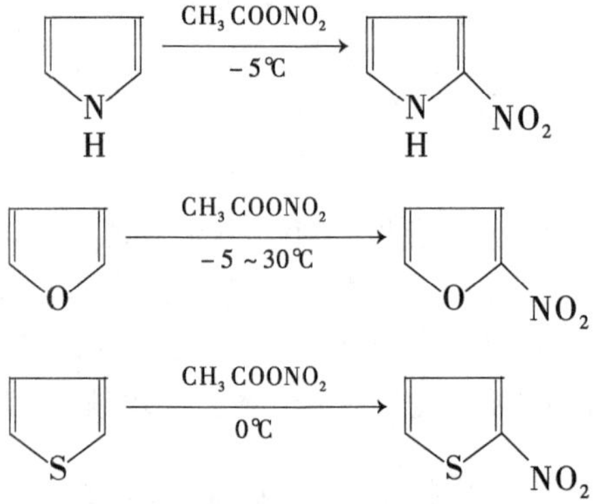

(3) 磺化反应　吡咯、呋喃不太稳定，磺化时直接使用质子酸会发生聚合或开环，所以使用较温和的磺化剂：吡啶与三氧化硫的加合物。如：

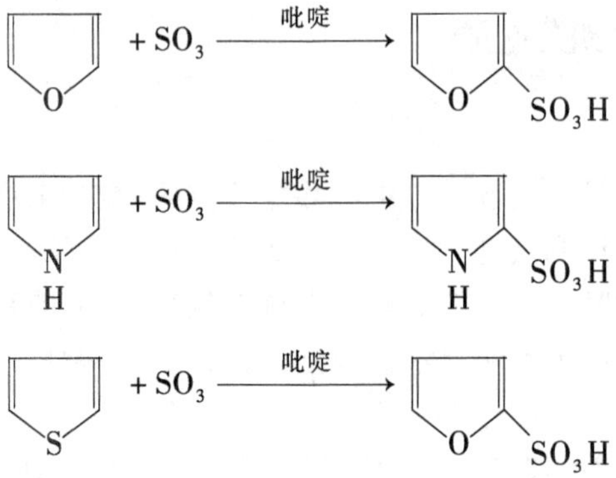

2. 加氢还原反应

呋喃、噻吩和吡咯都可进行催化加氢反应,生成相应的饱和杂环。其中呋喃和吡咯可用一般催化剂还原,但噻吩中的硫原子会使催化剂中毒,需用特殊催化剂还原。

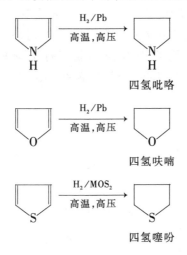

3. 吡咯的弱酸性

吡咯虽然是一个仲胺,但由于氮原子的一对电子已参与大 π 键的形成,电子云密度降低,N—H 键的极性增加,因此吡咯的碱性减弱,反而具有弱酸性,其酸性介于乙醇和苯酚之间。故吡咯能与固体氢氧化钾加热成为钾盐,与格氏试剂作用放出 RH 而生成吡咯卤化镁。

第三节　六元杂环化合物

六元杂环化合物中最重要的有吡啶、嘧啶和吡喃等。吡啶是重要的有机碱试剂,嘧啶是组成核糖核酸的重要生物碱母体,本节重点了解吡啶的结构与性质。

　　　　吡啶　　　　　　嘧啶　　　　　　吡喃

一、吡啶的结构

吡啶的结构与苯非常相似,近代物理方法测得吡啶分子中的碳碳键长为 139pm,介于 C—N 单键(147pm)和 C═N 双键(128pm)之间,而且其碳碳键与碳氮键的键长数值也相近,键角约为 120°,这说明吡啶环上键的平均化程度较高,但没有苯完全。

有机化学

吡啶环上的碳原子和氮原子均以 sp² 杂化轨道相互重叠形成 σ 键,构成一个平面六元环。每个原子上有一个未参与杂化的 p 轨道垂直于环平面,每个 p 轨道中有一个电子,这些 p 轨道侧面重叠形成一个封闭的大 π 键,π 电子数目为 6,符合 4n+2 规则,与苯环类似。因此,吡啶具有一定的芳香性。氮原子上还有一个 sp² 杂化轨道没有参与成键,被一对未共用电子对所占据,使吡啶具有碱性。吡啶环上的氮原子的电负性较大,对环上电子云密度分布有很大影响,使 π 电子云向氮原子偏移,在氮原子周围电子云密度高,而环的其他部分电子云密度降低,尤其是邻、对位上降低显著。所以吡啶的芳香性比苯差,见图 12-1。

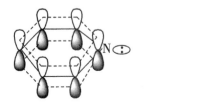 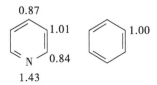

(1)吡啶的分子轨道示意图　　(2)吡啶中氮原子的杂化轨道　　(3)吡啶的电子云密度

图 12-1　吡啶的结构

在吡啶分子中,氮原子的作用类似于硝基苯的硝基,使其邻、对位上的电子云密度比苯环降低,间位则与苯环相近,这样,环上碳原子的电子云密度远远少于苯,因此像吡啶这类芳杂环又被称为"缺 π"杂环。这类杂环表现在化学性质上是亲电取代反应变难,亲核取代反应变易,氧化反应变难,还原反应变易。

二、吡啶的性质

1. 物理性质

吡啶为无色而具特殊臭味的液体,沸点为 115.3℃,比重为 0.982。吡啶能以任何比例与水互溶,同时又能溶解大多数极性及非极性的有机化合物,甚至可以溶解某些无机盐类。所以吡啶是一个有广泛应用价值的溶剂。吡啶分子具有高水溶性的原因除了分子具有较大的极性外,还因为吡啶氮原子上的未共用电子对可以与水形成氢键。

2. 化学性质

(1)碱性和成盐吡啶　氮原子上的未共用电子对可接受质子而显碱性。吡啶的 $pK_a = 5.19$,比氨($pK_a = 9.24$)和脂肪胺(pK_a 为 10~11)都弱。但吡啶与芳胺(如苯胺,$pK_a = 4.6$)相比,碱性稍强一些。

吡啶与强酸可以形成稳定的盐,某些结晶型盐可以用于分离、鉴定及精制工作中。吡啶的碱性在许多化学反应中用于催化剂脱酸剂,由于吡啶在水中和有机溶剂中的良好溶解性,所以它的催化作用常常是一些无机碱无法达到的。例如:

$$\text{C}_5\text{H}_5\text{N} + HCl \longrightarrow \text{C}_5\text{H}_5\text{NH}^+ Cl^-$$

(2)亲电取代反应　吡啶是"缺 π"杂环,环上电子云密度比苯低,因此其亲电取代反应的活性也比苯难得多,与硝基苯相当。由于环上氮原子的钝化作用,使亲电取代反应的条件比较

苛刻,且产率较低,取代基主要进入3(β)位。例如:

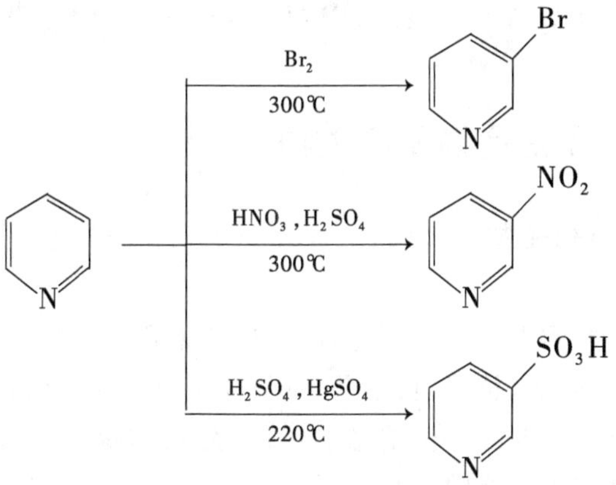

$$\text{吡啶} \xrightarrow[300℃]{Br_2} \text{3-溴吡啶}$$

$$\text{吡啶} \xrightarrow[300℃]{HNO_3,H_2SO_4} \text{3-硝基吡啶}$$

$$\text{吡啶} \xrightarrow[220℃]{H_2SO_4,HgSO_4} \text{3-吡啶磺酸}$$

(3)亲核取代反应　由于吡啶环上氮原子的吸电子作用,环上碳原子的电子云密度降低,尤其在2位和4位上的电子云密度更低,因而环上的亲核取代反应容易发生,取代反应主要发生在邻位和对位上。例如:

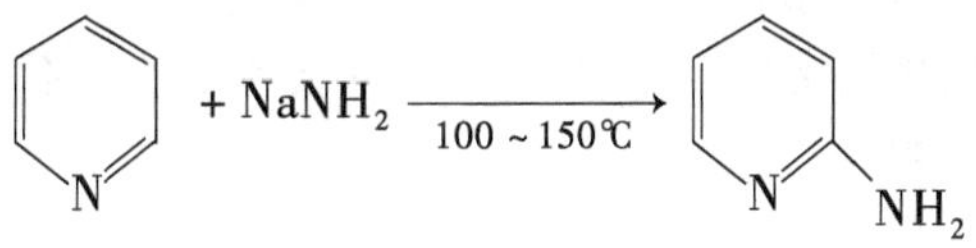

$$\text{吡啶} + NaNH_2 \xrightarrow{100\sim150℃} \text{2-氨基吡啶}$$

(4)氧化还原反应　由于吡啶环上的电子云密度低,一般不易被氧化,尤其在酸性条件下,吡啶成盐后氮原子上带有正电荷,吸电子的诱导效应加强,使环上电子云密度更低,更增加了对氧化剂的稳定性。当吡啶环带有侧链时,则发生侧链的氧化反应。例如:

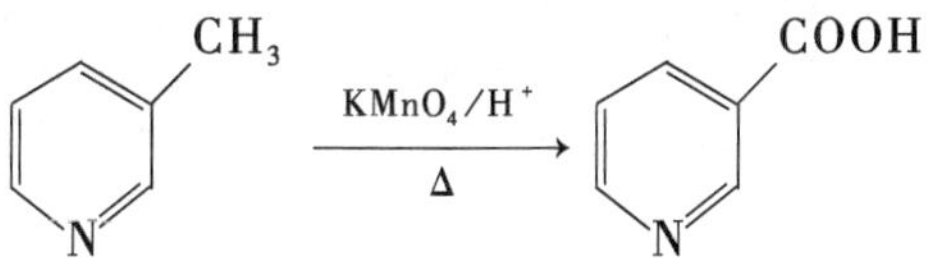

$$\text{3-甲基吡啶} \xrightarrow[\Delta]{KMnO_4/H^+} \text{烟酸(3-吡啶甲酸)}$$

与氧化反应相反,吡啶环比苯环容易发生加氢还原反应,用催化加氢和化学试剂都可以还原。例如:

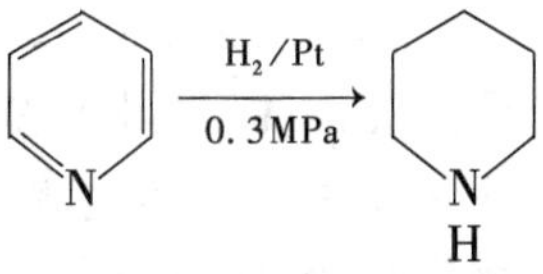

$$\text{吡啶} \xrightarrow[0.3MPa]{H_2/Pt} \text{六氢吡啶} \quad 95\%$$

吡啶的还原产物为六氢吡啶(哌啶),具有仲胺的性质,碱性比吡啶强($pK_a = 11.2$),沸点106℃。很多天然产物具有此环系,是常用的有机碱。

第四节 重要的杂环化合物

一、重要的五元杂环化合物及衍生物

(一)吡咯、呋喃、噻吩衍生物

1. 吡咯衍生物

吡咯衍生物是一类重要的五元氮杂环化合物,广泛地存在于整个自然界,常常具有重要的生理和药理活性,如具有抗肿瘤、抗炎、抗细菌、抗氧化和抗真菌等特性。吡咯衍生物在生物体的生长、发育、能量转换以及彼此间各种信息的传递、死亡、腐烂等过程中都有参与。因此,研究吡咯化合物的合成具有非常重要的意义。

最重要的吡咯衍生物是含有四个吡咯环和四个次甲基(—CH=)交替相连组成的大环化合物。其取代物称为卟啉族化合物。卟啉族化合物广泛分布与自然界。血红素、叶绿素都是含环的卟啉族化合物。血红素与蛋白质结合生成血红蛋白,其功能是在血液中运送氧气和二氧化碳。叶绿素是绿色植物进行光合作用所必需的催化剂。光合作用的实质是绿色植物将太阳的光能转化成化学能的过程。

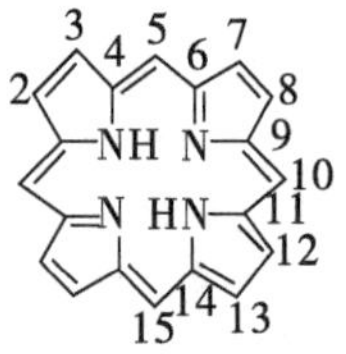

卟啉 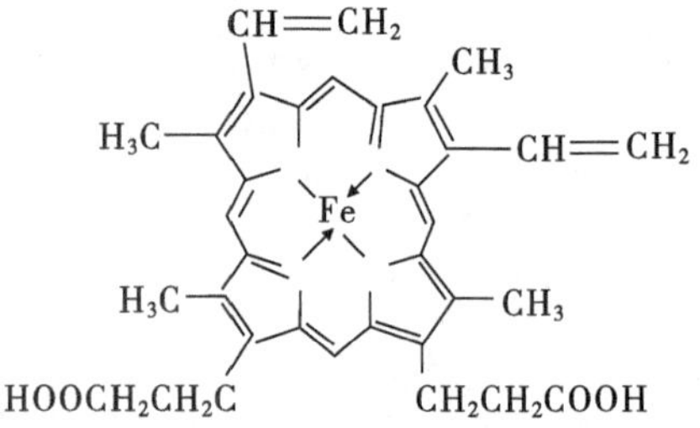　　　　　血红素 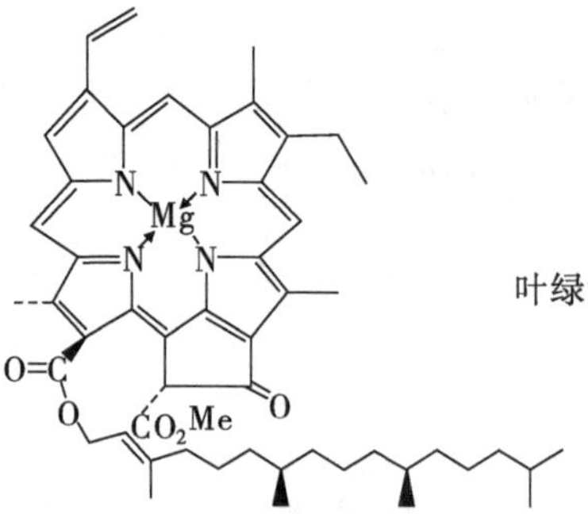　　　　　叶绿素a

2. 呋喃衍生物

呋喃存在于松木焦油中,为无色易挥发液体,气味与氯仿相似,其衍生物常见的是 2 - 呋喃甲醛,又称为糠醛。糠醛本身是一种良好的溶剂,化学性质活泼,可以通过氧化、缩合等反应制取众多的衍生物,被广泛应用于合成塑料、医药、农药等工业。

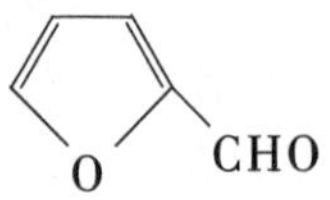

糠醛

临床上常见的呋喃类药物有:抗高血压药物哌唑嗪、高效强利尿剂速尿、抗溃疡药物雷尼替丁和抗细菌性痢疾药物呋喃唑酮(痢特灵)等。

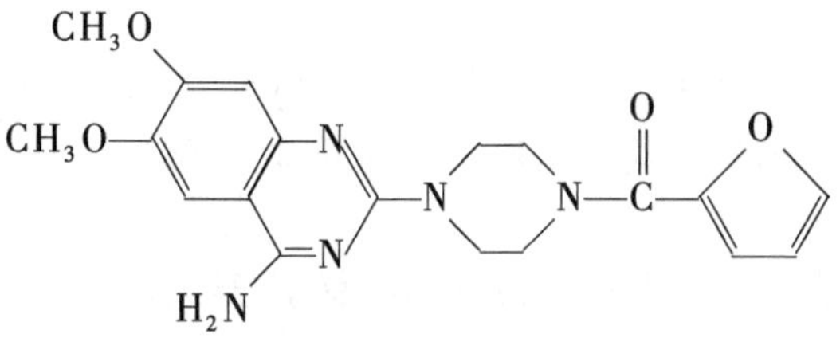

第十二章 杂环化合物

哌唑嗪

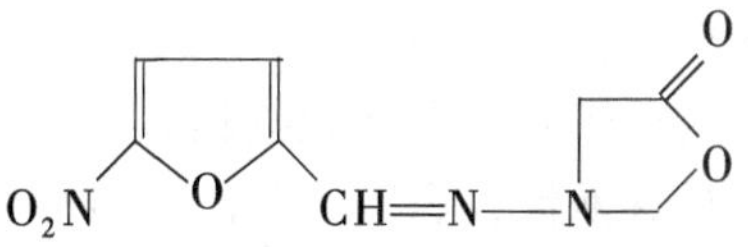

呋喃唑酮

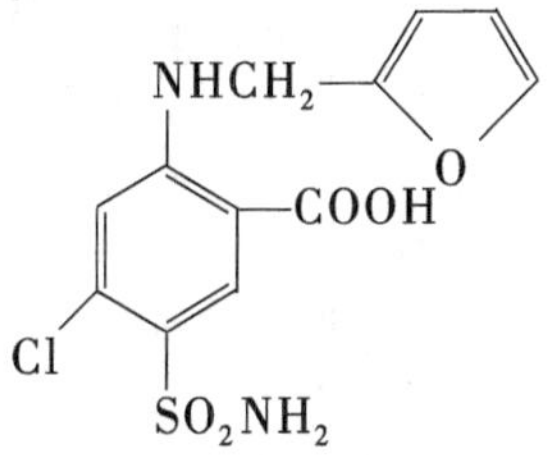

速尿

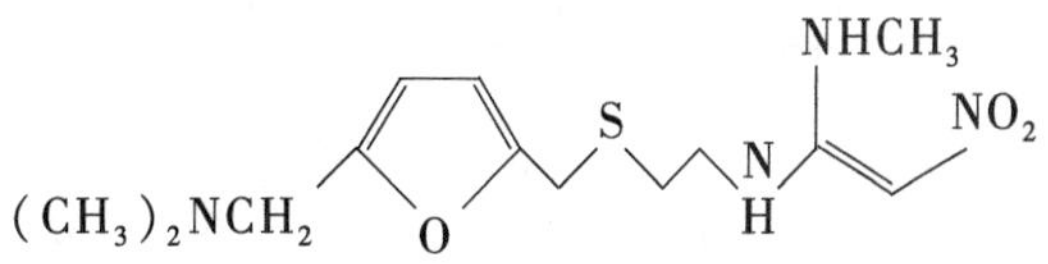

雷尼替丁

3. 噻吩衍生物

噻吩存在于煤焦油中,为无色有特殊气味的液体。噻吩的天然衍生物中,比较重要的有维生素 H,又称为生物素 H 或辅酶 R,是属于维生素 B 族的水溶性维生素。它是合成维生素 C 的必要物质,是脂肪和蛋白质正常代谢不可缺少的物质,也是维持正常成长、发育及健康必要的营养素,无法由人工合成,只能从食物中获取。

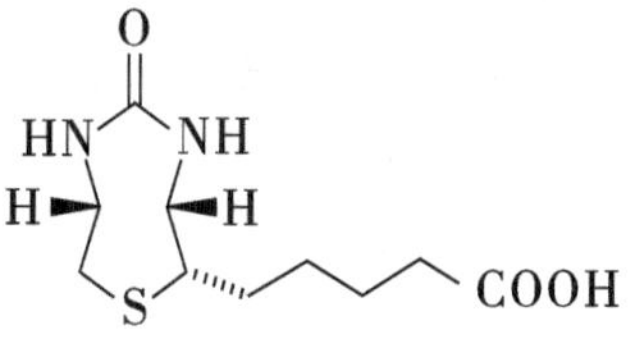

生物素 H

(二) 吡唑、咪唑、噻唑及其衍生物

有 2 个或 2 个以上杂原子且至少有 1 个氮原子的五元杂环化合物一般称为唑。这类化合物中比较重要的有吡唑、咪唑和噻唑。药物中有很多吡唑、咪唑和噻唑的衍生物。

1. 吡唑

吡唑是白色针状或棱形结晶,从乙醇中结晶的吡唑是无色针状晶体。有似吡啶的臭味和刺激性苦味,能溶于水、醇、醚和苯。

吡唑拥有多种生理作用,包括止痛、抗炎、退热、抗心律失常、镇静、松弛肌肉、精神兴奋、抗痉挛、一元胺氧化酶抑制剂,抗糖尿病和抗菌。吡唑类化合物因其作用谱广、药效强烈等特点而受到越来越多的关注。在医药应用上吡唑类化合物对许多的疾病具有疗效。如有解热镇痛抗风湿作用的安乃近和非甾体抗炎药保泰松、羟宗布等。

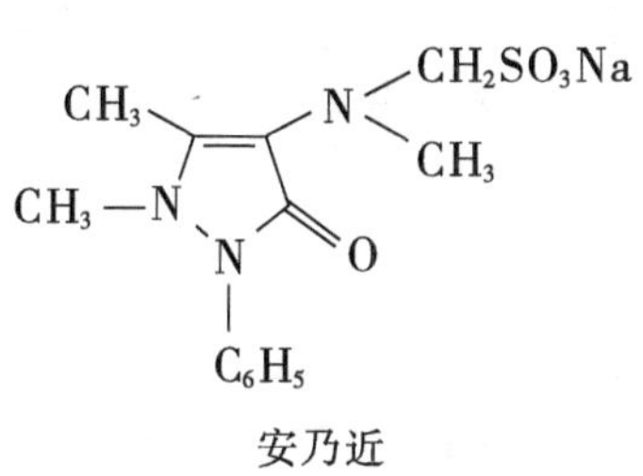

安乃近

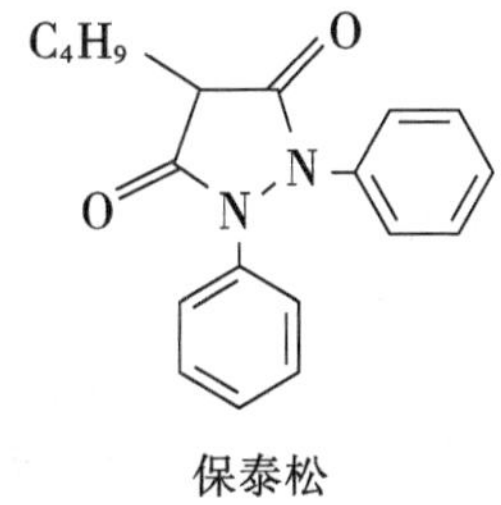

保泰松

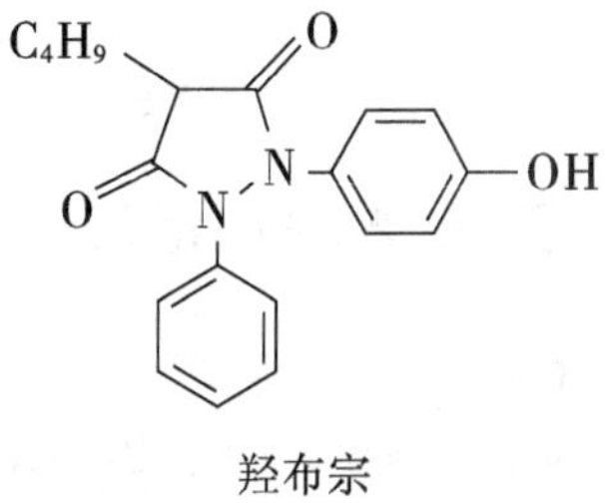

羟布宗

有机化学

2. 咪唑

咪唑是分子结构中含有两个间位氮原子的五元芳杂环化合物,咪唑环中的 1 - 位氮原子的未共用电子对参与环状共轭,氮原子的电子密度降低,使这个氮原子上的氢易以氢离子形式离去。具有酸性,也具有碱性,可与强碱形成盐。

咪唑的衍生物作为药物的很多,如抗高血压药物氯沙坦,抗溃疡药西咪替丁、奥美拉唑,抗厌氧菌药物甲硝唑等。

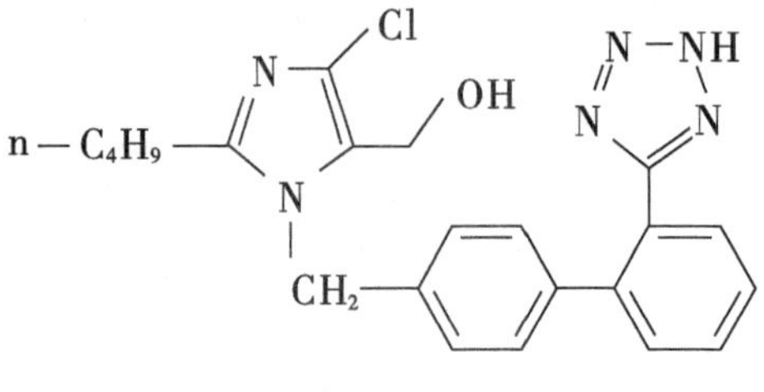

氯沙坦 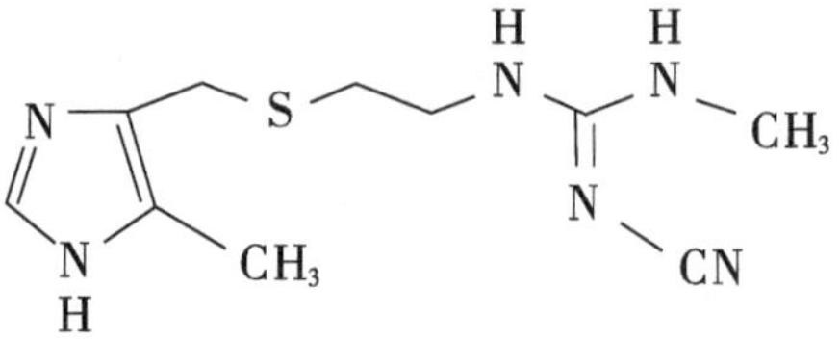　　　　　　西咪替丁

3. 噻唑

噻唑是含一个硫原子和一个氮原子的五元杂环,噻唑为淡黄色具有腐败臭味的液体。一些重要的天然产物及合成药物含有噻唑结构,如青霉素、维生素 B_1 等。青霉素是一类抗生素的总称,已知的青霉素大一百多种,它们的结构很相似,均具有稠合在一起的四氢噻唑环和 β - 内酰胺环,青霉素具有强酸性($pK_a \approx 2.7$),在游离状态下不稳定(青霉素 O 例外),故常将它们变成钠盐、钾盐或有机碱盐用于临床。

另一种广泛使用的噻唑衍生物是所述非甾体抗炎药美洛昔康。

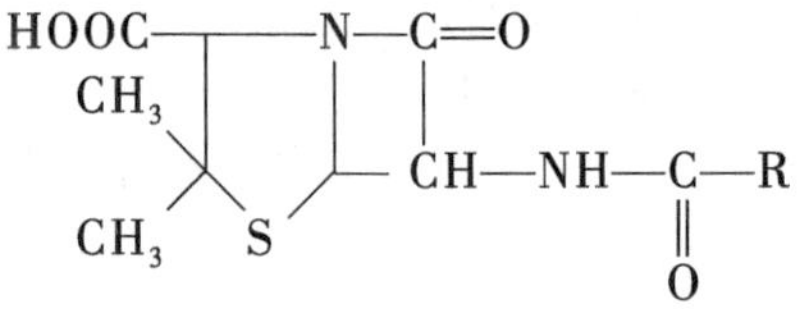

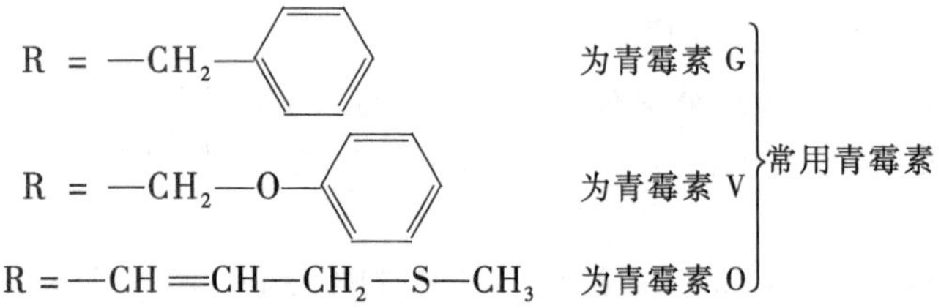

R = —CH₂—⌬　　　　为青霉素 G
R = —CH₂—O—⌬　　为青霉素 V　　常用青霉素
R = —CH=CH—CH₂—S—CH₃　为青霉素 O

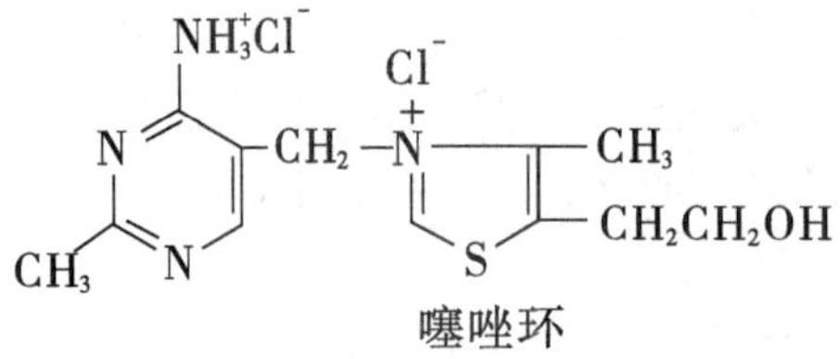

维生素 B_1 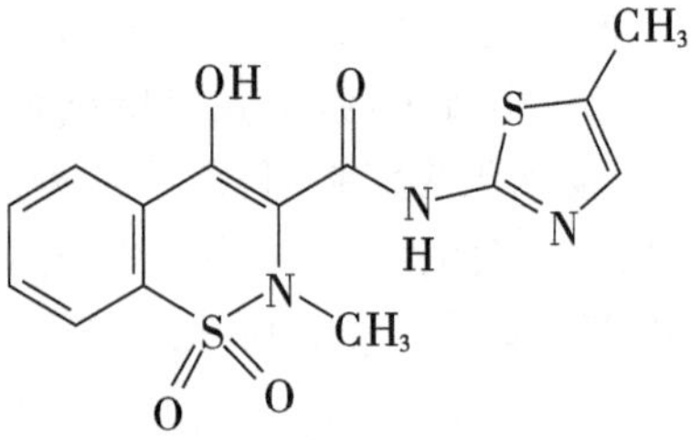　　　　　　美洛昔康

二、重要的六元杂环化合物及衍生物

(一)吡啶衍生物

吡啶是含有一个氮杂原子的六元杂环化合物,可以看作苯分子中的一个(CH)被 N 取代

第十二章 杂环化合物

的化合物,故又称氮苯,无色或微黄色液体,有恶臭。吡啶及其同系物存在于骨焦油、煤焦油、煤气、页岩油、石油中。吡啶在工业上可用作变性剂、助染剂,以及合成一系列产品(包括药品、消毒剂、染料等)的原料。

烟酸和烟酰胺合称为维生素 PP,也称为癞皮病维生素,属于维生素 B 族。维生素 PP 是 B 族维生素之一,能促进人体细胞的新陈代谢,它存在于肉类、谷物、花生及酵母中。它们都是白色结晶,能溶于热水和乙醇中,对酸、碱和热稳定。体内缺乏维生素 PP 时,能引起皮炎、消化道炎症以至神经紊乱等症状,称作癞皮病。

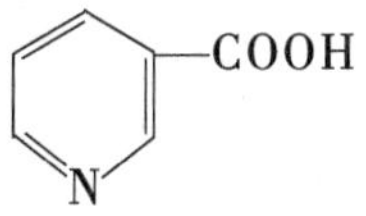

3 - 吡啶甲酸(烟酸) 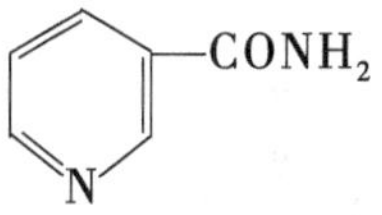   3 - 吡啶甲酰胺(烟酰胺) 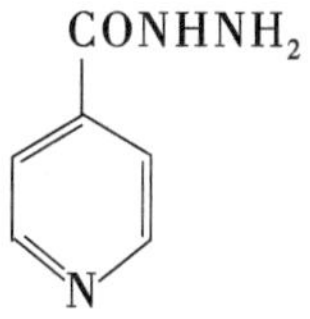   4 - 吡啶甲酰肼(异烟肼)

异烟肼又称为雷米封(remifon),是一种白色固体,熔点 170~173℃,易溶于水和乙醇,是抗结核的良药,对维生素 PP 有拮抗作用,若长期服用,应补充维生素 PP。它可由 4 - 吡啶甲酸(异烟酸)与肼缩合得到。

(二)嘧啶及其衍生物

游离的嘧啶本身不存在于自然界,但其衍生物在自然界分布很广。嘧啶衍生物中最重要的是核酸的组成部分:胞嘧啶(C)、尿嘧啶(U)和胸腺嘧啶(T),这三个化合物统称为嘧啶碱。维生素 B_1 也含有嘧啶环,合成药物的磺胺嘧啶也含这种结构。

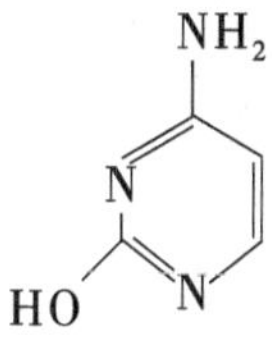

胞嘧啶(C) 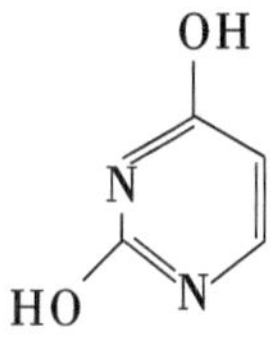   尿嘧啶 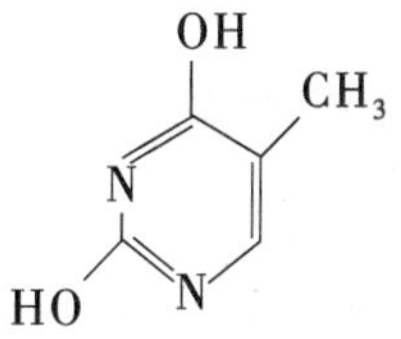   胸腺嘧啶(T)

尿嘧啶的 5 位上的氢原子被氟取代后生成 5 - 氟尿嘧啶(5 - fluorouracil),具有干扰核酸的功能和合成的作用,可用作抗癌药物。

三、重要的稠杂环化合物

(一)吲哚

吲哚存在于煤焦油中,为无色片状结晶,熔点 52℃,具有粪臭味,但极稀溶液则有花香气味,可溶于热水、乙醇、乙醚中。吲哚环系在自然界分布很广,如蛋白质水解得色氨酸,天然植物激素 β - 吲哚乙酸(也是一类消炎镇痛药物的结构)、蟾蜍素、利血平、毒扁豆碱等都是吲哚衍生物。吲哚的许多衍生物具有生理与药理活性,如 5 - 羟色胺(5 - HT)、褪黑素(malotonin)等。

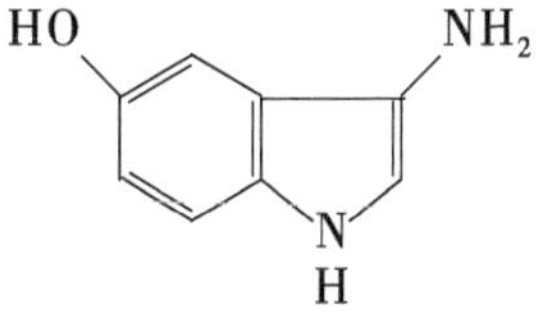

5 - HT 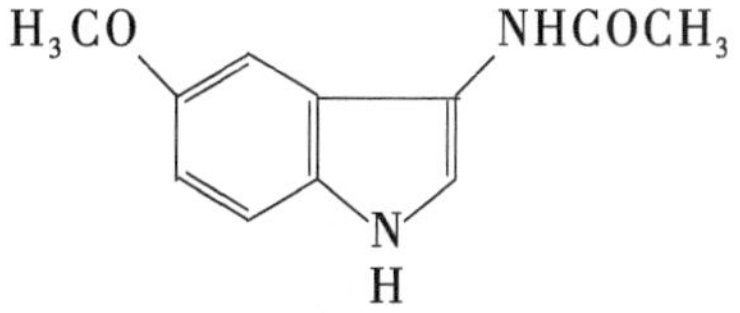   褪黑素

有机化学

(二) 喹啉

喹啉存在于煤焦油中,为无色油状液体,放置时逐渐变成黄色,沸点 238.05℃,有恶臭味,难溶于水,能与大多数有机溶剂混溶,是一种高沸点溶剂。

喹啉的衍生物在自然界存在很多,如奎宁、氯喹、罂粟碱等。奎宁(金鸡纳碱)存在于金鸡纳树皮中,有抗疟疾疗效。

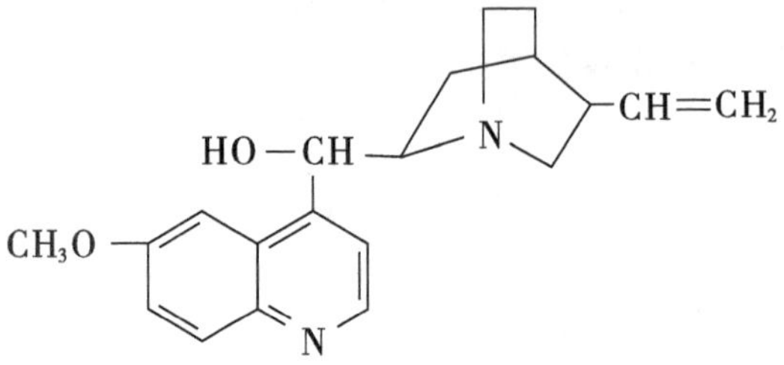

奎宁

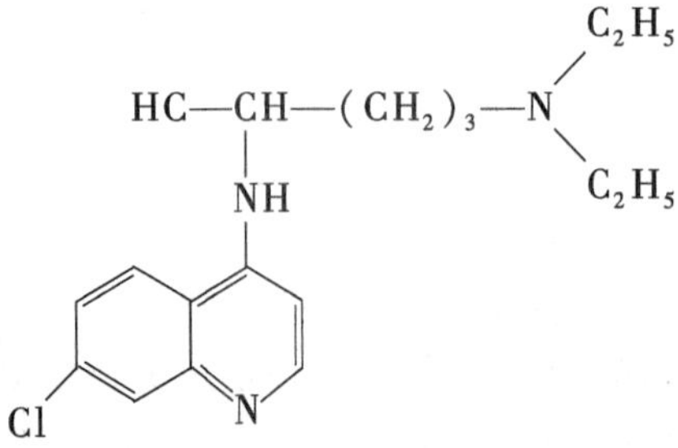

氯喹(合成抗疟疾药)

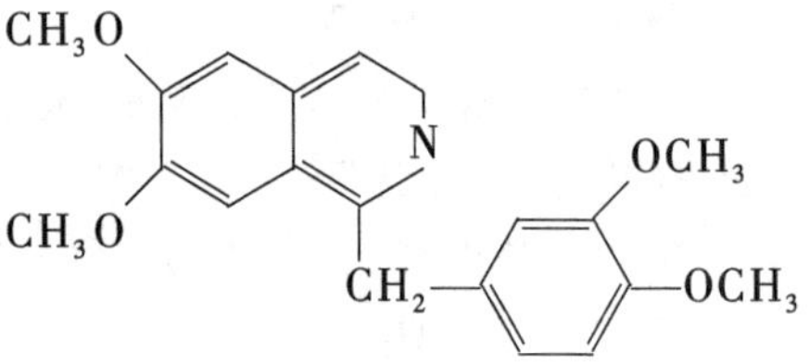

罂粟碱

(三) 嘌呤

嘌呤是无色针状晶体,由嘧啶和咪唑稠合而成,易溶于水,也可溶于醇,但不溶于非极性的有机溶剂。

嘌呤本身在自然界并不存在,但其衍生物广泛存在于生物体中,如腺嘌呤和鸟嘌呤是核酸的碱基。

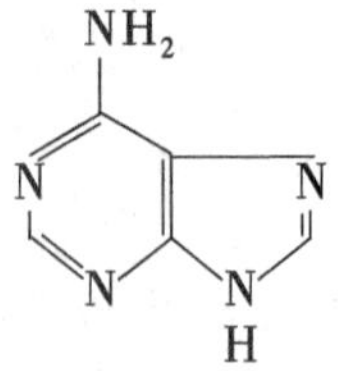

腺嘌呤(A)

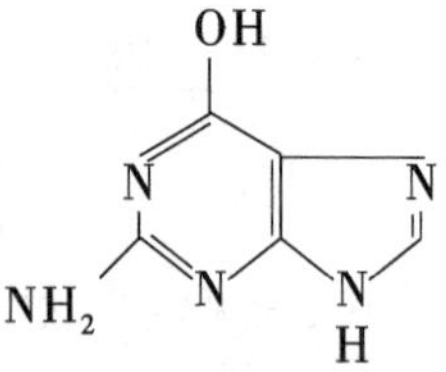

鸟嘌呤(G)

黄嘌呤的甲基衍生物如咖啡因、茶碱和可可碱存在于茶叶或可可豆中,具有利尿和兴奋神经的作用,其中咖啡因和茶碱供药用。

第十二章 杂环化合物

咖啡因　　　　　　茶碱　　　　　　可可碱

 知识拓展

痛风与嘌呤

痛风最重要的生化基础是高尿酸血症。正常成人每日约产生尿酸750mg,其中80%为内源性,20%为外源性尿酸,这些尿酸进入尿酸代谢池(约为1200mg),每日代谢池中的尿酸约60%进行代谢,其中1/3约200mg经肠道分解代谢,2/3约400mg经肾脏排泄,从而可维持体内尿酸水平的稳定,其中任何环节出现问题均可导致高尿酸血症。

痛风依病因不同可分为原发性和继发性两大类。原发性痛风指在排除其他疾病的基础上,由于先天性嘌呤代谢紊乱和(或)尿酸排泄障碍所引起;继发性痛风指继发于肾脏疾病或某些药物所致尿酸排泄减少、骨髓增生性疾病及肿瘤化疗所致尿酸生成增多等。

一般治疗可进低嘌呤低能量饮食,保持合理体重,戒酒,多饮水,每日饮水2000ml以上。避免暴食、酗酒、受凉受潮、过度疲劳和精神紧张,穿舒适鞋,防止关节损伤,慎用影响尿酸排泄的药物如某些利尿剂和小剂量阿司匹林等。防治伴发病如高血压、糖尿病和冠心病等。

吲哚与生活

吲哚是吡咯与苯并联的化合物,又称苯并吡咯,有两种并合方式,分别称为吲哚和异吲哚。吲哚及其同系物和衍生物广泛存在于自然界,主要存在于天然花油,如茉莉花、苦橙花、水仙花、香罗兰等中。例如,吲哚最早是由靛蓝降解而得,吲哚及其同系物也存在于煤焦油内,精油(如茉莉精油等)中也含有吲哚,粪便中含有3-甲基吲哚,许多瓮染料是吲哚的衍生物。吲哚的衍生物在自然界分布很广,许多天然化合物的结构中都含有吲哚环,有些吲哚的衍生物与生命活动密切相关,所以吲哚也是一个很重要的杂环化合物,如5-羟色胺。5-羟色胺(serotonin)是一种重要的神经介质,在人体中主要由色氨酸代谢生成。当人大脑中5-羟色胺的量突然改变时,就会出现精神失常症状,所以5-羟色胺是维持人体精神和思维正常活动不可缺少的物质。

 考点提示

第一节　杂环化合物的分类和命名	一、杂环化合物的分类
	二、杂环化合物的命名
第二节　五元杂环化合物的结构与性质	1. 电子结构及芳香性
	2. 物理性质
	3. 化学性质

209

第三节　六元杂环化合物（吡啶）的结构与性质	1. 电子结构及芳香性 2. 物理性质 3. 化学性质（碱性、亲电取代反应、加成反应、环上取代基的反应）
第四节　重要的杂环化合物及衍生物	了解：吡咯、呋喃、噻吩衍生物；吡唑、咪唑、噻唑及其衍生物；吡啶、嘧啶衍生物；重要的稠杂环化合物（吲哚、喹啉、嘌呤及其衍生物）

目标检测

一、命名下列化合物

1. 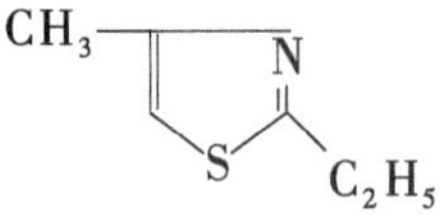 2-乙基-4-甲基噻唑结构

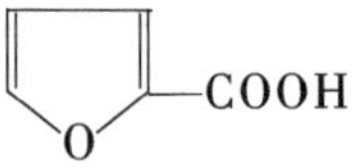

2. 呋喃-2-甲酸结构

3. N-甲基吡咯结构

4. 4-甲基咪唑结构

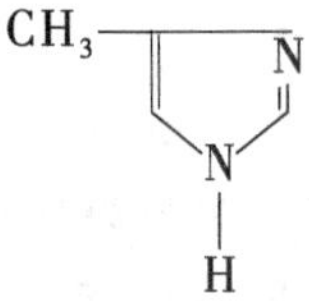

5. 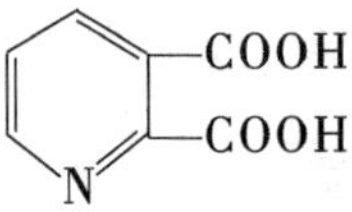 吡啶-2,3-二甲酸结构

6. 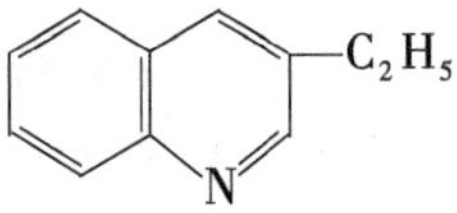 3-乙基喹啉结构

7. 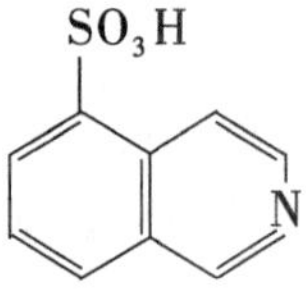 5-磺酸基异喹啉结构

8. 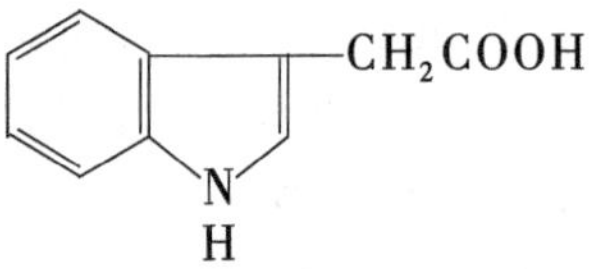 吲哚-3-乙酸结构

9. 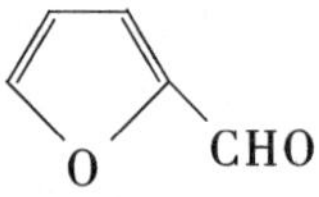 呋喃-2-甲醛结构

二、完成反应方程式

1. 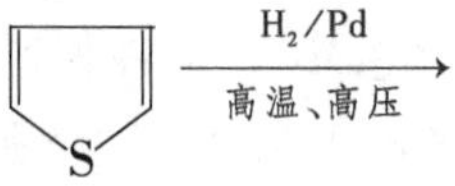 噻吩 $\xrightarrow{H_2/Pd, 高温、高压}$

2. 吡咯 + CH_3COONO_2 $\xrightarrow[-10℃]{乙酸酐}$

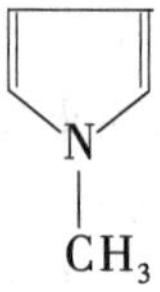

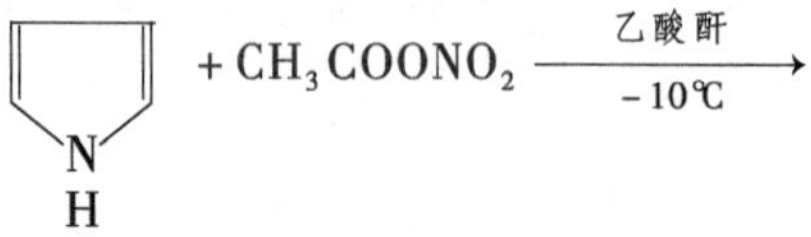

3. 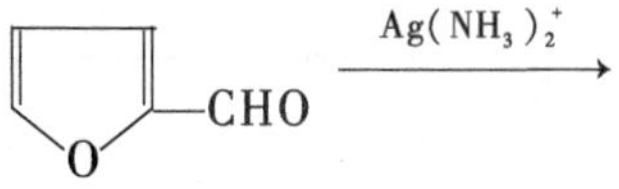 呋喃-2-甲醛 $\xrightarrow{Ag(NH_3)_2^+}$

4. 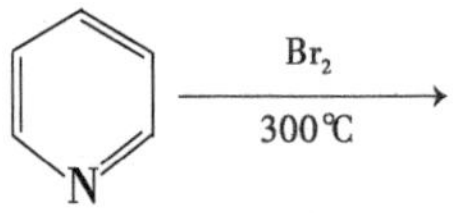 吡啶 $\xrightarrow[300℃]{Br_2}$

5. 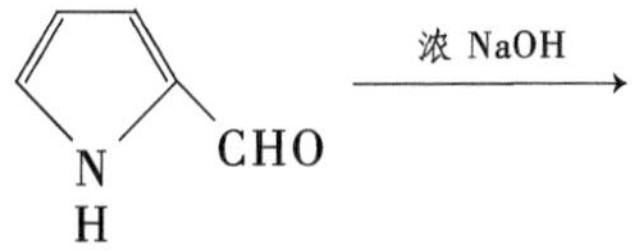 [吡咯-2-甲醛] $\xrightarrow{\text{浓 NaOH}}$

6.  [噻吩] + CH$_3$COONO$_2$ $\xrightarrow[-10℃]{(CH_3CO)_2O}$

三、论述题

为什么呋喃、噻吩及吡咯容易进行亲电取代反应？试解释之。

四、解决下列问题

(1) 区别吡啶和喹啉；
(2) 除去混在苯中的少量噻吩；
(3) 除去混在甲苯中的少量吡啶；
(4) 除去混在吡啶中的六氢吡啶。

（杨　莎　霍丽妮）

第十三章 糖 类

学习目标

【掌握】掌握葡萄糖等重要单糖的结构、性质。
【熟悉】双糖、多糖的结构特点和性质。
【了解】了解单糖、双糖、多糖的用途。

糖类是广泛存在于自然界的一类重要的有机化合物,人体血液中的葡萄糖、哺乳动物乳汁中所含的乳糖、肝和肌肉中所含的糖原、粮食中的淀粉、植物体内的纤维素等都是糖类化合物,它是人及生物体维持生命活动所需能量的主要来源,在人类生命活动过程中起着非常重要的作用。

糖类化合物由 C、H、O 三种元素组成,大多数糖类化合物中氢、氧原子的个数比是 2∶1,具有通式 $Cm(H_2O)n$ 因而曾经把这类物质称为"碳水化合物"。可是,随着科学的发展,发现有些糖类化合物如鼠李糖($C_6H_{12}O_5$)、脱氧核糖($C_5H_{10}O_4$)其分子组成上,并不符合通式 $Cm(H_2O)n$,而有些化合物如甲醛(CH_2O)、乙酸($C_2H_4O_2$)、乳酸($C_3H_6O_3$)等虽符合通式 $Cm(H_2O)n$,但不属于糖类,因此,"碳水化合物"一词并不确切。尽管仍然沿用,可是已失去原来的意义。从化学结构上看,糖类化合物是多羟基醛、多羟基酮及其他们的脱水缩合物。根据能否水解及水解产物的不同,糖类化合合物可分为单糖、低聚糖、多糖。

单糖分子不能水解,结构上为多羟基醛或多羟基酮。如葡萄糖为多羟基醛,果糖为多羟基酮。低聚糖在酸性条件能够水解,水解产物为 2~10 个单糖分子。低聚糖又可分为二糖、三糖等,其中最重要的是二糖,如麦芽糖、纤维二糖、蔗糖和乳糖。多糖在酸性条件能够水解,水解产物为多个单糖分子。多糖大多为天然高分子化合物,如淀粉、糖原和纤维素等为常见的多糖。糖的分类可归纳如下:

$$
糖\begin{cases} 单糖:葡萄糖、果糖等 \\ 低聚糖\begin{cases} 二糖:麦芽糖、纤维二糖、蔗糖、乳糖等 \\ 三糖等 \end{cases} \\ 多糖:淀粉、糖原和纤维素等 \end{cases}
$$

第一节 单 糖

一般是含有 3~6 个碳原子的多羟基醛或多羟基酮。多羟基醛为醛糖,多羟基酮为酮糖。由于单糖分子中常有多个手性碳原子,立体异构体很多,故普遍以它的来源命名。自然界所发现的单糖,主要是戊糖和己糖。与医学关系密切的有葡萄糖、果糖、核糖和脱氧核糖等。最具有代表性的是葡萄糖和果糖,它们的分子式均为 $C_6H_{12}O_6$,互为同分异构体。

一、单糖的组成及结构

(一)葡萄糖的组成及结构

1. 葡萄糖的开链式结构

葡萄糖分子式为 $C_6H_{12}O_6$,是己醛糖。实验证明,它的基本结构是含有 1 个醛基和 5 个羟基的开链结构。直链的五羟基己醛结构式为:

$$\overset{6}{C}H_2-\overset{5}{C}H-\overset{4}{C}H-\overset{3}{C}H-\overset{2}{C}H-\overset{1}{C}HO$$
$$\quad|\quad\quad|\quad\quad|\quad\quad|\quad\quad|$$
$$OH\ \ OH\ \ OH\ \ OH\ \ OH$$

其中 C_2、C_3、C_4、C_5 是 4 个不同的手性碳原子,具有 $2^4=16$ 个旋光异构体。按照习惯,糖分子的构型采用 D、L 标示法,将糖分子中编号最大的手性碳原子(如己醛糖的第 5 号碳原子)与 D-甘油醛构型相同者称为 D 型,与 L-甘油醛构型相同者(羟基在左)称为 L 型。所以,己醛糖的 16 个光学异构体中 8 个为 D 型,8 个为 L 型,构成 8 对对映体。8 种 D-型己醛糖的费歇尔投影式如下:

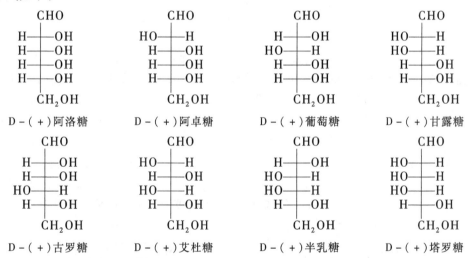

D-(+)阿洛糖　　D-(+)阿卓糖　　D-(+)葡萄糖　　D-(+)甘露糖

D-(+)古罗糖　　D-(+)艾杜糖　　D-(+)半乳糖　　D-(+)塔罗糖

葡萄糖的开链结构可用费歇尔投影式表示如下,还有两种更简单的写法:①将碳链垂直放置,醛基放在上方,其中竖线代表碳链,每一横线代表一个羟基,标在羟基所在的一侧。②主链不变,用"△"代表醛基,"○"代表羟甲基(CH_2OH)。

2. 葡萄糖环状结构

葡萄糖的开链式无法解释一些物理化学性质。例如:①葡萄糖具有醛基,但却不显示醛类

有机化学

的某些特征反应,如不与饱和 $NaHSO_3$ 加成;②葡萄糖只与一分子醇作用生成稳定的化合物,相当于生成半缩醛;③葡萄糖存在变旋现象。实验发现,葡萄糖从乙醇溶液中析出熔点为 146℃ 的晶体,将此晶体配制成水溶液,最初的比旋光度为 +112°,放置后逐渐降至 +52.7°;在吡啶溶液中析出熔点为 150℃ 的晶体,将此晶体配成溶液,最初的比旋光度为 +18.7°,放置后逐渐升至 +52.7°。这种旋光度改变的现象称为变旋现象。葡萄糖的变旋现象无法用开链式结构来解释。

经过研究证明,葡萄糖分子中存在的醛基和第 5 位碳上的羟基,可以发生分子内加成反应,产生具有半缩醛结构的环状化合物。糖分子中的半缩醛羟基称为"苷羟基"。由于 C_1 上苷羟基和 H 原子在空间有 2 种排列,通常把苷羟基和 C_5 上原羟基在同侧的称 α-型,异侧的称 β-型。这两种异构体在溶液中可以通过开链式结构互相转变,成为一个平衡体系。由于葡萄糖的环状结构是由 1 个氧原子和 5 个碳原子形成的六元环,与六元杂环吡喃相似,故称为吡喃型葡萄糖。

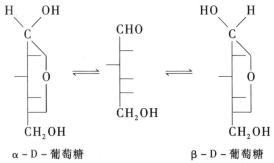

α-D-葡萄糖   β-D-葡萄糖

在葡萄糖的环状结构中,碳链不可能直线排列,C_1 与 C_5 原子通过氧桥连接的键也不可能那么长。为了更接近于真实地表示葡萄糖分子在空间的环状结构,一般用哈沃斯透视式来表示其环状结构。葡萄糖哈沃斯式的写法是将成环的碳原子和氧原子画出一个六边形平面,环上的碳原子省略不写,但氧原子要写出,要标出碳原子的编号,其中 C_1 在右边,C_4 在左边。C_1、C_2、C_3、C_4 原子间的键均用粗线,意为在纸平面之前,C_5 和氧原子在后面。把氧环式碳链左边的原子或原子团(如 2-位和 4-位的氢原子、3-位上的羟基),写在环平面的上面,碳链右边的原子或原子团(如 2-位和 4-位的羟基,3-位上的氢原子)写在环平面的上面。

α-D-吡喃葡萄糖   β-D-吡喃葡萄糖

(二)果糖的组成及结构

1. 链式

果糖的分子式为 $C_6H_{12}O_6$,是己酮糖,与葡萄糖互为同分异构体。其开链结构为(其中 2-位碳是酮基):

D-(-)-果糖

2. 环状结构

由于果糖分子中与酮基相邻的碳原子上都有羟基,使酮基活泼性提高,可与5位或6位碳上的羟基作用生成半缩酮。因而与葡萄糖相似,果糖也主要以氧环式结构存在,游离态果糖具有吡喃糖的六元环状结构,由6位碳上的羟基与酮基结合形成环状半缩酮,具有吡喃结构,称为D-吡喃果糖。结合态果糖存在于蔗糖等结合糖中,由5位碳上的羟基与酮基结合形成五元环状半缩酮,具有呋喃结构,称为D-呋喃果糖。氧环式果糖的结构也有α-型和β-型两种,苷羟基在碳链右边的为α-型,在左边的为β-型。

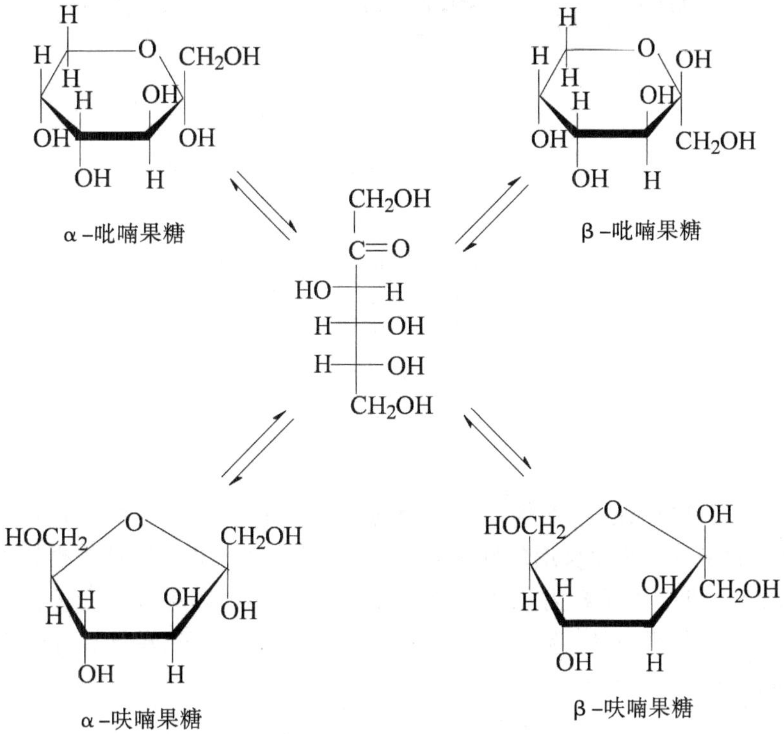

α-吡喃果糖　　β-吡喃果糖

α-呋喃果糖　　β-呋喃果糖

二、单糖的化学性质

单糖都是无色结晶,有吸湿性,易溶于水,难溶于乙醇等有机溶剂。单糖(除丙酮糖外)都具有旋光性。有甜味,不同的单糖甜度不同。

单糖含有醇羟基、羰基和半缩醛(酮)羟基等多个官能团,故易发生多种化学反应。在发生化学反应时,不但能以环状结构进行,而且也可以以开链结构进行。

有机化学

(一)差向异构化

在两个含有多个手性碳原子的立体结构中,若只有一个手性碳原子的构型相反,而其他手性碳原子的构型完全相同,称为差向异构体。例如,D-葡萄糖和D-甘露糖只有C-2的构型相反,它们互称为差向异构体。D-葡萄糖、D-甘露糖和D-果糖它们在稀碱溶液中能相互转化,这种转化称为差向异构化。

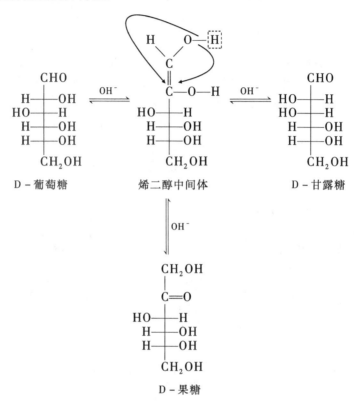

(二)氧化反应

在碱性条件下,单糖无论是醛糖或酮糖,都能被弱氧化剂如托伦试剂、班氏试剂氧化。凡是能与这些弱氧化剂发生氧化反应的糖称为还原糖,反之则为非还原糖。酮糖之所以能被托伦试剂、斐林试剂和班氏试剂氧化,是因为它在稀碱溶液中可以通过互变异构反应转化为醛糖。它们分子结构的特征是具有苷羟基(半缩醛羟基)。由此可见,单糖具有还原性。

1. 单糖与托伦试剂的反应

$$单糖 \xrightarrow[\Delta]{[Ag(NH_3)_2]OH} 混合物 + Ag\downarrow$$

$$葡萄糖 \xrightarrow[\Delta]{[Ag(NH_3)_2]OH} 糖酸(混合物) + Ag\downarrow$$

反应完成后,有单质银析出,故该反应也称为银镜反应。

2. 单糖与斐林试剂及班氏试剂的反应

单糖能将斐林试剂或班氏试剂还原生成砖红色的氧化亚铜沉淀。斐林试剂是由质量分数为0.1g/ml的氢氧化钠溶液和质量分数为0.05g/ml的硫酸铜溶液,还有酒石酸钾钠配制而成的。而班氏试剂是硫酸铜、碳酸钠和柠檬酸钠配成的蓝色溶液(班氏试剂比斐林试剂稳定,不需临时配制,使用方便)。这也是临床上常用来检验糖尿病患者的尿液中是否含有葡萄糖的试验,并根据产生 Cu_2O 沉淀的颜色深浅以及量的多少来判断葡萄糖的含量。

$$单糖 \xrightarrow[\Delta]{Cu(OH)_2} 混合物 + Cu_2O \downarrow$$

$$单糖 \xrightarrow[\Delta]{Cu(OH)_2} 混合物 + Cu_2O \downarrow$$

3. 与溴水的反应

在醛糖中加入溴水,稍加热后,溴水的棕红色即可褪去。而酮糖与溴水不反应,因而,可以用溴水来区别醛糖和酮糖。例如:果糖与溴水不反应,而葡萄糖与溴水稍加热后溴水的棕红色则褪去,反应式如下:

$$\begin{array}{c} CHO \\ H \!-\!\!\!-\!OH \\ HO\!-\!\!\!-\!H \\ H \!-\!\!\!-\!OH \\ H \!-\!\!\!-\!OH \\ CH_2OH \end{array} \xrightarrow{溴水} \begin{array}{c} COOH \\ H \!-\!\!\!-\!OH \\ HO\!-\!\!\!-\!H \\ H \!-\!\!\!-\!OH \\ H \!-\!\!\!-\!OH \\ CH_2OH \end{array}$$

D-葡萄糖　　　　D-葡萄糖酸

4. 被稀硝酸氧化

稀硝酸的氧化性比溴水强,它能将醛糖中 C_1 位醛基和 C_6 位羟甲基都氧化成羧基而生成糖二酸。如:D-葡萄糖被稀硝酸氧化成 D-葡萄糖二酸。

$$\begin{array}{c} CHO \\ H \!-\!\!\!-\!OH \\ HO\!-\!\!\!-\!H \\ H \!-\!\!\!-\!OH \\ H \!-\!\!\!-\!OH \\ CH_2OH \end{array} \xrightarrow{HNO_3} \begin{array}{c} COOH \\ H \!-\!\!\!-\!OH \\ HO\!-\!\!\!-\!H \\ H \!-\!\!\!-\!OH \\ H \!-\!\!\!-\!OH \\ COOH \end{array}$$

酮糖也可被稀硝酸氧化,经碳链断裂而生成较小分子的二元酸。

$$\begin{array}{c} CH_2OH \\ C\!=\!O \\ HO\!-\!\!\!-\!H \\ H \!-\!\!\!-\!OH \\ H \!-\!\!\!-\!OH \\ CH_2OH \end{array} \xrightarrow{HNO_3} \begin{array}{c} COOH \\ HO\!-\!\!\!-\!H \\ H \!-\!\!\!-\!OH \\ H \!-\!\!\!-\!OH \\ COOH \end{array}$$

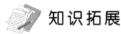

知识拓展

葡萄糖醛酸

人体内的 D-葡萄糖可在酶的催化下转化为葡萄糖醛酸,即末端的羟甲基被氧化成羧基。它在肝脏中能与一些有毒物质,如醇、酚等结合后,从尿中排出体外而达到解毒作用。葡萄糖醛酸商品名为"肝泰乐",是临床上常用的保肝药。

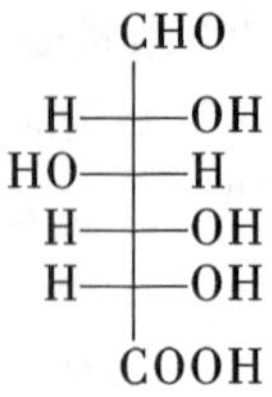

有机化学

葡萄糖醛酸结构式:
CHO
H—OH
HO—H
H—OH
H—OH
COOH

葡萄糖醛酸

(三) 成酯反应

单糖的羟基可与酸反应生成酯。例如，人体内的葡萄糖在酶的作用下，可以和磷酸反应生成葡萄糖-1-磷酸酯(俗称1-磷酸葡萄糖)、葡萄糖-6-磷酸酯(俗称6-磷酸葡萄糖)和葡萄糖-1,6-二磷酸酯，它们是糖代谢的中间产物。

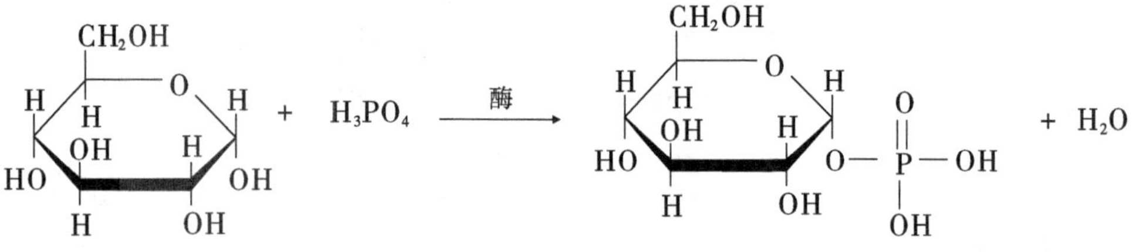

α-吡喃葡萄糖 + H_3PO_4 →(酶) α-吡喃葡萄糖-1-磷酸酯 + H_2O

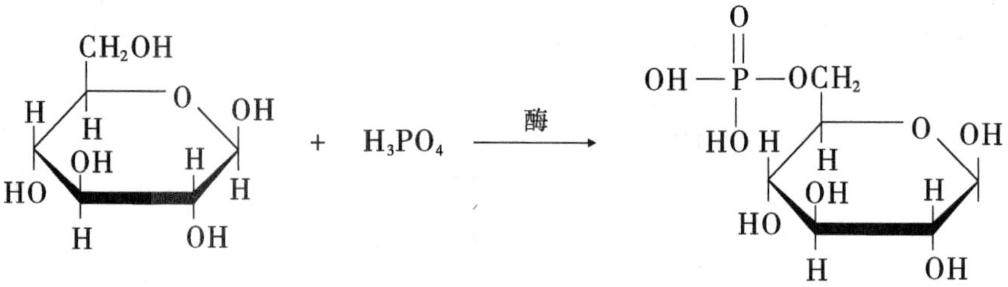

β-吡喃葡萄糖 + H_3PO_4 →(酶) β-6-磷酸葡萄糖

糖在体内的代谢中，首先要经过磷酸化，然后才能进行一系列的化学反应。如合成糖原首先要将葡萄糖变成葡萄糖-1-磷酸酯，糖原的分解也是从它开始。因此，糖的磷酸酯化是体内糖原储存和分解的基本步骤之一。

(四) 成苷反应

由于单糖的环状结构的苷羟基比较活泼，能够与另一分子糖、醇或酚等含羟基化合物作用脱水生成缩醛或缩酮。这种化合物称为糖苷(简称苷)。

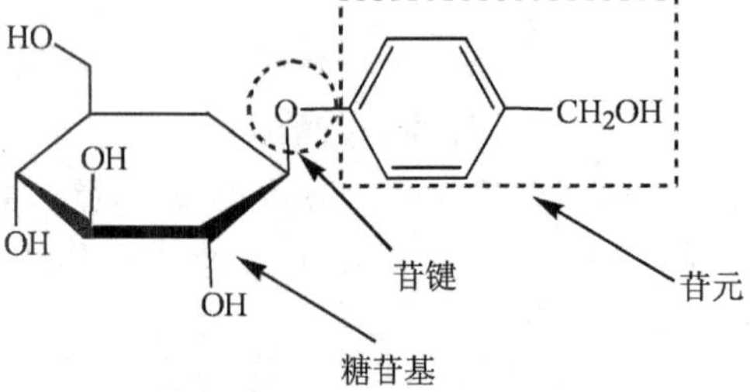

（图示：糖苷基、苷键、苷元）

糖苷通常由糖和非糖两部分组成。糖的部分称为糖苷基，非糖部分称为配糖基(苷元)，糖苷基和配糖基由氧原子连接而成的键称为糖苷基(或苷键)。

第十三章 糖 类

如：葡萄糖和甲醇在干燥的 HCl 催化下，可以脱去 1 分子的水生成葡萄糖甲苷。

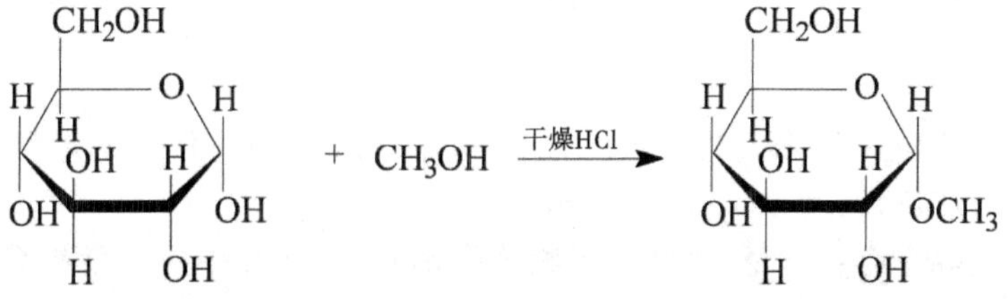

$$\text{α-吡喃葡萄糖} + CH_3OH \xrightarrow{\text{干燥HCl}} \text{α-吡喃葡萄糖甲苷}$$

由于单糖成苷后，分子中失去苷羟基，所以糖苷不再具有还原性。糖苷广泛地存在于植物中，大多数具有生理活性，是许多中草药的有效成分。例如，洋地黄中的洋地黄毒苷属于强心苷类化合物具有强心作用，杏仁中的苦杏仁苷有止咳平喘作用等。

(五) 成脎反应

单糖具有醛或酮羰基可与苯肼反应，首先生成腙，在过量苯肼存在下，α-羟基继续与苯肼作用生成不溶于水的黄色晶体，称为糖脎。除糖外，α-羟基醛或酮均可发生类似反应。总反应式为：

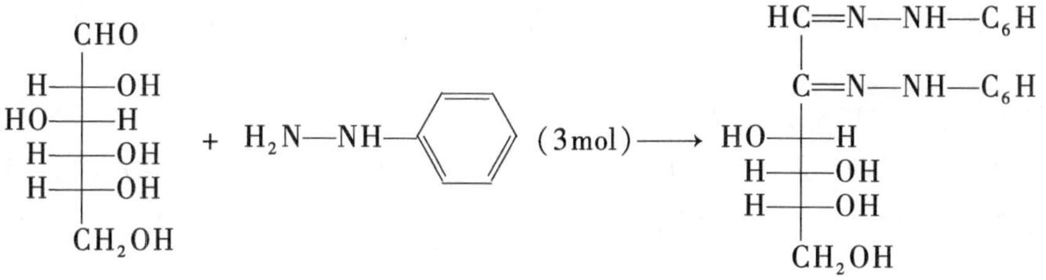

$$\text{D-葡萄糖} + H_2N-NH-C_6H_5 \ (3mol) \longrightarrow \text{D-葡萄糖脎}$$

不同的糖脎晶型不同，熔点也不同，因此可以利用该反应作为糖的定性鉴别。另外成脎反应是在羰基和具有羟基的 α-碳上进行，单糖一般在 C_1 和 C_2 上发生反应。因此，除 C_1 和 C_2 外，其余手性碳原子构型均相同的糖都能生成相同的糖脎。例如：D-(+)-葡萄糖、D-(−)-果糖和 D-(+)-甘露糖的糖脎是同一个化合物。成脎反应有时可以用来帮助测定糖的构型。

(六) 颜色反应

1. 莫立许反应

莫立许(Molisch)试剂是 α-萘酚的酒精溶液。在糖的水溶液中加入莫立许试剂，然后沿管壁慢慢加入浓硫酸，不能振摇，浓硫酸密度较大会沉到管底，在浓硫酸和糖溶液的交界面很快出现紫色环，这就是莫立许反应。

所有糖，包括单糖、低聚糖和多糖，都能发生此反应，而且反应非常灵敏，常用于糖类物质的鉴定。

2. 塞利凡诺夫实验

塞利凡诺夫(Seliwanoff)试剂是间苯二酚的盐酸溶液。在酮糖(游离的酮糖或双糖中的酮糖，例如果糖和蔗糖)的溶液中，加入塞利凡诺夫试剂，加热，很快出现鲜红色。在同样条件下，醛糖缓慢显现淡红色，从而可以鉴别酮糖和醛糖。

三、重要的单糖

(一)葡萄糖

葡萄糖为无色或白色粉末,易溶于水,难溶于乙醇,有甜味,但甜度为蔗糖的70%左右。天然的葡萄糖具有右旋性,所以又称右旋糖。

葡萄糖在自然界中存在广泛,植物和动物体中都有,在葡萄中的含量较高,因此称为葡萄糖。人体血液中的葡萄糖称为血糖,正常人血糖浓度为 3.9~6.1mmol/L(或 0.70~1.10g/L)。糖尿病患者的尿液中含有葡萄糖,含量高则病情重,低则轻。葡萄糖是一种重要的营养物质,是人体所需能量的重要来源,并且还有强心、利尿、解毒的作用,50g/L 的葡萄糖溶液是临床上输液常用的等渗溶液。

(二)果糖

纯净的果糖是白色晶体,易溶于水,熔点为 105℃。D-果糖具有左旋性,故又称左旋糖。果糖是最甜的一种天然糖,以游离态存在于水果和蜂蜜中,以结合状态存在于蔗糖中。

(三)核糖和脱氧核糖

天然核糖为片状结晶,熔点87℃。α-脱氧核糖的熔点为 78~82℃,β-脱氧核糖的熔点为 96~98℃。

核糖和 2-脱氧核糖都是重要的戊醛糖,核糖是核糖核酸(RNA)的重要组成部分,脱氧核糖是脱氧核糖核酸(DNA)的重要组成部分。RNA 参与蛋白质和酶的生物合成过程,DNA 是染色体的主要化学成分,同时也是组成基因的材料。在人类生命活动中起着重要作用。

第二节 二 糖

二糖是低聚糖中最重要的一种,是由1分子单糖的苷羟基与另1单糖分子的羟基脱水缩合后的缩合产物。严格地说,二糖也是糖苷,二糖根据性质上的差异可分为还原性二糖和非还原性二糖两类。

如果二糖分子是通过糖体的苷羟基与作为配糖体的单糖非苷羟基之间缩水形成的,在二糖分子中的配糖体还保留一个苷羟基,该二糖具有还原性,可以发生与单糖相同的氧化、成苷、成脒等化学反应,这种二糖称为还原糖。如果两个单糖分子是通过2个苷羟基之间脱水缩合形成的二糖,二糖分子中不再有苷羟基,也就失去了还原性,不能发生与单糖相同的氧化、成苷、成脒等化学反应,这种二糖为非还原性糖。

常见的还原二糖有麦芽糖、纤维二糖、和乳糖,非还原性二糖为蔗糖。它们的分子式均为 $C_{12}H_{22}O_{11}$,四者互为同分异构体。

一、麦芽糖

麦芽糖主要存在于麦芽中,故而得名(麦芽中含有淀粉酶,可将谷物种子中的淀粉水解成麦芽糖。人体在消化食物的过程中,先经淀粉酶作用将淀粉水解成麦芽糖,然后再经过麦芽酶的作用将麦芽糖水解成 D-葡萄糖)。因此,麦芽糖是淀粉水解过程中的产物。

麦芽糖分子是由1分子α-吡喃葡萄糖的苷羟基与另1分子吡喃葡萄糖中4位碳上的醇

羟基脱水,以 α-1,4-苷键结合而成。其哈沃斯式为:

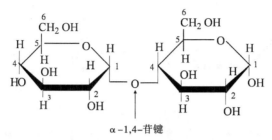

α-1,4-苷键

纯净的麦芽糖为白色晶体,溶于水,有甜味,甜度约为蔗糖的 70%,是饴糖的主要成分,可作果糖及细菌的培养基。

由上述麦芽糖结构可以看出,麦芽糖分子中含有 1 个游离的苷羟基,因此有还原性,属还原糖,能与托伦试剂、班氏试剂作用,也能发生成苷和成酯反应。在酸或酶的作用下,水解得到两个分子葡萄糖。

$$麦芽糖 + H_2O \xrightarrow{H^+ 或酶} 葡萄糖 + 葡萄糖$$

二、纤维二糖

纤维二糖是由两分子的 β-D-葡萄糖由 β-1,4 糖苷键缩合而成的一种二糖。纤维二糖是纤维素水解的产物,也是纤维素的基本结构单元。在自然界不存在游离的纤维二糖,在乙醇水溶液中可得细粒结晶的纤维二糖(真空干燥后),熔点 225℃(分解)。纤维二糖水解后得两分子 D-(+)-葡萄糖。纤维二糖分子有一个半缩醛羟基,有还原性,能与托伦试剂、班氏试剂作用。

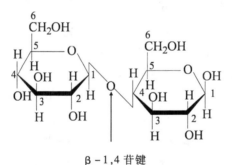

β-1,4 苷键

三、乳糖

存在于哺乳动物的乳汁中而得名。牛奶中含乳糖为 4%~6%,人乳中约含 6%,是婴儿发育必需的营养物质。

乳糖是由 1 个分子 β-吡喃半乳糖 1 位碳上的苷羟基与另一分子吡喃葡萄糖 4 位碳上的醇羟基脱水,通过 β-1,4-苷键连接而成。其哈沃斯式为:

有机化学

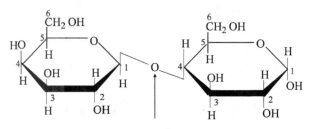

β-1,4苷键

乳糖是白色晶体,微甜,在水中溶解度小。因吸湿性小,医药上常用作片剂、散剂的填充剂。由乳糖的结构可以看出,乳糖分子中葡萄糖部分仍有1个游离的苷羟基,所以乳糖为还原糖,能与托伦试剂、班氏试剂作用,也能发生成苷和成酯反应。在酸或酶的作用下,乳糖水解生成1分子β-半乳糖和1分子葡萄糖。

四、蔗糖

蔗糖是自然界分布最广的双糖,在甘蔗和甜菜中含量最多。食用糖中的白糖、红糖和冰糖等都是蔗糖。蔗糖是由分子α-吡喃葡萄糖1位碳上的苷羟基与一分子β-呋喃果糖2位上的苷羟基通过α-1,2(或β-2,1)苷键结合而成的双糖。蔗糖的哈沃斯结构式为:

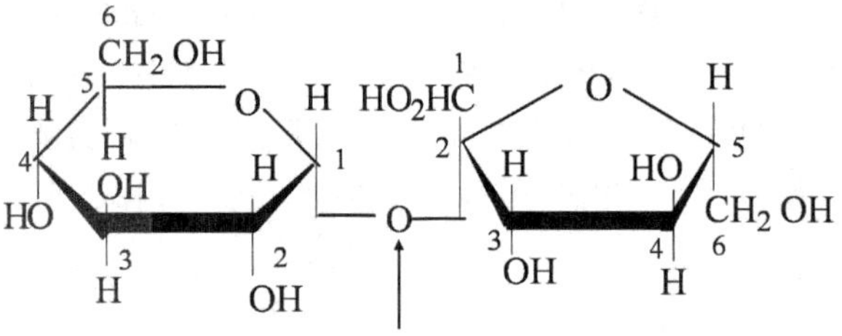

α-1,2(β-2,1)苷键

纯净的蔗糖为白色晶体,甜味仅次于果糖,易溶于水,熔点168~186℃(分解)。由上述蔗糖结构中可看出,蔗糖分子中已不存在游离的苷羟基,因此没有还原性,属非还原性糖,不能与托伦试剂、班氏试剂作用,也不能发生成苷反应;在酸或酶的作用下,水解生成葡萄糖和果糖。

$$蔗糖 + H_2O \xrightarrow{H^+ 或酶} 葡萄糖 + 果糖$$

蔗糖在医药上用作矫味剂和配制糖浆。由蔗糖加热生成的褐色焦糖,在某些饮料和食品中用作着色剂。

第三节 多 糖

由数百、数千甚至上万个单糖分子以苷键连接、聚合形成的高分子化合物就是多糖。根据多糖的组成单位,可分为匀多糖和杂多糖。由相同的单糖缩合而成的多糖称为匀多糖,如淀粉、糖原和纤维素等都是由葡萄糖聚合而成的。由不同单糖组成的多糖称为杂多糖,如阿拉伯糖、黏多糖等。一些多糖,如淀粉、糖原作为能量储存在生物体内;另一些不溶性多糖,如植物的纤维素和动物的甲克素,则构成植物和动物的骨架。此外。许多酶激素的作用也与其中所含的多糖有关。

第十三章 糖 类

多糖一般为无色粉末,没有甜味,大多数不溶于水,个别的多糖可在水中形成胶体溶液。由于在缩合过程中失去了大部分苷羟基,所以多糖无还原性,属非还原性糖。不能与托伦试剂和班氏试剂作用。在酸和酶的作用下,多糖可以逐步水解,最终产物为单糖。

常见的多糖有淀粉、糖原、纤维素等,它们的分子式可用通式$(C_6H_{12}O_5)n$表示。

一、淀粉

淀粉是绿色植物进行光合作用的产物,主要存在于植物的果实、种子和块茎等部位;也是人类最重要食物之一,在红薯和芋头中含量比较丰富。

淀粉是有许多 α-D-葡萄糖分子脱水缩合而成的多糖属均多糖。天然淀粉主要有直链淀粉和支链淀粉组成。直链淀粉分子一般是由上千个 α-D-葡萄糖分子通过 α-1,4 苷链相连接而成的,是一种没有或很少分支的长链多糖。支链淀粉分之是由 60 000～400 000 个 D-葡萄糖分子缩合而成的多分支化结构,其主键是以 α-1,6 苷键与主键相连接的。直链淀粉和支链淀粉的结构如图 13-1、13-2 所示。小圆圈表示葡萄糖单元。

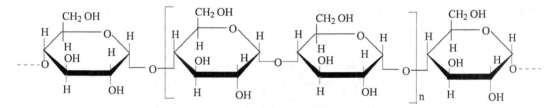

直链淀粉的结构式

图 13-1 直链淀粉结构示意图

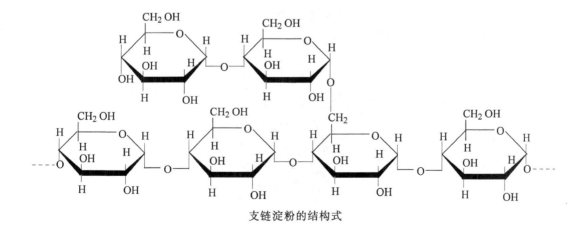

支链淀粉的结构式

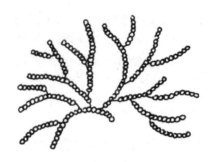

图 13-2 支链淀粉结构示意图

直链淀粉能溶于热水,故又称可溶性淀粉,溶液遇碘呈深蓝色,加热蓝色消失,冷却后又重新显色。是因为直链淀粉并不是以伸展的线性分子存在,由于分子内氢键的作用,有规律地卷曲成螺旋状,每一螺旋圈约含 6 个葡萄糖单位。而直链旋状结构中间的空穴,恰好能容纳碘分子进入,通过范德华力,使碘与淀粉作用生成蓝色的配合物,如图 13-3。反应非常灵敏,常用与淀粉的鉴别。支链淀粉不溶于热水,称为不溶性淀粉,遇碘呈蓝紫色。直链淀粉和支链淀粉在酸和酶的作用下逐步水解生成一系列中间产物,最终生成 D-葡萄糖

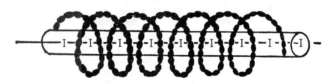

图 13-3 碘-淀粉配合物

二、糖原

糖原是储存在人和动物体内的一种多糖,也属均多糖,又称动物淀粉或肝糖;主要存在于肝脏和肌肉中,有肝糖原和肌糖原之分。

糖原的组成单元是 α-D-葡萄糖,结构与支链淀粉相似,也是由 D-葡萄糖通过 α-1,4苷键和 α-1,6苷键连接而成,但支链更多,更稠密,每隔 3~4 个葡萄糖单位就出现 1 个支链,其相对分子质量更大,其结构如图 13-4 所示

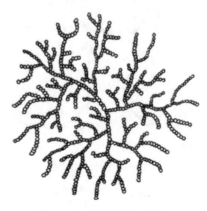

图 13-4 糖原结构示意图

糖原是无定型粉末,溶于热水形成透明胶体溶液,与碘显红棕色。当血糖浓度较高时,在胰岛素的作用下,肝脏把多余的葡萄糖转变成糖原储存起来;当血糖浓度较低时,在体内高血糖素的作用,肝糖原就分解为葡萄糖进入血液,以保持血糖的正常水平。所以,糖原对维持人体血糖浓度有着重要作用。

三、纤维素

纤维素是自然界中分布最广泛的一种多糖,是构成植物细胞壁的主要成分,木材中含纤维素 50% 左右,棉花中含 90% 以上。

纤维素的结构单元是 β-D-葡萄糖,它们是以 β-1,4 苷键连接成直链,见图 13-5。结构类似与直链淀粉,不含支链,几条纤维素分子长链通过大量的氢键结合成纤维素束,几个纤维素束绞在一起形成绳索状结构(图 13-5)。

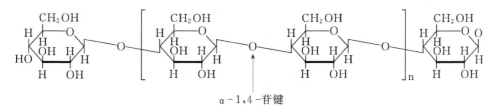

图 13-5 纤维素的结构

纤维素是白色固体,不溶于水,有很强的韧性。由于人体内的淀粉酶只能水解 α-1,4 苷键,不能水解 β-1,4 苷键,所以纤维素不能直接作为人类的能量物质。但纤维素能促进肠道蠕动,吸收肠内有毒物质,防止便秘。食草动物的胃中有能产生纤维素水解酶的微生物,能将纤维素水解生成葡萄糖,所以纤维素可作为食草动物的饲料。纤维素的用途很广,主要用于纺织、造纸工业。临床上使用的医用脱脂棉和纱布主要成分都是纤维素。

 知识拓展

自然界中的多糖

多糖广泛分布于自然界的多种生物体中,尤其是动物细胞膜、植物细胞壁和微生物细胞壁中,是构成生命体的分子基础之一。自 1960 年以来,人们陆续发现多糖具有多种药理活性,它不仅可以作为广谱免疫促进剂,调节机体免疫功能,还可以在抗肿瘤、病毒、抗氧化、降血糖、抗辐射等方面发挥广泛的药理作用。迄今为止,已有 300 多种多糖类化合物从天然产物中分离出来,其中从植物中提取的水溶性多糖最为重要。

例如:茶多糖具有抗辐射、抗凝血、抗肿瘤、抗氧化、降血糖等活性。花粉多糖、枸杞多糖能够降血脂;淫羊藿多糖是重要的免疫刺激剂,能够增加白细胞和淋巴细胞数目,提高淋巴细胞转化率和巨噬细胞活性;芦荟多糖还可促进免疫器官发育;香菇多糖具有抗肿瘤作用等。

有机化学

考点提示

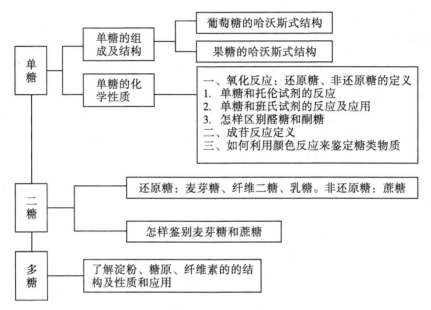

目标检测

一、名词解释

1. 糖　　　　2. 还原糖　　　　3. 塞利凡诺夫试剂

4. 托伦试剂　　　5. 班氏试剂

二、填空题

1. 根据水解情况,糖类化合物可分为_____糖_____糖和_____糖三类。

2. 蔗糖中所含的果糖是以_结构形式存在. 淀粉水解的最终产物是_____。

3. 血液中的_____称为血糖,正常人的血糖含量为_____mmol/L 或_____g/L。临床上常用_____试剂来检查尿中的葡萄糖。

4. 天然淀粉由_____淀粉和_____淀粉组成,可溶解淀粉与碘作用变_____色。

5. 糖苷由_____和_____两部分组成。糖苷中_____基与_____基相结合的化学键称为_____键。

三、选择题

1. 下列说法正确的是

A. 糖类都符合通式 $C_n(H_2O)_m$　　　B. 糖类都有甜味

C. 糖类含有 C、H、O 三种元素　　　D. 糖类都能水解

2. 自然界存在的葡萄糖是

A. D-构型　　　　　　　　　　　B. L-构型

C. 绝大多数是 L-构型　　　　　　D. 绝大多数是 D-构型

第十三章 糖 类

3. 血糖通常是指血液中的
   A. 果糖
   B. 糖原
   C. 葡萄糖
   D. 麦芽糖

4. 糖在人体储存的形式是
   A. 葡萄糖
   B. 蔗糖
   C. 纤维素
   D. 糖原

5. 下列糖中,属于酮糖的是
   A. 葡萄糖
   B. 果糖
   C. 脱氧核糖
   D. 核糖

6. 临床上用于检验糖尿病患者尿液中葡萄糖的试剂是
   A. 托伦试剂
   B. 班氏试剂
   C. 塞利凡诺夫试剂
   D. α-萘酚的酒精溶液

7. 下列化合物既有还原性,又有水解性的是
   A. 果糖
   B. 蔗糖
   C. 麦芽糖
   D. 淀粉

8. 下列不是同分异构体的是
   A. 麦芽糖与蔗糖
   B. 蔗糖与乳糖
   C. 葡萄糖与果糖
   D. 核糖与脱氧核糖

9. 下列糖中,人体消化酶不能消化的是
   A. 糖原
   B. 淀粉
   C. 葡萄糖
   D. 纤维素

10. 下列糖遇碘显蓝紫色的是
    A. 糖原
    B. 淀粉
    C. 葡萄糖
    D. 纤维素

11. 下列糖中属非还原性的糖是
    A. 麦芽糖
    B. 蔗糖
    C. 乳糖
    D. 果糖

12. 下列糖中最甜的是
    A. 葡萄糖
    B. 果糖
    C. 蔗糖
    D. 核糖

13. 下列化合物中,具有还原作用的是
    A. 纤维素
    B. 糖原
    C. 淀粉
    D. 乳糖

14. 区别葡萄糖和果糖可用
    A. 托伦试剂
    B. 碘水
    C. 溴水
    D. 三氯化铁

15. 纤维素分子中,结构单位之间的结合键是
    A. α-1,4-苷键
    B. α-1,6-苷键
    C. β-1,4-苷键
    D. β-1,6-苷键

有机化学

四、完成反应式

(1) 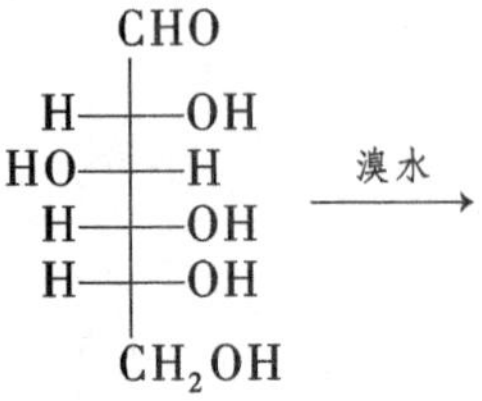
$$\begin{array}{c} CHO \\ H-\!\!\!-\!\!\!-OH \\ HO-\!\!\!-\!\!\!-H \\ H-\!\!\!-\!\!\!-OH \\ H-\!\!\!-\!\!\!-OH \\ CH_2OH \end{array} \xrightarrow{\text{溴水}}$$

(2) 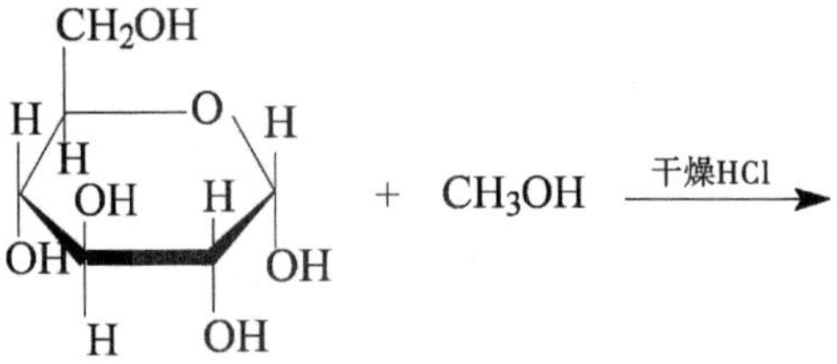 [吡喃糖结构] + CH_3OH $\xrightarrow{\text{干燥}HCl}$

(3) 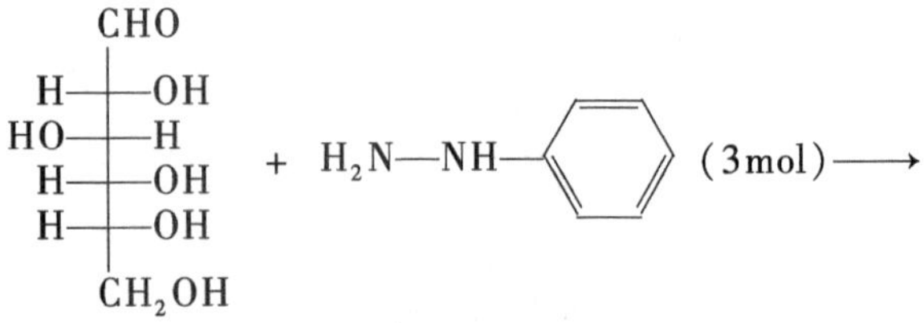
$$\begin{array}{c} CHO \\ H-\!\!\!-\!\!\!-OH \\ HO-\!\!\!-\!\!\!-H \\ H-\!\!\!-\!\!\!-OH \\ H-\!\!\!-\!\!\!-OH \\ CH_2OH \end{array} + H_2N-NH-C_6H_5 \text{ (3mol)} \longrightarrow$$

五、用化学方法鉴别下列各组化合物

(1) 果糖和蔗糖　(2) 乳糖和淀粉　(3) 葡萄糖、蔗糖和淀粉　(4) 果糖、葡萄糖和蔗糖

六、推断结构式

有一单糖衍生物 A 的分子式为 $C_8H_{16}O_6$ 无还原性，水解后生成 B 和 C 两种产物。B 的分子式为 $C_6H_{12}O_6$，遇塞利凡诺夫试剂，加热，缓慢出现淡红色。C 分子式为 C_2H_6O 能发生碘仿反应。请写出 A、B、C 的结构式。

（王　芬）

第十四章 脂类、萜类和甾族化合物

学习目标

【掌握】萜类化合物的异戊二烯规律。
【熟悉】油脂的组成和性质,萜类、甾体化合物的基本结构。
【了解】自然界中常见的几种萜类、甾族化合物及其生物功能。

脂类是广泛存在于生物体内的一类重要有机化合物,范围较广,主要有油脂、蜡、磷脂等。这类化合物在组成、结构和性质上差异较大,但它们有一些共同的特点:水解时能生成脂肪酸。

油脂是甘油与高级偶碳数脂肪酸生成的酯,分为脂肪(fat)和油(oil);磷脂是含有磷酸基的类酯(lipoid)。两者都有酯的结构,都能被生物体利用,油脂和磷脂在生理上具有重要意义。油脂在人体内是重要的能源储备物,具有保温作用,并能保护内脏免受磨损和防止外力损伤,还是脂溶性维生素及许多生物活性物质的良好溶剂。磷脂是细胞原生质的必要成分,在细胞中与蛋白质结合形成脂蛋白,构成细胞的各种膜,如细胞膜、核膜、线粒体膜等。磷脂中的不饱和脂肪酸有利于生物膜中物质的流动,饱和脂肪酸核胆固醇可增加生物膜的坚性,脂的疏水性能使生物膜阻碍水分子的通过。可见脂类是生物体维持正常的生命活动不可缺少的物质,在生理及实际应用上都十分重要。

第一节 脂 类

一、油脂

(一)油脂的组成

油脂的主要成分是直链高级脂肪酸和甘油生成的酯,医学上称为甘油三酯。习惯上把在常温下为固体或半固体的叫脂肪,例如牛油、猪油等,常温下为液体的叫作油,例如花生油、豆油等。油脂常用下列结构式表示:

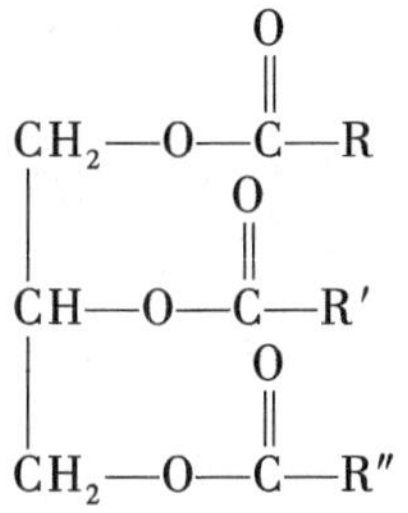

$$\begin{array}{l} CH_2-O-\overset{\displaystyle O}{\overset{\|}{C}}-R \\ | \\ CH-O-\overset{\displaystyle O}{\overset{\|}{C}}-R' \\ | \\ CH_2-O-\overset{\displaystyle O}{\overset{\|}{C}}-R'' \end{array}$$

(R、R′、R″可以相同或不同)

有机化学

如果 R、R′、R″相同,叫作单甘油酯;R、R′、R″不同则叫作混合甘油酯。天然的油脂大部为混合甘油酯。

组成油脂的脂肪酸的种类很多,但主要是含偶数碳原子的饱和或不饱和的直链羧酸。饱和羧酸最多的是含 12~18 个碳原子的,其中以十六碳酸(软脂酸)分布最广,几乎所有的油脂均含此酸;十八碳酸(硬脂酸)则在动物脂肪中含量最多。不饱和酸所含的碳原子数均大于 10 个,最重要的是含十八个碳原子的油酸。

常见的饱和脂肪酸为:

十二酸(月桂酸)　　　　$CH_3(CH_2)_{10}COOH$

十四酸(豆蔻酸)　　　　$CH_3(CH_2)_{12}COOH$

十六酸(软脂酸)　　　　$CH_3(CH_2)_{14}COOH$

十八酸(硬脂酸)　　　　$CH_3(CH_2)_{16}COOH$

常见的不饱和脂肪酸为:

$CH_3(CH_2)_7CH=CH(CH_2)_7COOH\quad CH_3(CH_2)_4CH=CHCH_2CH=CH(CH_2)_7COOH$

顺-十八碳-9-烯酸(油酸);顺,顺-十八碳-9,12-二烯酸(亚油酸)

$CH_3CH_2CH=CHCH_2CH=CHCH_2CH=CH(CH_2)_7COOH$

顺,顺,顺-十八碳-9,12,15-三烯酸(亚麻酸)

$CH_3(CH_2)_3(CH=CH)_3(CH_2)_7COOH$

顺,反,反-十八碳-9,11,13-三烯酸(桐油酸)

脂肪酸越不饱和,由它所组成的油脂的熔点也越低。因此固体的油脂含有较多的饱和脂肪酸甘油酯,而液体的油则含有较多的不饱和(或者不饱和程度大的)脂肪酸甘油酯。

甘油酯的命名,通常将甘油名称写在前,脂肪酸的名称写在后,称为"甘油某酸酯";但有时也可把脂肪酸名放在前,醇名放在后进行命名。若为混甘油酯,要把各脂肪酸的位次用 α、β、α′标明。例如:

$$\begin{array}{l}CH_2-O-\overset{O}{\underset{\|}{C}}-C_{15}H_{31}\\CH-O-\overset{O}{\underset{\|}{C}}-C_{15}H_{31}\\CH_2-O-\overset{O}{\underset{\|}{C}}-C_{15}H_{31}\end{array}$$

甘油三软脂酸酯(三软脂酰甘油)

$$\begin{array}{l}\alpha\ CH_2-O-\overset{O}{\underset{\|}{C}}-C_{15}H_{31}\\ \beta\ CH-O-\overset{O}{\underset{\|}{C}}-C_{17}H_{35}\\ \alpha'\ CH_2-O-\overset{O}{\underset{\|}{C}}-(CH_2)_7CH=CH(CH_2)_7CH_3\end{array}$$

甘油-α-软脂酸-β-硬脂酸-α′-油酸酯

饱和脂肪酸和油酸在体内可通过代谢合成,而亚油酸和亚麻酸哺乳动物本身不能合成,必须从食物中获得。这些不饱和脂肪酸对人体的生长和健康是必不可少的,因此,称它们为"必需脂肪酸"。

亚油酸又叫特别必需脂肪酸,因为动物体内亚油酸的含量占三脂酰甘油和磷脂中脂肪酸总量 10% 以上。亚油酸可促进胆固醇和胆汁酸的排出,降低血中胆固醇的含量。当必需脂肪酸供应不足或过多地被氧化时,将导致细胞膜和线粒体结构的异常改变,甚至引起癌变。

(二)油脂的性质

纯净的油脂一般为无色、无味、无臭的中性物质,天然油脂尤其是植物油,因混有维生素、

第十四章 脂类、萜类和甾族化合物

色素等而具有特殊的气味和颜色。油脂比水轻,比重在 0.90~0.95。不溶于水,易溶于乙醚、汽油、苯、石油醚、丙酮、氯仿和四氯化碳等有机溶剂中。油脂没有明显的沸点和熔点,因为它们一般都是混合物。

油脂的主要化学性质如下:

1. 皂化和皂化值

油脂在酸、碱或酶的催化下,易水解生成甘油和羧酸(或羧酸盐)。油脂进行碱性水解时,所生成的高级脂肪酸盐就是肥皂。因此油脂的碱性水解叫作皂化。

$$\begin{array}{c} CH_2OCOR \\ | \\ CHOCOR' \\ | \\ CH_2OCOR'' \end{array} + 3NaOH \longrightarrow \begin{array}{c} CH_2OH \\ | \\ CHOH \\ | \\ CH_2OH \end{array} + \begin{cases} RCOONa \\ R'COONa \\ R''COONa \end{cases}$$

工业上把水解 1g 油脂所需要的氢氧化钾的毫克数叫作皂化值。各种油脂的成分不同,皂化时需要碱的用量也不同,油脂的平均分子量越大,单位重量油脂中含甘油酯的摩尔数就越小,那么皂化时所需碱量也越小,即皂化值越小。反之,皂化值越大,表示脂肪酸的平均分子量越小。常见油脂的皂化值见表 14-1。

天然油脂多为复杂的混合物,常含有少量不被皂化的物质(如甾醇、脂溶性维生素等),称为非皂化物,它们不溶于水,也不与碱反应,但能溶于乙醚、石油醚等有机溶剂中。

2. 加成

油脂的羧酸部分有的含有不饱和键,可发生加成反应。

(1)氢化 含有不饱和脂肪酸的油脂,在催化剂(如 Ni)作用下可以加氢,叫作"油的氢化",因为通过加氢后所得产物是由液态的油转化为固态的脂肪,所以这种氢化通常又称为"油的硬化"。油脂硬化在工业上有广泛用途,因为制肥皂、贮存、运输等都以固态或半固态的脂肪为好。

(2)加碘 利用油脂与碘的加成,可判断油脂的不饱和程度。工业上把 100g 油脂所能吸收的碘的克数,叫作碘值,碘值越大,表示油脂的不饱和程度越大;反之,表示油脂的不饱和程度越小。一些常见油脂的碘值见表 14-1。

某些油脂在医药上可作为软膏和擦剂的基质,有些可作为注射剂的溶剂。

医药上使用的一些油脂,对其皂化值和碘值都有一定的标准,例如:

蓖麻油　碘值:81~91　　皂化值:176~186
花生油　碘值:87~106　　皂化值:185~195

表 14-1 一些常见油脂的组成及皂化值、碘值

油脂名称	软脂酸/%	硬脂酸/%	油酸/%	亚油酸/%	其他/%	皂化值	碘值
大豆油	6~10	2~4	21~29	50~59		189~194	120~136
花生油	6~9	2~6	50~57	13~26		185~195	87~106
棉籽油	19~24	1~2	23~33	40~48		191~196	103~115
桐油	—	2~6	4~16	0~1	桐油 74~91	190~197	160~180
蓖麻油	0~2	—	0~9	3~7	蓖麻油酸 80~92	176~187	81~91
猪油	28~30	12~18	41~48	6~7		195~208	46~66
牛油	24~32	14~32	35~48	2~4		190~200	31~47

有机化学

3. 酸败

油脂在空气中放置过久,逐渐变质,会产生异味、异臭,这种变化叫作酸败。酸败的原因是由于空气中氧、水或细菌的作用,使油脂氧化和水解,生成醛、酮或酸类等化合物所致。酸败产物多有毒性或刺激性,所以药典规定药用的油脂都应没有异臭和酸败味。因此,在有水、光、热及微生物的条件下,油脂容易酸败。在贮存油脂时,应保存在干燥、不见光的密封容器中。

4. 酸值

油脂中游离脂肪酸的含量,可用氢氧化钾中和来测定。中和1g油脂所需氢氧化钾的毫克数,称为酸值。酸值是油脂中游离脂肪酸的限量标准。

皂化值、碘值和酸值是油脂分析中的三个重要理化指标,我国药典对药用油脂的皂化值、碘值和酸值都有一定的严格要求。

5. 油脂的用途

油脂广泛用在医药工业中,常见的有蓖麻油和麻油。蓖麻油一般用作泻剂,麻油则用作膏药的基质原料。实验证明麻油熬炼时泡沫较少,制成的膏药外观光亮,且麻油药性清凉,有消炎、镇痛等作用。此外,凡碘值在 100～130 的半干性油,如菜油、棉籽油和花生油等也都可以代替麻油。但这些油较易产生泡沫,炼油时锅内应保留较大空隙,以免溢出造成损失。干性油在高温时易氧化聚合成高分子聚合物,而使脆性增加,黏性减弱,一般不适于熬制膏药用。

二、磷脂

磷脂是一类含磷的脂类化合物,广泛存在于动物的肝、脑、脊髓、神经组织和植物的种子中。

磷脂在化学结构上是磷酸二酯,磷酸的一个羟基于胆碱、乙醇胺、丝氨酸或肌醇等成酯,另一个与二酯酰甘油或鞘氨醇衍生物酯化。磷酸与二酯酰甘油酯化的产物叫作甘油磷脂,与鞘氨醇衍生物酯化的产物叫作鞘磷脂。胆碱、乙醇胺、丝氨酸均含有一个碱性的氨基,在体液中带正电荷,磷酸未酯化的羟基可电离出质子而带负电荷,所以磷脂是两性离子,在生物体内具有特殊的功能。

(一) 甘油磷脂

甘油磷脂是磷脂酸的衍生物,由二分子脂肪酸和一分子磷酸和甘油形成甘油酯,自然界的磷脂酸通常是二个高级脂肪酸是与甘油两个相邻的羟基以酯键连接。其分子通式是:

$$\begin{array}{l} \overset{O}{\underset{\|}{C}}\\ \alpha\ CH_2-O-C-R\\ \ |\overset{O}{\underset{\|}{C}}\\ \beta\ CH-O-C-R\\ \ |\overset{O}{\underset{\|}{C}}\\ \alpha'\ CH_2-O-P-OH\\ |\\ OH \end{array}$$

磷脂酸

磷脂酸的命名,与多元醇酯的命名类似,通常将甘油名称写在前,脂肪酸的名称写在后,称为"甘油某酸酯",把各脂肪酸的位次用 α、β、α' 标明。例如:

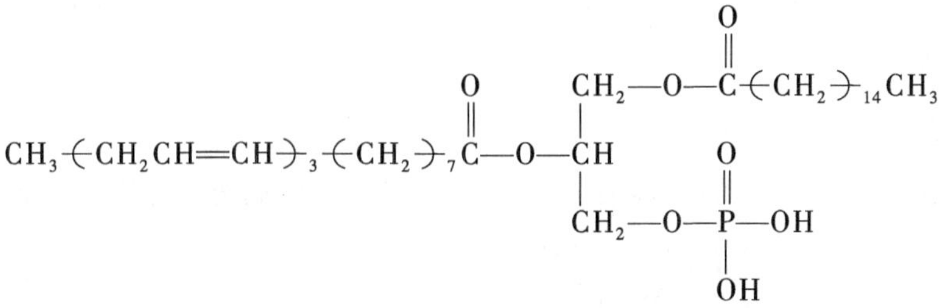

第十四章 脂类、萜类和甾族化合物

$$\text{CH}_3\text{(CH}_2\text{CH=CH)}_3\text{(CH}_2\text{)}_7\overset{O}{\underset{\|}{C}}-O-\overset{\text{CH}_2-O-\overset{O}{\underset{\|}{C}}-(\text{CH}_2)_{14}\text{CH}_3}{\underset{\text{CH}_2-O-\overset{O}{\underset{\|}{P}}-OH}{\text{CH}}}$$

甘油-α-软脂酸-β-亚麻酸-α′-磷酸酯

磷酸酯分子中的脂肪酸最常见的是软脂酸、硬脂酸和油酸等。α-位脂肪酸常是饱和脂肪酸,β-位是不饱和脂肪酸。磷酸若再与其他物质如胆碱、乙醇胺、丝氨酸或肌醇等结合时,可以得到各种不同的甘油磷脂,最常见的是卵磷脂和脑磷脂。

1. α-卵磷脂

α-卵磷脂(lecithin)又称为磷脂酰胆碱,是磷脂酸中的磷酸与胆碱中的羟基酯化所得。其结构式是:

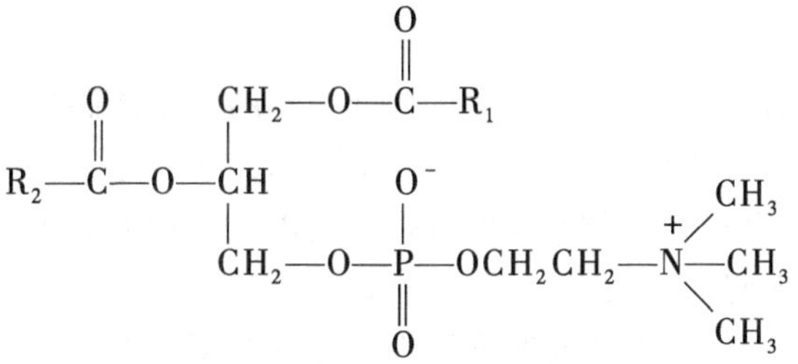

α-卵磷脂

因此,α-卵磷脂完全水解可得到脂肪酸、甘油、磷酸和胆碱。α-位脂肪酸常是饱和的软脂酸或硬脂酸,β-位是不饱和的油酸、亚油酸、亚麻酸或花生四烯酸。胆碱是季铵碱类,能参与脂肪代谢,可以减少因饮食不当造成的脂肪在肝中的沉积,但对人的脂肪肝来说却无治疗作用。

卵磷脂是白色蜡状固体,不溶于水和丙酮,易溶于乙醚、乙醇及氯仿中。因为分子中含有不饱和脂肪酸,不宜在空气中久置,否则会因氧化而变成黄色或棕色。

2. α-脑磷脂

α-脑磷脂是磷脂酸分子中的磷酸基与乙醇胺(胆胺)结合生成的酯,结构式是:

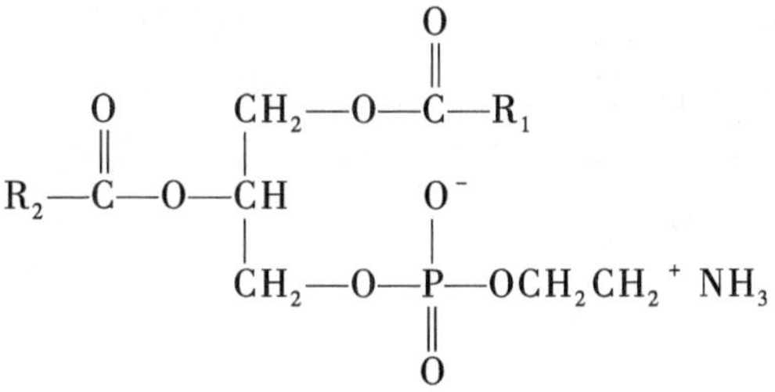

α-脑磷脂

α-脑磷脂完全水解可得到脂肪酸、甘油、磷酸和乙醇胺。α-位脂肪酸常是饱和脂肪酸,β-位是不饱和脂肪酸。脑磷脂易吸收水,在空气中会因氧化而颜色变深,易溶于乙醚,微溶于冷乙醇,难溶于丙酮,可利用此性质分离卵磷脂和脑磷脂。脑磷脂与血液的凝固有关,血小板内能促使血液凝固的凝血激活酶,就是脑磷脂和蛋白质所组成的。

卵磷脂和脑磷脂并存于机体的各种组织和器官中,如神经组织、脑、脊髓、心、肝、肾等,在蛋黄和大豆中含量也比较丰富。

(二) 鞘磷脂

鞘磷脂是由鞘胺醇与脂肪酸、磷酸、胆碱各一分子结合而成的化合物。其结构式如下:

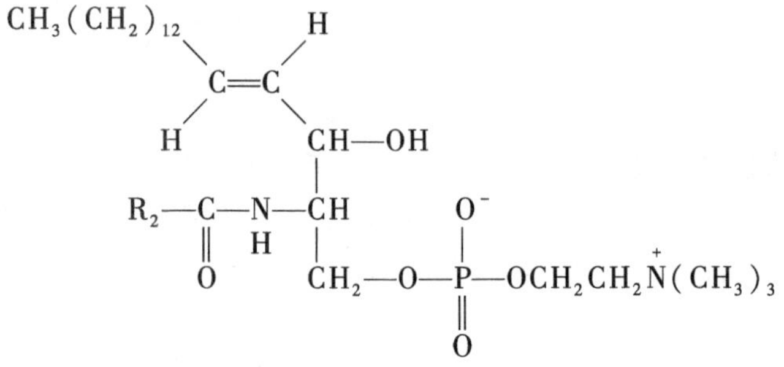

鞘磷脂

鞘磷脂是白色晶体,化学性质稳定,因缺少不饱和键,不易被空气中的氧气氧化,鞘磷脂不溶于丙酮、乙醚而溶于热乙醇中。

鞘磷脂大量存在于脑和神经组织中,又称为神经磷脂。鞘磷脂是细胞膜的主要成分之一,常与卵磷脂并存于细胞膜的外侧,是生物体的基本结构元素。生物功能依赖它们的物理性质。磷脂分子是两性分子,因而非极性分子能溶解并通过由烃基构成的膜壁,但对一般的极性分子或离子却是一个壁垒。细胞膜磷脂中的不饱和脂肪酸链,以顺式弯弓形的立体结构存在,因排列较松散而熔点较低,细胞膜在生理温度下呈半液态状而具有可流动性。脂肪链的不饱和程度越高,细胞膜内物质的流动性就越高,这种流动性与人的新陈代衰老过程密切相关。如细胞膜的渗透作用可通过蛋白质的主动运输来完成。蛋白质携带极性分子或离子从细胞膜的外侧移向内侧,并释放出携带物质,这种输送过程若细胞膜是整齐紧密的排列的是不可能完成的。

第二节　萜类化合物

萜类化合物广泛存在于自然界,多是从植物中提取得到的香精油(挥发油)的主要成分,如柠檬油、松节油、薄荷油及樟脑油等。它们多数是不溶于水、易挥发、具有香气的油状物质,有一定的生理及药理活性,如祛痰、止咳、祛风、发汗、驱虫或镇痛等作用,广泛用于香料和医药工业。

萜类化合物是异戊二烯的低聚物以及它们的氢化物和含氧衍生物的总称,是以异戊二烯(isoprene)作为基本碳骨架单元,由两个或多个异戊二烯首尾相连或相互聚合而成。这种结构特征称为"异戊二烯规则"。例如:

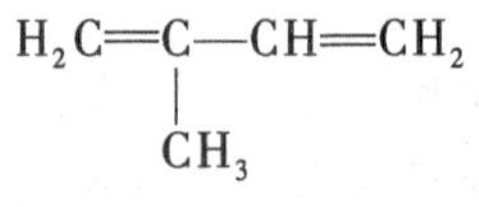

异戊二烯(C_5H_8) 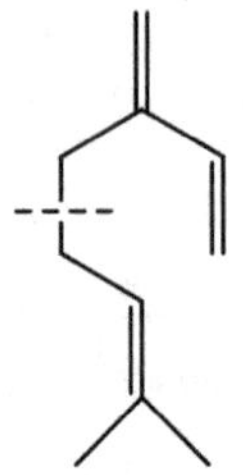　　月桂烯 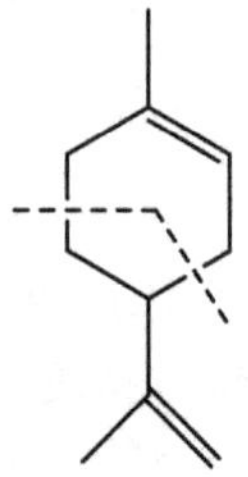　　柠檬烯

第十四章 脂类、萜类和甾族化合物

根据分子中所含异戊二烯单位数目(n),萜类化合物可分类如下(表14-2)。

表14-2 萜类化合物的分类

n	类别	分子式	实例
1	半萜	C_5H_8	异戊二烯
2	单萜	$C_{10}H_{16}$	蒎烯
3	倍半萜	$C_{15}H_{24}$	姜烯
4	二萜	$C_{20}H_{32}$	樟脑烯
6	三萜	$C_{30}H_{48}$	鲨烯
8	四萜	$C_{40}H_{56}$	胡萝卜素

一、单萜类化合物

单萜是较为重要的萜类,由两个异戊二烯单元组成,根据分子中两个异戊二烯单位相互连接方式的不同,单萜类化合物又可分为链状单萜、单环单萜与双环单萜。

(一)链状单萜类化合物

链状单萜类化合物,其分子基本碳架如下:

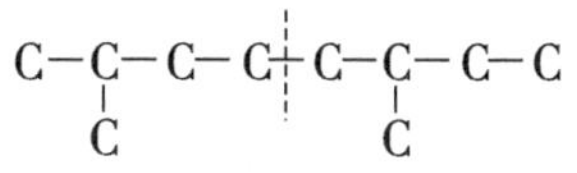

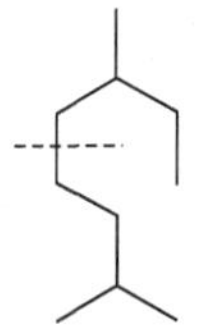

在萜类化学中,链状萜类化合物构造式可用锯齿状键线式表示,但通常采用准六元环型键线式表示。

很多链状单萜是香精油的主要成分,例如月桂油中的月桂烯(又称桂叶烯),玫瑰油中的香叶醇(又称牻牛儿醇),橙花油中的橙花醇(又称香橙醇),柠檬草油中的α-柠檬醛(又称香叶醛)与β-柠檬醛(又称香橙醛),玫瑰油、香茅油、香叶油中的香茅醇等。

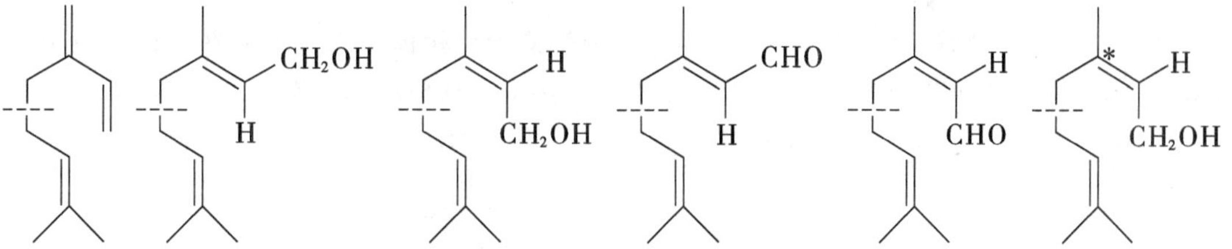

月桂烯　　香叶醇　　橙花醇　　α-柠檬醛　　β-柠檬醛　　香茅醇

香叶醇和橙花醇、α-柠檬醛和β-柠檬醛分别属于顺反异构体,从结构上看,香叶醇是α-柠檬醛的还原产物,橙花醇是β-柠檬醛的还原产物。香茅醇含有一个手性碳原子,有一对对映异构体。柠檬醛是合成紫罗兰酮的原料。紫罗兰酮既是重要的香料,也是合成维生素A的原料。

有机化学

(二)单环单萜类化合物

单环单萜类化合物其基本碳骨架是两个异戊二烯之间形成一个六元环状结构,饱和环烃称为萜烷,化学名称为 1-甲基-4-异丙基环己烷。萜烷的重要衍生物为 C_3 位上连有羟基的含氧衍生物,称为 3-萜醇,俗称薄荷醇或薄荷脑。

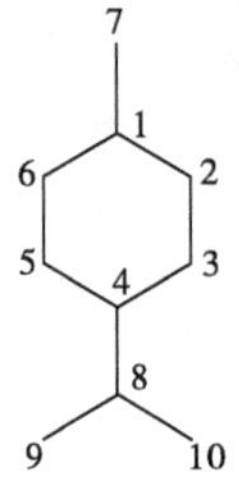

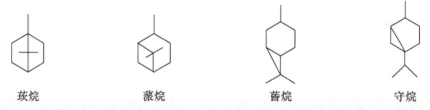

萜烷 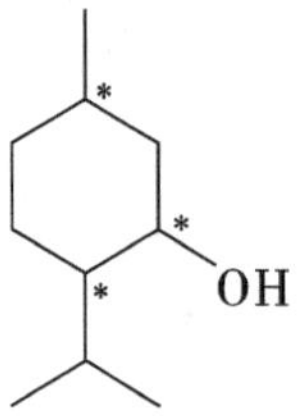　　　　3-萜醇 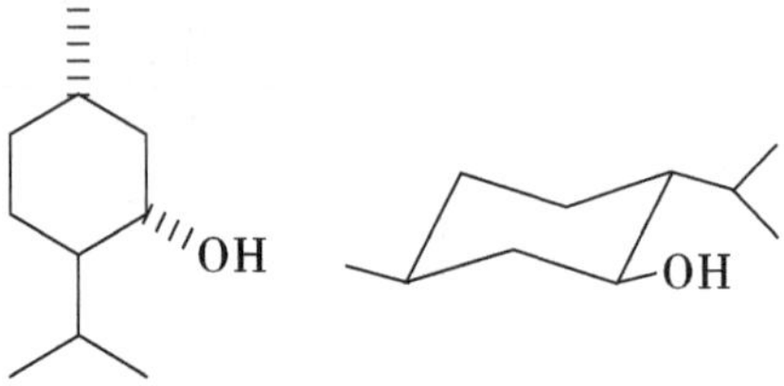　　　　(-)-薄荷醇

薄荷醇的异构体中天然存在的是(-)-薄荷醇存在,其结构如上图。其他异构体都是人工合成品。(-)-薄荷醇又称薄荷脑,是薄荷的茎、叶提取的薄荷油的主要成分,有强烈的清凉芳香气味,可用作香料,也是医药上的清凉剂、祛风剂、防腐剂及麻醉剂,可用于制清凉油、人丹、痱子粉和皮肤止痒搽剂,也用于牙膏、糖果、饮料和化妆品中。

(三)双环单萜类化合物

双环单萜指分子结构中含有两个碳环的单萜。双环单萜属于桥环类化合物,也可按桥环化合物的系统命名方法命名。比较重要的有蒎烷、莰烷、蒈烷和守烷,它们可看作是薄荷烷在不同部位环合而成的化合物。

莰烷　　　蒎烷　　　蒈烷　　　守烷

这四种双环单萜烷在自然界中并不存在,但它们的某些不饱和衍生物、含氧衍生物是广泛分布于植物体的萜类化合物,尤以蒎烷和莰烷的衍生物与药物关系密切。

1. 蒎烯(又称松香精、松油二环烯)

蒎烯根据烯键位置不同,有 α-蒎烯与 β-蒎烯两种异构体。二者均存在于松节油中,但以 α-蒎烯为主(占松节油的 60%),蒎烯是工业上用来合成樟脑的原料。

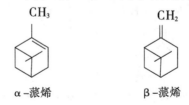

α-蒎烯　　　β-蒎烯

2. 樟脑

樟脑的化学名为 2-莰酮,是莰烷的含氧衍生物。它是由樟科植物樟树中得到,并经升华精制成的一种无色结晶。

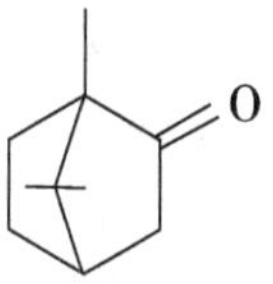

第十四章 脂类、萜类和甾族化合物

樟脑在工业上、医药上都是重要的萜类化合物。樟脑是呼吸及循环系统的兴奋剂，对呼吸或循环系统功能衰竭患者，可作为急救药。它还有局部刺激和驱虫作用，用作衣物、书籍的防蛀剂。

3. 龙脑与异龙脑

龙脑又称为樟醇，俗称冰片，具有发汗、镇痉、止痛等作用，是人丹、冰硼散等药物的主要成分之一。自然界存在的龙脑有左旋体和右旋体两种，合成品为外消旋体。异龙脑是龙脑的差向异构体。

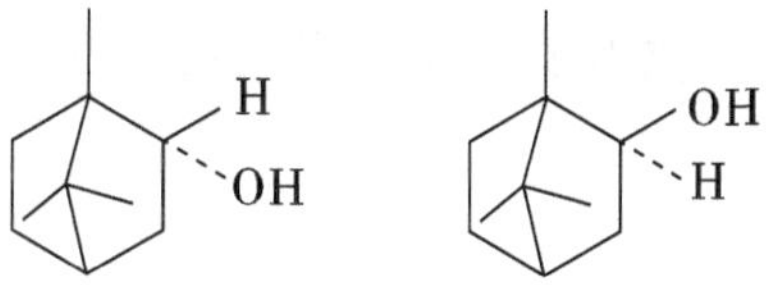

二、倍半萜类

倍半萜类是含有三个异戊二烯单位的萜类化合物，具有链状、环状等多种碳骨架结构。倍半萜多为液体，主要存在于植物的挥发油中。它们的醇、酮和内酯等含氧衍生物也广泛存在挥发油中。例如：

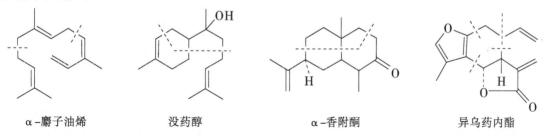

α-麝子油烯　　没药醇　　α-香附酮　　异乌药内酯

三、二萜类

二萜由四个异戊二烯单位组成，分子量较大，沸点较高，一般不具挥发性，在植物挥发油中很少见。二萜广泛分布于动植物界，较为重要的如：

1. 植物醇

植物醇又称叶醇或叶绿醇，是链状二萜，由叶绿素的水解而得，在叶绿素中以酯键与卟啉环相连。它还是构成维生素 E 和维生素 K_1 支链的一部分，所以可用于维生素 E 维生素 K_1 的合成。

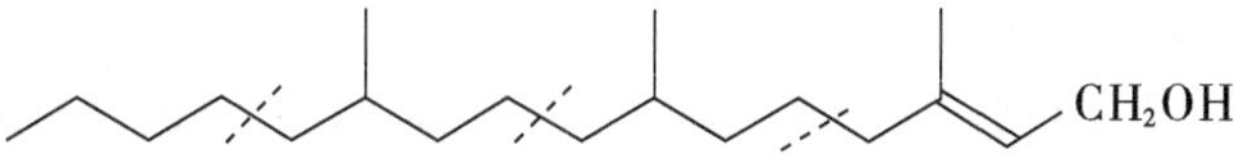

植物醇

2. 维生素 A

维生素 A 又称视黄醇或抗干眼醇等，是单环二萜，其共轭体系为全反式构型，这是保持其

有机化学

生物活性所必需的结构。维生素 A 的制剂贮存过久,可因构型转化影响其活性。自然界维生素 A 主要存在于蛋黄、动物肝脏、奶油、牛乳及鱼肝油中,也可由 β-紫罗酮合成,其结构为:

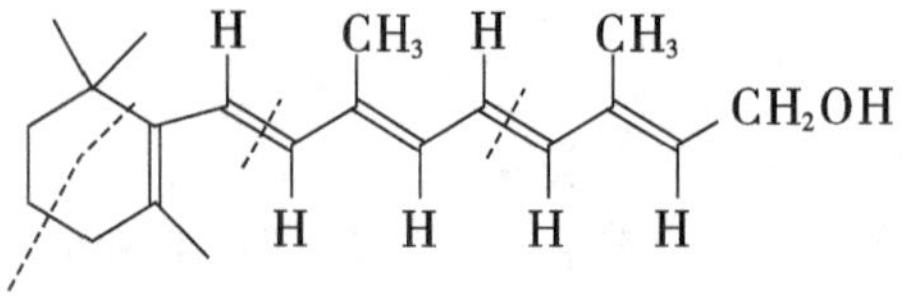

维生素A

维生素 A 为脂溶性维生素,是人和动物生长发育所必需的营养成分之一,能维持黏膜及上皮的正常功能,参与视网膜圆柱细胞中视紫质的合成。人体缺乏维生素 A 将导致皮肤粗糙硬化、夜盲症和眼干燥症,还会影响生长、发育与繁殖。

维生素 A 为共轭多烯类化合物,其侧链上的双键全部为反式,这是保持其高度生理活性所必需的结构,如果其中某个双键成为顺式构型,其生物活性将会降低或消失。

四、三萜类

三萜是含有六个异戊二烯单位的萜类化合物。广泛存在于动植物体内,主要以游离状态或以酯或苷的形式存在,多数是含氧的衍生物,为树脂的主要成分之一,例如角鲨烯和甘草次酸等。

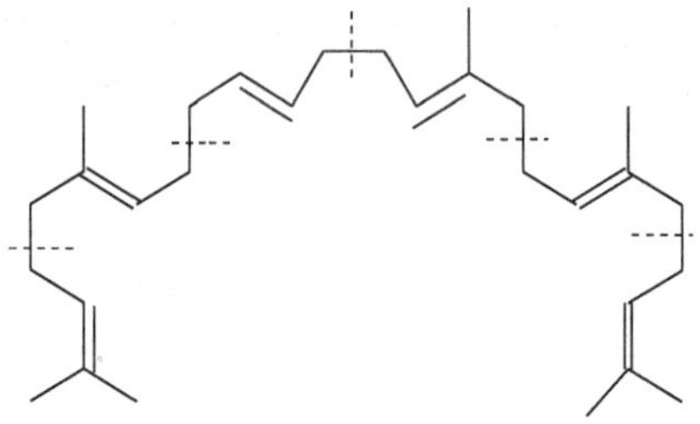

角鲨烯 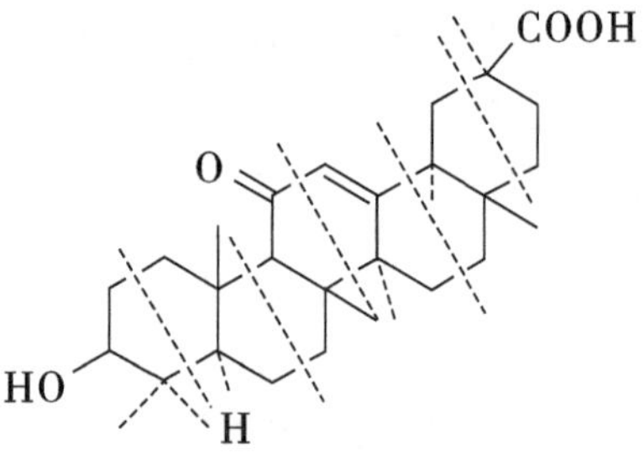 甘草次酸

角鲨烯是存在于鲨鱼鱼肝油的主要成分,也存在于橄榄油、菜籽油、麦芽与酵母中,它是由一对三个异戊二烯单位头尾连接后的片段相互对称相连而成,具有降低血脂和软化血管等作用。

甘草次酸是含有五个环的三萜化合物,在甘草中以与糖结合成苷的形式存在,后者称甘草酸,因其味甜,又称甘草甜素。甘草次酸具有保肝、解毒、抑制肿瘤细胞生长等作用。

五、四萜类

四萜类衍生物在自然界分布很广,这类化合物的分子中都含有一个较长的碳碳共轭体系,都是有颜色的物质,因此也常把四萜称为多烯色素。最早发现的四萜多烯色素是从胡萝卜素中分离得到,后来又发现很多结构与此相类似的色素,所以通常把四萜称为胡萝卜类色素,例如番茄红素(也称番茄烯)、胡萝卜素等。

番茄红素存在于番茄、西瓜、柿子等水果中,为洋红色结晶,可做食品色素用。胡萝卜素不仅存在于胡萝卜中,也广泛存在于植物的叶、果实以及动物的乳汁、脂肪中。它有三种异构体:α、β、γ。其中 β-胡萝卜素是胡萝卜色素中的主要成分,是黄色素,可用作食品色素。因其在动物和人体内经酶催化可氧化裂解成两分子维生素 A,故称作维生素 A 原。

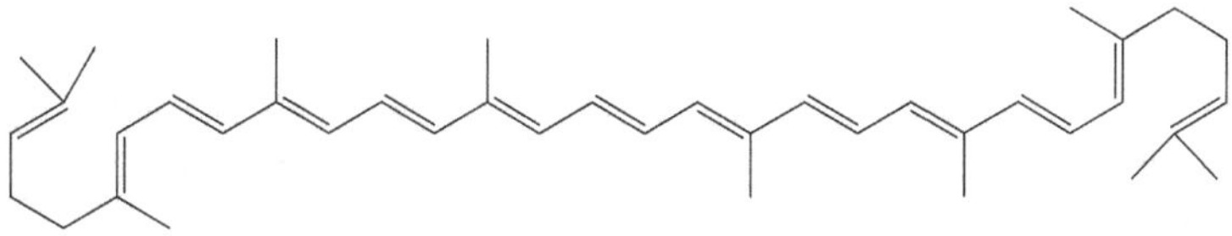

番茄红素

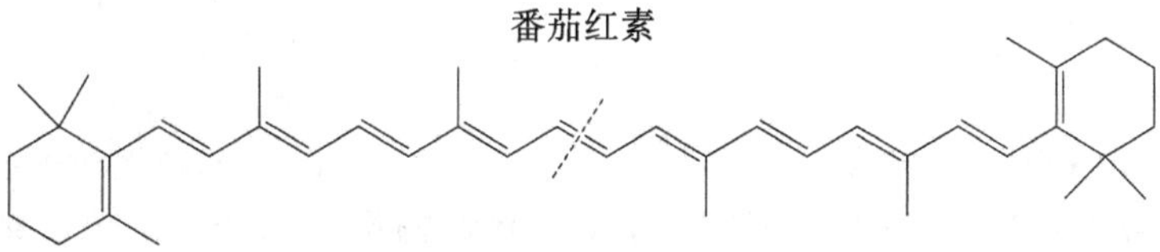

β-胡萝卜素

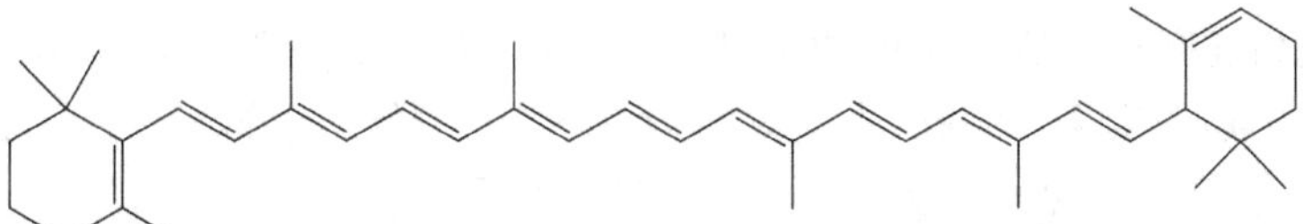

α-胡萝卜素

第三节 甾体化合物

一、甾体化合物的基本结构

甾体化合物广泛存在于动植物体内,并在动植物的生命活动中起着重要的作用。从结构上看,甾体化合物分子中都具有一个环戊烷并多氢菲的基本骨架,并通常带有三个支链,"甾"字即形象化地表示了这类化合物的基本骨架。甾体母核的结构、环序和编号方式如下:

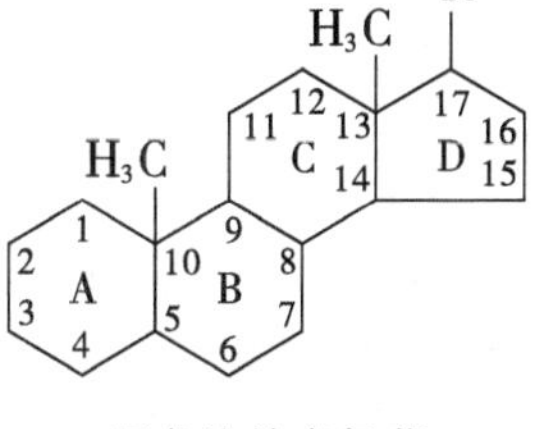

环戊烷并多氢菲

式中 C_{10}、C_{13} 处一般为甲基,称为角甲基,C_{17} 上的取代基则因化合物不同而异。

甾体化合物环系中含有 7 个手性碳原子,理论上应有 $2^7 = 128$ 个手性异构体,但实际上自然界存在的甾体化合物只有 A 环与 B 环的顺式稠合和反式稠合的两种异构体(个别化合物除外),B 环与 C 环均为反式稠合(A/B 顺),C 环与 D 环也多为反式稠合(A/B 反)。A 环与 B 环的顺式稠合的,C_5 上的氢原子与 C_{10} 上的角甲基在环的同侧,称为正系,也称 5β - 甾体化合物(简称 5β 型);A 环与 B 环的反式稠合的,C_5 上的氢原子与 C_{10} 上的角甲基在环的异侧,称为别系,也称 5α - 甾体化合物(简称 5α 型)。

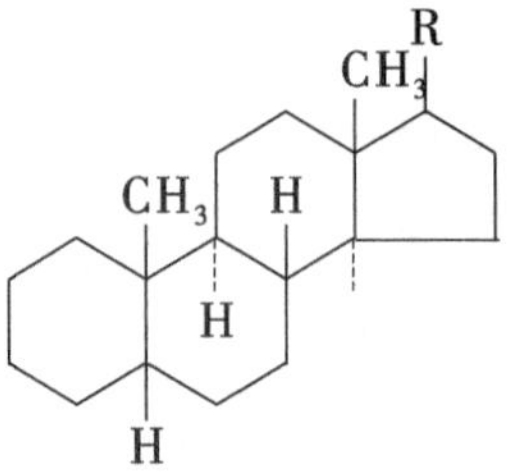

有机化学

5β-型甾体化合物 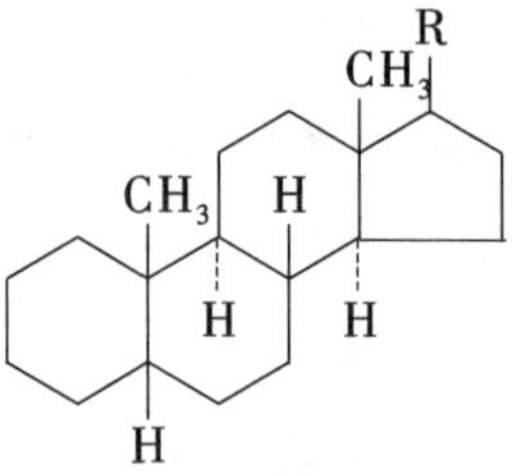   5α-型甾体化合物

甾体化合物环上取代基的构型一般采用 α/β 相对构型表示法。把位于纸平面前的取代基称 β-构型取代基,用实线或粗线相连;把位于纸平面后的取代基称 α-构型取代基,用虚线相连。波纹线相连则表示所连基团的构型待定,用希腊字母 ε(音 ksi)表示。

如果甾体化合物中碳 4(5)、碳 5(6) 或碳 5(10) 处有双键,区分 A/B 环稠合方式的依据已不存在,四个碳环稠和的构型没有差异,也就不存在正系与别系的构型区别了。

5β 系和 5α 系甾体母核的构象式如下:

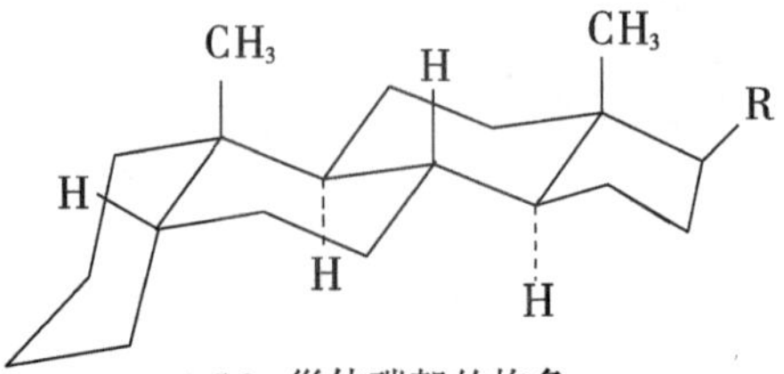

5β-甾体碳架的构象 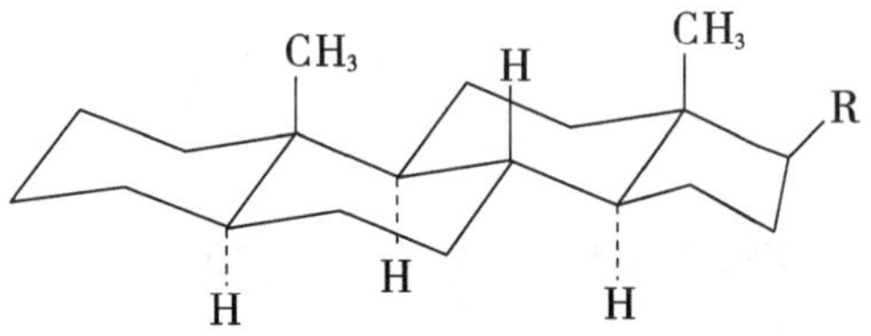   5α-甾体碳架的构象

甾族化合物环上的取代基与环己烷衍生物一样可处在 a 键和 e 键,同样,处在 e 键比较稳定。大量实验证明,e 键取代基比 a 键取代基更易发生反应。

二、重要的甾体化合物

(一) 甾醇

甾醇多为固体,所以又称固醇,属于胆甾烷的含氧衍生物,常以游离状态或以酯的形式广泛存在于动植物体内,分为动物甾醇和植物甾醇。

1. 胆甾醇

胆甾醇也称胆固醇,属动物甾醇,化学名为 5-胆甾烯-3β-醇,是人和动物体中含量最多的甾体化合物,主要分布于人及动物的脑、脊髓及血液中。人体内的胆结石几乎全由胆甾醇组成,为无色蜡状固体,不溶于水,溶于有机溶剂。血液中的胆甾醇含量增加是导致动脉硬化的重要因素。胆甾醇可作为合成维生素 D_3 的原料。

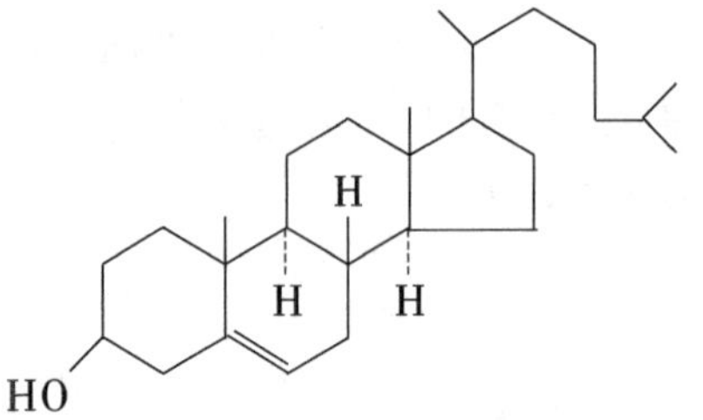

胆甾醇

胆固醇甾酶催化下氧化成 7-脱氢胆固醇,7-脱氢胆固醇存在于皮肤组织中,在日光的

照射下发生光化学反应,转化为维生素 D。

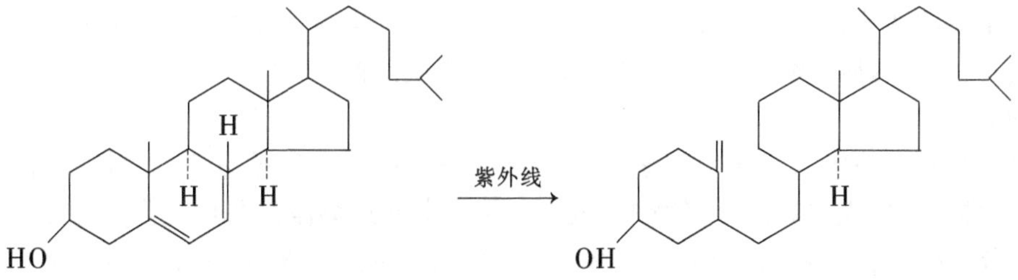

7-脱氢胆固醇 →(紫外线) 维生素 D

2. 麦角甾醇

麦角甾醇是重要的植物甾醇,存在于酵母、霉菌及麦角中,中药茯苓、灵芝中也含有此结构,为白色片状或针状结晶,在紫外光照射下可分解生成维生素 D_2。维生素 D_2 和天然存在于鱼肝油中的维生素 D 的结构相近,具有抗佝偻病的疗效。麦角甾醇还是青霉素生产中的一种副产品,可用于激素的生产。

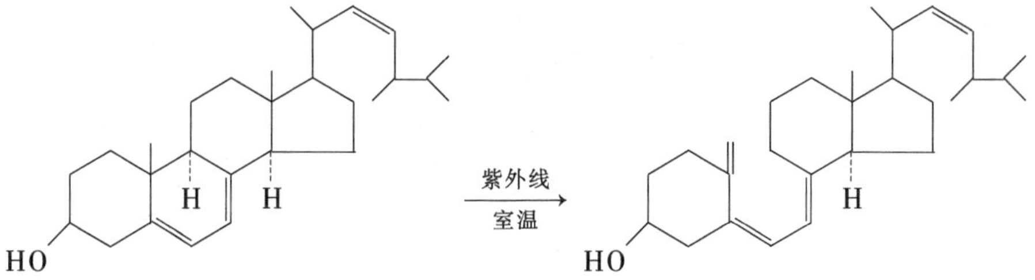

麦角甾醇 →(紫外线 室温) 维生素 D_2

(二) 胆酸

胆酸是存在于人类和某些动物胆汁中的甾体化合物,是一类饱和的胆烷羟基酸,可用水解的方法从胆汁中分离出来。从人和牛的胆汁中分离出来的胆酸主要是胆酸和去氧胆酸,其结构如下:

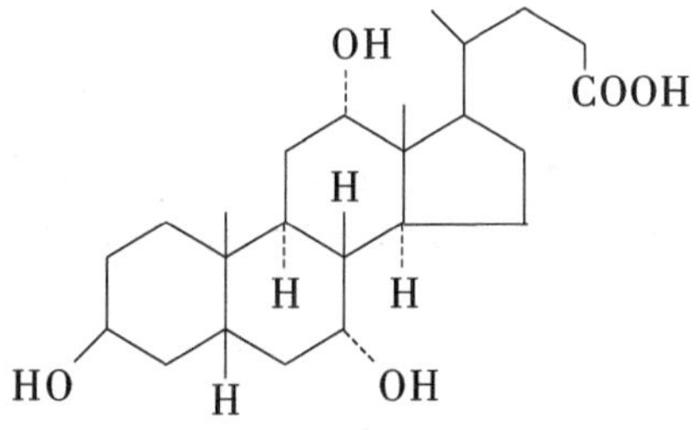

胆酸 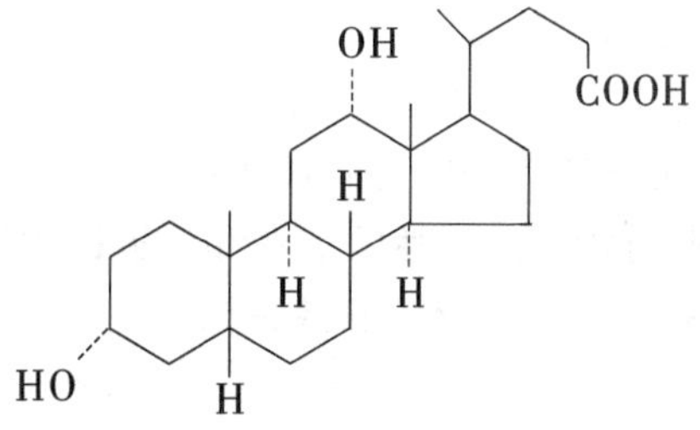　　　　　　　　去氧胆酸

胆酸在人与动物体内是由胆甾醇形成的,在胆汁中,游离胆酸中的羧基与甘氨酸(H_2NCH_2COOH)或牛磺酸($H_2NCH_2CH_2SO_3H$)中的氨基以酰胺键结合成几种不同的结合胆酸(如甘氨胆酸、牛磺胆酸等),并以不同比例存在于不同动物的胆汁中,总称为胆汁酸。胆汁酸在胆汁中以钾(或钠)盐形式存在,这些胆盐是一种表面活性剂,其生理作用是使脂肪在肠中乳化,有助于脂肪的消化吸收。临床上治疗胆汁分泌不足而引起的疾病,常用甘氨胆酸钠和牛磺胆酸钠的混合物。

(三) 甾体激素

激素,俗称荷尔蒙(hormone),是由各种内分泌腺体分泌的一类具有生理活性的物质,它

有机化学

们直接进入血液或淋巴液中循环至体内的不同组织或器官,对生物的正常代谢和生长、发育及繁殖起着重要的调节作用。根据化学结构分为两大类:一类为含氮激素,包括胺、氨基酸、多肽及蛋白质;另一类为甾体激素,包括性激素、肾上腺皮质激素。

1. **性激素**

控制性生理活动的激素叫性激素,可分为孕激素、雌激素和雄激素。孕甾酮是一种孕激素,为卵胞排卵后生成的黄体分泌物内成分(又称黄体酮),雌激素是由成熟的卵胞产生,重要的有 α-雌二醇(C_{17} 为 α-OH)和 β-雌二醇(C_{17} 为 β-OH)两种,但 β-雌二醇活性较强。雄性激素如睾丸酮是睾丸的分泌物,有促进雄性动物的发育、生长及维持雄性特征的作用。几种重要性激素的结构式如下:

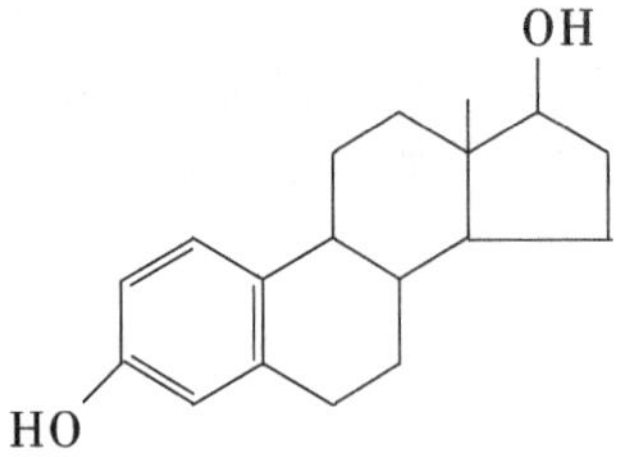

雌二醇 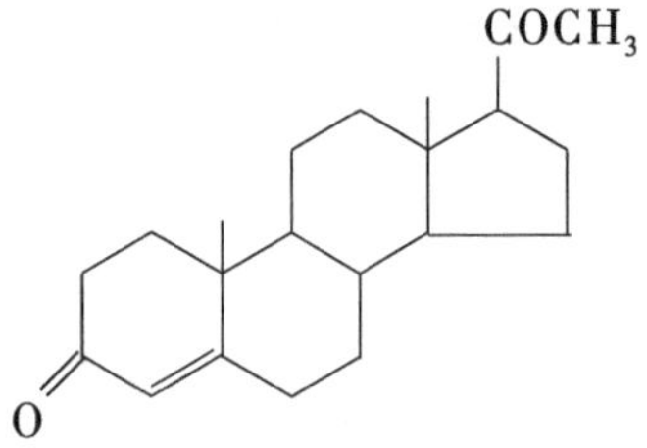　　　　孕甾酮 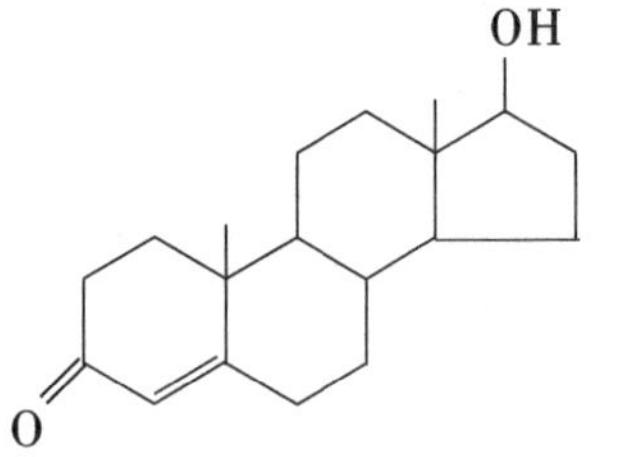　　　　睾丸酮

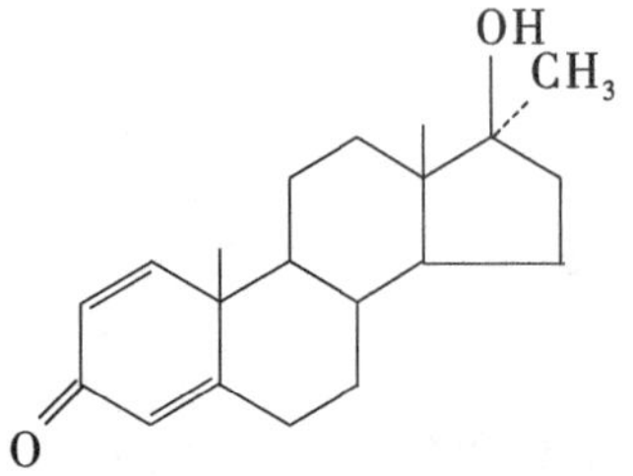

去氢甲基睾丸素 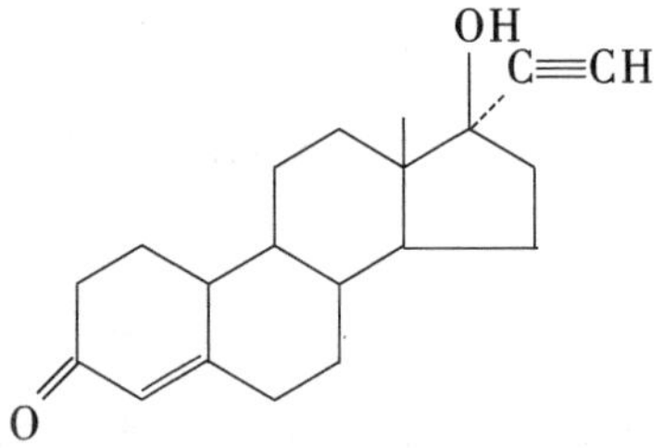　　　　炔诺酮 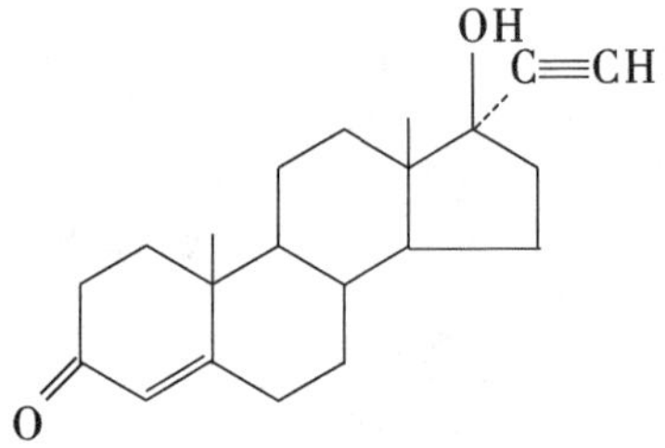　　　　妊娠素

2. **肾上腺皮质激素**

肾上腺皮质激素(adrenal corticoid)是哺乳动物的肾上腺皮质所分泌的一种激素。种类较多,它们对人体的电解质、糖、脂肪及蛋白质代谢具有重要意义。根据各自的生理功能,可分为糖代谢皮质激素和电解质代谢皮质激素。如可的松就是一种糖皮质激素,它能控制糖类的新陈代谢,有治疗风湿性关节炎和促进机体生理功能的作用。醛固酮对体液内电解质的平衡有"贮钠排钾"的调节作用,故称为盐皮质激素。

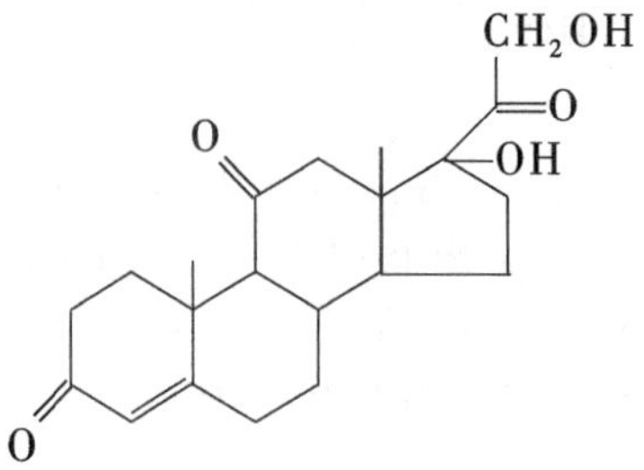

可的松 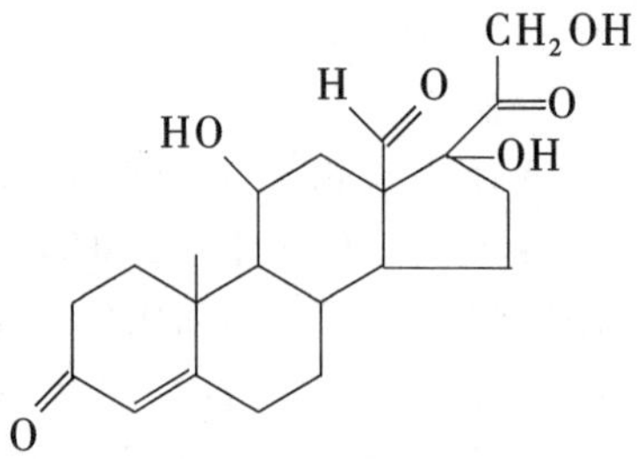　　　　醛固酮

20 世纪以来,人们在天然激素结构的基础上进行结构修饰,合成了抗炎作用更强的、对水钠潴留副作用更小的甾体抗炎新药,如强的松、地塞米松和泼尼松龙等。

(四)强心苷类

强心苷是存在于某些动植物体中的一类与糖形成苷的甾体化合物。它们对心肌具有兴奋作用,小剂量能使心跳减慢,心跳强度增加,故称为强心苷。如玄参科毛地黄叶中的毛地黄毒苷,百合科铃兰中的铃兰毒苷等。强心苷类有相当大的毒性,若超过使用剂量,能使心脏中毒而停止跳动。临床上用于治疗心力衰竭和心律失常,其强心作用是由强心苷的配糖基(苷元)产生的。与一般甾体化合物相反,强心苷配糖基的甾环结构较为特殊,环系构型分别为:A/B顺、B/C反、C/D顺式。下面是几种强心苷的配糖基:

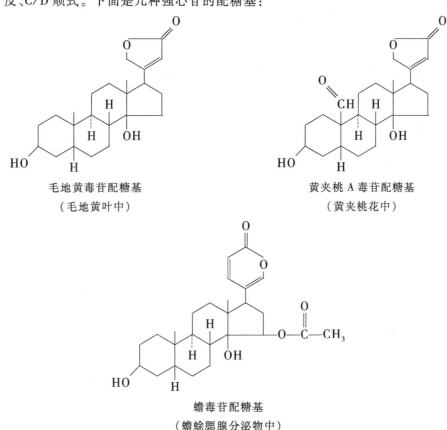

知识拓展

胆固醇是机体内主要的固醇物质,既是细胞膜的重要组成,又是类固醇激素、维生素 D 和胆甾酸的前体。人体每日从食物中摄取 0.3~0.8g 胆固醇,主要来自肉类、肝、脑、蛋黄和奶油等。过多摄入 β-胆固醇或代谢发生障碍,其就会从血清中沉淀出来,引起结石,发生动脉硬化、高血压和心脏病等。

肥皂是脂肪酸的钠盐,属于阴离子表面活性剂,具有去污功效,是家用洗涤剂的主要品种。肥皂的羧酸钠端是亲水的,它被吸引到水分子周围;而烃基端是疏水的,趋向油污的环境。由于存在两亲结构,使得肥皂在水溶液中会形成不同程度的聚合体胶束,当油污被肥皂分子包围时,通过搅动,自动从衣服等织物上脱离下来,溶解到水中,达到去污的效果。

有机化学

 考点提示

本章重点学习了油脂的组成和性质;油脂的主要成分是直链高级脂肪酸和甘油生成的酯,具有皂化、加成、酸败等性质,皂化值、碘值和酸值是油脂分析中的三个重要理化指标;掌握异戊二烯规则,并会划分单萜、二萜等萜类物质的异戊二烯单位;判断甾族化合物的构型。

 目标检测

1. 命名下列化合物或写出结构式。

(1) 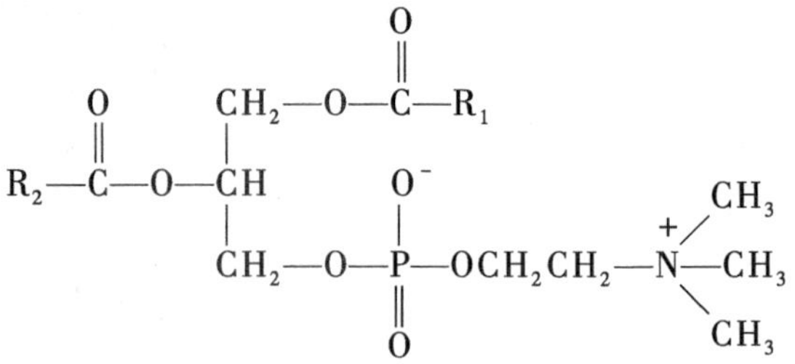 $R_2-\overset{O}{\underset{}{C}}-O-\overset{}{\underset{CH_2-O-P-O-CH_2-CH_2-\overset{+}{N}(CH_3)_3}{\underset{O^-}{\overset{CH_2-O-\overset{O}{C}-R_1}{CH}}}}$

(2)三硬脂酰甘油 (3)β-柠檬醛 (4)薄荷醇 (5)樟脑 (6)α-蒎烯

2. 解释下列名词。

(1)必需脂肪酸 (2)酸值、皂化值、碘值 (3)α-与β-异构体 (4)异戊二烯规则

3. 鉴别樟脑、薄荷醇、α-蒎烯。

4. 油脂的结构通式是什么?分子中脂肪酸在结构上有什么特点?油和脂肪的主要区别是什么?

5. 指出卵磷脂和脑磷脂在结构上的异同,溶解性有什么不同之处?水解产物分别是什么?如何将它们的混合物分开?

(卢茂芳)

第十五章 氨基酸、肽、蛋白质和核酸

学习目标

【掌握】氨基酸的结构与命名,氨基酸的化学性质,蛋白质的组成与分类。
【熟悉】氨基酸的分类,氨基酸的物理性质,蛋白质的性质。
【了解】肽的结构,核酸的组成。

氨基酸是一类具有特殊重要意义的化合物,其中许多是与生命起源和生命活动密切相关的蛋白质的基本组成单位,是人体不可缺少的物质,有些可直接作为药物。多肽是由氨基酸组成的,是蛋白质代谢的中间产物。蛋白质是生物体内极为重要的生物大分子,它与多糖、脂类和核酸等是构成生命的物质基础,具有多种生物学功能。生物所特有的生长、繁殖、运动、消化、分泌、免疫、遗传和变异等一切生命过程都与蛋白质密切相关。几乎全部生命现象和所有细胞活动都是通过蛋白质的介导来表达和实现的,没有蛋白质就没有生命。蛋白质也是由氨基酸构成的。因此,为了研究蛋白质和多肽的结构和功能,首先必须掌握氨基酸的结构和性质。

核酸和蛋白质一样,都是生命活动中的生物信息大分子,由于核酸是遗传的物质基础,所以又称为"遗传大分子"。生物体所特有的生长、繁殖、遗传、变异和转化中,核酸起着决定性作用。核酸的作用与核酸的化学结构密切有关,所以这一部分主要介绍核酸的化学组成和分子结构,为核酸的深入学习打基础。

第一节 氨基酸

氨基酸(amino acid)是一类分子中既含有氨基又含有羧基的化合物。根据氨基和羧基的相对位置,氨基酸可分为 α、β、γ 等类型。自然界已经发现的氨基酸有几百种,但存在于生物体内用于组成蛋白质的氨基酸主要有 20 种(表 15-1),它们在化学结构具有共同点,绝大多数属 α-氨基酸(脯氨酸为 α-亚氨基酸),即其氨基和羧基都连接在 α-碳原子上。本节仅讨论 α-氨基酸。

一、氨基酸的结构、分类和命名

(一)结构

α-氨基酸的结构通式如下(式中 R 代表不同的侧链基团):

有机化学

$$R\overset{\alpha}{-}\underset{NH_2}{CH}-COOH$$

除甘氨酸外，组成蛋白质的其他氨基酸分子中的 α-碳原子均为手性碳原子，所以这些氨基酸具有旋光性。氨基酸的构型通常采用 D、L 构型命名法，以甘油醛为参考标准，在费歇尔（Fischer）投影式中，凡氨基酸分子中 α-NH_2 的位置与 L-甘油醛手性碳原子上—OH 的位置相同者为 L 型，相反者为 D 型。构成蛋白质的氨基酸均为 L 型。如果用 R、S 标记法命名，除半胱氨酸 α-碳原子为 R 构型外，其余 α-氨基酸均为 S 构型。

L-甘油醛　　　　　L-氨基酸

表 15-1　存在于蛋白质中的 20 种常见氨基酸

名称	中文缩写	符号	结构式	等电点

甘氨酸
（氨基乙酸）
	甘	Gly(G)	$H_2C-COOH$
			   $\|$
			   NH_2
				5.97

丙氨酸
（α-氨基丙酸）
	丙	Ala(A)	$CH_3-CH-COOH$
			    $\|$
			    NH_2
				6.02

缬氨酸*
（α-氨基异戊酸）
	缬	Val(V)	$(CH_3)_2CH-CH-COOH$
			      $\|$
			      NH_2
				5.97

亮氨酸*
（α-氨基异己酸）
	亮	Leu(L)	$(CH_3)_2CH-CH_2-CH-COOH$
			        $\|$
			        NH_2
				5.98

异亮氨酸*
（α-氨基-β-甲基戊酸）
	异亮	Ile(I)	$CH_3CH_2-CH(CH_3)-CH-COOH$
			         $\|$
			         NH_2
				6.02

脯氨酸 （α-羧基四氢吡咯）	脯	Pro(P)	四氢吡咯-2-COOH	6.48

苯丙氨酸*
（α-氨基-β-苯丙酸）
	苯	Phe(F)	$C_6H_5-CH_2-CH-COOH$
			      $\|$
			      NH_2
				5.48

甲硫（蛋）氨酸*
（α-氨基-γ-甲硫基丁酸）
	甲硫	Met(M)	$CH_3-S-CH_2-CH_2-CH-COOH$
			         $\|$
			         NH_2
				5.75

第十五章 氨基酸、肽、蛋白质和核酸

续表

名称	中文缩写	符号	结构式	等电点
丝氨酸	丝	Ser(S)	$HO-CH_2-\underset{\underset{NH_2}{\|}}{CH}-COOH$	5.68
谷氨酰胺	谷酰	Gln(Q)	$H_2N-\overset{\overset{O}{\|\|}}{C}-CH_2-CH_2-\underset{\underset{NH_2}{\|}}{CH}-COOH$	5.65
苏氨酸*	苏	Thr(T)	$CH_3-\underset{\underset{OH}{\|}}{CH}-\underset{\underset{NH_2}{\|}}{CH}-COOH$	5.60
半胱氨酸	半胱	Cys(C)	$HS-CH_2-\underset{\underset{NH_2}{\|}}{CH}-COOH$	5.07
天冬酰胺	天酰	Asn(N)	$H_2N-\overset{\overset{O}{\|\|}}{C}-CH_2-\underset{\underset{NH_2}{\|}}{CH}-COOH$	5.41
酪氨酸	酪	Tyr(Y)	$HO-\text{C}_6\text{H}_4-CH_2-\underset{\underset{NH_2}{\|}}{CH}-COOH$	5.66
色氨酸*	色	Trp(W)	吲哚-$CH_2-\underset{\underset{NH_2}{\|}}{CH}-COOH$	5.89
天冬氨酸 （α-氨基丁二酸）	天	Asp(D)	$HOOC-CH_2-\underset{\underset{NH_2}{\|}}{CH}-COOH$	2.77
谷氨酸 （α-氨基戊二酸）	谷	Glu(E)	$HOOCH_2C-CH_2-\underset{\underset{NH_2}{\|}}{CH}-COOH$	3.22
赖氨酸 （α,ε-二氨基己酸）	赖	Lys(K)	$H_2NH_2CH_2CH_2C-CH_2-\underset{\underset{NH_2}{\|}}{CH}-COOH$	9.74
精氨酸 （α-氨基-δ-胍基戊酸）	精	Arg(R)	$H_2N-\overset{\overset{NH}{\|\|}}{C}-HNH_2CH_2C-CH_2-\underset{\underset{NH_2}{\|}}{CH}-COOH$	10.76
组氨酸 〔α-氨基-β- (4-咪唑基)丙酸〕	组	His(H)	咪唑-$CH_2-\underset{\underset{NH_2}{\|}}{CH}-COOH$	7.59

*为营养必需氨基酸

有机化学

有些氨基酸在人体内不能合成,只能依靠食物供给,这类氨基酸称为营养必需氨基酸,主要有八种(表 15-1 中标有 * 者)。此外,组氨酸和精氨酸在婴幼儿和儿童时期因体内合成不足,也需依赖食物补充。

(二)分类

根据氨基酸分子中烃基 R 的不同,可分为脂肪族氨基酸、芳香族氨基酸和杂环氨基酸。脂肪族氨基酸是具有开链结构的氨基酸,如甘氨酸;芳香族氨基酸在结构中带有芳香环,如苯丙氨酸;杂环氨基酸在结构中具有杂环结构,如脯氨酸。

根据氨基酸分子中羧基和氨基的相对数目可分为中性氨基酸、酸性氨基酸和碱性氨基酸。酸性氨基酸的羧基数目多于氨基,如天冬氨酸;中性氨基酸的氨基和羧基数目相同,如丙氨酸;碱性氨基酸的氨基数目多于羧基,如赖氨酸。

注意这种分类的"中性""碱性"和"酸性"并不是指氨基酸水溶液的 pH。中性氨基酸溶于纯水时,由于羧基的电离略大于氨基,因此其水溶液的 pH 略小于 7。

(三)命名

氨基酸的系统命名法与羟基酸类似,是以羧酸为母体,氨基为取代基,称为"氨基某酸"。用阿拉伯数字或希腊字母来标明氨基和取代基的位次。

$$CH_3-CH-COOH$$
$$|$$
$$NH_2$$

α-氨基丙酸
(2-氨基丙酸)

$$\text{C}_6\text{H}_5-CH_2-CH-COOH$$
$$|$$
$$NH_2$$

β-苯基-α-氨基丙酸
(3-苯基-2-氨基丙酸)

氨基酸更常用的是俗名,即按其来源和特性命名。例如天冬氨酸最初是从植物天门冬的幼苗中发现的,胱氨酸是因它最先来自尿结石而得名,甘氨酸因具有甜味而得名。

二、氨基酸的化学性质

氨基酸分子内既含有氨基又含有羧基,因此它们具有氨基和羧基的典型性质。同时,由于两种官能团在分子内的相互影响,又具有一些特殊的性质。

(一)**氨基酸的两性和等电点**

氨基酸分子中含有酸性的羧基和碱性的氨基,因此,它既能与酸反应,也能与碱反应,是一个两性化合物。

氨基酸在水溶液中存在形式随 pH 的变化可表示如下:

$$R-CH-COOH$$
$$|$$
$$NH_2$$
$$\Updownarrow$$

$$R-CH-COO^- \underset{OH^-}{\overset{H^+}{\rightleftharpoons}} R-CH-COO^- \underset{OH^-}{\overset{H^+}{\rightleftharpoons}} R-CH-COOH$$
$$\quad|\qquad\qquad\qquad\qquad |\qquad\qquad\qquad\qquad |$$
$$\;NH_2\qquad\qquad\qquad\quad NH_3^+\qquad\qquad\qquad\quad NH_3^+$$

阴离子　　　　　　两性离子　　　　　　阳离子

pH > pI　　　　　　pH = pI　　　　　　pH < pI

第十五章 氨基酸、肽、蛋白质和核酸

实验证明,一般情况下,氨基酸是以两性离子的形式存在于晶体或水溶液中,这种特殊的离子结构,是氨基酸具有高熔点、能溶于水而不溶于有机溶剂等性质的根本原因。

在水溶液中,氨基酸可以发生两性电离,可逆的解离出正离子为碱式电离;解离出负离子为酸式电离。解离的程度和方向取决于溶液的 pH,在不同的 pH 水溶液中氨基酸带电情况不同。当一种氨基酸溶液 pH 调节到某一特定值时,氨基酸主要以两性离子的形式存在,氨基酸所带的正负电荷相等,分子呈电中性,在电场中不泳动,这时溶液的 pH 称为氨基酸的等电点,常用 pI 表示。当溶液的 pH > pI 时,氨基酸主要以阴离子形式存在,在电场中向正极泳动;当溶液的 pH < pI 时,氨基酸主要以阳离子形式存在,在电场中向负极泳动。各种氨基酸由于其组成和结构不同,因此具有不同的等电点。等电点是氨基酸的一个特征常数,常见氨基酸的等电点见表 15-1。

氨基酸在等电点时的溶解度最小,容易析出,通过调节溶液的 pH,可以使不同的氨基酸在各自的等电点分别结晶析出;另外,在同一 pH 缓冲溶液中,各种氨基酸的电泳方向和速率不同,利用以上性质可以鉴别、分离和提纯氨基酸。

(二) 与亚硝酸反应

α-氨基酸中的氨基可以与亚硝酸反应放出氮气,并生成 α-羟基酸。

$$\text{RCHCOOH} + HNO_2 \longrightarrow \text{RCHCOOH} + N_2\uparrow + H_2O$$
$$\quad\,|\qquad\qquad\qquad\qquad\qquad\quad\,|$$
$$NH_2\qquad\qquad\qquad\qquad\qquad OH$$

由于此反应可以定量释放出氮气,因此,通过测定 N_2 的体积可计算出氨基酸分子中氨基的含量,也可以测定蛋白质分子中游离氨基的含量,此方法称范斯莱克(Van Slyke)氨基测定法。

(三) 与茚三酮的反应

α-氨基酸与水合茚三酮在溶液中共热时,生成蓝紫色化合物。

水合茚三酮

蓝紫色化合物 $+ 3H_2O + CO_2\uparrow + R-\overset{O}{\underset{\,}{C}}-H$

这个反应非常灵敏,通过比较产物颜色的深浅或测定生成 CO_2 的体积,可定量测定 α-氨基酸的含量,是鉴定 α-氨基酸最迅速、最简单的方法。

三、常见的氨基酸

(一) 赖氨酸

赖氨酸是人体必需氨基酸之一,是帮助其他营养物质被人体充分吸收和利用的关键物质,

有机化学

人体只有补充了足够的赖氨酸才能提高食物蛋白质的吸收和利用,达到均衡营养,促进生长发育,增强免疫功能。同时赖氨酸是控制人体生长的重要物质抑长素中最重要的也是最必需的成分,对人的中枢神经和周围神经系统都起着重要作用。常见的含有赖氨酸的药物有复方赖氨酸颗粒和赖氨酸注射液等。

(二)异亮氨酸

异亮氨酸能治疗神经障碍、食欲不振和贫血,在肌肉蛋白代谢中特别重要,并能调节糖和能量的水平,帮助提高体能,增进肌肉的生长发育,加快创伤愈合,治疗肝功能衰竭,提高血糖水平。异亮氨酸在鸡蛋、黑麦、全麦、大豆、糙米、鱼类和奶制品中含量较多。

第二节 肽

肽是氨基酸之间通过酰胺键相连而成的一类化合物,肽分子中的酰胺键又称肽键。十肽以下的称为寡肽,大于十肽的称为多肽。通常将相对分子质量较大,结构较复杂的多肽称为蛋白质。

一、肽的结构

肽的结构通式为:

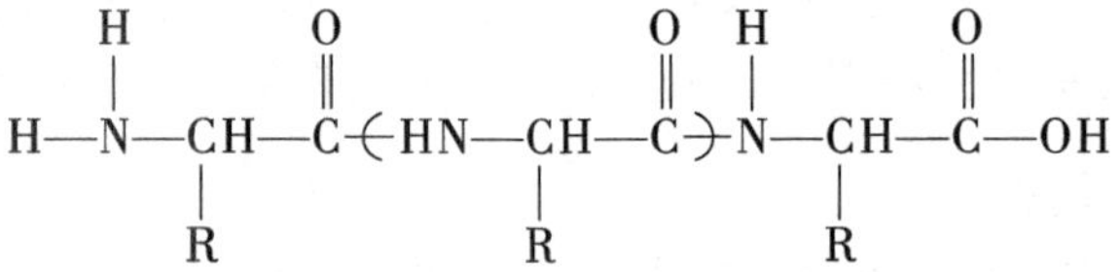

$$H_2N-CH(R)-C(=O)-[HN-CH(R)-C(=O)]-NH-CH(R)-C(=O)-OH$$

多肽

在肽链中,保留有游离氨基的一端称为 N-端,保留有游离羧基的一端称为 C-端。习惯上把 N-端写在左边,C-端写在右边。

二、肽的命名

肽的命名是以含有完整羧基(C-端)的氨基酸为母体,从另一端(即 N-端)开始,根据组成肽的氨基酸的顺序将氨基酸的"酸"字改为"酰"字,依次列在母体名称之前。例如:

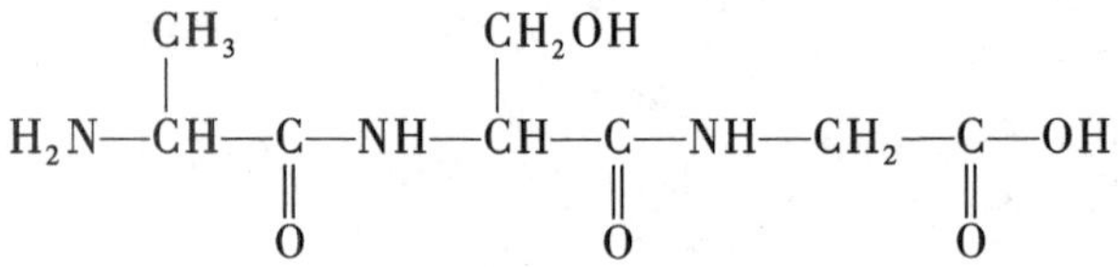

$$H_2N-CH(CH_3)-C(=O)-NH-CH(CH_2OH)-C(=O)-NH-CH_2-C(=O)-OH$$

名称:丙氨酰丝氨酰甘氨酸　　缩写名称:丙-丝-甘

为了简便,氨基酸的名称常用缩写。很多多肽都采用俗名,如催产素等。

三、多肽结构的测定及生理作用

多肽结构的测定是一项相当复杂的工作,不但要确定组成多肽的氨基酸种类和数目,还要测出这些氨基酸残基在肽链中的排列顺序。

(一)组成测定

将纯化后的肽用酸完全水解,通过层析法或氨基酸分析仪测定含有各种游离氨基酸的水

第十五章 氨基酸、肽、蛋白质和核酸

解液,可确定其中各种氨基酸的种类和含量。

(二)序列测定

肽链中各种氨基酸的排列序列可用端基分析法结合部分水解法确定。

1. 端基分析法

端基分析法是以某种标记化合物与肽链中的 N 端或 C 端的氨基酸作用,然后再水解,以确定 N 端或 C 端氨基酸的种类。

(1) N 端分析　N 端氨基酸分析常用的试剂有异硫氰酸苯酯、2,4-二硝基氟苯(DNFB)、丹酰氯(DNS-Cl)等。目前广泛采用异硫氰酸苯酯法。

异硫氰酸苯酯可与肽链的 N 端氨基作用生成苯氨基硫甲酰基肽(PTC-肽),然后在有机溶剂中与无水 HCl 作用,PTC-肽经环化、水解后能选择性地将 N 端残基以苯乙内酰硫脲氨基酸(PTH-氨基酸)的形式断裂下来,用层析法即可鉴定其为何种氨基酸衍生物。肽链经上述反应后仅失去一个 N 端氨基酸残基,残留的肽链可继续与异硫氰酸苯酯作用,如此逐个鉴定出氨基酸的排列顺序。此法称为 Edman 讲解法。应用此原理设计的自动氨基酸顺序仪已经能测定多达 60 个氨基酸以下的多肽结构。

$$C_6H_5NCS + H_3N^+CH\text{—}C(O)\text{—}NHCH\text{—}C(O)\text{—}\sim \xrightarrow{\text{碱性解质}} C_6H_5NHCHNHC\text{—}C(O)\text{—}NHCHC(O)\sim$$

异硫氰酸苯酯　　　　　　肽　　　　　　　　　　　　　　PTC-肽

$$\xrightarrow{CH_3NO_2, HCl} \text{（苯乙内酰硫脲环）} + H_3N^+CH\text{—}C(O)\sim$$

(2) C 端分析　C 端的测定常采用羧肽酶法。羧肽酶能特异性的水解 C 端氨基酸的肽键,这样可以反复用于缩短的肽,逐个测定新的 C 端氨基酸。

2. 部分水解法

部分水解法是将复杂的肽链用酸或酶催化部分水解成若干小肽的片断,然后用端基分析法鉴定,确定各个片断中氨基酸残基的排列顺序。经过组合、排列对比、找出关键的"重叠顺序",推断出整个肽链中氨基酸残基的排列顺序。

用酸水解肽链选择性较差,每次水解得到的片断可能不同。而某些蛋白酶水解则具有高度专一性,某一种酶只能水解一定类型的肽键。如胰蛋白酶能专一性的水解 Arg 或 Lys 的羧基所形成的肽键,胰凝乳蛋白酶可水解芳香族氨基酸的羧基端肽键,从而获得各种水解片段。

$$\text{Asp - Arg - Try - Ala - Gly} \xrightarrow{\text{胰蛋白酶}} \text{Asp - Arg + Try - Ala - Gly}$$

$$\text{Asp - Arg - Try - Ala - Gly} \xrightarrow{\text{胰凝乳蛋白酶}} \text{Asp - Arg - Try + Ala - Gly}$$

随着快速 DNA 序列分析的开展,可通过 DNA 序列推演氨基酸顺序。这也是目前常用的肽链顺序测定法。

(三)多肽的生理作用

多肽能全面调节人体的各种各样的生理功能,具有分子小,活性高,穿透力强,专一性等特点。

 知识拓展

生物活性肽

多肽是由多种 α-氨基酸分子以肽键相互结合而成,按氨基酸不同的排列顺序可以形成成千上万种多肽。其中具有活性的多肽称为活性肽,又称生物活性肽。活性肽是人体中最重要的活性物质,在人体生长发育、新陈代谢、疾病以及衰老、死亡的过程中起着关键作用。活性肽是涉及生物体内多种细胞功能的生物活性物质,在生物体内已发现几百种,不同的活性肽具有不同的结构和生理功能,如抗病毒、抗癌、抗血栓、抗高血压、免疫调节、激素调节、抑菌、降胆固醇等作用。

第三节 蛋白质

蛋白质(protein)是由氨基酸残基通过肽键相互连接而形成的生物大分子,一般把相对分子质量超过 10 000 的多肽称为蛋白质。

一、蛋白质的组成和分类

蛋白质是由许多 α-氨基酸通过肽键连接而成的化合物。蛋白质主要由四种化学元素组成,其中碳:50%~55%、氢:6%~7%、氧:19%~24%、氮:13%~19%,有些蛋白质还含有硫、磷、铁、碘、锌及其他元素。

蛋白质种类繁多,一般按其化学组成不同可将蛋白质分为单纯蛋白质和结合蛋白质两类。仅含有 α-氨基酸的蛋白质称为单纯蛋白质,如清蛋白、组蛋白、精蛋白等。除含有单纯蛋白质外,还含有非蛋白部分(又称辅基,如糖类、脂类、磷酸和有色物质等)的一类蛋白质称为结合蛋白质,如脂蛋白、核蛋白、血红蛋白等。

二、蛋白质的结构

蛋白质作为生物大分子,结构比较复杂,一般将蛋白质结构分为一级结构、二级结构、三级结构和四级结构。

蛋白质的一级结构又称为初级结构,是指蛋白质分子的多肽链中氨基酸的排列顺序。组成蛋白质的氨基酸有 20 多种,它们按一定顺序和方式连接起来。在一级结构中,酰胺键即肽键(—CONH—)是主键,氨基酸通过肽键相互连接成一条或几条多肽链。

蛋白质的二、三、四级结构统称为空间结构、高级结构或空间构象。蛋白质的空间结构是指多肽链在空间进一步盘曲折叠形成的构象。并非所有蛋白质都有四级结构,由一条肽链形成的蛋白质只有一、二和三级结构;由两条以上的肽链形成的蛋白质才可能有四级结构。

这里简单介绍蛋白质的二级结构:主要有 α-螺旋和 β-折叠。α-螺旋是指多肽链中各肽键平面通过 α-C 的旋转,围绕中心轴形成一种紧密螺旋盘曲现象。盘曲可形成左手螺旋

第十五章 氨基酸、肽、蛋白质和核酸

和右手螺旋。绝大多数蛋白质分子是右手螺旋。β-折叠是一种主链骨架充分伸展的结构，结构中由两条以上或一条肽链内的若干肽段平行排列，通过氢键维持结构的稳定。为避免邻近侧链R基团之间的空间障碍并尽可能形成最多的链间氢键，各条主链骨架同时作一定程度的如扇面的折叠，称为β-折叠。

三、蛋白质的性质

蛋白质分子中，存在着游离的氨基和羧基，因此具有类似氨基酸的性质，但同时蛋白质又具有高分子化合物的特性。

（一）两性电离和等电点

蛋白质分子肽键的C端有COOH，N端有NH_2，与氨基酸一样，属于两性物质，并具有等电点。不同类的蛋白质具有不同的等电点。在等电点时，蛋白质的溶解度最小，蛋白质颗粒不带电易凝聚以沉淀析出。蛋白质与氨基酸一样也可以采用电泳技术进行分离。

（二）沉淀

蛋白质溶液的稳定是有条件的、相对的。如果破坏蛋白质表层的水化膜和消除蛋白质所带的电荷，蛋白质在溶液中就会凝聚以沉淀析出。沉淀蛋白质的方法如下：

1. 可逆沉淀（盐析）

向蛋白质溶液中加入强电解质，使之析出沉淀的现象称为盐析。蛋白质的盐析是一个可逆过程，在一定的条件下，盐析出来的蛋白质仍可溶解于水，并恢复原来的生理活性。

2. 不可逆沉淀

蛋白质与重金属盐作用，或在蛋白质溶液中加入有机溶剂（如丙酮、乙醇等）则发生不可逆沉淀。如70%~75%的酒精可破坏细菌的水化膜，使细菌发生沉淀和变性，从而起到消毒的作用。

（三）变性

蛋白质受物理因素（如加热、高压、紫外线）或化学因素（如强酸、强碱、重金属盐）的影响，使其二、三级结构发生改变，导致其理化性质改变，生理活性丧失的现象，称作蛋白质的变性。变性的主要表现有溶解度降低，黏度变大，难以结晶，生物活性丧失等。蛋白质的变性在医疗和食品工业中应用广泛。临床上急救重金属盐中毒的患者时，让其服用大量的乳品或鸡蛋清，使蛋白质在消化道中与重金属盐结合成为变性的不溶物，阻止人体对重金属盐离子的吸收。制作豆腐时，往分散的蛋白质团粒中加入少量的钙盐或镁盐，大豆蛋白质很快地聚集到一块形成豆腐。

（四）颜色反应

颜色反应蛋白质分子由α-氨基酸通过肽键构成，其分子中的肽键和氨基酸残基能与某些试剂发生作用，生成有颜色的化合物。利用蛋白质的这些性质，可对蛋白质进行定性鉴定和定量测定。

1. 缩二脲反应

蛋白质与新制的碱性硫酸铜溶液反应，呈紫色，这与缩二脲与新制的碱性硫酸铜溶液反应呈紫色类似，因此蛋白质的这种显色反应称为缩二脲反应。

有机化学

2. 水合茚三酮反应

在蛋白质溶液中加入稀的水合茚三酮溶液共热,呈现蓝色。此反应可用于蛋白质的定性和定量分析。

3. 黄蛋白反应

含有芳环的蛋白质,遇浓硝酸发生硝化反应而生成黄色硝基化合物的反应称为黄蛋白反应。皮肤上溅上硝酸后变黄就是这个道理。

4. 米伦反应

在蛋白质溶液中加入米伦试剂(汞和亚汞的硝酸及亚硝酸盐混合物)先析出沉淀,再加热,沉淀变成砖红色。这一反应是酪氨酸中酚羟基所特有的,因为大多数蛋白质中含有酪氨酸,所以这个反应具有普遍性,用来检验蛋白质中有无酪氨酸存在。

 知识拓展

酶——神奇的蛋白质

酶是一类由生物细胞产生的,具有催化活性的生物大分子。其化学本质主要是蛋白质。在酶的催化反应体系中,反应物分子被称为底物,底物通过酶的催化转化为另一种分子。酶具有专一性,一种酶只催化一种反应;酶具有高效性,是化学催化剂的 $10^{10} \sim 10^{14}$ 倍;酶具有多样性,即酶的种类很多;酶需要的条件温和,不需加热,常温(30~50℃)即可反应。但是在光、热、酸、碱和重金属离子的作用下会失去活性。酶在工业和人们的日常生活中的应用也非常广泛。

第四节 核 酸

一、核酸的化学组成

核酸可以分为核糖核酸(RNA)和脱氧核糖核酸(DNA)。核酸分子中含有的主要元素有 C、H、O、N、P 等。核酸的基本组成单位是核苷酸。核苷酸由核苷和磷酸组成,核苷由碱基和戊糖组成,核酸的水解过程为:

$$核酸 \longrightarrow 核苷酸 \begin{cases} 磷酸 \\ 核苷 \begin{cases} 戊糖(核糖或脱氧核糖) \\ 有机碱(嘌呤碱和嘧啶碱) \end{cases} \end{cases}$$

两类核酸水解所得产物列于表 15-2 中。

表 15-2 两类核酸水解所得产物

水解产物的类别	RNA	DNA
酸	磷酸	磷酸
戊糖	D-核糖	D-2-脱氧核糖
嘌呤碱	腺嘌呤、鸟嘌呤	腺嘌呤、鸟嘌呤
嘧啶碱	胞嘧啶、尿嘧啶	胞嘧啶、胸腺嘧啶

DNA 和 RNA 中所含有的嘌呤碱相同,但所含有的嘧啶碱不同,两类碱基的结构及缩写符号如下:

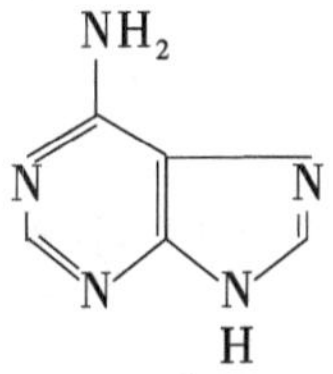

腺嘌呤(A) 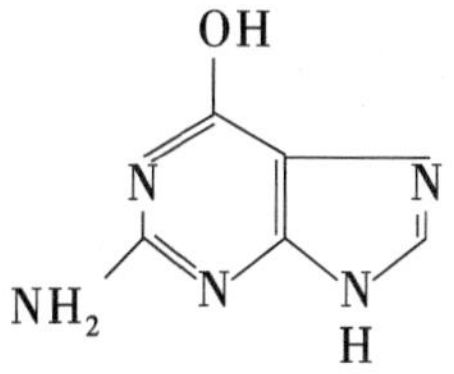　　　　　　　　　鸟嘌呤(G)

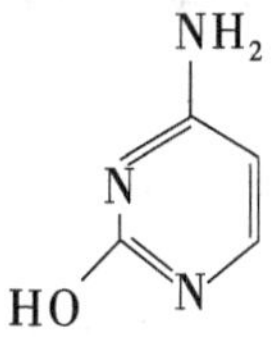

胞嘧啶(C) 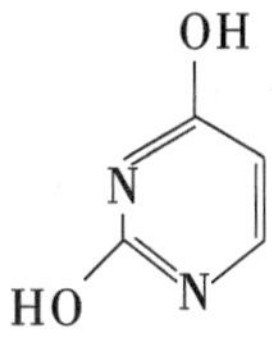　　　　尿嘧啶(U) 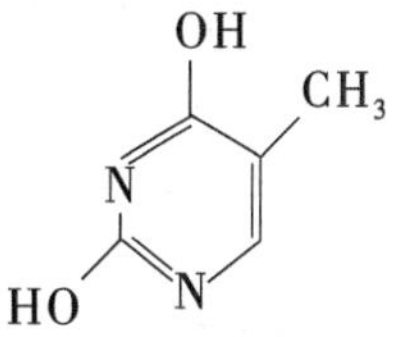　　　　胸腺嘧啶(T)

核酸中的戊糖有两类,D-核糖和 D-2-脱氧核糖,都为 β-构型,它们的结构如下:

β-D-核糖　　　　　　　　　D-2-脱氧核糖

二、核酸的结构

(一) 核酸的一级结构

核酸分子中各种核苷酸排列的顺序即为核酸的一级结构,又称为核苷酸序列。由于核苷酸间的差别主要是碱基不同,又称为碱基序列。在核酸分子中,各核苷酸间是通过 3,5-磷酸二酯键连接起来。

DNA 和 RNA 的结构比较复杂,为了直观易懂,常用 P 表示磷酸,用竖线表示戊糖基,表示碱基的相应英文字母置于竖线之上,用斜线表示磷酸和糖基形成的酯键。所以 RNA、DNA 的部分结构可表示如下:

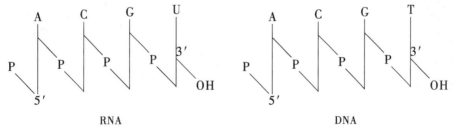

RNA　　　　　　　　　　　DNA

还可用更简单的字符表示,以上 RNA 和 DNA 的片断可表示为:

RNA　　　5′pApCpGpU-OH3′或 5′ACGU3′
DNA　　　5′pApCpGpT-OH3′或 5′ACGT3′

有机化学

(二)DNA 的双螺旋结构

1953年,沃森和克里克提出了著名的 DNA 的双螺旋结构模型。该模型的提出不仅揭示了遗传信息稳定传递中 DNA 半保留复制的机制,而且是分子生物学发展的里程碑。

DNA 的双螺旋结构的特征如下:

1. DNA 分子由两条核苷酸链组成。它们沿着一个共同的轴心以反平行走向盘旋成右手双螺旋结构。

2. 这种双螺旋结构中,亲水的脱氧戊糖基和磷酸位于双螺旋的外侧,而碱基朝向内侧。一条链的碱基与另一条链的碱基通过氢键结合成对。碱基对的平行与螺旋结构的中心轴垂直。螺旋旋转一周正好为10个碱基对,螺距为3.4nm,这样相邻碱基平面间隔为0.34nm。

3. DNA 双螺旋的表面存在一个大沟和一个小沟,蛋白质分子通过这两个沟与碱基相识别。

4. 两条 DNA 链依靠彼此碱基之间形成的氢键而结合在一起。根据碱基结构特征,只能形成腺嘌呤(A)与胸腺嘧啶(T)配对,形成两个氢键,鸟嘌呤(G)与胞嘧啶(C)配对,形成三个氢键,因此 G 与 C 之间的连接较为稳定。这些碱基互相匹配的规律称为碱基互补规律或碱基配对规律。

5. DNA 双螺旋结构比较稳定。维持这种稳定性主要靠碱基对之间的氢键以及碱基的堆集力(stacking force)。

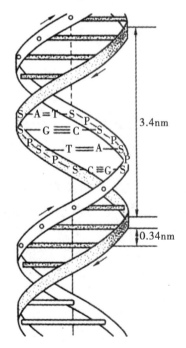

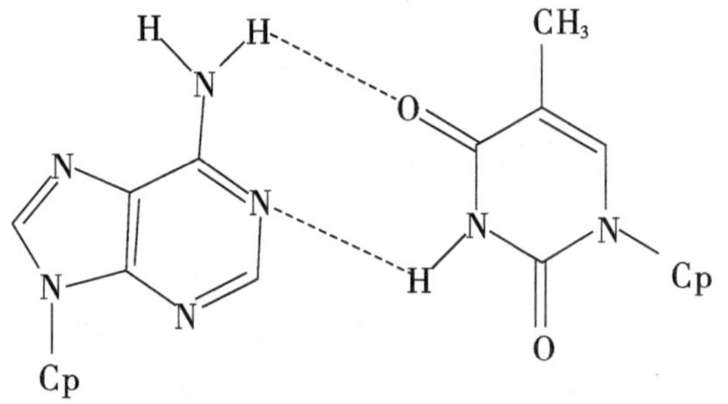

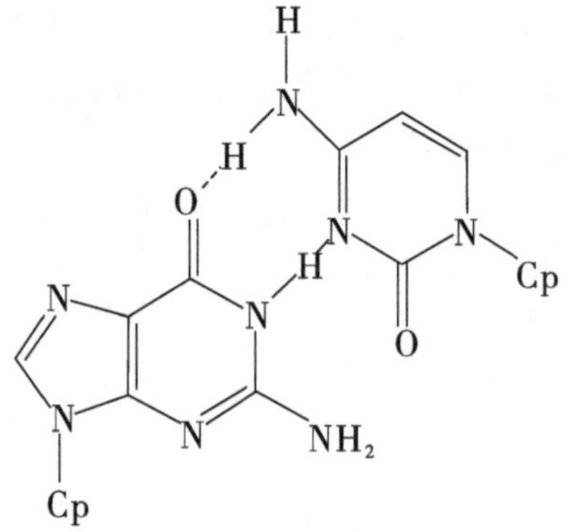

第十五章 氨基酸、肽、蛋白质和核酸

知识拓展

DNA 的测序

遗传信息以核苷酸顺序的形式贮存在 DNA 分子中，它们以功能单位在染色体上占据一定的位置构成基因。因此，搞清 DNA 顺序无疑是非常重要的。1975 年 Sanger 发明的 DNA 测序（加减法）为实现这一企图起了关键性的作用。由此而发展起来的大片段 DNA 顺序快速测定技术——Maxam 和 Gilbert 的化学降解法（1977 年）和 Sanger 的末端终止法（1977 年），已是核酸结构与功能研究中不可缺少的分析手段。我国学者洪国藩于 1982 年提出了非随机的有序 DNA 测序新策略，对 DNA 测序技术的发展做出了重要贡献。目前，DNA 测序的部分工作已经实现了仪器的自动化操作。凭借先进的 DNA 测序技术及其他基因分析手段，人类正在进行一项以探明自身基因组全部核苷酸顺序（单倍基因组含 3×10^9 碱基对）为目标的宏伟计划——人类基因组图谱制作计划（human genome mapping project）。据称，此项计划的实现，将对全人类的健康产生无止境的影响。Watson – Crick 模型创立 36 年后的 1989 年，一项新技术—扫描隧道显微镜使人类首次能直接观测到近似自然环境中的单个 DNA 分子的结构细节，观测数据的计算机处理图像能在原子级水平上精确度量出 DNA 分子的构型、旋转周期、大沟及小沟。这一成果是对 DNA 双螺旋结构模型真实性的最直接而可信的证明。此项技术无疑会对人类最终完全解开遗传之谜提供有力的帮助。可喜的是，我国科学家在这项世界领先的研究中也占有一席之地。

考点提示

项目	考点
结构、分类和命名	1. 氨基酸分类和命名 2. 肽的结构
化学性质	1. 氨基酸的化学性质（两性与等电点、与亚硝酸反应、与茚三酮的反应） 2. 蛋白质的化学性质
化学组成	核酸的化学组成

目标检测

一、单项选择题

1. 已知谷氨酸的等电点为 3.22，它在水中的主要存在形式为
   A. 阴离子   B. 阳离子   C. 两性离子   D. 分子

2. 在组成蛋白质的氨基酸中，人体必需的氨基酸有
   A. 6 种   B. 7 种   C. 8 种   D. 9 种

3. 中性氨基酸（一氨基一羧基氨基酸）的等电点为
   A. PI = 7   B. PI > 7   C. PI < 7   D. PI ≥ 7

4. 在多肽链中，氨基酸相互连接的主键是
   A. 氢键   B. 离子键   C. 二硫键   D. 肽键

有机化学

5. 下列物质不能发生水解反应的是
   A. 丙氨酸　　　　　B. 乳糖　　　　　C. 乙酸乙酯　　　　　D. 蛋白质
6. 临床利用蛋白质受热凝固的性质检验患者尿中的蛋白质,这是属于蛋白质的
   A. 水解反应　　　　B. 变性作用　　　C. 显色反应　　　　　D. 盐析作用
7. 重金属盐中毒时,应急措施是立即服用大量
   A. 生理盐水　　　　　　　B. 冷水　　　　　　　　C. 鸡蛋清
   D. 食醋　　　　　　　　　E. 葡萄糖水

二、填空题

1. 组成蛋白质的 20 种氨基酸都是 _____,核酸的基本组成单位是 _____。
2. 当某氨基酸在溶液中以两性离子存在时,这时溶液的 pH 称为氨基酸的 _____。
3. 蛋白质分子的氨基酸之间以 _____ 相连,核酸分子的核苷酸之间以 _____ 相连。
4. 按照氨基酸中所含 _____ 和 _____ 的数目,可将氨基酸分为 _____、_____ 和 _____ 三类。

三、鉴别题

用化学方法鉴别苯酚、苯胺、蛋白质。

(张爱华)

下 篇

实验指导

第十六章 有机化学实验的基本知识

一、有机化学实验的基本要求

(一)有机化学实验的目的

有机化学实验是有机化学教学的重要组成部分,其目的是培养学生掌握有机化学实验的基础知识和基本技能,验证有机化学中所学的基本理论,提高分析和解决问题的能力。在实践中培养学生正确的观察和思维方式,以及实事求是、严谨细致的学术作风和良好的工作习惯,为后续课程的学习及走向工作岗位打下结实的基础。

(二)有机化学实验的规则

为了保证有机化学实验的教学质量,确保实验能安全、顺利地进行,学生必须遵守以下规则。

1. 实验前应认真阅读本章的第二点内容(有机化学实验室的安全常识)。了解实验室的安全常识、注意事项及有关规定。认真预习有关实验内容,掌握有关有机化学知识,明确实验目的和要求,了解实验的基本原理、内容和方法,弄清实验的操作步骤及注意事项,并写好实验预习报告。做到心中有数,防止实验时边做边看。

2. 进入实验室应穿实验服,不能穿拖鞋、背心、短裤等不安全或不雅观的服装,不得将食物、饮品等带入实验室。

3. 进入实验室后,应了解实验室水、电、燃气等开关的位置及急救药箱、消防器材放置的位置和使用方法。严格遵守实验室安全规则和实验操作中的安全注意事项。

4. 实验前做好一切准备工作,检查仪器是否完好无缺,装置是否正确,并经指导老师检查合格后方可进行下一步操作。遵从指导老师和实验室工作人员的指导,严格按照操作规程和要求进行实验。如发生意外事故应及时采取应急措施并报告指导老师。

5. 实验过程中思想要集中,操作要认真。应细心观察实验现象,并养成及时做记录的良好习惯,如实记录观察到的现象和有关数据。实验室要保持安静,不得大声喧哗、打闹,不能打手机,不得擅自离开实验室,要科学安排好时间,按时结束实验。

6. 保持实验室整洁。实验时做到仪器、桌面、地面、水槽四净。实验台面应经常保持清洁和干燥,不需要和暂时不用的器材,不要放置台面上,以免碰撞损坏。固体废物应倒入废物桶,严禁丢入水槽或下水道,以免堵塞,废液(易燃液体除外)应倒入废液缸内。

7. 爱护公物。实验过程中应爱护仪器设备,公用器材、药品用后立即整理好归还原处。节约水、电及消耗性药品,严格控制药品用量。

8. 实验结束,将实验记录及实验结果交指导老师签字和查核。用过的实验仪器要清洗、放好,个人实验台面打扫干净,检查水电开关,确认安全后请指导老师检查,经检查合格者可离开实验室。值日生负责整理公用器材,打扫实验室卫生,清倒废物桶,检查水电开关,关好门、

有机化学

窗,经指导老师同意后,方可离开。

(三)有机化学实验预习、记录和实验报告的书写

1. 实验预习

预习必须在实验前完成,并写出预习报告,包括以下内容:

(1)实验的题目、日期、目的、仪器及主要试剂和产物的物理常数、用量和规格。

(2)实验原理、实验装置图并根据实验内容写出实验简单步骤。目的是在实验前形成一个工作大纲,使实验有条不紊地进行,实验初期可以将步骤写详细些,以后逐步简化。可用一些符号表示,如:△表示加热,↓表示沉淀,↑表示有气体生成等。

2. 实验记录

实验记录应在实验过程中完成,它是实验的原始材料。应将实验过程中观察到的现象及测得的各种数据及时、准确、客观地记录于记录本中。实验记录要求做到简单明了、字迹清楚,实验完毕后学生应将实验记录本和实验结果交给老师验证。

3. 实验报告

完成实验后必须根据实验记录进行归纳总结,整理实验数据,不能抄袭或拼凑数据,分析讨论出现的问题,按一定的格式独立完成实验报告,并按时上交。

实验报告要求条理清晰、文字简练、用词规范、书写工整、图表清晰、结论明确,对实验的反常现象做出合理解释,对存在问题提出改进建议或解决办法,总结自己的实践体会和经验。

举例实验报告格式:

实验名称_____

专业_____ 班级_____ 姓名_____ 实验日期_____

一、实验目的

二、实验原理

三、主要仪器及试剂

四、实验装置图

五、实验步骤及现象记录

时间	步骤	现象	备注

六、产率计算

七、讨论

有机化学

附:实验产率的计算

对有机化合物的合成反应都要计算产率。计算方法如下所示:

$$百分产率 = \frac{实际产量}{理论产量} \times 100\%$$

理论产量是指根据反应方程式计算得到的产物的数量,即原料全部转化为产物,若反应物有两种或两种以上,为了提高产率,常常增加某一反应物的用量,计算时以不过量的反应物为基准。实际产量是指实验中实际分离获得的纯粹产物的数量。百分产率是指实际得到的纯粹产物的质量与计算的理论产量的比值。

二、有机化学实验室的安全常识

有机化学实验经常使用易燃、易爆、有毒、有腐蚀性的试剂以及易碎、易裂的玻璃仪器,若疏忽大意,就会产生着火、爆炸、烧伤、中毒、伤害等事故。此外,使用电器设备时,若方法不当也易引起触电或火灾。因此,务必树立安全第一的观念,认真预习和了解实验中使用的试剂和仪器的性能、用途、危害及相关注意事项和预防措施,严格按规程操作,有效地维护人身和实验室的安全。

(一) 着火及爆炸的预防及处理

着火和爆炸是有机实验中常见的事故,比如乙醚、乙醇等有机溶剂易于燃烧;反应过于剧烈控制不好会引起爆炸。因此,必须从以下几点对着火和爆炸进行预防及处理。

1. 防火的基本原则是使溶剂与火源尽可能远离,因此盛有易燃试剂的容器不能靠近火源,加热时要根据易燃试剂的性质正确选择热源(如使用水浴、油浴等),避免用明火直接加热。

2. 不能用烧杯或敞口容器盛装、加热或蒸除易燃、易挥发的有机溶剂,量取易燃试剂应远离火源,最好在通风橱中进行。

3. 回流、蒸馏等装置以及加热用仪器不能密闭,回流或蒸馏液体时切勿忘记加助沸物(沸石),以防溶液因过热暴沸而冲出。若在加热后发现未加助沸物,则应停止加热,待稍冷后再加,否则在过热溶液中加入助沸物会导致液体突然沸腾,冲出瓶外而引起着火或其他意外事故。冷凝水要保持畅通,若冷凝管忘记通水,大量蒸气来不及冷凝而逸出,也易着火。

4. 在反应中添加或转移易燃有机溶剂时,应注意暂时熄火或远离火源。因事离开实验室时,一定要关闭热源和自来水。

5. 易燃有机溶剂(特别是低沸点易燃溶剂)在室温时即具有较大的蒸气压。空气中混杂易燃有机溶剂的蒸气达到某一极限时,遇明火即发生燃烧爆炸。因此,蒸馏乙醚等低沸点易燃溶剂时装置切勿漏气,周围不能有明火,余气应通往下水道或室外。

6. 实验时,仪器装置堵塞也会引起爆炸。因此常压操作时,应使整套装置有一定的地方通向大气,并且经常检查仪器装置各部分有无堵塞现象,切勿造成密闭体系,否则内压过大,发生危险。

7. 实验室一旦发生了着火,立即熄灭附近所有火源,切断电源并移去周围未着火的易燃物质。然后根据起火的原因及周围的情况采取不同的方法灭火。

若少量有机溶剂(几毫升,且周围无其他易燃物)着火,可任其燃完。若在小器皿内着火可用石棉网或湿布盖灭;桌面或地面着火,如火势不大,也可用湿布或砂子灭掉。应注意的是

第十六章　有机化学实验的基本知识

油浴和有机溶剂着火时绝对不能用水浇,因为这样反而会使火焰蔓延。

如果衣服着火,切勿乱跑,轻者可脱下着火衣服用水淋息,也可用湿布或厚的外衣包裹着火部位,使其熄灭。较严重者应躺在地上(以免火焰烧向头部)并打滚,其他人用防火毯或麻布之类的东西紧紧包住着火部位,使火焰隔绝空气而熄灭。烧伤严重者应急送医院治疗。

火较大时,应根据具体情况采用不同的灭火器材如二氧化碳灭火器、四氯化碳灭火器、泡沫灭火器等进行灭火。无论使用哪一种灭火器材,都应从火的四周向中心扑灭,并对准火焰的根部灭火。

(二) 割伤的预防及处理

易造成割伤的情况有:装配仪器时用力过猛或装配不当,仪器口径不适合而勉强连接,装配仪器时用力处与连接部位距离太远而致使玻璃仪器、玻璃管(或温度计)折断割伤手等。

1. 应按规程操作,不强行扳、折玻璃仪器,不能硬性装拆,不宜用力过猛,特别是比较紧的磨口处。

2. 将玻璃管(棒)或温度计插入塞子时,注意用力处(手指捏住玻璃管的位置)应尽量靠近塞子,且用力不能太大,以防因玻璃管(棒)折断而割伤皮肤,最好用布裹住并涂少许甘油等润滑剂后再缓缓旋转而入。

3. 注意玻璃仪器的边缘是否碎裂,小心使用;玻璃管(棒)切割后,断面应在火上烧熔以消除棱角。

4. 发生玻璃割伤要及时处理,先将伤口处的玻璃碎片取出。若伤口不大,用蒸馏水洗净伤口,用创可贴包扎,或涂上红药水,用纱布包扎。若伤口较大或割破了主血管,则应用力按紧主血管以防止大量出血,及时送医院治疗。

(三) 中毒的预防及处理

1. 使用有毒药品时,应妥善保管,不能乱放,做到用多少,领多少。实验后的有毒残渣,也必须妥善地处理,不能乱丢。

2. 有些有毒物质会渗入皮肤,因此药品不能沾在皮肤上,称量药品时应使用工具,不能用手直接接触。需要接触有毒物质时,必须戴橡皮手套。实验完毕后应立即洗手,切勿让毒品沾及五官及伤口。

3. 使用和处理有毒或腐蚀性物质时,应在通风柜中进行,并戴上防护品,尽可能避免有机物蒸气在实验室内扩散。

4. 防止水银等有毒物质流失。若温度计破损后水银撒落,应及时收集撒落的水银,并用硫黄或三氯化铁清除。

5. 一般药品溅到手上,通常是用水和乙醇洗去。

6. 如有毒试剂溅入口中尚未咽下者立即吐出,再用大量水冲洗口腔。如已吞下,应根据毒物性质给以解毒剂。

如对于有腐蚀性的强酸应先饮大量水,然后服用氢氧化铝膏、鸡蛋白;若是强碱,先饮大量水后,服用醋、酸果汁、鸡蛋白。不论酸或碱中毒皆再灌注牛奶,不要吃呕吐剂。

如果是刺激剂及神经性毒物:先服牛奶或鸡蛋白使之立即冲淡和缓解,再用硫酸镁(约30g)溶于一杯水中服下催吐。有时也可用手指伸入喉部促使呕吐。

应该注意的是:不要在实验室进食、饮水,因为食物在实验室易沾染有毒的化学物质。

有机化学

(四)灼伤的处理

皮肤接触了高温(如热的物体、火焰、蒸气)、腐蚀性物质(如强酸、强碱、溴、酚类等)会造成灼伤。因此,实验时,要避免皮肤与上述能引起灼伤的物质接触。取用有腐蚀性化学药品时,应戴上橡皮手套。

若实验中发生了灼伤,应根据不同的灼伤情况采取不同的处理方法。

1. 被酸液或碱液灼伤

均应立即用大量水冲洗(浓硫酸除外)。如果是被酸液灼伤,再用3%~5%碳酸钠溶液冲洗;如果是被碱液灼伤则再用1%~2%硼酸溶液冲洗,最后都用水洗。严重者要消毒灼伤面,拭干并涂上烫伤软膏,及时送医院。

2. 被溴灼伤

应立即用2%硫代硫酸钠溶液洗至伤处呈白色,然后涂上甘油或烫伤软膏。

3. 被酚灼伤

先用大量水洗,再用酒精擦至无酚液存在为止,然后涂上甘油或烫伤软膏。

4. 被灼热的玻璃、铁器或热液体烫伤

轻者立即用冷自来水冲患处数分钟或用冰块敷患处至痛感减轻;较重者可在患处涂红花油,然后涂擦烫伤软膏。

(五)用电安全

使用电器时,切记任何时候都不允许带电操作。应防止人体与电器导电部分直接接触,不能用湿的手或手握湿物接触电插头。为了防止触电,装置和设备的金属外壳等都应连接地线。实验完后先切断电源,再将连接电源的插头拔下。

三、有机化学实验常用仪器、设备和装置

(一)玻璃仪器

玻璃仪器分为标准磨口玻璃仪器和普通玻璃仪器两种。

1. 标准磨口玻璃仪器

有机实验中通常使用标准磨口玻璃仪器(简称磨口仪器),它与相应的普通玻璃仪器的区别在于各连接口都加工成通用的磨口,即标准磨口。常用的标准磨口玻璃仪器见图16-1。

由于磨口规格的标准化、系统化,磨砂密合,凡属于同类规格的接口,都可任意互换,各部件能装配成各种配套仪器。使用标准磨口玻璃仪器既可免去配塞子及钻孔等步骤,又能避免反应物或产物被橡皮塞(或软木塞)所沾污;而且装配和拆卸方便,口塞磨砂性能良好,密合性较高,对于毒物或挥发性液体的实验较为安全,提高了实验的安全性和工作效率。

标准磨口仪器的每个部件在其口、塞的上或下显著部位均有烤印的标志,表明规格。常用的有10、12、14、16、19、24、29、34、40、50等,该数字是表示标准磨口玻璃仪器口径的大小,即磨口最大端直径的毫米整数。其中10号是微量磨口仪器,14号是半微量磨口仪器,19号以上是常量磨口仪器。有时也用两个数字来表示,另一数字表示磨口的长度。例如19/30,表示此磨口的口径为19mm,磨口长度为30mm。有时两个玻璃仪器,因磨口编号不同无法直接连接时,则可借助不同编号的磨口接头(或称大小接头)使之连接,见图16-1(17)。

第十六章 有机化学实验的基本知识

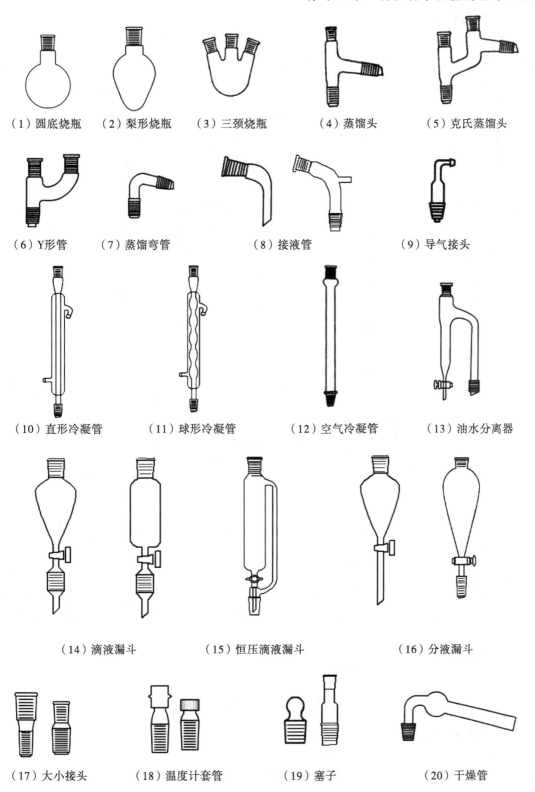

图 16-1 常用标准磨口玻璃仪器

有机化学

2. 普通玻璃仪器

现在的有机化学实验中,尽管磨口玻璃仪器已普遍使用,但也不能完全取代普通玻璃仪器,一些在实验室中常用的普通玻璃仪器见图 16-2。

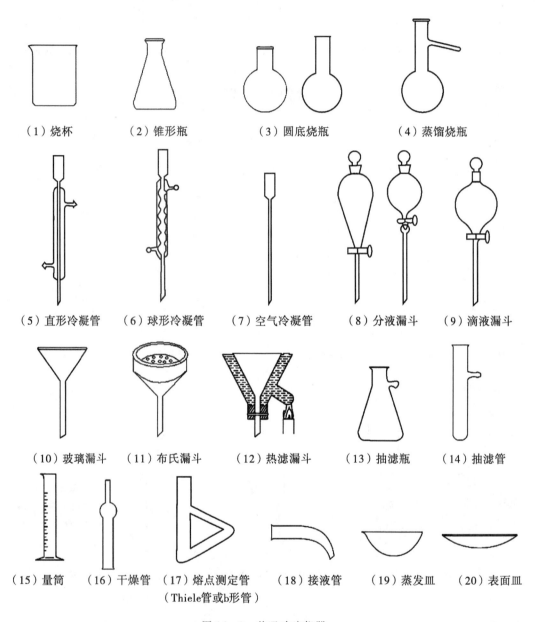

图 16-2 普通玻璃仪器

(1)烧杯　(2)锥形瓶　(3)圆底烧瓶　(4)蒸馏烧瓶　(5)直形冷凝管　(6)球形冷凝管　(7)空气冷凝管　(8)分液漏斗　(9)滴液漏斗　(10)玻璃漏斗　(11)布氏漏斗　(12)热滤漏斗　(13)抽滤瓶　(14)抽滤管　(15)量筒　(16)干燥管　(17)熔点测定管(Thiele管或b形管)　(18)接液管　(19)蒸发皿　(20)表面皿

3. 使用玻璃仪器的注意事项

(1)玻璃仪器易破碎,皆应轻拿轻放,以免破损。

(2)使用标准磨口玻璃仪器时,一般用途的磨口无须涂润滑剂,以免沾污反应物或产物。若反应中有强碱,则须涂润滑剂,以免磨口连接处因碱腐蚀黏结而无法拆开。

磨口处必须洁净,若粘有固体杂物,会使磨口对接不严密,导致漏气,甚至会损坏磨口。使

第十六章 有机化学实验的基本知识

用后应拆卸洗净,否则长时间放置,磨口的连接处易黏结在一起,难以拆开。如果遇到磨口黏结的情况,可在磨口周围涂上少量润滑剂或有机溶剂后用电吹风对着黏结口处加热,使外层膨胀而打开,或用水煮后再用木块轻轻敲黏结处,使之松开。

(3) 除试管等少数玻璃仪器外,一般都不能直接用火加热。厚壁玻璃器皿(如抽滤瓶)不耐热,故不能加热。带塞子的玻璃仪器用过洗净后,在塞子与磨口间应垫上纸片,以防粘住。

4. 常用玻璃仪器的清洗和干燥

(1) 仪器的清洗 实验时,为了避免其他杂质的混入,所用仪器必须清洁干燥。应养成立即清洗实验用过的玻璃仪器的习惯。否则,当不洁的仪器放置一段时间后,往往由于忘记污物的性质及挥发性溶剂的逸去,使洗涤工作变得困难。

有机化学实验中,最简单而常用的清洗玻璃仪器的方法,是用长柄毛刷(试管刷)蘸上皂粉或去污粉,刷洗润湿的器壁,直至玻璃表面的污物除去为止,最后用自来水清洗干净。有时去污粉的微小粒子会黏附在玻璃器皿壁上,不易被水冲走,此时可用2%盐酸摇洗一次,再用自来水清洗。若使用上述方法清洗困难时,则可根据污物的性质选用适当的洗液进行洗涤,比如铬酸洗液、稀盐酸、碱与合成洗涤剂的混合液、有机溶剂洗涤液等。若用有机溶剂作洗涤剂,使用后应回收重复使用。

当仪器倒置,水顺着器壁流下,内壁被水均匀润湿有一层既薄又均的水膜,不挂水珠时,即表明已清洗干净,可供一般实验需用。若用于精制产品,或供有机分析用的仪器,则尚须用蒸馏水摇洗,以除去自来水冲洗时带入的杂质。

必须注意的是不能盲目使用各种化学试剂和有机溶剂来清洗仪器。这样不仅造成浪费,而且还可能带来危险。

(2) 仪器的干燥 实验室干燥仪器最常用且简单的方法是将洗净的仪器倒置自然晾干,也可倒置在气流烘干器上烘干。一般将洗净的仪器倒置一段时间后,若没有水迹,便可使用。有些实验严格要求无水,仪器干燥与否有时甚至成为实验成败的关键,为此可将所用仪器洗净后放入烘箱内烘干。

比较大的仪器或者是洗涤后需立即使用的仪器,可将水尽量沥干后,加入少量乙醇或丙酮摇洗(使用后的乙醇或丙酮应回收至专用的回收瓶中),再用电吹风吹干。先用冷风吹片刻,当大部分溶剂挥发后,再吹入热风完全干燥(有机溶剂蒸气易燃易爆,故不宜先用热风吹)。吹干后,再吹冷风使仪器逐渐冷却,否则,被吹热的仪器在自然冷却过程中会有一层水汽凝结在瓶壁上。

(二) 实验室常见的一些其他仪器和设备

1. 金属用具

在有机化学实验中常用的金属用具有:铁架、铁夹、铁圈、三脚架、水浴祸、热水漏斗、镊子、剪刀、三角锉刀、圆锉刀、打孔器、水蒸气发生器、煤气灯或酒精喷灯、不锈钢刮刀、升降台等。使用这些金属用具应注意防止锈蚀,最好存放在固定地方,不要乱拿乱放。

2. 气流烘干器

气流烘干器(也称气流干燥器)是一种用于快速烘干仪器的设备,如图16-3所示。使用时,将仪器清洗干净,甩掉多余的水分后倒置在烘干器的多孔金属管上。注意随时调节热空气的温度,仪器烘干后,再调冷气使仪器逐渐冷却。气流烘干器不宜长时间加热,以免烧坏电热

有机化学

丝和电机。

3. 电热帽（或称电加热套）

电热帽由玻璃纤维丝与电热丝织成半圆形的内套，外面包上金属壳，中间填上保温材料制成的一种加热器，如图16-4所示。电热帽的容积一般与烧瓶的容积相匹配，分为50ml、100ml、150ml、200ml、250ml等规格，最大可到3000ml。电热帽没有明火，因此不易引起着火，使用安全，热效率高，受热均匀。

图 16-3 气流烘干器

图 16-4 气流烘干器

使用时注意不要将药品洒在电热帽中，以免加热时药品挥发造成污染，并导致电热丝被腐蚀而断开。用完后放于干燥处，防止内部吸潮而降低绝缘性能。

4. 烘箱

实验室一般使用的是恒温鼓风干燥箱，通常用于干燥玻璃仪器或烘干无腐蚀性、热稳定性好的药品。易挥发、易燃、易爆物切勿放入烘箱内烘烤，刚用乙醇、丙酮等有机溶剂淋洗过的玻璃仪器，应待有机溶剂挥发净后才能放进烘箱，以免发生爆炸。

使用时应先调好温度（烘玻璃仪器一般控制在100~105℃），尽量将玻璃仪器上的水沥干，再放进烘箱。放仪器时应使仪器口朝下，按自上而下依次放入，以免上层仪器残留的水滴滴下，使下层已烘热的玻璃仪器炸裂。取出烘干后的仪器时，应用洁净的干布衬手，防止烫伤。取出后的热玻璃仪器，若任其自行冷却，常有水汽凝在器壁上，因此热玻璃仪器取出后可用电吹风或气流烘干器的冷风助其冷却。

注意带有刻度的计量仪器和厚壁仪器、橡皮塞、塑料制品等不宜在烘箱中烘干；带有磨砂口的玻璃仪器，应将其活塞取出再烘。

5. 循环水多用真空泵

循环水多用真空泵是以循环水作流体，利用射流产生负压的原理而设计的一种真空泵，可用于过滤、蒸发、蒸馏、减压及升华等操作。由于水可以循环使用，避免了直接排水现象，大大节约了水资源，是实验室常用的减压设备，一般用于对真空度要求不高的减压系统中。使用时应注意：

（1）真空泵抽气口最好连接一个缓冲瓶，避免泵停时，水被倒吸入盛物瓶或反应瓶中。

（2）开泵前，检查是否与体系接好，然后打开缓冲瓶的旋塞，开泵后，用旋塞调至所需的真空度。关泵时，先打开缓冲瓶的旋塞，拆掉与体系的连接口，再关泵，切勿相反操作。

（3）应保持水质清洁，必须经常补充和定期更换水泵中的水，清洗水箱。不能抽粉尘和固体物质，某些腐蚀性气体可导致水箱内水质变差，产生气泡，影响真空度，故应谨慎使用。

6. 电动搅拌器

在有机化学实验中，搅拌器常用于非均相或有固体产物生成的反应中，搅拌器分为电动搅拌器和磁力搅拌器。电动搅拌器不适用于过黏的胶状溶液，使用时应先将搅拌棒与电动搅拌连接好,再将搅拌棒用套管与反应瓶连接固定,并注意接地线,不能超负荷。轴承常加润滑油,注意保持清洁干燥,防潮防腐蚀。

(三)有机化学实验常用装置

有机化学实验中常用的装置有回流、蒸馏、气体吸收、搅拌等,现分别简介与示图如下。

1. 回流装置

若反应需要在反应体系的溶剂或液体反应物的沸点附近进行,这时就要使用回流装置;某些反应在室温下难于进行,为了使反应尽快地进行,常常需要使反应物质较长时间保持沸腾,在这种情况下,也需要使用回流装置,使蒸气不断地在冷凝管内冷凝而返回反应器中,以防止反应瓶中的物质逃逸损失。有机化学实验中常用的回流装置如图 16-5 所示。图 16-5(1) 为最简单的回流装置。图 16-5(2) 为可以防潮的回流装置,在冷凝管上端口连接氯化钙干燥管来防止空气中湿气侵入。图 16-5(3) 是带有气体吸收装置的回流装置。

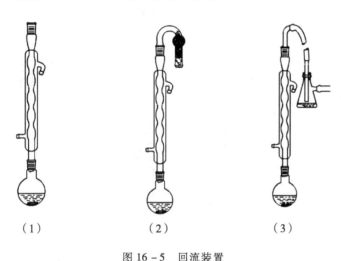

图 16-5 回流装置

回流时将反应物质至于圆底烧瓶中,在适当的热源上加热,加热前应先加入沸石。直立的冷凝管夹套中自下至上通入冷水,使夹套充满水,水流速度不必很快,能保持蒸气充分冷凝即可。回流的速度应控制在液体蒸汽浸润不超过二个球为宜。

2. 蒸馏装置

蒸馏是分离两种以上沸点相差较大的液体和除去有机溶剂的常用方法。图 16-6 是有机化学实验中几种常用的蒸馏装置,可根据不同的要求使用。图 16-6(1) 是最常用的蒸馏装置。由于这种装置接液处与大气相通,可能会逸出馏液蒸气,因此蒸馏易挥发的低沸点液体时,常在接液管的支管口连接橡皮管,通向水槽或室外。图 16-6(2) 是应用空气冷凝管的蒸馏装置,用于蒸馏沸点在 140℃ 以上的液体。若使用直形水冷凝管,由于液体蒸气温度较高易导致温差过大,仪器受热不均匀而造成冷凝管炸裂。图 16-6(3) 是可加液的蒸馏的装置。

3. 气体吸收装置

气体吸收装置用于吸收反应过程中生成的有刺激性和水溶性的有害气体(如氯化氢、溴化氢、二氧化硫等),如图 16-7 所示。其中图 16-7(1) 和 (2) 可作少量气体的吸收装置。图 (1) 中的玻璃漏斗应略倾斜使漏斗口一半在水中,一半在水面上,既能防止气体逸出,也可防

有机化学

止水被倒吸至反应瓶中。若反应过程中,有大量气体生成或气体逸出很快时,可使用图 16-7 (3)的装置。水自上端流入(可利用冷凝管流出的水)抽滤瓶中,在恒定的平面上溢出。

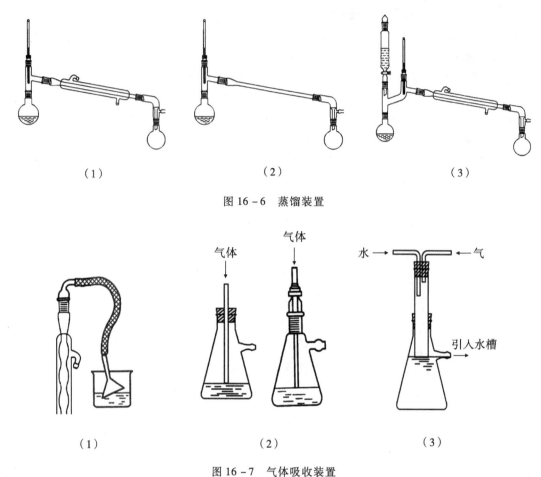

图 16-6 蒸馏装置

图 16-7 气体吸收装置

4. 简单搅拌装置

搅拌装置适用于非均相反应中,为了使反应混合物能充分接触,缩短反应时间,往往需要进行搅拌。此外,搅拌还可使反应体系的热量更易传导和散发,以避免因局部浓度过大或过热而导致其他副反应发生或有机物的分解。实验室简单的电动搅拌装置如图 16-8 所示。

5. 仪器装置方法

仪器装置正确与否,对实验的成败及安全有很大关系。对于不同的实验,其实验装置的装配有所不同,将在有关内容中详细叙述。在这里只是指出装配各类仪器时应当遵循的一般原则。

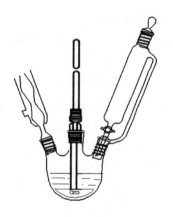

图 16-8 电动搅拌装置

实验中常用的玻璃仪器装置,一般皆用铁夹将仪器依次固定于铁架上。铁夹应正对实验台外面,不要歪斜,若铁夹歪斜,重心不一致,装置不稳。铁夹的双钳应套上橡皮、绒布等软性物质,或缠上石棉绳、布条等。用铁夹夹玻璃仪器时,先用左手手指将双钳夹紧,再拧紧铁夹螺丝,待夹钳手指感到螺丝触到双钳时,即可停止旋动,做到夹物松紧适度。

安装仪器的顺序一般是从热源开始,从下到上,从左到右逐个装配其他仪器。以安装回流装置为例,见图16-5(1)。首先根据热源高低位置用铁夹将圆底烧瓶垂直固定在铁架上,然后将球形冷凝管的下端正对烧瓶口并用铁夹垂直固定于烧瓶上方,再放松铁夹,将冷凝管放下,使磨口塞塞紧后,再将铁夹稍旋紧,固定好冷凝管,使铁夹位于冷凝管中部偏上一些。用合适的橡皮管连接冷凝水,进水口在下方,出水口在上方。

拆卸装置的顺序则与安装顺序相反。拆卸前,应先停止加热,移走热源,待稍微冷却后,先取下产物,再逐个拆卸。

总之,仪器装置要求做到正确、严密、整齐和稳妥。全套仪器装置横平竖直(横看一平面,纵看一直线),无论从正面或侧面观察,其中心轴线应在同一平面内且与实验台边沿平行,端正好看,给人以美的享受。

四、加热和冷却

(一)加热

有机化合物的反应速度一般比较慢,为了加快反应的速度,经常需要在加热的条件下进行。此外,有机化学实验的许多基本操作例如回流、蒸馏、重结晶、提取等也需要加热。加热时要注意:玻璃仪器一般不能用直火加热,以免剧烈的温度变化和受热不均匀而造成玻璃仪器的损坏。

最简单的加热方法是隔着石棉网进行加热,在实验中使用较多,但这种加热方式只适用于高沸点及不易燃烧的受热物,且反应瓶的受热也会不均匀,为了保证受热均匀和实验操作的安全,根据需要,可选用下列热浴方式进行间接加热。

1. 水浴

当需要加热的温度不超过100℃时,可以通过水浴加热。实验操作中是将需加热的容器浸入水浴中,容器的底部不能触及水浴锅的底部,然后小心加热以保持所需的温度。如果需要加热温度到100℃,则可以采用水蒸气浴。

2. 油浴

如果加热温度在100~250℃,可以采用油浴加热。常用的油浴有:液体石蜡(最高温度220℃)、甘油(最高温度140~150℃)、硅油和真空泵油(250℃以上)等。不同的油浴有不同的加热最高温度,通常为了保持加热的稳定性,在油中加入1%的对苯二酚。

在使用油浴加热时,必须注意安全,避免油浴起火。油浴中应装有温度计,以防温度过高,操作时不能让水溅入油浴中,防止油飞溅。

3. 空气浴

沸点在80℃以上的液体加热原则上均可以采用空气浴加热。空气浴就是让热源把局部空气加热,热的空气再传导热能给反应容器。最简单的空气浴是将受热的仪器与热源及石棉网隔开10~20mm(半微量实验要求隔开20~30mm)进行加热。电热套加热就是简便的空气浴,因为电热套中的电热丝是玻璃纤维包裹着的,不是明火加热,比较安全,受热效率较高,加热温度可高达400℃左右。

有机化学

以上介绍的是一些常用的加热方式,不同的实验可以根据实际情况采取不同的加热方式。此外,还可以使用沙浴、酸浴、熔盐浴、电热法等多种加热方法,以适用于实验的需要。

(二)冷却

有机化学反应中有的会产生大量的热,使反应温度迅速升高,反应难以控制,或者导致有机物的分解或增加副反应。为了防止因温度过高而产生的危险和影响,需要采用一定的方法控制温度;有时为了降低固体化合物在溶剂中的溶解度或加速结晶析出等也要进行冷却。

冷却最简单的方法是将容器浸入冷水中冷却或放在水龙头下冲洗冷却,特殊的反应需要比较低温度,这时最常用的方法是采用冰或冰水混合物,而冰水混合物因能够与容器充分接触,冷却效果更好而更为常用。如果需要冷却到0℃以下时,可以采用食盐和碎冰的混合物,比如1:3的食盐和碎冰混合物可以使温度降低到-20℃左右,操作时温度在-5~18℃的范围,由于温度过低,碎冰容易结成块,所以在操作中要注意搅拌。冰与六水合氯化钙结晶的混合物,理论上可以降到-50℃的低温;液氨可以达到-33℃;干冰(固体CO_2)与适当溶剂混合时,可冷却至-60℃以下;而液态的氮气可以达到-188℃的低温。

应该注意的是:当温度太低时,水银会发生凝固,所以当温度低于-38℃时,不能使用水银温度计,而应该使用有机液体低温温度计。

五、有机物的干燥

干燥是指除去固体、液体或气体内的少量水分,也包括除去少量溶剂,是有机化学实验中非常常用而且很重要的基本操作。干燥的方法一般有物理方法和化学方法两种。物理法有吸附、分馏和利用共沸蒸馏将水分带走,此外,还常用离子交换树脂和分子筛进行脱水干燥。

化学法是用干燥剂除去水分,常用的干燥剂有无水氯化钙、无水硫酸镁、无水硫酸钠、无水硫酸钙、无水碳酸钾、金属钠、五氧化二磷等。干燥剂的去水作用原理分为两类:①与水结合生成水合物,但这是可逆的,如氯化钙、硫酸镁等;②与水发生不可逆的化学反应而生成了其他化合物,如金属钠、五氧化二磷等。目前实验室中应用较多的是第一种作用的干燥剂。

干燥液体有机物时,应在干燥前将液体中的水分尽可能分离干净,因为干燥剂只适用于干燥含有少量水分的液体有机化合物。液体在干燥前呈混浊状,经干燥后变澄清,这可简单作为水分基本除去的标志。操作时,一般先加入少量的干燥剂(干燥剂颗粒大小要适宜,颗粒太大会因其表面积小而吸水慢,且干燥剂内部不易起作用;颗粒太小则因其表面积大可能吸附有机物甚多,且不易过滤),振荡片刻并注意观察,如出现干燥剂附着在器壁或相互黏结,通常是表示干燥剂用量不够,应继续添加干燥剂至液体澄清为止,然后放置一段时间(至少半小时,最好放置过夜),并时时振摇,然后滤去干燥剂,进行蒸馏精制。

固体样品可采用空气自然晾干、烘箱干燥、红外灯烘干、干燥器干燥等方法进行干燥。

(邓超澄 霍丽妮)

第十七章 有机化学实验基本操作

第一节 有机化合物物理常数的测定

有机化合物物理常数包括熔点、沸点、溶解度、比旋光度、相对密度和折光率等,是有机化合物的重要物理性质。其中熔点和沸点的测定很重要,通过熔点和沸点的测定既可确定化合物的一个物理常数,还可以检验此物质的纯度。熔点测定的方法一般有两种:①毛细管法测定,特点是装置简单,操作简便,目前在实验室仍广泛应用。②熔点测定仪测定,如显微熔点测定仪等,特点是试样用量很少,而且可以同时观察到试样的其他性质。

实验一 熔点测定

一、实验目的

1. 了解熔点测定的原理及意义。
2. 掌握毛细管法测定熔点的操作方法。
3. 掌握热浴间接加热方法。

二、实验原理

通常当结晶性固体化合物加热到一定温度时,即从固态转变为液态,此时的温度为该固体化合物的熔点。严格来说,熔点是指大气压下晶体化合物的固液两态达到平衡时的温度,当然实际上测定的是晶体熔化过程的温度范围,即熔点范围。

纯粹的固体有机化合物一般都有固定的熔点,即在一定的压力下,固液两态之间的变化是非常敏锐的,自初熔至全熔(即熔点范围也称为熔程),温度不超过 0.5~1℃。如果该物质含有杂质,则其熔点往往较纯粹者为低,且熔程较长。所以,测定熔点对于鉴定纯粹有机物和定性判断固体化合物的纯度具有很大的价值。

三、仪器、药品

1. 仪器

Thiele 管(b 型管),温度计,熔点管、长玻璃管(约 60cm),酒精灯,表面皿(中号)、切口软木塞、胶塞、橡皮圈等。

2. 药品

未知物 1 号:萘;未知物 2 号:苯甲酸;热载体(浓硫酸或其他)。

四、实验操作步骤

1. 熔点管的制备

取一根内径约 1mm,长约 100 mm 的洁净毛细管,将其一端对着酒精灯稳定火焰的边沿,一边加热,一边旋转,使其融合封闭,要求"严""薄""直"。

2. 填装样品

样品粉末要研细,取少许(约 0.1g)研细干燥的待测样品于表面皿上,并聚成一堆。将熔点管开口向下插入样品中,然后将熔点管开口向上轻轻在桌面上敲击,使样品进入熔点管,再取约 60cm 的干净玻璃管垂直台面上,把熔点管上端自由落下,重复几次使样品填装紧密均匀,以达到测熔点时传热迅速均匀的目的。样品高度为 2~3mm。装好后去除沾在熔点管外的样品,以免沾污热浴(图 17-1)。一次熔点测定一般同时装好 3~4 根熔点管。

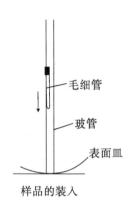

图 17-1 样品的装入

3. 热浴的选择与装配仪器

根据样品的熔点选择合适的加热浴液。温度低于 220℃时可选用浓硫酸,因硫酸具有较强的腐蚀性,所以操作时应注意安全。若温度高于 300℃可选择硅油。

向 b 形管中加入浴液没过上支管处,然后固定在铁架台上;用橡皮圈将装好样品的熔点管固定在温度计上,使样品的部分置于温度计水银球中部,橡皮圈不能浸入浴液;用 b 形管时,温度计的水银球应处于两侧的中部,不能接触管壁。熔点测定装置如图 17-2 所示。

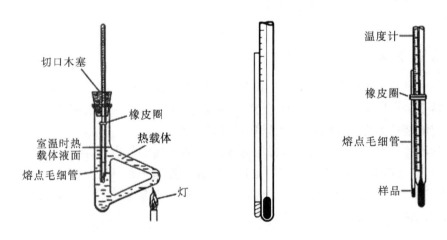

图 17-2 熔点测定装置

4. 熔点的测定

(1)粗测 测定未知物的熔点,应先粗测一次。粗测加热可稍快,升温速率为 5~6℃/min。到样品熔化,记录熔点的近似值。

(2)精确测定 测定前,先待热浴温度降至熔点约 30℃以下,换一根样品管,慢慢加热,一开始 5℃/min,当达到熔点下约 15℃时,以 1~2℃/min 升温,而接近熔点时,则以 0.2~0.3℃/

第十七章 有机化学实验基本操作

min 升温,当毛细管中样品开始塌落和有湿润现象,出现第一个液滴时,表明样品已开始熔化,为始熔,记下温度,继续微热,至晶体完全消失呈透明液体,记下温度为全熔,即为该化合物的熔程。

熔点精确测定至少要进行 2 次,2 次的数据应重复。每次测定必须用新装样品的毛细管,不可用已测过熔点的样品管。对于未知熔点的测定,可先以快速加热粗测,然后待浴液冷却至熔点以下 30℃ 左右时,再做精密的测定。

五、注意事项

1. 实训完毕,待浴液冷却后,将浴液倒回原瓶中,用滤纸擦去温度计上的浴液冷却后,用水冲洗,以免温度计水银球破裂。

2. 样品要研细、装实,使热量传导迅速均匀。样品高度 2~3mm,黏附于管外粉末必须擦去,以免污染加热浴液。

3. 控制升温速度,升温速度应慢,让热量传导有充分的时间。开始稍快,当传热液温度距离该化合物熔点约 15℃ 时,调整火焰上升速度为 1~2℃/min,愈接近熔点,升温速度愈慢,为 0.2~0.3℃/min。

4. 若热浴中使用浓硫酸,有时由于有机物掉入酸内而变黑,影响对样品熔融过程的观察,可以加入一些硝酸钾晶体,以除去有机物质。温度超过 250℃ 时,浓硫酸会冒白烟,在这种情况下,可在浓硫酸中加入硫酸钾,加热使成饱和溶液,然后进行测定。

六、熔点测定可能产生误差的因素

1. 熔点管不洁净,会混入杂质而使熔点降低,熔程变大。
2. 点管底未封好而产生漏管。检查是否为漏管,不能用吹气的方法,否则会使熔点管内产生水蒸气及其他杂质。检查的方法为:当装好样品的毛细管浸入浴液后,发现样品变黄或管底渗入液体,说明为漏管,应弃去,另换一根。
3. 样品粉碎不够细,使填装不够结实,产生空隙,传热不均匀,造成熔程变大。
4. 样品不干燥或含有杂质。根据拉乌耳(Raoult)定律,会使熔点偏低,熔程变大。
5. 样品量的多少也会影响测定结果。样品太少不便观察,产生熔点偏低;太多会造成熔程变大,熔点偏高。
6. 升温速度过快,熔点偏高。
7. 熔点管壁太厚,热传导时间长,产生熔点偏高。

七、思考题

1. 测定熔点时产生误差的因素有哪些?
2. 是否可以使用第一次测定熔点时已经熔化了的有机化合物再做第二次测定呢?为什么?
3. 测定熔点时,下列情况对实验结果有何影响:①加热过快;②样品中有杂质;③熔点管太厚;④熔点管不干净?
4. 若样品研磨的不细,对装样品有什么影响?对测定有机物的熔点数据是否可靠?

(高吉仁)

实验二　旋光度的测定

一、实验目的

1. 掌握用旋光仪测定溶液或液体物质的旋光度的方法。
2. 熟悉旋光仪的结构和测定旋光度的基本原理。

二、实验原理

只在一个平面上振动的光叫作平面偏振光,简称偏振光。物质能使偏振光的振动面发生旋转的性质,称为旋光性或光学活性。具有旋光性的物质,叫作旋光性物质或光学活性物质。旋光性物质使偏振光的振动平面旋转的角度叫作旋光度。许多有机化合物,尤其是来自生物体内的大部分天然产物,如氨基酸、生物碱和碳水化合物等,都具有旋光性。物质的旋光性与其分子结构有关,具有旋光活性的物质都是手性分子,不同的手性分子使偏振光的振动平面旋转的方向和角度都是不一样的,它是有机化合物特征物理常数之一。因此,旋光度的测定对于研究这些有机化合物的分子结构具有重要的作用。

旋光性物质的旋光度数值,不仅取决于这种物质本身的结构和配制溶液所使用的溶剂,而且也取决于溶液浓度、样品管长度、测定时的温度和所用光源的波长等因素。因此,常用比旋光度 $[\alpha]_\lambda^t$ 来表示物质的旋光性。当光源、温度和溶剂固定时,比旋光度等于溶液浓度为 1g/ml,样品管长度为 1dm 时的物质的旋光度。像熔点、沸点、折光率一样,比旋光度是一个只与分子结构有关的表征旋光性物质特征的物理常数,它对鉴定旋光性化合物有重要意义。溶液的比旋光度与旋光度的关系为:

$$[\alpha]_\lambda^t = \frac{\alpha}{c \times l}$$

式中:α—— 旋光仪测得的旋光度;

　　　c—— 溶液的浓度,单位为 g/ml;

　　　l—— 样品管的长度,单位为 dm;

　　　t—— 测定时温度,单位为 ℃;

　　　λ—— 光源的波长,通常选用钠光源(λ =589.3nm)用 D 表示。

如果被测物质本身是液体,可直接放入旋光管中测定,而不必配制成溶液,上式中浓度用密度 $d(g/cm^3)$ 代替。通过测定旋光度不仅可以鉴定旋光性物质,而且还可以检测其纯度及含量。

测定手性化合物旋光度的仪器称为旋光仪。目前使用的旋光仪有目测式旋光仪和数显式自动旋光仪两种类型。

WXG-4 型旋光仪主要由光源、起偏镜、旋光管(也叫样品管)和检偏镜几部分组成(图17-3)。光源为炽热的钠光灯,其发出波长为 589.3nm 的单色光(钠光)。起偏镜是由两块光学透明的方解石黏合而成的,也叫尼科尔(Nicol)棱镜,其作用是使自然光通过后产生所需要的平面偏振光。旋光管充装待测定的旋光性液体或溶液,其长度有 1dm 和 2dm 等几种。当偏振光通过盛有旋光性物质的旋光管后,因物质的旋光性使偏振光不能通过第二个棱镜(检偏镜),必须将检偏镜扭转一定角度后才能通过,因此要调节检偏镜进行配光。通过装在检偏镜上的标尺盘上显示的移动角度,可指示出检偏镜转动的角度,该角度即为待测物质的旋光度。使偏振光平面顺时针方向旋转的旋光性物质叫作右旋体,反时针方向旋转的叫左旋体。

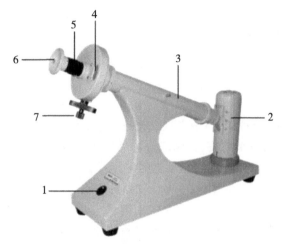

1. 电源开关 2. 钠光灯 3. 镜筒 4. 刻度盘游标 5. 视度调节螺旋 6. 目镜 7. 刻度盘转动手轮

图 17-3 WXG-4 型旋光仪

在测量中,由于人的眼睛对寻找最亮点和最暗点(全黑)并不灵敏,故在起偏镜后面加上一块半阴片以帮助进行比较。半阴片是由石英和玻璃构成的圆形透明片,当偏振光通过石英时,由于石英有旋光性,把偏振光旋转了一个角度,通过半阴片的偏振光就生成振动方向不同的两部分,这两部分偏振光到达检偏镜时,通过调节检偏镜的晶轴,可以使三分视场出现以下三种情况。

图 17-4(1)表示视场左、右的偏振光可以通过,而中间的不能透过;图 17-4(3)表示视场左、右的偏振光不能通过,而中间的可以透过。很明显调节检偏镜,必然存在一种介于上述两种情况中间的位置,在三分视场中能看到左、中、右明暗度相同而分界线消失,这一位置标记为零度,如图 17-4(2)所示。测定时,调节视场内明暗相等,以使观察结果准确。

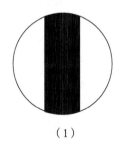 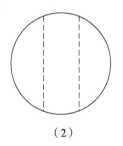 

(1)　　　　　　　　(2)　　　　　　　　(3)

图 17-4 三分视场变化示意图

数显式自动旋光仪,采用光电检测及显示装置,灵敏度高,对目测旋光管难于分析的低旋光度样品也可以测定,但仅适用于比较法。使用时应按照仪器说明书进行操作。

三、实验仪器和试剂

1. 仪器

WXG-4型旋光仪、旋光管(1dm、2dm)、50ml烧杯、10ml量筒、50ml容量瓶、玻璃棒、台秤、滴管、洗瓶、擦镜纸。

2. 试剂

葡萄糖、果糖、蒸馏水。

四、实验操作

1. 校正旋光仪的零点

开启电源开关,5~10分钟后,当钠光灯发光正常(黄光)时,将充满蒸馏水的旋光管放入旋光仪的样品室,旋转视野调节螺旋,直到三分场界限变得清晰,达到聚焦为之。旋动刻度盘手轮,使三分场明暗程度一致,并使游标尺上的零度线置于刻度盘零度左右。如此重复测定3~5次,取其平均值,如果仪器正常,此数即为仪器的零点。

2. 旋光管的填充

旋光管有1dm、2dm等几种规格,选用适当的旋光管,将旋光管一端的螺帽旋下,取下玻璃盖片(小心不要掉在地上摔碎),先用蒸馏水洗干净,再用待测液洗2~3次。将旋光管竖直,管口朝上。用滴管注入待测溶液或蒸馏水至管口,并使溶液的液面凸出管口。小心将玻璃盖片沿管口方向盖上,把多余的溶液挤压溢出,使管内不留气泡,盖上螺帽。管内如有气泡存在,需重新填装。装好后,将样品管外部擦净,以免沾污仪器的样品室。

3. 样品旋光度的测定

将充满待测样品溶液的样品管放入旋光仪内,此时三分视场的亮度出现差异,旋转检偏镜,使三分视场明暗度一致,记录刻度盘读数(图17-5)。重复3~5次,取其平均值,即为测定结果。此读数与零点之间的差值即为该物质真正的旋光度。如:仪器的零点值为-0.05°,样品旋光度的观测值为+9.85°,则样品真正的旋光度为 α = +9.85° - (-0.05°) = +9.90°。对观察者来说偏振面顺时针的旋转为向右(+),这样测得+α,也可以代表$\alpha \pm n \times 180°$的所有值,因为偏振面在旋光仪中旋转α度后,它所在这个角度可以是$\alpha \pm n \times 180°$。例如读数为+38°,实际读数可能是218°、398°或-142°等。因此,在测定一个未知物时,至少要做改变浓度或旋光管长度的测定。如观察值为38°,在稀释5倍后,读数为+7.6°,则此未知物的α应为7.6×5=38°。

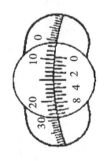 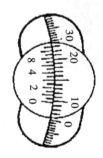

图17-5 刻度盘读数

用上述方法分别测定5%的葡萄糖溶液和5%果糖溶液的旋光度,然后计算其比旋光度。由于葡萄糖溶液和果糖溶液具有变旋光现象,所以待测葡萄糖溶液和果糖溶液应该提前24小时配好,以消除变旋光现象,否则测定过程中会出现读数不稳定的现象。实验结束以后,先用自来水再用蒸馏水冲洗旋光管,然后用吸水纸擦干。

五、思考题

1. 测定手性化合物的旋光性有何意义?
2. 旋光度 α 和比旋光度 $[\alpha]_\lambda^t$ 有何不同?
3. 测定旋光度时为什么旋光管内不能有气泡?
4. 测定样品时,如何判断其旋光方向?
5. 影响物质旋光度大小的因素有哪些?

(张　悦)

第二节　蒸馏和分馏

蒸馏和分馏是分离和提纯液体混合物的常用方法。两者的区别在于,蒸馏只是进行一次气化和冷凝的过程,适用于分离沸点相差30℃以上的液体混合物;分馏是连续进行多次气化和冷凝的过程(多次蒸馏),现在精密的分馏装置能够分离沸点差仅为1~2℃的液体混合物。此外,通过蒸馏还可以测定液体化合物的沸点,称常量法。测定液体化合物在常温下的沸点的方法通常有蒸馏法(常量法)和微量法。

实验三　蒸馏及沸点测定

一、实验目的

1. 了解蒸馏及沸点测定的意义
2. 掌握蒸馏分离提纯液体有机化合物的原理。
3. 掌握蒸馏的实验装置、操作技术及其应用。

二、实验原理

液体的分子由于分子热运动有从表面逸出的倾向,它的蒸气压随着温度升高而增大。当液体的蒸气压增大到与外界大气压相等时,就有大量气泡从液体内部逸出,即液体沸腾。此时的温度称为液体的沸点。严格来说,沸点是指大气压下化合物的气液两态达到平衡时的温度。

将液体加热至沸腾,使液体气化,然后再将蒸气冷凝为液体,这两个过程的联合操作称为蒸馏。蒸馏可将沸点不同的液-液和液-固混合物分离开来。沸点差别较大的混合物(至少相差30℃以上)通过简单蒸馏就可达到分离和提纯的目的。

纯粹的液体有机化合物在一定的压力下具有一定的沸点,在蒸馏过程中沸点变动范围较小,沸程一般不超过1~2℃。而不纯的液体有机化合物一般没有恒定的沸点,蒸馏过程中沸点变动范围较大。因此通过沸点的测定,也可以定性地鉴定液体有机物的纯度。但必须指出,具

有机化学

有固定沸点的液体不一定都是纯粹的化合物,因为某些化合物常和其他组分形成二元或三元共沸混合物,它们也有恒定的沸点。例如:95.57%的乙醇和4.43%的水组成的二元共沸混合物,其沸点是78.17℃,因此不能认为沸点恒定的物质就是纯物质。

三、实验仪器和试剂

圆底烧瓶、蒸馏头、温度计、温度计套管、直型冷凝管、接液管、接收瓶、橡皮管、铁架台等,工业乙醇。

四、实验操作

1. 蒸馏装置及安装

常用的蒸馏装置如图17-6及图16-6(1)所示,由蒸馏瓶、温度计、直行冷凝管(通常不能用球形冷凝管代替)、接液管和接收瓶组成。安装装置之前,应先根据待蒸馏液体的体积,选择合适的蒸馏瓶,一般被蒸馏的液体占蒸馏瓶容积的1/3~1/2为宜。安装时先从热源开始,按照从下到上,从左到右的顺序安装。为了保证温度测量的准确性,温度计水银球的上限应与蒸馏头支管下限在同一水平线上。用合适的橡皮管连接冷凝水,进水口在下方,出水口在上方。

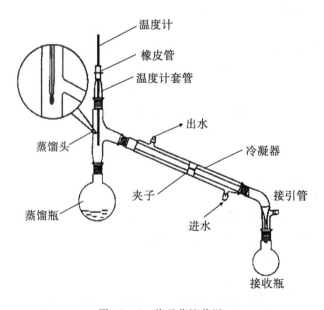

图17-6 普通蒸馏装置

2. 蒸馏操作

(1)加物料 将待蒸馏液通过玻璃漏斗小心加到蒸馏瓶中,注意不要使液体从支口流出。为了防止液体暴沸,加入2~3粒沸石(助沸物)。沸石为多孔性物质,吸附有空气,其小孔内存在许多小气泡,在加热蒸馏过程中作为"气化中心"。这些小气泡(溶解在液体内部的空气或以薄膜形式吸附在瓶壁上的空气也有助于这种小气泡的产生)是形成大的蒸气气泡的核心。沸腾时,液体释放出大量的蒸气至小气泡中,使小气泡中的内压不断增加,当内压超过大气压,并足以克服液柱产生的压力时,蒸气的气泡就上升而逸出液面,从而使液体平稳地沸腾。若蒸馏中途停止,再加热时应重新加入沸石,因为冷却时原来沸石上的小孔可能已被液体充满,不能再起"气化中心"的作用。同样道理,一般已使用过的沸石原则上不能再继续使用。

(2) 加热　先通入冷凝水,然后选择合适的热源开始加热。开始时,加热速度可稍大,一旦液体沸腾,水银球部位出现液滴,应开始控制加热速度,以蒸馏速度每秒 1~2 滴为宜,并注意观察蒸馏瓶中的现象和温度计刻度上读数的变化,做好记录。蒸馏时,温度计水银球上应始终保持有液滴存在(此时水银球上的液滴与蒸气达到平衡),否则可能有两种情况:一是加热过快,蒸馏瓶颈部造成过热现象,水银球上的液滴会消失,此时,温度计所示的沸点较液体的沸点高;二是加热过慢,这样温度计水银球不能被馏出液蒸气充分浸润而使温度计所读沸点偏低或不规则。

3. 观察沸点及收集馏分

蒸馏前应准备两个以上的接收瓶。在达到所需物质的沸点前蒸出的馏出液称为"前馏分"或"馏头"。前馏分蒸完,温度趋于稳定后,蒸出的就是较纯的物质,此时应更换一个干净的经过称量的干燥接收瓶来接收馏分(即产物),记下这部分液体开始馏出时和最后一滴馏分时的温度,这就是该馏分的沸程(沸点范围)。沸程越小,蒸出的物质越纯。

当温度超过所需物质沸点范围,或温度突然下降时,如不需要接收第二组分,可停止蒸馏。应注意的是,即使杂质含量很少,也不能将烧瓶中的液体完全蒸干,以免烧瓶破裂及发生意外事故。

蒸馏完毕应先停止加热,关闭或移去热源。稍冷后取下接收瓶保存好产物,停止通冷凝水,按安装时的相反次序拆除仪器并加以清洗。

4. 工业乙醇的蒸馏

按图 17-6 安装仪器。

取下温度计及套管,在蒸馏头上口通过长颈玻璃漏斗(注意长颈漏斗下口处的斜面应超过蒸馏头支管)小心地将 25~30ml 工业乙醇加到 50ml 的蒸馏瓶中。加入 2~3 粒沸石。重新放好温度计及套管,缓缓通入冷凝水至充满冷凝管,然后用水浴加热,水浴液面应稍没过瓶内液面。注意观察蒸馏瓶中的现象和温度计读数的变化,当瓶内液体开始沸腾时,蒸气逐渐上升,当到达温度计时,温度计读数急剧上升,此时应控制加热速度,以蒸馏速度每秒 1~2 滴为宜。当温度计读数升至 77℃ 时,换一个干燥的、称量过的锥形瓶作接受器,收集 77~79℃ 的馏分。不能将瓶内液体(剩余少量 0.5~1ml)完全蒸干,称量所收集馏分的质量或量其体积,并计算回收率。

五、注意事项

1. 任何蒸馏或回流装置均不能密封,否则,当液体蒸气压增大时,轻者蒸气冲开连接口,使液体冲出蒸馏瓶,重者会发生装置爆炸而引起火灾。

2. 在蒸馏沸点高于 140℃ 的液体时,应使用空气冷凝管,避免温度过高,冷凝管内外温差增大,而使冷凝管局部骤然遇冷容易断裂。

3. 在加热开始后发现忘加沸石,应停止加热,待稍冷却后再加入沸石。不可在沸腾或接近沸腾的溶液中加入沸石,以免在加入沸石的过程中发生暴沸。

4. 对于沸点较低又易燃的液体,如乙醇等,应用水浴加热,水浴液面应稍没过瓶内液面。

蒸馏速度不能太快,以保证蒸气全部冷凝。如果室温较高,接收瓶应放在冷水中冷却,在接引管支口处连接一根橡胶管,将未被冷凝的蒸气导入流动的水中带走。

六、思考题

1. 什么叫沸点?液体的沸点与大气压有什么关系?
2. 进行蒸馏时为什么要加入沸石?如果加热前忘记加沸石,能否随时补加?为什么?
3. 为什么蒸馏时最好控制馏出液的速度为每秒 1~2 滴?
4. 为什么蒸馏时不能将液体蒸干?

(卢茂芳 邓超澄)

实验四 简单分馏

一、实验目的

1. 了解分馏法分离提纯液体有机化合物的原理和分馏柱的作用。
2. 初步掌握实验室常用的分馏基本操作并与简单蒸馏进行比较。

二、实验原理

分馏又称为分级蒸馏,它是利用分馏柱使沸点相近的液体混合物进行多次部分气化和部分冷凝,分离得到不同组分的蒸馏过程。

简单蒸馏只能使液体混合物得到初步的分离。为了达到更好的分离效果,理论上可以采用多次部分气化和多次部分冷凝的方法,即将简单蒸馏得到的馏出液,再次部分气化和冷凝,以得到纯度更高的馏出液。而将简单蒸馏剩余的混合液再次部分汽化,则会得到易挥发组分更少、难挥发组分更多的混合液。只要上面这一过程足够多,就可以将两种沸点相差很近的液体混合物分离为纯度很高的易挥发组分和难挥发组分的两种产品。简而言之,分馏即为反复多次的简单蒸馏。在实验室常采用分馏柱来实现,而工业上采用分馏塔。

实验室中常用的分馏柱有填充式分馏柱和刺形分馏柱〔又称韦氏(Vigreux)分馏柱〕。填充式分馏柱是由柱内填上各种惰性材料,以增加表面积。它效率较高,适合于分离一些沸点差距较小的化合物。韦氏分馏柱结构简单,较同样长度的填充柱分离效率低,适合于分离少量且沸点差距较大的液体。

三、实验仪器和试剂

加热套,温度计,圆底烧瓶,刺形分馏柱(韦氏分馏柱),蒸馏头,温度计及套管,直型冷凝管,接液管,接收瓶,95%乙醇等。

四、实验操作

100ml 的圆底烧瓶中加入 95% 乙醇和水各 20ml,并加入 1~2 粒沸石,装上刺形分馏柱,在分馏柱顶端装上温度计,温度计水银球上限与分馏柱支管下限在同一水平线上,接上冷凝管。按图 17-7 安装分馏装置。取三只洁净的 25ml 锥形瓶作接收器,并分别贴上 1、2、3 号标签。

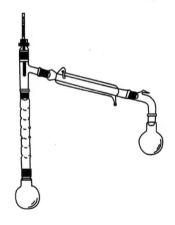

图 17-7 简单分馏装置

通入冷凝水,用水浴加热。当液体开始沸腾后,蒸气慢慢升入分馏柱。待其停止上升后,调节热源,提高温度,当蒸汽上升到分馏柱顶部,开始有馏液流出时,记下第一滴分馏液落到接收瓶中时的温度。调节并控制好温度,使馏出液的速度为 2~3 秒一滴。

开始蒸出的馏分中含低沸点的组分(乙醇)较多,而高沸点组分(水)较少,随着低沸点组分的蒸出,混合液中高沸点组分含量逐渐增高,馏出液的沸点随之增高。将低于 80℃ 的馏液收集在 1 号瓶中,80~95℃ 馏分收集在 2 号瓶中。当蒸汽达到 95℃ 时,停止蒸馏,冷却几分钟,使分馏柱内的液体回流至烧瓶。卸下烧瓶,将残液倒入 3 号瓶内,测量并记录各馏分的体积。

从各瓶中分别取少量馏出液到蒸发皿中,点火观察它们的燃烧情况,同时闻一闻各瓶馏液的气味,从而定性地估计分馏效果。

五、注意事项

1. 本实验蒸出的乙醇并非纯物质,而是乙醇和水的共沸物,若要得到无水乙醇,须采用其他方法除去共沸物中的水。

2. 在分馏过程中,不论使用哪种分馏柱,最好在分馏柱外面包一定厚度的保温材料,防止蒸气在柱内冷凝太快而使回流液体在柱内聚集,达不到分馏的目的。

六、思考题

1. 分馏和简单蒸馏有什么区别?
2. 为什么分馏时柱身的保温十分重要?

(卢茂芳 邓超澄)

第三节 水蒸气蒸馏

水蒸气蒸馏是分离和纯化有机物的常用方法之一,尤其是在反应产物中有大量树脂状杂质的情况下,效果较一般蒸馏或重结晶为好。利用水蒸气蒸馏还可以对植物中的易挥发成分进行提取和分离,如从中草药中提取挥发性的有效成分。

实验五　水蒸气蒸馏

一、实验目的

1. 了解水蒸气蒸馏的基本原理及应用范围。
2. 掌握水蒸气蒸馏的基本操作。
3. 通过提取丹皮酚或橙皮中的精油学习植物中易挥发成分的一种提取和分离方法。

二、实验原理

水蒸气蒸馏是把不溶于水的物质与水的混合物进行蒸馏的方法,蒸馏时一般都向混合物中通入水蒸气。水蒸气蒸馏是分离和提纯液态或固态有机物的一种常用方法。

根据道尔顿分压定律,当不溶于水的有机物与水混合共热时,其总蒸气压为各组分分压之和。即:

$$P_{混合物} = P_{水} + P_{有机物}$$

把混合物加热,当总蒸气压(P)与大气压力相等时,混合物就会沸腾,有机物和水就会一起被蒸出。显然,混合物沸腾时的温度要低于其中任一组分的沸点。因此在常压下应用水蒸气蒸馏,有机物可在比其沸点低的温度,而且是在低于 100℃ 的温度下随水蒸气一起蒸馏出来。

从理论上讲,馏出液中有机物($W_{有机物}$)与水($W_{水}$)的质量之比,应等于两者的分压($P_{有机物}$ 和 $P_{水}$)与各自分子量($M_{有机物}$ 和 $M_{水}$)乘积之比:

$$\frac{W_{有机物}}{W_{水}} = \frac{P_{有机物} \times M_{有机物}}{P_{水} \times M_{水}}$$

使用水蒸气蒸馏法分离提纯的化合物应具备以下条件:①不溶或难溶于水;②在沸腾状况下与水长时间共存而不起化学变化;③在 100℃ 左右必须具有一定的蒸气压(一般不小于 5～10mmHg)。

由于有机物与水共热沸腾的温度总在 100℃ 以下,因此,水蒸气蒸馏操作特别适用于在高温下易发生变化的有机物的分离提纯;那些含有大量树脂状杂质、直接用蒸馏或重结晶等方法难以分离的混合物也可以采用水蒸气蒸馏的方法来分离;此外,也可以从不挥发的固体中把少量挥发性杂质除去。

用水蒸气蒸馏法还可以从植物组织中获取挥发性成分,如从中草药中提取挥发性的有效成分,也可以从其他植物中提取精油等。

三、实验仪器和试剂

1. 仪器

水蒸气发生器、蒸馏装置、冰水浴、分液漏斗、抽滤瓶、布氏漏斗、真空抽滤泵等。

2. 样品

牡丹皮、橙子皮(最好是新鲜的)、无水 $CaCl_2$、二氯甲烷、无水硫酸钠等

四、实验操作

1. 水蒸气蒸馏装置

水蒸气蒸馏装置一般由水蒸气发生器和蒸馏装置两部分组成(图17-8)。A是水蒸气发生器,通常盛水量以其容积的3/4为宜。如果太满,沸腾时水将冲至烧瓶。安全玻管B是一根长玻璃管,管的下端几乎插到发生器A的底部。当容器内气压太大时,水可沿着玻管上升,以调节内压。如果系统发生阻塞,水便会从管的上口喷出。此时应检查导管是否被阻塞。

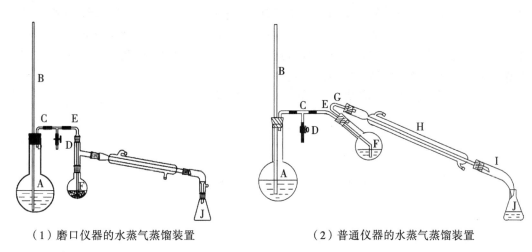

(1) 磨口仪器的水蒸气蒸馏装置　　　　(2) 普通仪器的水蒸气蒸馏装置

图17-8　水蒸气蒸馏装置

蒸馏部分通常是用250ml以上的长颈圆底烧瓶,瓶内液体不宜超过其容积的1/3。蒸气导入管E的末端应垂直地正对瓶底中央并伸到接近瓶底。馏液通过接液管进入接受器J,接受器外围可用冷水浴冷却。

水蒸气发生器的支管C和蒸气导入管E之间应装上一个T形管,T形管下端连一段乳胶管和一个弹簧夹D,以便及时除去冷凝下来的水滴。实验发生故障时,可立即打开弹簧夹,使水蒸气发生器和大气相通。应尽量缩短水蒸气发生器与盛物的圆底烧瓶之间距离,以防水蒸气在通过较长的管道后部分冷凝成水而影响水蒸气蒸馏的效率。

2. 水蒸气蒸馏

进行水蒸气蒸馏时,先将溶液(混合液或混有少量水的固体)置于长颈圆底烧瓶F中,加热水蒸气发生器,直至接近沸腾后才将弹簧夹夹紧,使水蒸气均匀地进入圆底烧瓶。在较长时间进行水蒸气蒸馏时,外部通入的水蒸气可能有部分在长颈圆底烧瓶F内冷凝下来,为了使蒸气不至于在F中冷凝而积聚过多,必要时可在F下置一石棉网,用小火加热。必须控制加热速度,使蒸气能全部在冷凝管中冷凝下来。如果随水蒸气挥发的物质具有较高的熔点,在冷凝后易于析出固体,则应调小冷凝水的流通,使它冷凝后仍然保持液态。假如已有固体析出,并且接近阻塞时,可暂时停止冷凝水的流通,甚至需要将冷凝水暂时放去,以使物质熔融后随水流入接受器中。必须注意当冷凝管夹套中要重新通入冷却水时,要小心而缓慢,以免冷凝管因骤冷而破裂。万一冷凝管已被阻塞,应立即停止蒸馏,并设法疏通(如用玻棒将阻塞的晶体捅出或用电吹风的热风吹化结晶,也可在冷凝管夹套中灌以热水使之熔出)。

有机化学

在蒸馏需要中断或蒸馏完毕后,一定要先打开螺旋夹 D 使通大气,然后方可停止加热,否则 F 中的液体将会倒吸到 A 中。在蒸馏过程中,如发现安全管 B 中的水位迅速上升,则表示系统中发生了堵塞。此时应立即打开螺旋夹,然后移去热源。待排除了堵塞后再继续进行水蒸气蒸馏。

五、从牡丹皮中提取丹皮酚

牡丹皮是植物牡丹的根皮,本品的主要药用成分为丹皮酚、丹皮酚苷等。除牡丹皮外,中药徐长卿的根中也含有较多的丹皮酚。丹皮酚具有抑菌抗炎、抗过敏、解热降温、增强免疫、镇静镇痛等作用。丹皮酚的提取方法有蒸馏法、溶剂浸提法、超临界二氧化碳萃取法、超声提取法等。蒸馏法分为直接蒸馏和水蒸气蒸馏,可以直接得到丹皮酚晶体,提取物纯度较高,尤其是水蒸气蒸馏法成本低,且不需要特殊仪器。

丹皮酚的化学名称为 2 - 羟基 - 4 - 甲氧基苯乙酮,结构如下:

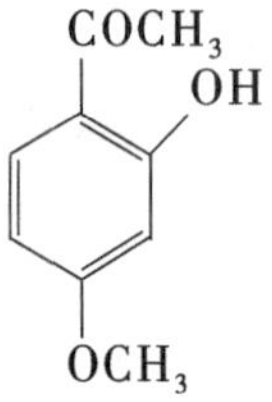

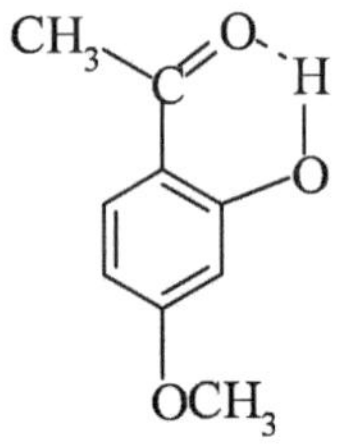

丹皮酚是具有药香味的白色针状结晶,熔点 49 ~ 50.5℃,难溶于水,易溶于乙醇、乙醚、氯仿、苯等有机溶剂。丹皮酚的邻位羟基可与酮的羰基形成分子内氢键,具有挥发性。利用其具有挥发性,能随水蒸气蒸出的性质进行提取,再利用难溶于水易溶于有机溶剂的性质进行纯化。

(1)按图 17 - 8 装好实验装置,在水蒸气发生器中加入 3/4 容积的水。

(2)称取 30g 切碎后的牡丹皮,放入 250ml 长颈圆底烧瓶中,加适量沸水,以浸泡住固体物为宜。

(3)加热水蒸气发生器,至接近沸腾时,通入冷凝水,当有水蒸气从 T 形管的支管冒出时夹紧 T 形管上的螺旋夹,使水蒸气均匀地进入圆底烧瓶。调节火焰,控制好蒸气流量,使蒸馏速度保持在每秒 2 ~ 3 滴。可观察到有乳白色液体流出至接收瓶中,直到流出液变澄清后,再多收集 10 ~ 15ml 流出液,蒸馏完毕。打开 T 形管上的螺旋夹,然后停止加热。

馏出液放置后即有白色针状结晶析出(丹皮酚粗品),若馏出液中仅有油状物或油珠沉底,可加入少量丹皮酚晶种,或摩擦瓶壁,至冰水浴中,使丹皮酚结晶析出。

六、橙皮中精油的提取

从柠檬、橙子和柚子等水果的果皮中提取的精油 90% 以上是柠檬烯,其中主要以 R - (+) - 柠檬烯形式存在。柠檬烯属单萜类化合物,为橙红、橙黄色或无色透明液体,具有令人愉快的香味。

本实验先用水蒸气蒸馏法把柠檬烯从橙皮中提取出来,然后用二氯甲烷萃取,蒸去二氯甲烷即可得到精油。

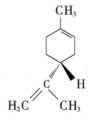

R-(+)-柠檬烯

(1)按图17-8装好实验装置,在水蒸气发生器中加入3/4容积的水。

(2)将2~3个橙子皮剪成细碎的碎片,放入250ml长颈圆底烧瓶中,加适量沸水,以浸泡住固体物为宜。

(3)加热水蒸气发生器,至接近沸腾时,通入冷凝水,当有水蒸气从T形管的支管冒出时夹紧T形管上的螺旋夹,使水蒸气均匀地进入圆底烧瓶。调节火焰,控制好蒸气流量,使蒸馏速度保持在每秒2~3滴。可观察到在馏出液的水面上有一层很薄的油层。当馏出液收集60~70ml时,打开T形管上的螺旋夹,然后停止加热。

(4)将馏出液转至分液漏斗中,每次用10ml二氯甲烷萃取3次。合并萃取液,置于干燥的50ml锥形瓶中,加入适量无水硫酸钠干燥半小时以上。

将干燥好的溶液滤入50ml蒸馏瓶中,用水浴加热蒸馏。当二氯甲烷基本蒸完后改用水泵减压蒸馏以除去残留的二氯甲烷。最后瓶中只留下少量橙黄色液体即为橙油。

七、注意事项

1. 蒸馏瓶中混合物的体积不能超过其容积的1/3,导入蒸汽的玻管下端应垂直地正对瓶底中央,并伸到接近瓶底。有的仪器安装时蒸馏瓶要倾斜一定的角度,通常为45℃左右。

2. 水蒸气发生器中的安全管不宜太短,管子下端要接近水蒸气发生器底部。使用时,注入的水不要超出其容积的2/3。

3. 尽量缩短水蒸气发生器与蒸馏烧瓶之间的距离,以减少水蒸气的冷凝。

4. 导入水蒸气的玻璃管应尽量接近圆底烧瓶底部,以利提高蒸馏效率。

5. 在蒸馏过程中,为使水蒸气不致在烧瓶中冷凝过多而增加混合物的体积,可隔着石棉网用酒精灯小火在烧瓶底部加热。

6. 实验中,应经常检查安全管B中的水位是否正常,如发现其突然升高,意味着有堵塞现象,应立即打开T形管夹子,移去热源,使水蒸气发生器与大气相通,避免发生事故(如倒吸),待故障排除后再行蒸馏。若发现T形管支管处水积聚过多,超过支管部分,也应打开止水夹,将水放掉,否则将影响水蒸气通过。

7. 停止蒸馏时,一定要先打开T形管夹子,然后移去热源。如果先停止加热,水蒸气发生器因冷却而产生负压,会使烧瓶内的混合液发生倒吸。

八、思考题

1. 水蒸气蒸馏时,烧瓶内液体的量最多为多少?为什么?
2. 水蒸气蒸馏装置中T形管的作用是什么?
3. 在蒸馏完毕后,为何要先打开T形管螺旋夹方可停止加热?

4. 然后判断水蒸气蒸馏实验完毕？

（王　蓓　邓超澄）

第四节　重结晶

从有机反应中分离出的固体有机化合物往往是不纯的，其中常夹杂一些反应副产物、未作用的原料等。纯化这类物质的有效方法通常是用合适的溶剂进行重结晶。

实验六　重结晶及过滤

一、实验目的

1. 了解重结晶提纯的原理和意义。
2. 掌握用重结晶提纯固体化合物的操作方法。
3. 掌握热滤和吸滤操作并学会折扇形滤纸。

二、实验原理

固体有机物在溶剂中的溶解度与温度有密切关系。一般是温度升高，溶解度增大。若把固体溶解在热的溶剂中达到饱和，冷却时即由于溶解度降低，溶液变成过饱和而析出结晶。利用溶剂对被提纯物质及杂质的溶解度不同，可以使被提纯物质从过饱和溶液中析出。而让杂质全部或大部分留在溶液中（若杂质在溶剂中的溶解度极小，则配成饱和溶液后被热过滤除去），从而达到提纯目的。

重结晶一般只适用于纯化杂质含量在5%以下的固体混合物。

三、实验操作

重结晶操作的一般流程为：

选择溶剂→热溶解固体以制备饱和溶液→脱色→热过滤→冷却析出晶体→抽滤、洗涤→干燥

1. 选择适当溶剂

在进行重结晶时，选择适宜的溶剂是一个关键，理想的溶剂必须具备下列条件：

（1）不与被提纯物质起化学反应。

（2）被提纯物质在热溶剂中溶解度较大，而在室温或更低温度时，溶解度很小。

（3）对杂质溶解非常大或者非常小（前一种情况是要使杂质留在母液中不随被提纯物晶体一同析出，后一种情况是使杂质在热过滤的时候被滤去）。

（4）容易挥发（溶剂的沸点较低），易与结晶分离除去。

（5）能给出较好的晶体。

选择的溶剂除符合上述条件外，还应根据结晶的回收率、操作的难易、溶剂的毒性大小、易燃性以及是否价廉易得等来选择。

常见的重结晶溶剂有水、乙醇、甲醇、丙酮、冰醋酸、氯仿、乙酸乙酯、乙醚、石油醚、四氯化

碳、苯、甲苯等。

适当的时候可以选用混合溶剂,可获得新的良好的溶解性能。混合溶剂一般由两种能互溶的溶剂组成,其中一种对被提纯物溶解度很大,另一种对被提纯物溶解度很小。例如:乙醇与水、乙酸与水、乙醇与乙醚、丙酮与水、乙醚与石油醚、苯与石油醚等。

附:通常采用以下试验的方法选择合适的溶剂

取 0.1g 目标物质于一小试管中,滴加约 1ml 溶剂,加热至沸。若完全溶解,且冷却后能析出大量晶体,这种溶剂一般认为可以使用。如样品在冷时或热时,都能溶于 1ml 溶剂中,则这种溶剂不可以使用。若样品不溶于 1ml 沸腾溶剂中,再分批加入溶剂,每次加入 0.5ml,并加热至沸。总共用 3ml 热溶剂,而样品仍未溶解,这种溶剂也不可以使用。若样品溶于 3ml 以内的热溶剂中,冷却后仍无结晶析出,这种溶剂也不可以使用。

2. 加热溶解

加热溶解原则上为了减少待结晶物质遗留在母液中造成的损失,在溶剂的沸腾温度下溶解混合物,并成为饱和溶液。通常将混合物置于锥形瓶中,加入较需要量(根据查得的溶解度数据或溶解度试验方法所得的结果估计得到)稍少的适宜溶剂,加热到微微沸腾一段时间后,若未完全溶解,可逐渐添加溶剂并保持微沸,直到混合物恰好溶解。在此过程中要注意混合物中是否有不溶物等,以防止误加过多的溶剂。

溶剂应尽可能不过量,但这样在热过滤时,会因冷却时易在漏斗中出现结晶,引起很大的麻烦和损失。综合考虑,一般可比需要量多加 20% 左右的溶剂。

用水作溶剂时,可在烧杯或锥形瓶中进行重结晶;而用有机溶剂时,则必须用锥形瓶或圆底烧瓶作容器,为了避免溶剂挥发及易燃溶剂着火或有毒溶剂中毒,应在锥形瓶或圆底烧瓶上安装回流冷凝管,添加溶剂可由冷凝管的上端加入。根据溶剂的沸点和易燃性,选择适当的热浴加热。

3. 脱色

若溶液的颜色较深或有不应出现的颜色,则应先脱色。方法是移去热源,待溶液稍冷后加入活性炭(注意活性炭不能加到已沸腾的溶液中,以免溶液暴沸而自容器冲出),煮沸 5~10 分钟,然后趁热过滤。活性炭的用量一般为固体粗产物质量的 1%~5%,假如这些数量的活性炭不能使溶液完全脱色,则可再用 1%~5% 的活性炭重复上述操作。

4. 趁热过滤

经过脱色的溶液应趁热过滤,为了尽快完成热过滤操作,应在热水漏斗(保温漏斗)中使用短而粗的玻璃漏斗(以免溶液在漏斗颈部遇冷而析出结晶,影响过滤)进行过滤,见图 17-9(1);同时使用折叠滤纸(或称扇形滤纸、菊花形滤纸),以加快过滤速度。折叠滤纸的叠法见图 17-10。

热水漏斗要用铁夹固定好并预热,过滤易燃溶剂的溶液时,必须熄灭附近的火源。在漏斗中放一折叠滤纸,折叠滤纸向外突出的棱边,应紧贴于漏斗玻壁上。在过滤即将开始前,先用少量热的溶剂湿润,以免干滤纸吸收溶液中的溶剂,使结晶析出而堵塞滤纸孔。过滤时,漏斗上可盖上表面皿(凹面向下),以减少溶剂的挥发。盛滤液的容器一般用锥形瓶,如过滤进行得顺利,常只有很少的结晶在滤纸上析出(如果此结晶在热溶剂中的溶解度很大,则可用少量热溶剂洗下,否则还是弃之为好,以免得不偿失)。若结晶较多时,必须用刮刀刮回到原来的瓶中,再加适量的溶剂溶解并过滤。滤毕后,用洁净的塞子塞住盛溶液的锥形瓶,放置冷却。

有机化学

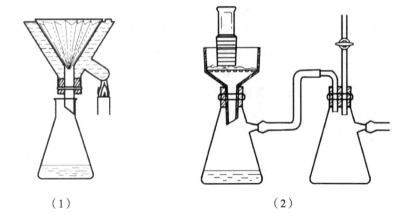

（1）　　　　　　　　　（2）

图 17-9　热滤及抽滤装置

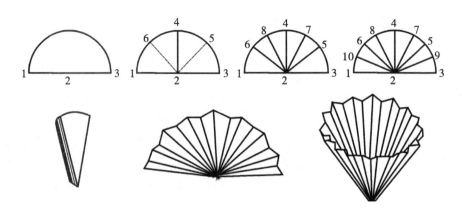

图 17-10　折叠滤纸的方法

5. 冷却析出晶体

将收集的热滤液（如在滤液中已析出结晶，可加热使之溶解）静置缓缓冷却，这样得到的结晶往往比较纯净。如果将滤液在冷水浴中迅速冷却并剧烈搅动，这样形成的结晶会很细、表面积大、吸附的杂质多。有时晶体不易析出，则可用玻棒摩擦器壁或加入少量该溶质的结晶，引入晶核，不得已也可放置冰箱中促使晶体较快地析出。

6. 抽滤、洗涤结晶

用布氏漏斗进行抽气过滤，见图 17-9(2)，从母液中分离出来。抽滤瓶的侧管用耐压的橡皮管和水泵相连（最好中间接一安全瓶，再和水泵相连，以免操作不慎，使泵中的水倒流）。布氏漏斗中的圆形滤纸的直径应小于布氏漏斗内径，使紧贴于漏斗的底壁，抽滤前先用少量溶剂把滤纸润湿，将容器中液体和晶体分批倒入漏斗中，并用少量滤液洗出黏附于容器壁的晶体，把母液尽量抽尽。漏斗上的晶体用重结晶的同一溶剂进行洗涤。用量应尽量少，以减少溶解损失。洗涤的过程是先将抽气暂时停止，在晶体上加少量溶剂。用刮刀或玻棒小心搅动（不要使滤纸松动），使所有晶体润湿。静置一会儿，待晶体均匀地被浸湿后再进行抽气。一般重复洗涤 1~2 次即可。停止抽滤前，先将抽滤瓶与水泵间连接的橡皮管拆开，或将安全瓶上的活塞打开接通大气，以免水倒吸入抽滤瓶中。

7. 干燥

抽滤和洗涤后的结晶,表面上还吸附有少量溶剂,需根据实际情况,用适当的方法进行干燥。一般常采取自然晾干,即将抽干的晶体至表面皿上铺成薄薄的一层,再用一张滤纸覆盖以免灰尘沾污,然后在室温下放置晾干;对于对热稳定的化合物也可以用红外线灯或烘箱等进行干燥。

四、重结晶实验

1. 苯甲酸的重结晶

苯甲酸:无色、无味片状结体,有刺激性气味,可溶于热水,微溶于冷水,因此也常用水重结晶。

(1)试剂　苯甲酸、水。

(2)实验内容及操作　称取2g粗苯甲酸,放至150ml锥形瓶中并加入50ml水。用小火加热至沸,并不断搅动使之溶解。这时若有尚未完全溶解的固体,可继续加入少量热水,每次加2~3ml,直至完全溶解(要注意判断是否为不溶性杂质),再多加20%的水。记录用去水的总体积。

若所得溶液有色,则移去热源,稍冷后加入少许(半勺)活性炭。稍加搅拌继续加热微沸5~10分钟。

将上述热溶液按见图17-9(1)进行热过滤,注意先准备保温漏斗(短颈玻璃漏斗也要预热)及折叠滤纸,并用少量沸水润湿滤纸,如果过滤的溶液很多,不能一次倒完,要将剩余部分继续用小火加热保持溶液的温度,以免冷却后析出晶体。待所有的溶液过滤完毕后,用少量沸水洗涤锥形瓶和滤纸,并滤至锥形瓶中。

热过滤得到的滤液,自然冷却至结晶析出,如要获得较大颗粒的结晶,可在滤完后将已经析出晶体的滤液重新加热使之溶解,再在室温下静置,让其慢慢地自然冷却。然后可用冰水冷却使结晶完全析出。

结晶完全后,用布氏漏斗进行抽滤,使晶体与母液分离,并用玻塞挤压,使母液尽量除去。拔下抽滤瓶上的橡皮管(或打开安全瓶上的活塞),停止抽气,加少量冷水至布氏漏斗中,使晶体润湿,然后重新抽干,如此重复1~2次,最后将晶体移至表面皿上,摊成薄层,置空气中晾干,称重并计算收率。

2. 萘的重结晶

萘:光亮的片状晶体,具有特殊气味,非极性,不溶于水,而在各种常见的有机溶剂中溶解度都很大,常使用水和醇的混合溶剂进行重结晶。

(1)试剂　粗萘、70%乙醇。

(2)实验内容及操作　在装有回流冷凝管的100ml圆底烧瓶中,如图16-5(1)所示,放入2g粗萘,加入15ml 70%乙醇和1~2粒沸石。接通冷凝水,水浴上加热至沸,并不时振摇。若所加的乙醇不能使粗萘完全溶解,则应从冷凝管上端继续加入少量70%乙醇(注意添加易燃溶剂时应先熄灭火源)。观察是否完全溶解。待完全溶解后,再加入已加入量20%左右的70%乙醇。记录用去乙醇的总体积。

如果所得溶液有色,则移走热源,稍冷后加入少许活性炭(粗萘的1%~5%),并稍加摇动。再重新在水浴上加热回流5~10分钟。准备好热的保温漏斗,用少量热的70%乙醇润湿

有机化学

折叠滤纸后,将上述热的萘溶液进行过滤,滤液收集在干燥的 100ml 锥形瓶中,然后用少量热的 70% 乙醇洗涤圆底烧瓶和滤纸,并过滤至锥形瓶中。

盛滤液的锥形瓶用塞子塞好,自然冷却析晶,如要获得较大颗粒的结晶,可在滤完后将已经析出晶体的滤液重新加热使之溶解,再在室温下静置,让其慢慢地自然冷却。然后可用冰水冷使结晶完全析出。用布氏漏斗抽滤,漏斗上的晶体用少量冷 70% 乙醇洗涤 1~2 次(参考苯甲酸重结晶的操作),最后将晶体移至表面皿上,摊成薄层,置空气中晾干,称重并计算收率。

五、思考题

1. 重结晶一般包括哪几个步骤?各步骤的主要目是什么?
2. 重结晶时,溶剂的用量为什么不能过量太多,也不能过少?正确的应该如何?
3. 用活性炭脱色为什么要待固体物质完全溶解后才加入?为什么不能在溶液沸腾时加入?
4. 使用有机溶剂重结晶时,哪些操作容易着火?怎样才能避免?

(王 芬 邓超澄)

第五节 萃取与洗涤

一、基本原理

萃取是有机化学实验中用来提取和纯化化合物的手段之一。通过萃取,能从固体或液体混合物中提取所需要的化合物。

萃取,又称溶剂萃取或液液萃取,亦称抽提,是利用物质在两种互不相溶(或微溶)的溶剂中溶解度或分配比的差异,来达到提取、分离或纯化目的的一种操作,是提取、分离有机化合物的一种常用方法。通常被萃取的是固态或液态的物质。一般将有机相提取水相中溶质的过程称为萃取,而水相去除附载在有机相中其他溶质或者包含物的过程称为洗涤。

从液体混合物中进行萃取(液-液萃取)的原理是,在一定温度下,一种物质(X)在两种互不相溶的溶剂(A、B)中的分配情况由分配定律决定,X 在 A、B 两相间的浓度比,为一常数,叫作分配系数,以 K 表示:

$$K = \frac{C_A}{C_B}$$

C_A、C_B 分别表示有机化合物 X 在两种互不相溶溶剂中的物质的量浓度。

有机化合物在有机溶剂中一般比在水中溶解度大,用有机溶剂提取溶解于水的化合物是萃取的典型实例。要把所需要的溶质从溶液中完全萃取出来,通常萃取一次是不够的,必须重复萃取数次。利用分配定律的关系,可以算出经过 n 次萃取后化合物的在水相中的剩余量。

设 V 为样品溶液的体积,W_0 为萃取前溶质的总量,W_1 为萃取一次后溶质的剩余量,W_2 为萃取二次后溶质的剩余量,W_n 为萃取 n 次后化合物的剩余量,S 为萃取溶液的体积

经一次萃取,原溶液中该化合物的浓度为 W_1/V;而萃取溶剂中该化合物的浓度为 $(W_0 -$

$W_1)/S$,两者之比等于 K,即 $K = \dfrac{W_1/V}{(W_0 - W_1)/S}$,整理后得 $W_1 = W_0 \dfrac{KV}{KV + S}$,同理,经二次萃取后,则有 $W_2 = W_0 \left(\dfrac{KV}{KV + S}\right)^2$,故经 n 次提取后 $W_n = W_0 \left(\dfrac{KV}{KV + S}\right)^n$。

当用一定量溶剂时,希望在水中的剩余量越少越好,而上式 $KV/(KV + S)$ 总是小于1,所以 n 越大,Wn 就越小,也就是说把溶剂分成数次作多次萃取比用全部量的溶剂作一次萃取为好。当萃取次数大于5次时,萃取效率增加就不明显了,所以一般同体积溶剂分 3~5 次萃取即可。

二、液-液萃取

通常用分液漏斗来进行液体中的萃取,分液漏斗的使用是基本操作之一。将萃取后两种互不相溶的液体分开的操作,叫作分液。在萃取前,必须事先检查分液漏斗的塞子和活塞是否严密,活塞用凡士林处理,以防分液漏斗在使用过程中发生泄漏而造成损失(检查的方法,通常是先用溶剂试验)。

在萃取时,先将液体与萃取用的溶剂由分液漏斗的上口倒入,塞好塞子,振摇分液漏斗使两液层充分接触。

振摇的操作方法一般是先把分液漏斗倾斜,使漏斗的上口略朝下,右手捏住上口颈部,并用食指根部压紧塞子,以免盖子松开,左手握住活塞,握紧活塞的方式既要防止振摇时活塞转动或脱落,又要便于灵活地旋开活塞,振摇后漏斗仍保持倾斜状态,上口朝下,下部支管口朝上(指向无人处)。不时旋开活塞以排出因振摇而产生的气体,如图 17-11 所示。若在漏斗中有易挥发的溶剂,如乙醚、乙醇、苯等,或用碳酸钠溶液中和酸液振摇后,更应注意及时旋开活塞,放出气体,如此重复几次后,再用力振摇 2~3 分钟,使两相的液体充分接触,提高萃取率,然后将漏斗置于铁圈中,除去顶部塞子,静置分层。

图 17-11 分液漏斗的振摇

待分液漏斗中的液体分成清晰的两层以后,就可以进行分离。再将活塞缓缓旋开,下层液体自活塞放出至接收瓶。注意液体不要放得太快,以免影响分离效果。待下层液体流出后,关上活塞等待片刻,观察再有无分层,若有,再放出。上层液体从分液漏斗的上口倒出。分离后再将液体倒回分液漏斗中,用新的萃取溶剂继续萃取。将所有萃取液合并,加入适当干燥剂进行干燥,再蒸去溶剂,萃取后所得有机化合物视其性质确定进一步的纯化方法。

一般情况下,液层分离时密度大的在下层。有时,因为溶质的性质及浓度可能使两种溶液的相对密度改变,所以萃取过程中最好将两层液都保留。如果遇到两液层的性质分辨不清时,可在任一层中取少量液体加入水,若不分层说明取液的一层为水层,否则为有机层。

有机化学

在萃取时,若在水溶液中加入一定量的电解质(如氯化钠),利用"盐析效应"以降低有机物和萃取溶剂在水溶液中的溶解度,可提高萃取效果;当溶液呈碱性时,常常会产生乳化现象。这样很难将它们完全分离,可加些酸进行破乳。另外轻轻地旋转漏斗也可加速破乳。

三、固-液萃取

从固体混合物中进行萃取(固-液萃取),通常是用长期浸出法或采用脂肪提取器来完成的。前者是溶剂长期的浸润溶解而将固体物质中需要的成分浸出来,此法虽然简单,但提取效率不高,而且需要大量的溶剂。

脂肪提取器(索氏提取器),如图17-12所示,是利用溶剂回流及虹吸原理使固体物质连续不断地被纯溶剂所萃取,因而效率高,溶剂使用少,目前在实验中被广泛采用。

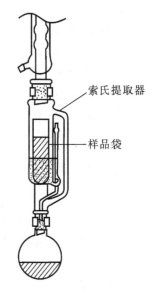

图17-12 索氏提取器

四、化学萃取

化学萃取是利用萃取剂与被萃取物发生化学反应而达到分离目的的一种常用分离方法,主要用于洗涤或分离混合物,操作方法和前面的萃取相同。例如,利用碱性萃取剂从有机相中萃取出有机酸;用稀酸可以从混合物中萃取出有机碱性物质或用于除去碱性杂质;用浓硫酸从饱和烃中除去不饱和烃,从卤代烷中除去醇及醚等。

实验七 用乙酸乙酯从苯酚水溶液中萃取苯酚

一、实验目的

1. 掌握利用萃取分离纯化有机化合物的原理和操作技术。
2. 掌握分液漏斗的正确使用方法。

二、实验原理

萃取,又称溶剂萃取或抽取,是利用组分在两种互不相溶(或微溶)的溶剂中溶解度或分配系数不同,使组分不等同地分配在两种溶剂中,然后通过两液相的分离,实现组分间的分离。

常温下,苯酚是一种具有特殊气味的无色针状晶体,微溶于水,易溶于乙醇、甘油、氯仿、乙醚等有机溶剂,苯酚在乙酸乙酯中的溶解度远大于在水中的溶解度,且乙酸乙酯不溶于水。将乙酸乙酯加入苯酚水溶液,经乙酸乙酯萃取后,液体分层,从而达到分离的目的。

三、实验仪器和试剂

1. 仪器

分液漏斗、点滴板、胶头滴管、试剂瓶、铁架台、铁圈、50ml烧杯、10ml量筒。

2. 药品

$FeCl_3$、苯酚、乙酸乙酯、凡士林。

四、实验操作

在 60ml 的分液漏斗中放入 10ml 0.5mol/L 的苯酚水溶液,再加入 10ml 乙酸乙酯,塞上漏斗顶部的塞子。按照分液漏斗的正确握法将其倒置,打开活塞放气一次。关闭活塞,轻轻振摇后再打开活塞放气。重复操作(一般 3~4 次)直至漏斗中不再有大量气体产生时可加大力度振摇,最后一次振摇放气后将分液漏斗置铁圈上静置使分层清晰。

在分液漏斗下放一烧杯,小心打开活塞慢慢放出下层液体,待上层液体接近活塞时关闭活塞,轻轻旋摇分液漏斗后再静置一会,继续打开活塞放出全部下层液体。

将上层液体从分液漏斗上口倒入另一烧杯中,取一滴下层液体置点滴板中,加入一滴 $FeCl_3$ 溶液,观察记录现象。

若水层中已无苯酚剩余,可结束萃取操作;若水层中仍有苯酚存在,则需继续加入 5ml 乙酸乙酯再次进行萃取。

五、思考题

1. 分液漏斗在使用之前应如何处理与检查?
2. 进行萃取操作时分液漏斗的正确握法是怎样的?
3. 萃取振摇时应从什么地方放气?放气的目的是什么?不放气会导致怎样的后果?
4. 本实验中的上层液体是什么?下层液体又是什么?
5. 下层液体与 $FeCl_3$ 溶液显色说明了什么?不显色又说明了什么?

(张　悦)

第六节　升　华

升华是提纯固体有机化合物方法之一,与蒸馏不同,它是直接由固体物质受热汽化为蒸气,然后由蒸气又直接冷凝为固体的过程。

固态物质能够升华的原因是其在固态时具有较高的蒸气压,受热时蒸气压变大,达到熔点之前,蒸气压已相当高,可以直接气化。若固态混合物中各个组分具有不同的挥发度,则可利用升华使易升华的物质与其他难挥发的固体杂质分离开来,从而达到分离提纯的目的。这里的易升华物质指的是在其熔点以下具有较高蒸气压的固体物质,如果它与所含杂质的蒸气压有显著差异,则可取得良好的分离提纯效果。升华法的优点是不用溶剂,产品纯度高,操作简便。它的缺点是产品损失较大,一般用于少量(1~2g)化合物的提纯。

通用的常压升华装置如图 17-13 所示。将待升华的物质置于蒸发皿上,上面覆盖一张滤纸,用针在滤纸上刺些许小孔。滤纸上倒置一个大小合适的玻璃漏斗,漏斗颈部松弛的塞一些玻璃毛或棉花,以减少蒸气外逸。为使加热均匀,蒸发皿宜放在铁圈上,小火加热,控制加热温度和加热速度(慢慢升华)。样品开始升华,上升蒸气凝结在滤纸背面,或穿过滤纸孔,凝结在滤纸上面或漏斗壁上。必要时,漏斗外壁上可以用湿布冷却,但不要弄湿滤纸。升华结束后,先移去热源,稍冷后,小心拿下漏斗,轻轻揭开滤纸,将凝结在滤纸正反两面和漏斗壁上的晶体

有机化学

刮到干净表面皿上。

为了加快升华速度,可以在减压条件下进行升华。减压升华法特别适用于常压下其蒸气压不大或受热易分解的物质,图 17-14 是用于少量物质减压升华的装置。

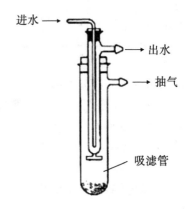

图 17-13　常压升华装置　　图 17-14　减压升华少量物质的装置

（张　悦）

第十八章 基础有机化合物的制备实验

实验八 乙酸乙酯的制备

一、实验目的

1. 通过乙酸乙酯的制备了解制备有机酸酯的一般原理和方法。
2. 掌握使用滴液漏斗、分液漏斗的操作方法,并学会液体有机化合物的洗涤操作。
3. 了解液体有机化合物的干燥原理,学会使用干燥剂。

二、实验原理

在少量酸(H_2SO_4 或 HCl)催化下,羧酸和醇反应生成酯的反应称为酯化反应。如在浓硫酸催化下,乙酸和乙醇反应生成乙酸乙酯:

$$CH_3COOH + CH_3CH_2OH \xrightleftharpoons[110 \sim 120℃]{浓\ H_2SO_4} CH_3COOC_2H_5 + H_2O$$

为了提高酯的产率,本实验采取加入过量乙醇及不断把反应生成的酯和水蒸出的方法。在工业生产中,一般采用加入过量的乙酸,以便使乙醇转化完全,避免由于乙醇和水及乙酸乙酯形成二元或三元恒沸物给分离带来困难。

可能的副反应:

$$2CH_3CH_2OH \xrightarrow[140℃]{H_2SO_4} CH_3CH_2OCH_2CH_3 + H_2O$$

$$CH_3CH_2OH \xrightarrow[170℃]{H_2SO_4} CH_2{=}CH_2 + H_2O$$

三、实验仪器和试剂

1. **主要仪器**

三颈瓶、滴液漏斗、蒸馏弯头、直形冷凝管、接液管、锥形瓶、温度计、温度计套管、分液漏斗、圆底烧瓶、蒸馏头等

2. **试剂**

冰醋酸、95%乙醇、浓硫酸、饱和碳酸钠、饱和氯化钙及饱和氯化钠水溶液、无水硫酸镁。

主要试剂及产物物理常数:

有机化学

名称	分子量	性状	折光率	比重	熔点(℃)	沸点(℃)	溶解度(g/100ml)		
							水	醇	醚
冰醋酸	60.05	无色液体	1.3698	1.049	16.6	118.1	∞	∞	∞
乙醇	46.07	无色液体	1.3614	0.780	−117	78.3	∞	∞	∞
乙酸乙酯	88.10	无色液体	1.3722	0.905	−84	77.15	8.6	∞	∞

四、实验步骤

1. 在150ml三颈瓶中,加入9ml乙醇,在振摇和冷却下分次慢慢加入12ml浓硫酸,混合均匀,并加入几粒沸石。按图18-1装置仪器,于三颈瓶一侧口插入温度计到液面下,另一侧口连接蒸馏装置,中间口安装滴液漏斗,漏斗末端应浸入液面以下,距瓶底0.5~1cm。

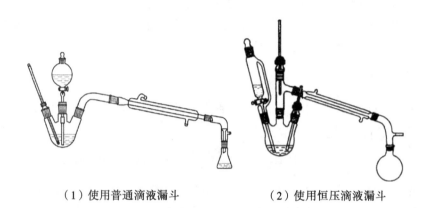

（1）使用普通滴液漏斗　　　　　（2）使用恒压滴液漏斗

图18-1　乙酸乙酯制备装置

2. 在滴液漏斗内加入由14ml乙醇和14.3ml冰醋酸组成的混合液,先向瓶内滴入3~4ml,然后将三颈瓶用电加热套或在红外炉上小火加热,当温度慢慢升到110~120℃时,冷凝管口应有液体流出,这时再自滴液漏斗慢慢滴入其余的混合液,控制滴加速度和馏出速度大致相等(约1滴/秒),并维持反应液温度在110~120℃。滴加完毕后,继续加热10~15分钟,直至反应液温度升高到130℃且不再有馏出液为止。

3. 馏出液中含有乙酸乙酯及少量乙醇、乙醚、水和醋酸,在摇动下,慢慢向粗产物中加入饱和的碳酸钠溶液(约10ml),至无二氧化碳气体逸出,酯层对pH试纸试验呈中性。将混合液移入分液漏斗,充分摇振(注意及时放气)后放置,分去下层水相。酯层用10ml饱和食盐水洗涤后,再每次用10ml饱和氯化钙溶液洗涤两次。弃去下层液,酯层自漏斗上口倒入干燥的锥形瓶中,用无水硫酸镁干燥。

4. 将干燥好的粗乙酸乙酯滤入25ml蒸馏瓶中,加入沸石后在水浴上进行蒸馏,收集73~78℃馏分。

五、注意事项

1. 加浓硫酸时一定要分次加入,并且要充分振摇和冷却,以免乙醇炭化。

2. 控制反应温度在 110~120℃,否则会增加副产物的含量。
3. 用饱和的碳酸钠溶液洗涤时,振摇不可太剧烈,以免发生乳化。洗涤时注意放气,有机层用饱和 NaCl 洗涤后,尽量将水相分干净。

六、思考题

1. 酯化反应有什么特点,本实验如何创造条件使酯化反应尽量向生成物方向进行?
2. 本实验有哪些可能的副反应?
3. 在纯化过程中,Na_2CO_3 溶液、NaCl 溶液、$CaCl_2$ 溶液、$MgSO_4$ 分别除去什么杂质?

(张爱华)

实验九　正溴丁烷的制备

一、实验目的

1. 了解以正丁醇、溴化钠为原料制备正溴丁烷的基本原理和方法。
2. 掌握带有害气体吸收装置的加热回流操作。
3. 进一步熟悉巩固洗涤、干燥和蒸馏操作。

二、反应原理

正丁醇与溴化钠、浓硫酸共热可得正溴丁烷。
主反应:

$$NaBr + H_2SO_4 \longrightarrow HBr + NaHSO_4$$

$$n\text{-}C_4H_9\text{—}OH \xrightarrow{H_2SO_4} n\text{-}C_4H_9\text{—}Br + H_2O$$

可能的副反应:

$$2n\text{-}C_4H_9OH \xrightarrow{H_2SO_4} (n\text{-}C_4H_9)_2O + H_2O$$

$$CH_3CH_2CH_2CH_2OH \underset{\Delta}{\overset{H_2SO_4}{\rightleftharpoons}} CH_3CH=CHCH_3 + H_2O$$

$$2HBr + H_2SO_4 \longrightarrow SO_2\uparrow + Br_2 + 2H_2O$$

三、实验仪器和试剂

1. 主要仪器
圆底烧瓶、球形冷凝管、气体吸收装置、蒸馏头、直形冷凝管、接液管、锥形瓶、分液漏斗等。
2. 试剂
正丁醇、无水溴化钠、浓硫酸、饱和碳酸氢钠溶液、无水氯化钙。

四、实验步骤

在 50ml 圆底烧瓶上安装球形冷凝管,冷凝管的上口接一气体吸收装置,见图 16-5(3),用 5% 的 NaOH 溶液作吸收剂。在圆底烧瓶中加入 7.0ml 水,并小心地加入 9.4ml 浓硫酸摇

有机化学

匀,混合均匀后冷却至室温。再依次加入 6.2ml 的正丁醇和 8.7g 的溴化钠,充分摇振均匀后加入几粒沸石,连接气体吸收装置。

将烧瓶置于石棉网上用小火加热至沸腾,调节火焰大小使反应物保持沸腾而又平稳地回流,并不时摇动烧瓶加快反应的进行,由于无机盐水溶液有较大的相对密度,不久会分出上层液体就是正溴丁烷,回流 30~40 分钟(反应时间延长 1 小时仅增加 1%~2% 的产量)。待反应液冷却后,移去冷凝管,加上蒸馏头,将反应装置改装为蒸馏装置,蒸出粗产物正溴丁烷。

将馏出液转移到分液漏斗,加入等体积的水洗涤(产物在上层还是下层?)。将下层液产物转入另一干燥的分液漏斗中,用等体积的浓硫酸洗涤,尽量分去硫酸层(是哪一层?)。有机相依次用等体积的水、饱和碳酸氢钠溶液和水洗涤后转入干燥的锥形瓶中,用约 1g 无水氯化钙干燥,不时摇动锥形瓶,得到澄清液体。将干燥好的产物过滤到蒸馏瓶中,在石棉网上用小火加热蒸馏、收集 99~103℃ 的馏分。

纯粹的正溴丁烷的沸点为 101.6℃。

五、注意事项

1. 投料时应严格按教材上的顺序,同时要混合均匀。
2. 反应时,保持回流平稳进行,防止导气管发生倒吸。
3. 正溴丁烷是否蒸完,可从下面几方面判断:
(1) 馏出液是否由混浊变为澄清;
(2) 反应瓶上层油层是否消失;
(3) 取一试管收集几滴馏出液,加水摇动,观察有无油珠出现。如无,表示馏出液中已无有机物,蒸馏完成。此法常用于检验不溶于水的有机化合物。
4. 洗涤粗产物时,注意正确判断产物的上下层关系。
5. 如果水洗后产物尚呈红色,是因为浓硫酸的氧化作用生成游离溴的缘故,可加入几毫升饱和亚硫酸氢钠溶液洗涤除去。

$$Br_2 + 3NaHSO_3 \longrightarrow 2NaBr + NaHSO_4 + 2SO_2 + H_2O$$

六、思考题

1. 本实验中硫酸的作用是什么?硫酸的用量和浓度过大或过小有什么不好?
2. 本实验在球形冷凝管上为何要采用气体吸收装置?吸收什么气体?
3. 反应后的粗产物中含有哪些杂质?是如何除去的?各步洗涤的目的何在?
4. 用浓硫酸洗涤粗产物的目的是什么?为何要求用干燥的分液漏斗?

(杨 莎 霍丽妮)

实验十 乙酰水杨酸(阿司匹林)的制备

一、实验目的

1. 学习制备乙酰水杨酸的原理和实验方法,了解酰化反应的原理。
2. 巩固重结晶和减压抽滤的基本操作。

3. 学习用化学方法纯化有机物。

二、实验原理

乙酰水杨酸即阿司匹林,是一种重要的药品,具有退热、镇痛、抗风湿等作用。乙酰水杨酸是水杨酸(邻羟基苯甲酸)和乙酸酐,在少量浓硫酸(或干燥的氯化氢、有机强酸等)催化下,脱水而制得的。

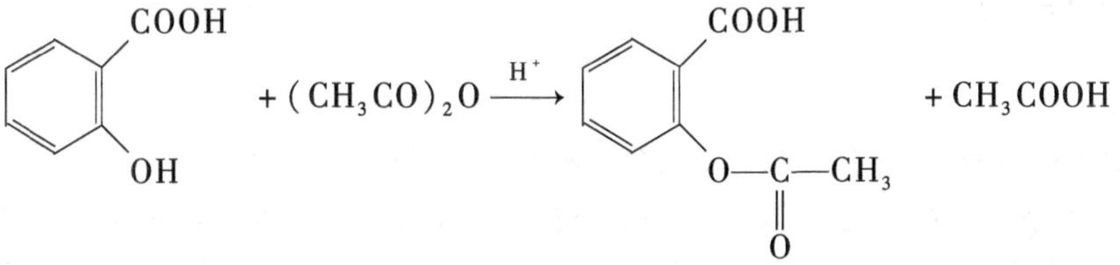

$$\text{邻羟基苯甲酸} + (CH_3CO)_2O \xrightarrow{H^+} \text{乙酰水杨酸} + CH_3COOH$$

由于水杨酸中的羟基和羧基能形成分子内氢键,反应必须加热到150~160℃。不过,加入少量的浓硫酸(作为催化剂)来破坏氢键,反应温度可降至60~80℃,而且副产物也会有所减少。

水杨酸本身具有两个不同的基团,分子间可发生缩合反应,生成少量的聚合物:

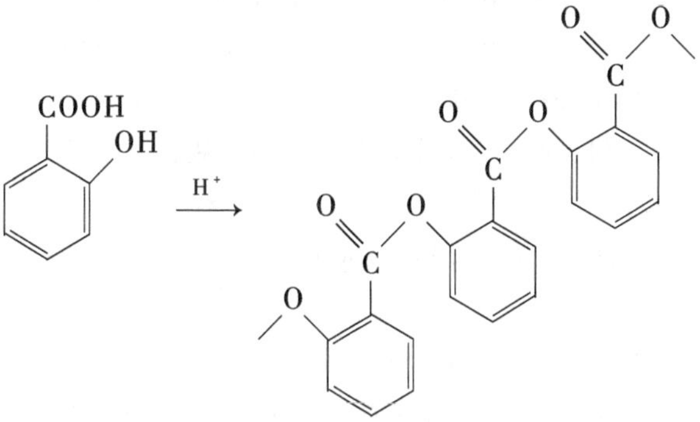

$$\text{水杨酸} \xrightarrow{H^+} \text{聚合物}$$

乙酰水杨酸能与碳酸氢钠反应生成水溶性钠盐,而其副产物聚合物不能溶于碳酸氢钠溶液。利用这种性质上的差别,可纯化阿司匹林。

乙酰水杨酸粗产品中还有杂质水杨酸,这是由于乙酰化反应不完全或在分离步骤中发生水解造成的,可以在各步纯化过程和产物的重结晶过程中除去。与大多数酚类化合物一样,水杨酸可与三氯化铁作用显紫色,而乙酰水杨酸因酚羟基已被酰化,不与三氯化铁显色,因此,产品中残余的水杨酸很容易被检验出来。

三、实验仪器和试剂

1. 仪器

锥形瓶、烧杯、布氏漏斗、抽滤瓶、试管、水循环真空泵、滤纸等。

2. 试剂

水杨酸、乙酸酐、浓硫酸、饱和碳酸氢钠溶液、浓盐酸、1% $FeCl_3$溶液等。

主要试剂及产物物理常数:

有机化学

化合物	分子量	熔点(℃)	沸点(℃)	比重(d_4^{20})	水溶解度
水杨酸	138.12	159	211/2.66kPa	1.443	微溶于冷水,易溶于热水
乙酸酐	102.09	−73	139.6	1.082	在水中逐渐分解
乙酰水杨酸	180.16	135~138		1.350	微溶于水

四、实验步骤

1. 合成

在干燥的50ml锥形瓶中加入2.0g水杨酸(0.14mol)、5ml乙酸酐(0.27mol)、3滴浓硫酸,使水杨酸全部溶解后,在水浴中加热5~10分钟,控制水浴温度在80~90℃。冷却至室温,即有乙酰水杨酸结晶析出。如不结晶,可用玻璃棒摩擦锥形瓶瓶壁并将反应物放置于冰水中冷却使结晶析出。加入50ml水,将混合物继续在冰水浴中冷却。待晶体完全析出后用布氏漏斗抽滤,用少量冰水分二次洗涤锥形瓶后,再洗涤晶体,抽干,得乙酰水杨酸粗品。

2. 精制

将粗产品转移到150ml烧杯中,在搅拌下慢慢加入25ml饱和碳酸氢钠溶液,加完后继续搅拌几分钟,直到无二氧化碳气体产生为止。抽滤,除去不溶性聚合物,用5~10ml水冲洗漏斗,合并滤液,倒入预先盛有4~5ml浓盐酸和10ml水配成溶液的烧杯中,搅拌均匀,即有乙酰水杨酸沉淀析出。用冰水冷却,使沉淀完全。抽气过滤,用冷水洗涤2次,抽干水分。将晶体置于表面皿上,干燥后称重并计算产率。

乙酰水杨酸为白色针状晶体,熔点135~136℃。

3. 质量检验

(1)杂质检验 取几粒结晶加入盛有5ml水的试管中,加入1~2滴1% $FeCl_3$溶液,观察有无颜色反应。如果发生显色反应,说明仍有水杨酸存在,产物可用乙醇–水混合溶剂重结晶:即先将粗产品溶于少量沸乙醇中,再向乙醇溶液中添加热水直至溶液中出现混浊物,再加热至溶液澄清透明(注意:加热不能太久,以防乙酰水杨酸分解),静置慢慢冷却、过滤后干燥。

(2)测定熔点 乙酰水杨酸受热易分解,熔点不明显,测定时,可先将熔点测定仪加热至110℃左右,再将待测样品置入其中进行测定。

五、注意事项

1. 乙酸酐和浓硫酸均具有腐蚀性,量取时应小心。
2. 合成实验中要注意控制好温度(90℃以下)。
3. 反应结束后,多余的乙酸酐发生水解,这是放热反应,操作应小心。
4. 在重结晶时,其溶液不宜加热过久,也不宜用高沸点溶剂,因为在高温下乙酰水杨酸易发生分解。

六、思考题

1. 制备阿司匹林时,加入浓硫酸或浓磷酸的目的何在?
2. 合成反应中使用的烧杯为什么必须干燥?实验中可产生哪些副产物?

3. 水杨酸的乙酰化比一般的醇或酚更难还是更容易些,为什么?
4. 通过什么样的简便方法可以鉴定出阿司匹林是否变质?

(张爱华)

实验十一　乙酰苯胺的制备

一、实验目的

1. 了解酰化反应的原理和酰化剂的使用。
2. 掌握分馏操作的原理和技术。
3. 熟练掌握重结晶、趁热过滤和抽气过滤等操作技术。

二、实验原理

乙酰苯胺为无色晶体,具有退热镇痛作用,是较早使用的解热镇痛药,因此俗称"退热冰"。乙酰苯胺也是磺胺类药物合成中重要的中间体。由于芳环上的氨基易氧化,在有机合成中为了保护氨基,往往先将其乙酰化转化为乙酰苯胺,然后再进行其他反应,最后水解除去乙酰基。

乙酰苯胺可由苯胺与乙酰化试剂如:乙酰氯、醋酐或乙酸等直接作用来制备。反应活性是乙酰氯>醋酐>乙酸。由于乙酰氯和醋酐的价格较贵,本实验选用纯的乙酸(俗称冰醋酸)作为乙酰化试剂。反应式如下:

$$\text{C}_6\text{H}_5\text{-NH}_2 + \text{CH}_3\text{COOH} \rightleftharpoons \text{C}_6\text{H}_5\text{-NHCOCH}_3 + \text{H}_2\text{O}$$

冰醋酸与苯胺的反应速率较慢,且反应是可逆的,为了提高乙酰苯胺的产率,一般采用冰醋酸过量的方法,同时利用分馏柱将反应中生成的水从平衡中移去。由于苯胺易氧化,加入少量锌粉,防止苯胺在反应过程中氧化。

乙酰苯胺在水中的溶解度随温度的变化差异较大,0.46g(20℃),5.5g(100℃),因此生成的乙酰苯胺粗品可以用水进行重结晶纯化。

主要试剂及产物物理常数:

名称	分子量	熔点(℃)	沸点(℃)	比重(d_4^{20})	水中溶解度
苯胺	93.13	6.3	184	1.02	3.4g(20℃)
冰乙酸	60.05	15.1	118	1.05	与水互溶
乙酰苯胺	135.16	115~116	303	1.21	0.46g(20℃),5.5g(100℃)

三、实验仪器和试剂

1. **仪器**

圆底烧瓶、刺形分馏柱、直形冷凝管、接液管、量筒、温度计、烧杯、吸滤瓶、布氏漏斗、水泵、保温漏斗。

有机化学

   2. 试剂

   苯胺、冰醋酸、锌粉、活性炭。

四、实验步骤

   1. 酰化

   在100ml圆底烧瓶中,加入5ml新蒸馏的苯胺、8.5ml冰醋酸和0.1g锌粉。立即装上分馏柱,在柱顶安装一支温度计,用小量筒收集蒸出的水和乙酸。用电热套缓慢加热至反应物沸腾。调节电压,当温度升至约105℃时开始蒸馏。维持温度在100~110℃约30分钟,这时反应所生成的水基本蒸出。当温度计的读数不断下降时,则反应达到终点,即可停止加热。

   2. 结晶抽滤

   在烧杯中加入100ml冷水,将反应液趁热以细流倒入水中,边倒边不断搅拌,此时有细粒状固体析出。冷却后抽滤,并用少量冷水洗涤固体,得到白色或带黄色的乙酰苯胺粗品。

   3. 重结晶

   将粗产品转移到烧杯中,加入100ml水,在搅拌下加热至沸腾。观察是否有未溶解的油状物,如有则补加水,直到油珠全溶。稍冷后,加入0.5g活性炭,并煮沸10分钟。在保温漏斗中趁热过滤除去活性炭。滤液倒入热的烧杯中。然后自然冷却至室温,冰水冷却,待结晶完全析出后,进行抽滤。用少量冷水洗涤滤饼两次,压紧抽干。将结晶转移至表面皿中,自然晾干后称量,计算产率。

五、注意事项

   1. 反应所用玻璃仪器必须干燥。
   2. 锌粉的作用是防止苯胺氧化,只要少量即可。加得过多,会出现不溶于水的氢氧化锌。
   3. 反应时分馏温度不能太高,以免大量乙酸蒸出而降低产率。
   4. 重结晶过程中,晶体可能不析出,可用玻璃棒摩擦烧杯壁或加入晶种使晶体析出。
   5. 冰醋酸具有强烈刺激性,要在通风橱内取用。
   6. 切不可在沸腾的溶液中加入活性炭,以免引起暴沸。
   7. 久置的苯胺因为氧化而颜色较深,使用前要重新蒸馏。因为苯胺的沸点较高,蒸馏时选用空气冷凝管冷凝,或采用减压蒸馏。

六、思考题

   1. 用乙酸酰化制备乙酰苯胺方法如何提高产率?
   2. 反应温度为什么控制在100~110℃?过高过低对实验有什么影响?
   3. 反应终点时,温度计的温度为何下降?

(杨 莎)

第十九章 天然产物的提取

实验十二 从茶叶中提取咖啡因

一、实验目的

1. 了解从茶叶中提取咖啡因的原理和方法,加深对从天然产物中分离、提纯有效成分的理解和认识。
2. 学习用索氏提取器进行提取的操作技术。
3. 掌握用升华法提纯有机物的操作技能。

二、实验原理

茶叶中含有生物碱,其主要成分是含量占 1% ~ 5% 的咖啡因和含量较少的茶碱和可可豆碱。此外,茶叶中还含有 11% ~ 12% 的丹宁酸(有名鞣酸)以及叶绿素、纤维素、蛋白质等物质。

咖啡因具有刺激心脏、兴奋大脑神经和利尿等作用,因此可作为中枢神经兴奋药,在医学上有重要的用途。咖啡因是一种白色针状的晶体,无臭,味苦。咖啡因有弱碱性,易溶于水(2%)、乙醇(2%)、氯仿(12.5%)等。咖啡因在 100℃ 时即失去结晶水,并开始升华,120℃ 时升华显著,至 178℃ 时升华很快。

咖啡因是杂环化合物嘌呤的衍生物,它的化学名称是 1,3,7 - 三甲基 - 2,6 - 二氧嘌呤,其结构式为:

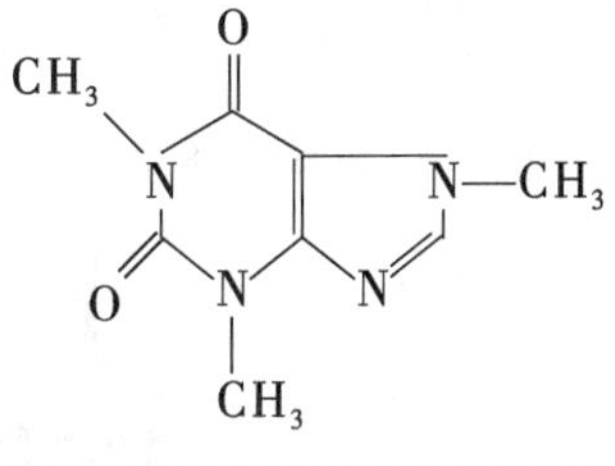

本实验从茶叶中提取咖啡因是用适量的乙醇(95%)作溶剂,在索氏提取器中连续萃取,然后浓缩、焙炒、升华而制得。索氏提取器又叫脂肪提取器,它由三部分组成,下部为烧瓶,上部为球形冷凝管,中间为提取器。被提取的物质放至提取器中,当加热烧瓶至溶剂沸腾后,其蒸气通过蒸气上升管进入冷凝管,被冷凝为液体滴入提取器中。在提取器内液体与固体进行液 - 固萃取。当液面超过虹吸管的顶点时,萃取液自动流回烧瓶中,经加热再蒸发、冷凝、萃取,如此循环,直至大部分的咖啡因被萃取,富集于烧瓶为止。然后蒸去溶剂,得到粗咖啡因。

粗咖啡因还含有其他生物碱和杂质,可用升华法提纯。

三、仪器与试剂

1. 仪器

脂肪提取器(索氏提取器)、圆底烧瓶、球形冷凝管、直形冷凝管、水浴装置、接液管、锥形瓶、烧杯、蒸发皿、玻璃漏斗、酒精灯等。

2. 试剂

茶叶、乙醇(95%)、生石灰粉。

四、实验内容及操作

1. 提取

装好提取装置(如图17-12所示),称取10g茶叶碾碎,装入折好的滤纸套筒中,将滤纸套筒放入脂肪提取器。在圆底烧瓶中加入50ml 95%的乙醇和两粒沸石,装上提取器,再往提取器中加入95%乙醇至接近虹吸管高度,记录所用乙醇的体积。用水浴加热(调节好温度,回流速度不宜过快),连续提取2~3小时。直到提取液颜色变浅为止,待提取器内的溶液刚刚虹吸下去时,立即停止加热。

2. 浓缩

稍冷后,改成蒸馏装置,回收提取液中的大部分乙醇(剩下10ml左右)。趁热将瓶中的残液倾入蒸发皿中,拌入3~4g研磨成粉末的氧化钙(或生石灰粉),使成糊状,在蒸汽浴上蒸干,如图19-1(1)所示,其间应不断搅拌,翻炒至干,再将蒸发皿放在铁圈上,用酒精灯小心焙炒片刻,除去全部水分,冷却,用滤纸擦干净沾在蒸发皿边缘上的粉末,以免升华时污染产物。

3. 升华

见图19-1(2),在蒸发皿上倒扣一只口径合适的玻璃漏斗,漏斗的颈部塞上一小团疏松的棉花,蒸发皿和漏斗之间用滤纸相隔,其直径应大于漏斗,滤纸上用针刺数个小孔(孔刺向上),用酒精灯小心加热升华。小心控制温度,不能过高,否则产物炭化。当滤纸上出现许多白色毛状结晶时,暂停加热,冷却后小心揭开漏斗和滤纸,仔细地把附在纸上及器皿周围的咖啡因晶体刮下,置于表面皿中,将蒸发皿中的残渣加以搅拌,重新放好滤纸和漏斗,用较大的火再加热片刻,使升华完全。此时火亦不能太大,否则蒸发皿内大量冒烟,产品既受污染又遭损失。合并两次升华所收集的咖啡因,称重。

产量一般为45~55mg,无水咖啡因的熔点为238℃。

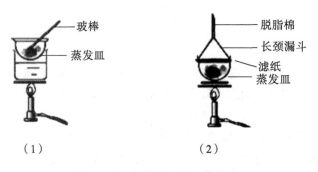

图19-1 加热炒干及升华装置

五、注意事项

1. 索氏提取器的虹吸管极易折断,安装仪器和拿取时须特别小心。

2. 滤纸套大小既要紧贴器壁,又能方便取放,其高度不得超过导气管口。滤纸包茶叶末时要严谨,防止漏出堵塞虹吸管。纸套上面折成凹形,以保证回流液均匀浸润被萃取物。

3. 浓缩时瓶中乙醇不可蒸太干,否则残液很黏,转移时损失较大。转移后的烧瓶要及时清洗。

4. 氧化钙(石灰粉)起吸水和中和作用,以除去部分酸性杂质。

5. 在回流萃取充分的情况下,升华操作是实验成败的关键。升华过程中,始终都要用小火加热。如温度太高,会使产物发黄。

6. 若漏斗内有蒸气,或者漏斗内部壁上有液珠出现,应立即停止加热,稍冷后,揭开漏斗,用纸巾擦去水气。

7. 升华中若有较多茶油产生,可以在蒸发皿冷却情况下擦去茶油,以免污染产物。

六、思考题

1. 从茶叶中提取出的粗咖啡因有绿色光泽,为什么?
2. 与直接用溶剂回流提取比较,索氏提取器提取有何优点?
3. 升华前加入氧化钙(石灰粉)起什么作用?为什么升华前要将水分除尽?

(王 蓓)

第二十章　有机化合物的性质

实验十三　常见有机化合物的性质实验

一、实验目的

1. 验证常见各类有机化合物的主要化学性质。
2. 掌握常见各类有机化合物的鉴别方法。

二、实验内容

(一)醇和酚的化学性质

1. 试剂

正丁醇、仲丁醇、叔丁醇、苯酚、卢卡斯试剂、乙醇、甘油水溶液、无水乙醇、金属钠、酚酞试液、3mol/L 浓硫酸、稀硫酸、0.5mol/L 的硫酸铜、5g/L 高锰酸钾、1mol/L 的氢氧化钠溶液、饱和溴水、饱和碳酸氢钠溶液、1% 三氯化铁溶液。

2. 实验内容及操作

(1)醇的化学性质

①醇与金属的反应:取 1 支干燥的试管,加入 1ml 的无水乙醇,用镊子取一小粒金属钠,用滤纸吸干表面的煤油,放入试管,观察现象,用拇指按住试管口,待生成的气体较多时,用点燃的火柴接近试管口,观察有无爆鸣声。冷却后加入少量水,再加入酚酞试液 2 滴,观察现象。记录实验现象并解释原因。

②与卢卡斯试剂的反应:取 3 支洁净的试管并编号,依次加入 10 滴正丁醇、仲丁醇、叔丁醇,在 60℃ 的水浴中加热片刻,取出,同时向三支试管中加入卢卡斯试剂 1ml,振荡、静置片刻后观察现象。记录实验现象并解释原因。

③醇的氧化反应:取 3 支洁净的试管编号,依次加入 10 滴正丁醇、仲丁醇、叔丁醇,然后分别加入 5g/L 的高锰酸钾溶液 5ml 和 3mol/L 硫酸 2 滴,振荡后观察现象。记录实验现象并解释原因。

④甘油与氢氧化铜的反应:取 2 支洁净的试管,各加入 0.5mol/L 的硫酸铜溶液 2ml 和 1mol/L 的氢氧化钠溶液 2ml,摇匀,然后分别往两支试管中加入甘油 5 滴、乙醇 5 滴,振荡后观察现象。记录实验现象并解释原因。

(2)酚的化学性质

①溶解性:取 1 支试管,加入少量苯酚,再加水 1ml,振荡后观察现象。加热后和冷却后,观察现象。记录实验现象并解释原因。

②弱酸性：取试管 2 支，分别加入少许苯酚和 2ml 水，一支加入 1mol/L 的氢氧化钠溶液数滴，振荡后观察现象。另一支加入饱和的碳酸氢钠溶液 1ml，振荡后观察现象。记录实验现象并解释原因。

③显色反应：取试管 1 支分别加入苯酚溶液 1ml、1% 三氯化铁溶液 1ml 振荡，观察现象。记录实验现象并解释原因。

④取代反应：取试管 1 支，加入饱和的溴水 1ml，再加入苯酚溶液 3 滴，观察现象。记录实验现象并解释原因。

3. 注意事项

(1) 醇与金属钠的反应，必须保证所用仪器干燥。注意金属钠的取量只能取黄豆大小的量。

(2) 进行邻二醇的特性反应时，使用的氢氧化铜悬浊液需现配现用。

(3) 苯酚具有强烈的腐蚀作用，使用时需注意安全。

(二) 醛和酮的化学性质

1. 试剂

甲醛水溶液(福尔马林)、乙醛、苯甲醛、丙酮、乙醇、2,4-二硝基苯肼试剂、硫酸、碘试剂、2mol/L 氢氧化钠溶液、0.05mol/L 硝酸银溶液、0.5mol/L 氨水、斐林试剂 A 液(0.2mol/L 硫酸铜)、斐林试剂 B 液(0.8mol/L 酒石酸钾钠的氢氧化钠溶液)、希夫试剂。

2. 实验内容及操作

(1) 醛和酮与 2,4-二硝基苯肼反应　取试管 4 支并编号，分别加入 2,4-二硝基苯肼试剂 3 滴，再分别加入甲醛，乙醛，丙酮，苯甲醛各 10 滴。振荡、静置，观察现象。记录实验现象并解释原因。

(2) 碘仿反应　取试管 4 支并编号，分别加入甲醛、乙醛、丙酮、乙醇各 2 滴，然后各加碘试剂 0.5ml，再分别滴加 5% 的氢氧化钠溶液至红色消失为止，观察现象，如无沉淀，可把试管放到 60℃ 左右的水浴中温热片刻，再观察现象。记录实验现象并解释原因。

(3) 银镜反应　在洁净的大试管中加入 2% 的硝酸银溶液 2ml，加 2mol/L 氢氧化钠溶液 1 滴，一边振荡试管一边滴加 0.5mol/L 氨水，直到产生的沉淀恰好溶解为止。分装到编好号的 4 支试管中，然后依次滴加 2 滴的乙醛、丙酮、苯甲醛，摇匀，至 60℃ 左右的水浴中加热，观察现象。记录实验现象并解释原因。

(4) 与斐林试剂的反应　取斐林试剂 A 和斐林试剂 B 各 10ml 于大试管里混合均匀，分装到编好号的 4 支试管中，然后依次加入甲醛，乙醛，丙酮，苯甲醛各 1ml。振荡后，把试管放至 80℃ 左右的水浴中加热，观察现象。记录实验现象并解释原因。

(5) 与希夫试剂的反应　取试管 3 支，各加入希夫试剂 1ml，然后分别加入甲醛、乙醛、丙酮各 5 滴，摇匀，观察现象。然后再分别向上述 3 个试管中各硫酸 5 滴，再观察现象。记录实验现象并解释原因。

3. 注意事项

(1) 银镜反应用的试管需保证洁净。

(2) 托伦试剂需现配现用。

(3) 斐林试剂需分别配制斐林试剂 A 和斐林试剂 B，使用时等体积混合。

有机化学

(三)羧酸、取代羧酸和羧酸衍生物的化学性质

1. 试剂

甲酸、乙酸、乙二酸、苯甲酸、异戊醇、水杨酸、乙酰水杨酸、1mol/L 的氢氧化钠溶液、饱和碳酸氢钠溶液、10% 的氢氧化钠溶液、澄清石灰水、浓硫酸、稀硫酸、10% 盐酸溶液、pH 试纸、高锰酸钾溶液、1% 三氯化铁溶液、无水乙醇。0.1mol/L 硝酸银、0.1mol/L 氨水。

2. 实验内容及操作

(1)羧酸盐的形成　取试管 2 支,各加入苯甲酸晶体少许,再加蒸馏水 1ml,振荡,观察晶体溶解情况。然后分别向试管滴加 1mol/L 的氢氧化钠溶液和饱和碳酸氢钠溶液直至溶液澄清。比较两支试管的差异,记录实验现象并解释现象。

(2)羧酸的酯化反应　取干燥的试管 1 支,加入无水乙醇和异戊醇各 20 滴,边摇边滴加浓硫酸 10 滴,摇匀,在水浴中温热 3~5 分钟。取出试管,冷却,观察现象,并闻其气味。记录实验现象并解释原因。

(3)还原性

①取 1 支大试管,加入 1ml 稀硫酸和 1ml 高锰酸钾溶液,分装到编好号的 2 支试管中;分别加入甲酸、乙酸、乙二酸,小火加热煮沸。观察现象并比较反应速率。记录实验现象并解释原因。

②与托伦试剂的反应:取一支洁净的试管,加入 10 滴甲酸,用 10% 的氢氧化钠中和至碱性。然后加入新配制的托伦试剂 10 滴,摇匀,放入 60℃ 左右的水浴中加热。观察现象。记录实验现象并解释原因。

(4)脱羧反应　取干燥硬质试管 1 支,加入 3g 乙二酸,装上导气管,试管口略向下倾斜,固定在铁架台上,将导管通入到盛有澄清的石灰水中,观察现象。记录实验现象并解释原因。

(5)水杨酸及乙酰水杨酸与三氯化铁反应　取试管 2 支,分别加入 1% 三氯化铁溶液 2 滴和 1ml 水,然后依次加入水杨酸和乙酰水杨酸少许。振摇后水浴加热。录实验现象并解释原因。

3. 注意事项

(1)进行还原性实验时,需加足硫酸的量,且反应时间不能过短,否则甲酸跟高锰酸钾溶液反应得到的不是无色溶液。

(2)在酯化反应中可以加少量固体氯化钠。在饱和食盐水中酯的溶解度降低,便于酯的形成。

(四)糖类的化学性质

1. 试剂

0.5mol/L 葡萄糖、0.5mol/L 果糖、0.5mol/L 麦芽糖、0.5mol/L 蔗糖、淀粉试液、班氏试剂、托伦试剂、5% 硝酸银、稀氨水、10% NaOH 溶液、苯肼、浓硫酸、碘试液。

2. 实验内容与操作

(1)单糖的还原性

①与托伦试剂反应(银镜反应):取洁净的试管 6 支,编号,分别加入 3ml 新制的托伦试剂,分别加入 0.5mol/L 葡萄糖、果糖、麦芽糖、蔗糖、淀粉液各 1ml,在 60~80℃ 热水浴中加热,观察并比较结果。记录实验现象并解释原因。

②与班氏试剂反应:取试管6支,编号,分别加入2ml班氏试剂,微热至沸,分别加入0.5mol/L葡萄糖、果糖、麦芽糖、蔗糖、淀粉液各1ml,在沸水浴中加热2~3分钟,放冷,观察现象。记录实验现象并解释原因。

(2)糖脎的生成　取试管4支,编号,各加入10滴苯肼试剂,再分别加入0.5mol/L葡萄糖、0.5mol/L果糖、0.5mol/L蔗糖、0.5mol/L麦芽糖各5滴,在沸水浴中加热约30分钟,取出试管自行冷却,观察结果。记录实验现象并解释原因。

(3)糖类的水解

①蔗糖的水解:取试管1支,加入8ml 0.5mol/L蔗糖并滴加2滴浓盐酸,煮沸3~5分钟,冷却后,用10% NaOH中和,用此水解液作班氏试剂试验。记录实验现象并解释原因。

②淀粉水解和碘试验:取试管1支,加入淀粉溶液1滴、1ml水和1滴碘试剂,观察颜色的变化。将其溶液稀释至浅蓝色,加热,放冷后,蓝色是否再现,试解释之。

三、注意事项

1. 托伦试剂反应中,需使用洁净的试管。
2. 成脎反应试验中,苯肼有毒,取用时切勿接触皮肤。

(吴小琼)

参考答案

第一章

1. 有机物即有机化合物,是含碳化合物(一氧化碳、二氧化碳、碳酸、碳酸盐、金属碳化物、氰化物除外)或碳氢化合物及其衍生物的总称。主要特性:有机物难溶于水,易溶于有机溶剂,熔点较低。绝大多数有机物受热容易分解、容易燃烧。有机物的反应一般比较缓慢,并常伴有副反应发生。

2. 有机化合物数目众多的原因是:同系物和同分异构现象的存在是有机化合物数目众多的原因。

3. (1)同分异构现象是指分子式相同但结构式不同的现象。
   (2)官能团是决定有机化合物性质的原子或原子团。

4. 共价键的断裂有均裂和异裂两种方式。

5. 碳碳双键,烯烃;醚键,醚;羟基,醇;氯原子,氯代烃;羧基,羧酸;羰基,酮;醛基,醛;苯环,芳香烃;氨基,胺类;硝基,硝基类化合物。

6. (1)H—F,H—O,H—N,H—C   (2)C—F,C—O,C—Cl,C—N

第二章

1. 用系统命名法命名下列化合物。
   (1) 3-甲基戊烷
   (2) 2-甲基-3-乙基己烷
   (3) (E)-3,4-二甲基-2-戊烯
   (4) 4,4-二甲基-1-戊炔
   (5) (2Z,4E)-2,4-庚二烯
   (6) 3-乙基-4-己烯-1-炔
   (7) 3-甲基-4-乙基3-己烯
   (8) 2,4-二甲基-1,5-己二烯

2. 写出下列化合物的结构式。

   (1) 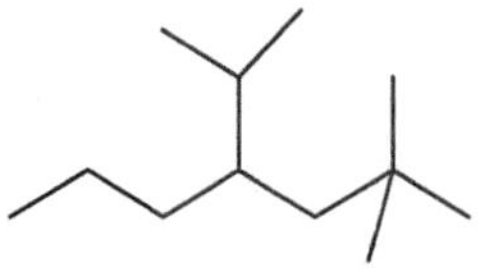 [结构式]

   (2) $H_3C—CH=C—C\equiv CH$
              $|$
              CH_3

(3) $H_3C-C=C-CH_3$
         | |
         CH_3 CH_3

(4) $\begin{array}{c}H_3C\\ \\C_3H_7\end{array}C=C\begin{array}{c}CH_3\\ \\C_2H_5\end{array}$

(5) $H_3C-CH_2-CH-C\equiv C-CH_3$
                |
                CH_3

(6) $H_2C=CH-CH-CH=CH_2$
              |
              CH_3

3. 写出下列反应产物。

(1) $H_2C-CH=CH_2$; $H_3C-CH-CH_2$; $H_3C-CH-CH_2$
      | | | | |
      Cl   Cl   Cl   OH   Cl

(2) $H_3C-CH_2-\underset{\underset{CH_3}{|}}{\overset{\overset{Cl}{|}}{C}}-CH_3$

(3) $\begin{array}{c}H_3CH_2C\\ \\H_3C\end{array}CH-CH_2-Br$

(4) $\begin{array}{c}H_3CH_2C\\ \\H_3C\end{array}C=O$ + HCHO

(5) $H_3C-CH_2-CH-CH_2$
                | |
                OH   OH

(6) $H_3C-\overset{O}{\overset{\|}{C}}CH_2CH_3$ + HCOOH

(7) 环己烯-邻二甲酰酐结构（见图）

(8) $H_2C=CH-CH-CH_3$ $H_3C-CH=CH-CH_2$
              | |
              Br   Br

(9) $H_3C-CH-C\equiv CCu\downarrow$
          |
          CH_3

4. 用化学方法鉴别下列各组化合物。

(1) $\left.\begin{array}{l}\text{戊烷}\\1-\text{戊烯}\\1-\text{戊炔}\end{array}\right\}\xrightarrow{Br_2/CCl_4}\left\{\begin{array}{l}-\\\text{褪色}\\\text{褪色}\end{array}\right.\xrightarrow{Ag(NH_3)_2OH}\left\{\begin{array}{l}-\\\text{白色沉淀}\end{array}\right.$

(2) $\left.\begin{array}{l}1-\text{丁炔}\\2-\text{丁炔}\\1,3-\text{丁二烯}\end{array}\right\}\xrightarrow{Ag(NH_3)_2OH}\left\{\begin{array}{l}\text{白色沉淀}\\-\\-\end{array}\right.\xrightarrow{KMnO_4}\left\{\begin{array}{l}-\\\text{有气泡}\end{array}\right.$

5. 按与 HBr 加成活性增加次序排列下列化合物:(2) > (3) > (1) > (4)

有机化学

6. A. HC≡C—CH₂—CH₂—CH₃ B. H₃C—CH₂—C≡C—CH₃
   C. H₂C=CH—CH₂—CH=CH₂

7. A. CH₃CHC≡CH   B. H₂C=C—CH=CH₂
       | |
       CH₃   CH₃

$$\left.\begin{array}{l}CH_3CHC\equiv CH\\\quad|\\\quad CH_3\\H_2C=C-CH=CH_2\\\qquad|\\\qquad CH_3\end{array}\right\}\xrightarrow{H_2} H_3C-CH-CH_2-CH_3$$
                                                                    |
                                                                    CH₃

$$\left.\begin{array}{l}CH_3CHC\equiv CH\\\quad|\\\quad CH_3\\H_2C=C-CH=CH_2\\\qquad|\\\qquad CH_3\end{array}\right\}\xrightarrow{2Br_2}$$
        Br Br
        | |
   CH₃CHC—CH
      | | \\
      CH₃ Br Br

        Br
        |
   H₂C—C—CH—CH₂
      | | |
      Br CH₃Br Br

CH₃CHC≡CH $\xrightarrow{Ag(NH_3)_2OH}$ CH₃CHC≡CAg↓
   | |
   CH₃   CH₃

第三章

1.

(1) 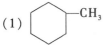 (2) 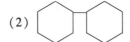 (3)

(4) 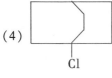 (5)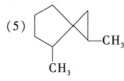

(6) 2-甲基-5-环丁基己烷 (7) 1-甲基-3-环丙基环戊烷
(8) 螺[4.5]癸烷 (9) 7,7-二甲基二环[2.2.1]庚烷

2.

(1) △ CH₃CH₂CH₃ } $\xrightarrow{Br_2}$ 褪色
                                    (-)

(2) CH₂=CHCH₂CH₂CH₃
    ⬠   } $\xrightarrow{KMnO_4}$ 褪色
                                              (-)

(3) 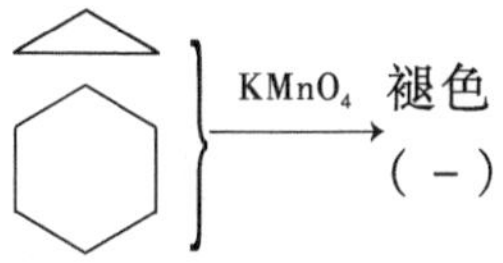 [环丙基-环己基] $\xrightarrow{KMnO_4}$ 褪色 (−)

3.

(1)  △ + Br$_2$ $\xrightarrow{CCl_4}$ BrCH$_2$CH$_2$CH$_2$Br

(2) △—CH$_3$ + HBr ⟶ CH$_3$CH$_2$CHCH$_3$
                                     |
                                     Br

(3) 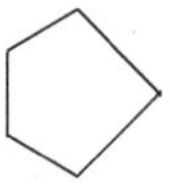 ⬠ + Cl$_2$ $\xrightarrow{紫外光}$ ⬠—Cl

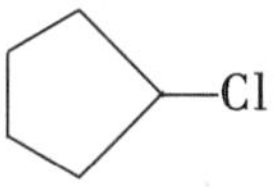

第四章

1. (1) CH$_3$CH$_2$CH$_2$CH$_3$ (2) CH$_3$CHCH$_2$CH$_3$ (有Cl, *) (3) 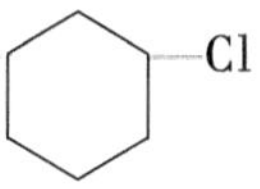 环己基—Cl

(4) 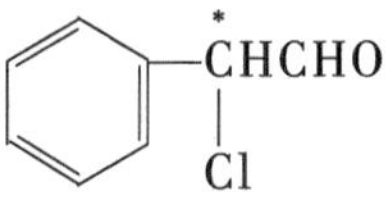 C$_6$H$_5$—*CH(Cl)CHO   (5) CH$_3$*CH(OH)*CH(OH)CH$_3$ (6) CH$_3$CH$_2$*CH(OH)COOH

2.

(1) 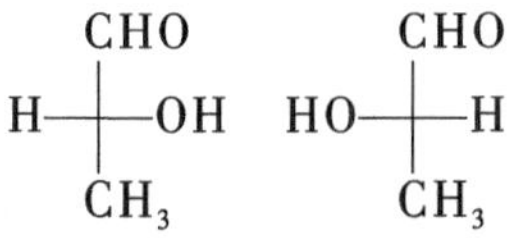 对映异构体

(2) 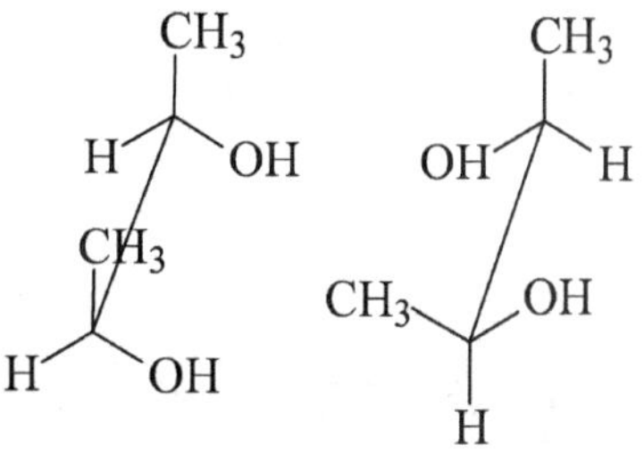 非对映异构体

(3) 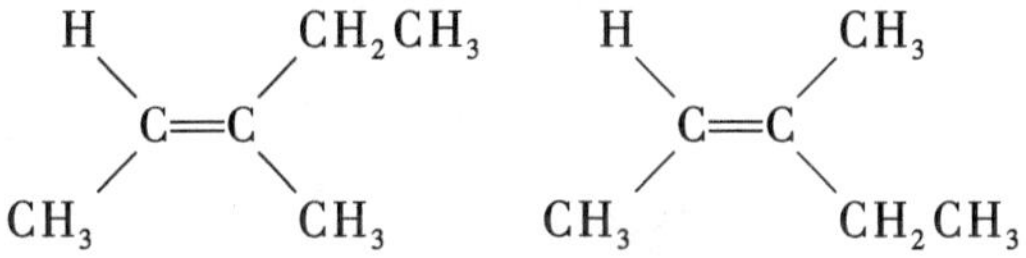 顺反异构体

(4) 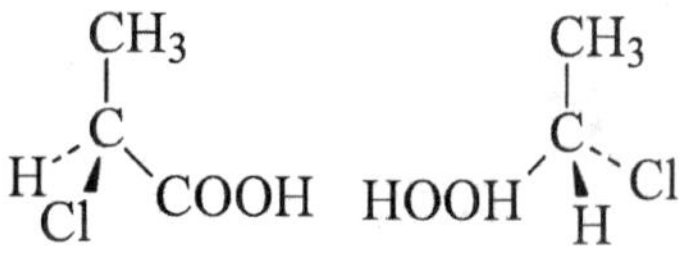 同一化合物

3. 正确的(1)(4);错误的(2)(3)

4.

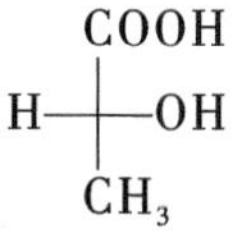

COOH	COOH	COOH	COOH
H—OH	HO—H	H—OH	HO—H
CH$_3$	CH$_3$	C$_2$H$_5$	C$_2$H$_5$
D-乳酸	L-乳酸	D-2-羟基丁酸	L-2-羟基丁酸
(R)-乳酸	(S)-乳酸	(R)-2-羟基丁酸	(S)-2-羟基丁酸

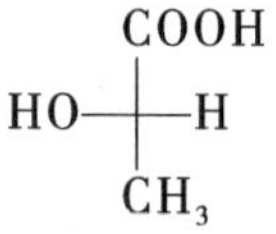

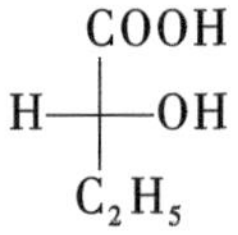

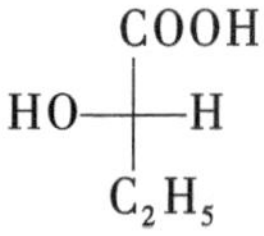

317

有机化学

D-2-氨基丙酸　　　　　L-2-氨基丙酸
(R)-2-氨基丙酸　　　　(S)-2-氨基丙酸

5.

(1) 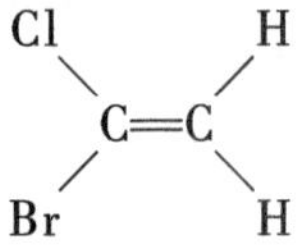 无顺反异构体

(2) 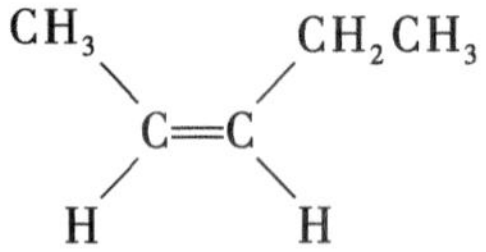 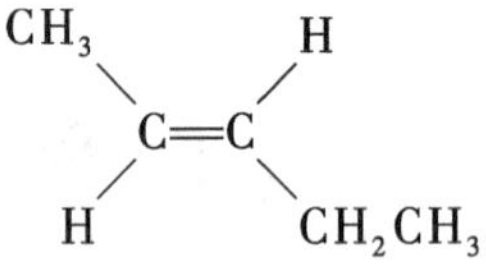 顺-2-戊烯　　　　反-2-戊烯

(3) 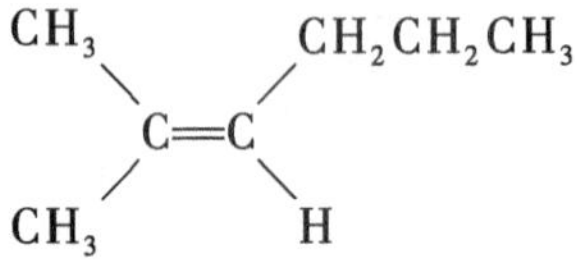 无顺反异构体

(4) 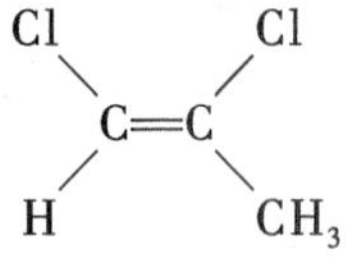 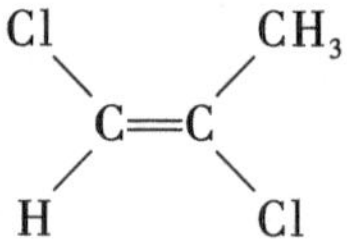 顺-1,2-二氯丙烯　　反-1,2-二氯丙烯

第五章

1.(1)2,3-二硝基甲苯　(2)5-甲基-2-萘磺酸
(3)1-乙基-4-叔丁基苯(或对叔丁基乙苯)　(4)4-甲基-2-氯苯甲酸

(5) 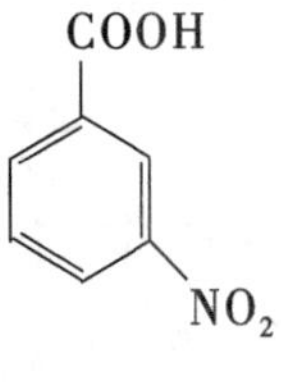 间硝基苯甲酸结构　(6)  对硝基甲苯结构

(7) 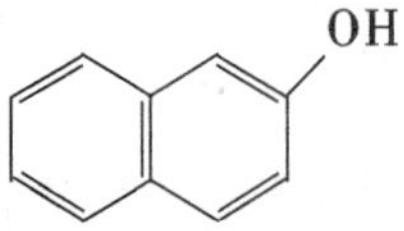 2-萘酚结构　(8) 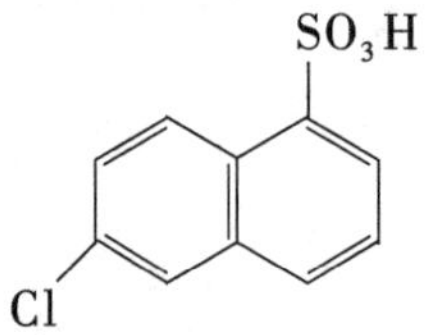 6-氯-1-萘磺酸结构

2.(1)$CH_3Br/FeBr_3$ 或 $CH_3Cl/FeCl_3$　浓 H_2SO_4

(2)（CH₃）₂CHBr/FeBr₃ 或（CH₃）₂CHCl /FeCl₃

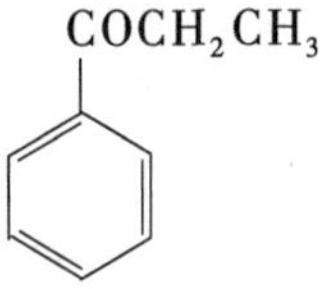

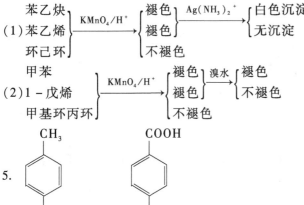

3.（1）D （2）C （3）D （4）C （5）A （6）[A]＞[B]＞[C]＞[E]＞[D] （7）C （8）B

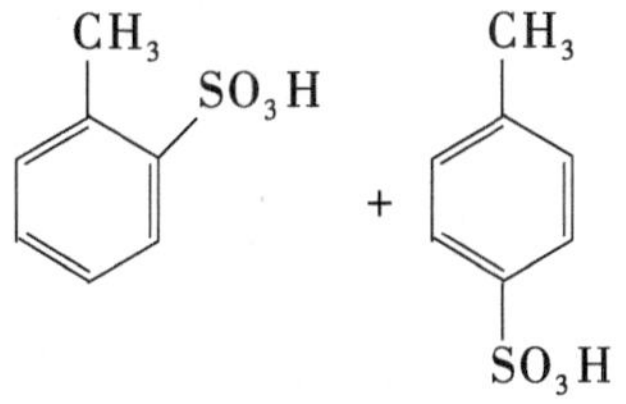

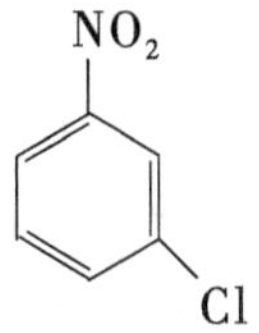

4.
(1) 苯乙炔 / 苯乙烯 / 环己环 $\xrightarrow{KMnO_4/H^+}$ 褪色/褪色/不褪色 $\xrightarrow{Ag(NH_3)_2^+}$ 白色沉淀/无沉淀

(2) 甲苯 / 1-戊烯 / 甲基环丙环 $\xrightarrow{KMnO_4/H^+}$ 褪色/褪色/不褪色 $\xrightarrow{溴水}$ 褪色/不褪色

5. A: 对二甲苯   B: 对苯二甲酸

第六章

一、单项选择题
1. C 2. B 3. D 4. A 5. A 6. D 7. B 8. C 9. D

二、命名下列各物质
1. 2,5-二甲基-3-氯己烷
2. 4-溴-2-戊烯
3. β-溴丙苯或1-苯基-2-溴丙烷
4. 2-氯甲苯或邻氯甲苯
5. 3-溴甲基戊烷
6. 4-氯环己烯

三、写出下列各反应的主要产物
1. CH₃CH—CHCH₂CH₃
       | |
       OH CH₃

2. CH₃CHCH=CHCH₂CH₃
       |
       CH₃

3. $CH_3OC_2H_5$

4.

四、用化学方法区分下列各组化合物

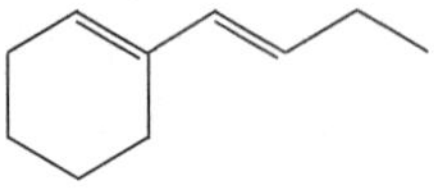

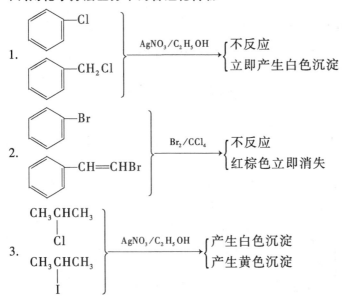

1. $\xrightarrow{AgNO_3/C_2H_5OH}$ $\begin{cases}\text{不反应}\\\text{立即产生白色沉淀}\end{cases}$

2. $\xrightarrow{Br_2/CCl_4}$ $\begin{cases}\text{不反应}\\\text{红棕色立即消失}\end{cases}$

3. $\left.\begin{array}{l}CH_3\underset{|}{C}HCH_3\ (\text{Cl})\\CH_3\underset{|}{C}HCH_3\ (\text{I})\end{array}\right\}$ $\xrightarrow{AgNO_3/C_2H_5OH}$ $\begin{cases}\text{产生白色沉淀}\\\text{产生黄色沉淀}\end{cases}$

五、推断结构

1. A. $CH_3CH_2CH_2Cl$　　B. $CH_3CH{=}CH_2$　　C. $CH_3\underset{\underset{Cl}{|}}{C}HCH_3$

2. A. 　　B. 　　

第七章

一、选择题

1. C　2. D　3. A　4. B　5. C　6. C　7. D　8. D　9. C　10. D　11. B　12. D　13. D　14. A　15. A

二、用系统命名法命名下列化合物

1. 3-甲基-2-丁醇　2. 2-戊醇　3. 甲乙醚　4. 苯甲醇　5. α-萘酚　6. 苯乙醚

7.

8.

9.

10. $\underset{\underset{OH}{|}}{CH_2}CH_2\underset{\underset{OH}{|}}{CH_2}$

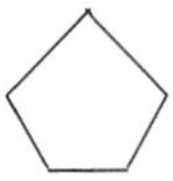

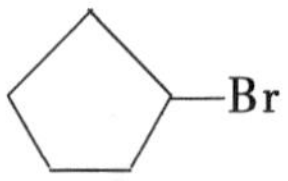

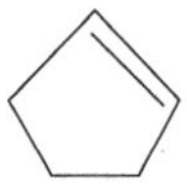

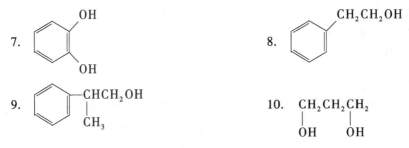

三、完成下列化学方程式

1. $CH_3OH + Na \longrightarrow CH_3ONa + H_2\uparrow$

2. $CH_3CH(OH)CH_3 \xrightarrow{K_2Cr_2O_7 + H_2SO_4} CH_3COCH_3$

3. 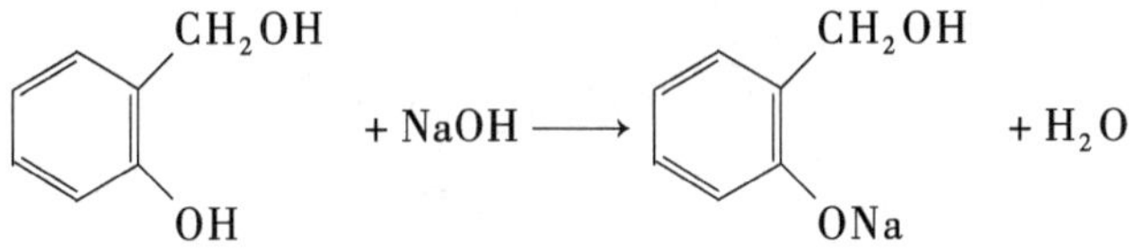 邻羟基苄醇 $+ NaOH \longrightarrow$ 邻羟基苄醇钠盐 $+ H_2O$

4. $CH_3CH(OH)CH_3 + HCl \xrightarrow{ZnCl_2} CH_3CHClCH_3$

5. 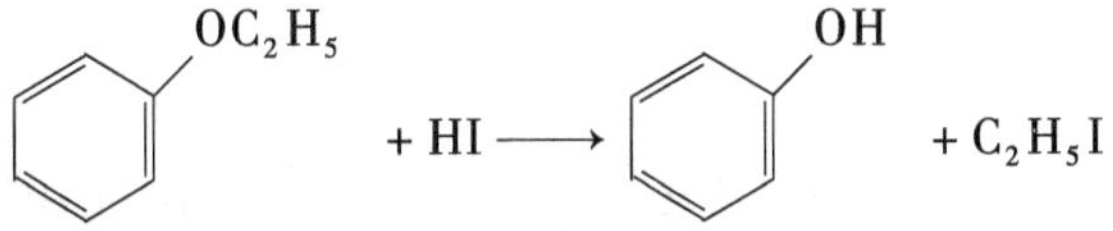 苯乙醚 $+ HI \longrightarrow$ 苯酚 $+ C_2H_5I$

四、用化学方法区分下列各组物质

1. 用溴水或三氯化铁溶液区别。
2. 用硫酸铜溶液和氢氧化钠溶液区别。
3. 用卢卡斯试剂区别。
4. 先加金属钠有气泡冒出的是苯甲醇,甲苯和乙醚用高锰酸钾区别。

五、结构推断题

1. A. $CH_3-CH(OH)-CH(CH_3)-CH_3$
   3－甲基－2－丁醇

   B. $CH_3-C(O)-CH(CH_3)-CH_3$
   3－甲基－2－丁酮

   C. $CH_3-CH=C(CH_3)-CH_3$
   2－甲基－2－丁烯

2. A. 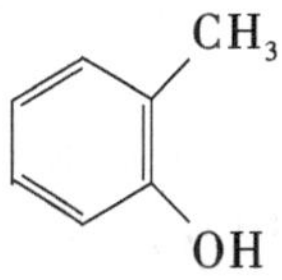 邻甲苯酚

   B. 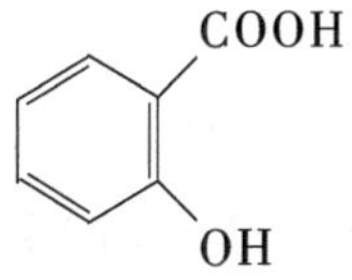 邻羟基苯甲酸

第八章

1. (1) 4－甲基－3－戊烯醛 (2) 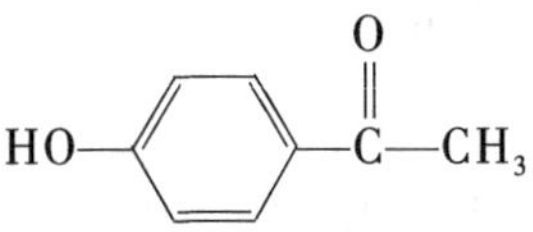 对羟基苯乙酮

   (3) 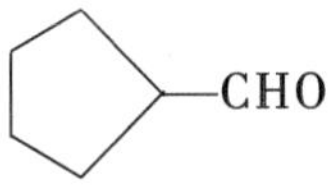 环戊基甲醛 (4) 3－甲基环戊酮

(5) 2-甲基-4-异丙基苯甲醛　　　　　　(6) 3-甲氧基-2-丁酮

2. (1) C > B > A > B　　　　　　　　(2) B > A > C > D

3. (1)(8)

4. (1)(3)(4)(8)(9)(10)

5. (2)(3)

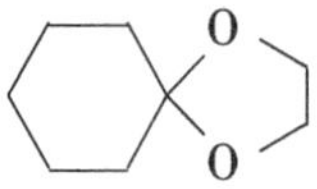

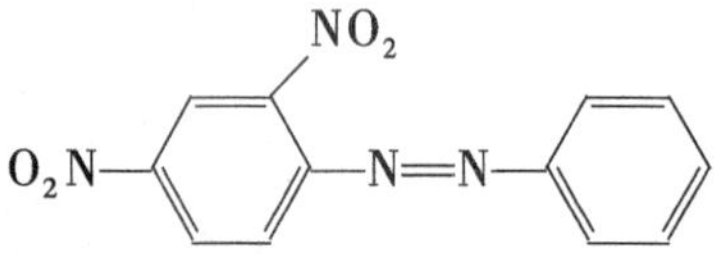

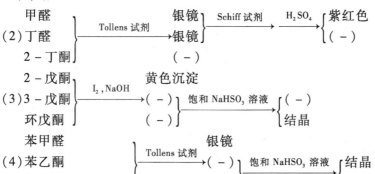

7. (1) 略

```
         甲醛  ┐              银镜 ┐  Schiff 试剂     H₂SO₄  ┌ 紫红色
(2) 丁醛      ├ Tollens 试剂 → 银镜 ├──────────→ ─────→ │
         2-丁酮 ┘              (-)  ┘                      └ (-)

         2-戊酮 ┐            黄色沉淀 ┐                 ┌ (-)
(3) 3-戊酮     ├ I₂, NaOH →  (-)     ├ 饱和 NaHSO₃ 溶液│
         环戊酮 ┘            (-)     ┘                 └ 结晶

         苯甲醛      ┐              银镜 ┐                  ┌ 结晶
(4) 苯乙酮          ├ Tollens 试剂→  (-) ├ 饱和 NaHSO₃ 溶液│
         1-苯基-2-丙酮┘              (-) ┘                  └ (-)
```

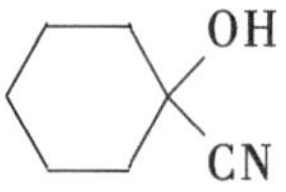

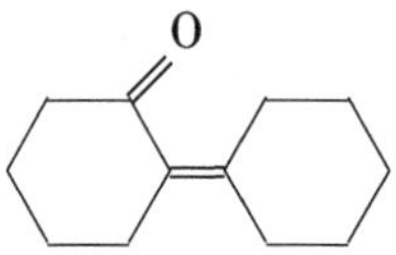

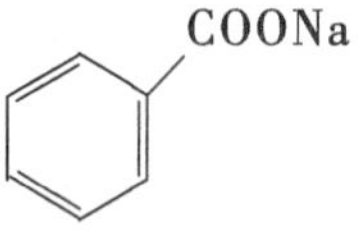

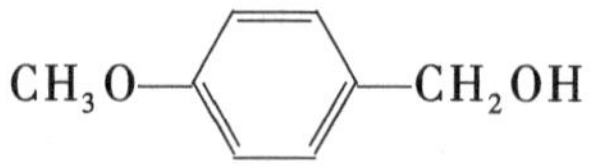

8. 与 HCN 加成的是醛、脂肪族甲基酮和 8 个碳以下的环酮;发生碘仿反应的是有三个 α-H 的羰基化合物或含三个 β-H 的醇。所以只有(3)，(8)既可与 HCN 加成，又能起碘仿反应。

9. 不与溴的四氯化碳溶液作用，说明它们的结构中不含碳碳不饱和键；A、B 和 C 都可与 2,4-二硝基苯肼生成黄色沉淀，说明 A、B、C 是醛或酮(D 不是)；A 和 B 可与 HCN 作用，说明 A 和 B 为醛或脂肪族甲基酮（C 不是）；A 与 Tollens 试剂作用，说明 A 是醛（则 B 是甲基酮）。结合其他条件，可推知：

A 为 CH₃CH₂CH₂CH₂CH₂CHO，B 为 $CH_3CH_2CH_2CH_2\overset{O}{\overset{\|}{C}}CH_3$，C 为 $CH_3CH_2CH_2\overset{O}{\overset{\|}{C}}CH_2CH_3$，D

为 [环己醇结构 OH]。

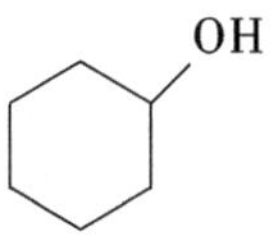

10. A 的结构式为：CH₃CH(OH)CH(CH₃)₂

有关反应式如下：

$$CH_3CH(OH)CH(CH_3)_2 \xrightarrow{[O]} CH_3COCH(CH_3)_2$$

$$CH_3COCH(CH_3)_2 + NaHSO_3 \longrightarrow CH_3C(SO_3Na)(OH)CH(CH_3)_2$$

$$CH_3COCH(CH_3)_2 \xrightarrow{I_2 + NaOH} (CH_3)_2CHCOONa + CHI_3\downarrow$$

$$CH_3CH(OH)CH(CH_3)_2 \xrightarrow{浓\ H_2SO_4} CH_3CH=C(CH_3)_2$$

$$CH_3CH=C(CH_3)_2 \xrightarrow{[O]} CH_3COCH_3 + CH_3COOH$$

第九章

1. (1) A (2) C (3) D (4) C (5) A (6) B (7) B

2. (1) β-甲基丁酸 (2) 对苯二甲酸 (3) 3-苯基丁酸
   (4) 对甲基苯甲酰氯 (5) 丙酰胺 (6) 乙酸异丙酯

   (7) CH₃CH₂CH(CH₃)CH(CH₃)COOH

   (8) CH₂=CHCOCl

   (9) 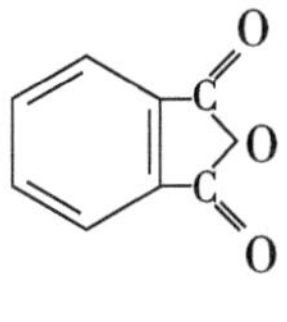 [邻苯二甲酸酐结构]

3. (1) $C_6H_5CH_2CH_2COOH \xrightarrow{SOCl_2} C_6H_5CH_2CH_2COCl$

   (2) 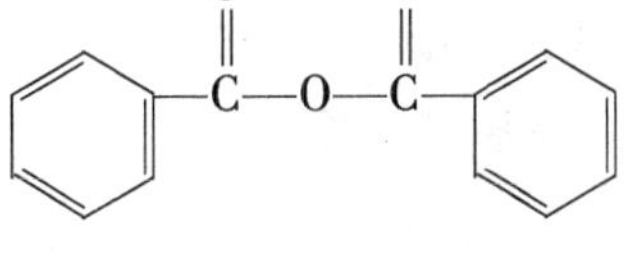 [苯甲酸酐结构]

有机化学

(3) 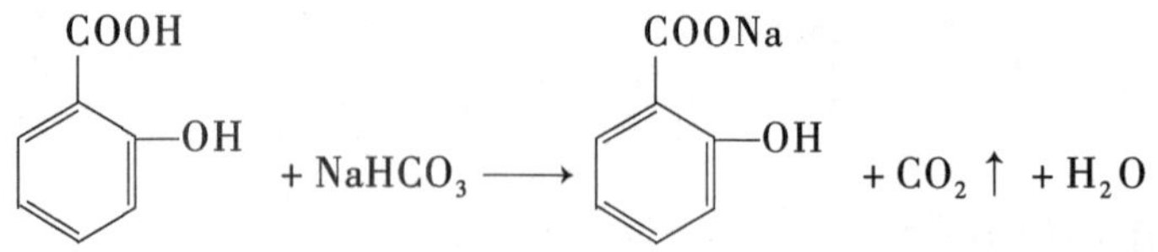 邻羟基苯甲酸 + NaHCO₃ → 邻羟基苯甲酸钠 + CO₂↑ + H₂O

(4) 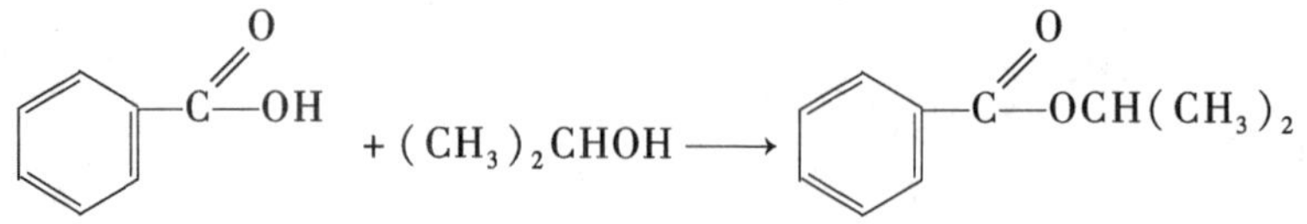 苯甲酸 + (CH₃)₂CHOH → 苯甲酸异丙酯

(5) 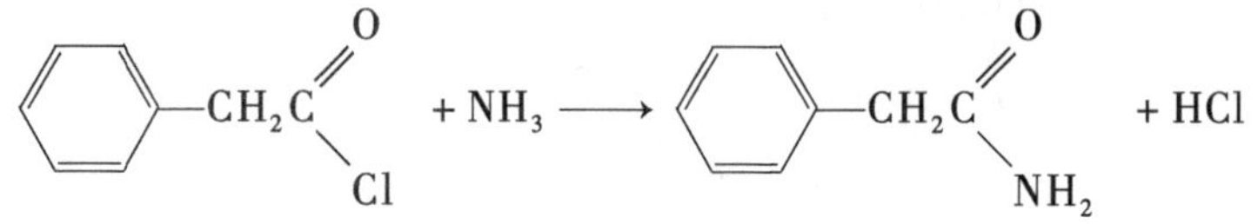 苯乙酰氯 + NH₃ → 苯乙酰胺 + HCl

(6) 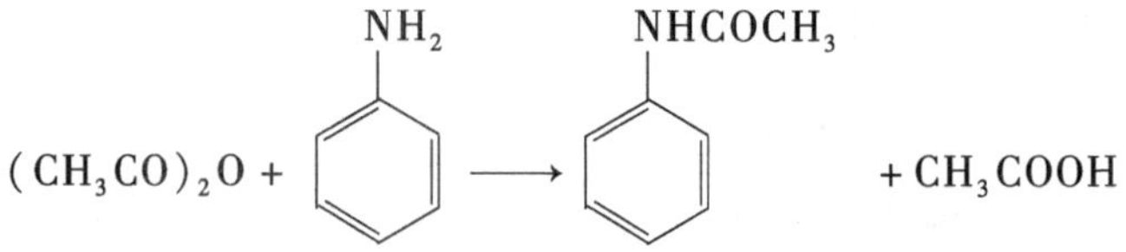 (CH₃CO)₂O + 苯胺 → 乙酰苯胺 + CH₃COOH

4.(1)(略)

(2) 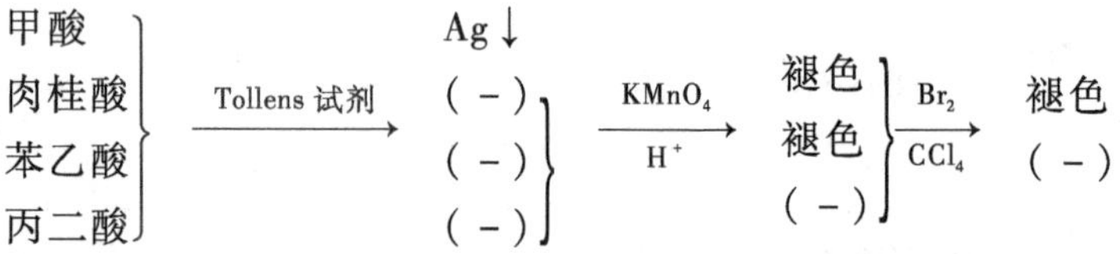 甲酸、肉桂酸、苯乙酸、丙二酸 —Tollens 试剂→ (Ag↓ 甲酸, 其余 −) —KMnO₄/H⁺→ (褪色:肉桂酸、苯乙酸褪色; 丙二酸 −) —Br₂/CCl₄→ (肉桂酸褪色, 苯乙酸 −)

(3) 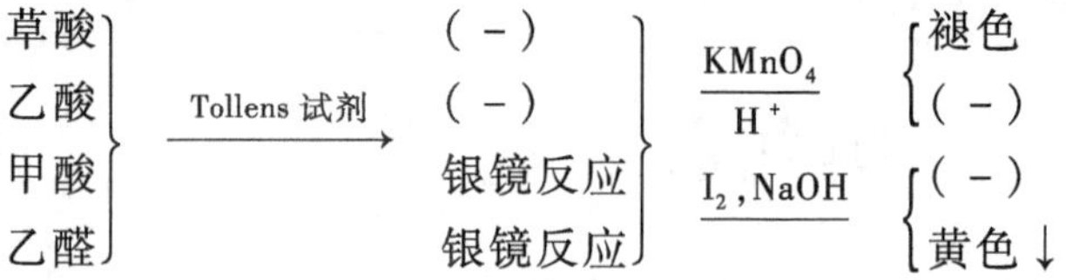 草酸、乙酸、甲酸、乙醛 —Tollens 试剂→ (草酸 −, 乙酸 −, 甲酸 银镜反应, 乙醛 银镜反应) —KMnO₄/H⁺→ (草酸褪色, 乙酸 −) —I₂, NaOH→ (甲酸 −, 乙醛 黄色↓)

5.(1)乙二酸 > 甲酸 > 乙酸 > 乙醇

(2)甲酸 > 苯甲酸 > 乙酸 > 苯酚

(3)α,α-二氯丙酸 > α-氯丙酸 > β-氯丙酸 > 丙酸

6. A. CH_3CH_2COOH B. $HCOOCH_2CH_3$ C. CH_3COOCH_3

第十章

一、单项选择题
1. B 2. B 3. D 4. A 5. D 6. D 7. D 8. A

二、多项选择题
1. ABD 2. AB 3. ABCD 4. ABCD

三、用系统命名法命名下列化合物或写出结构式
1. 2-羟基丙酸(α-羟基丙酸)   2. 2-羟基苯甲酸
3. 3-丁酮酸(β-丁酮酸)   4. 2,3-二羟基丁二酸

5. $CH_3\overset{\overset{O}{\|}}{C}COOH$

6. (benzene ring with COOH and OCOCH$_3$ ortho)

7. $CH_3\underset{\underset{OH}{|}}{C}HCH_2COOH$

8. $CH_3\overset{\overset{O}{\|}}{C}CH_2\overset{\overset{O}{\|}}{C}OC_2H_5$

四、鉴别

1. $\left.\begin{array}{l}水杨酸\\乳酸\\丙酮酸\end{array}\right\} \xrightarrow{FeCl_3} \begin{array}{l}紫色\\(-)\\(-)\end{array}\Bigg\} \xrightarrow[\text{(托伦试剂)}]{Ag(NH_3)_2^+} \left\{\begin{array}{l}银镜\\(-)\end{array}\right.$

2. $\left.\begin{array}{l}乙酰乙酸乙酯\\乙酰乙酸\\丙酮\end{array}\right\} \xrightarrow{FeCl_3} \begin{array}{l}紫色\\(-)\\(-)\end{array}\Bigg\} \xrightarrow{Na_2CO_3} \left\{\begin{array}{l}有气体生成\\(-)\end{array}\right.$

五、完成反应式

1. (salicylic acid) + (acetic anhydride) $\xrightarrow[\Delta]{浓硫酸}$ (aspirin) + CH_3COOH

2. $CH_3\underset{\underset{OH}{|}}{C}HCH_2COOH \xrightarrow{\Delta} CH_3CH=CHCH_3 + H_2O$

3. (salicylic acid) $\xrightarrow{200\sim220℃}$ (phenol) + $CO_2\uparrow$

4. (2-hydroxycyclohexanecarboxylic acid) $\xrightarrow{\Delta}$ (cyclohexene-1-carboxylic acid)

六、推断题

1. A. (2-oxocyclohexanecarboxylic acid)   B. (cyclohexanone)

(2-oxocyclohexanecarboxylic acid) + H_2N-NH-(2,4-dinitrophenyl) $\longrightarrow$ (2,4-dinitrophenylhydrazone of the ketoacid)

有机化学

[反应式：环己酮 + 2,4-二硝基苯肼 → 环己酮-2,4-二硝基苯腙]

2. A. $CH_3CH_2\underset{OH}{CH}COOH$ B. $CH_3\underset{OH}{CH}CH_2COOH$
   C. CH_3CH_2CHO D. $HCOOH$
   E. $CH_3CH\!=\!CHCOOH$ F. $CH_3CH_2CH_2COOH$

第十一章

一、选择题

1. D 2. B 3. C 4. C 5. C 6. B 7. D 8. B

二、填空题

1. 氨 2. HNO_2 3. 2个或2个以上酰胺键 4. sp^3 5. 弱,强 6. 伯胺 7. 酰基
8. 碱性、沉淀反应、显色反应

三、简答题

1. 在水溶液中,脂肪胺一般以仲胺的碱性最强。但是,无论是伯胺、仲胺或叔胺,其碱性都比氨强,芳香胺的碱性则比氨弱。胺的碱性强弱主要受电子效应和空间效应的影响:氮原子的电子云密度越大,接受质子的能力就越强,胺的碱性越强;氮原子相连的基团的体积越大,空间位阻越大,氮原子结合质子越困难,碱性越弱。

2. 有些胺类药物在成盐后,不但水溶性增加,而且比较稳定。在医药上常将含有氨基、亚氨基或次氨基等难溶于水的药物制成盐,以增加其水溶性,如局部麻醉药普鲁卡因,在水中溶解度小且不稳定,常将其制成水溶性盐酸盐,以便于制成注射液。

四、命名化合物或写出结构式

1. 甲乙胺 2. 碘化四乙胺 3. N-甲基丙酰胺

4. $CH_3N(CH_2CH_3)_2$ 5. [苯甲酰胺结构式 C6H5-C(=O)-NH2]

五、用化学方法鉴别下列各组化合物

1. 甲胺、甲乙胺、三乙胺 $\xrightarrow{HNO_2}$ { $N_2\uparrow$; 黄色油状物; × }

2. 邻甲苯胺、苯甲醇、N-甲基苯胺、水杨酸 $\xrightarrow{FeCl_3}$ { ×; ×; ×; 显紫色 } $\xrightarrow{HNO_2}$ { $N_2\uparrow$; ×; 黄色油状物 }

3. N-乙基苯胺、三乙基胺、邻甲基苯胺 $\xrightarrow{HNO_2}$ { 黄色油状物; ×; $N_2\uparrow$ }

4. 苯胺
   苯酚 $\xrightarrow{Br_2/H_2O}$ {白色沉淀} $\xrightarrow{FeCl_3}$ ×
   苄胺   {白色沉淀}   显紫色
   苄醇   × $\xrightarrow{HNO_2}$ $N_2\uparrow$
                               ×   ×

六、完成下列化学反应式

1. $(CH_3)_2CHNH_2 + HNO_2 \longrightarrow (CH_3)_2CHOH$（混合物）$+ N_2\uparrow + H_2O$

2. ⌬—NH_2 + $(CH_3CO)_2O \longrightarrow$ ⌬—$NH-\overset{\overset{O}{\|}}{C}-CH_3$ + CH_3COOH

3. ⌬—NH_2 + $NaNO_2$ + $HCl \xrightarrow{0\sim5℃}$ ⌬—$\overset{+}{N_2}Cl^-$ + $NaCl + H_2O$

七、推断题

A. $CH_3\underset{\underset{NH_2}{|}}{C}HCOOCH_2CH_3$ B. $CH_3\underset{\underset{NH_2}{|}}{C}HCOO^-$ C. CH_3CH_2OH

$CH_3\underset{\underset{NH_2}{|}}{C}HCOOCH_2CH_3 \xrightarrow{OH^-} CH_3\underset{\underset{NH_2}{|}}{C}HCOO^- + CH_3CH_2OH$

$CH_3\underset{\underset{NH_2}{|}}{C}HCOO^- + HNO_2 \longrightarrow CH_3\underset{\underset{OH}{|}}{C}HCOO^- + N_2\uparrow$

$CH_3CH_2OH + Na \longrightarrow CH_3CH_2ONa + H_2\uparrow$

$CH_3CH_2OH + I_2 + NaOH \longrightarrow CHI_3\downarrow + HCOONa$

第十二章

一、命名下列化合物

1. 4-甲基-2-乙基噻唑
2. 2-呋喃甲酸
3. 1-甲基吡咯
4. 4-甲基咪唑
5. 2,3-吡啶二甲酸
6. 3-乙基喹啉
7. 5-异喹啉磺酸
8. 3-吲哚乙酸
9. 2-呋喃甲醛（α-呋喃甲醛）

二、完成下列反应式

1. ⟨S⟩ $\xrightarrow[\text{高温、高压}]{H_2/Pd}$ ⟨S⟩

2. ⟨NH⟩ + CH_3COONO_2 $\xrightarrow[-10℃]{\text{乙酸酐}}$ ⟨NH⟩—NO_2 + CH_3COOH

3. ⟨O⟩—CHO $\xrightarrow{Ag(NH_3)_2^+}$ ⟨O⟩—COOH

327

有机化学

4. 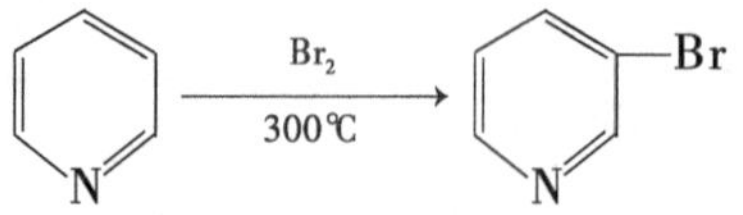 吡啶 + Br$_2$ →(300℃) 3-溴吡啶

5. 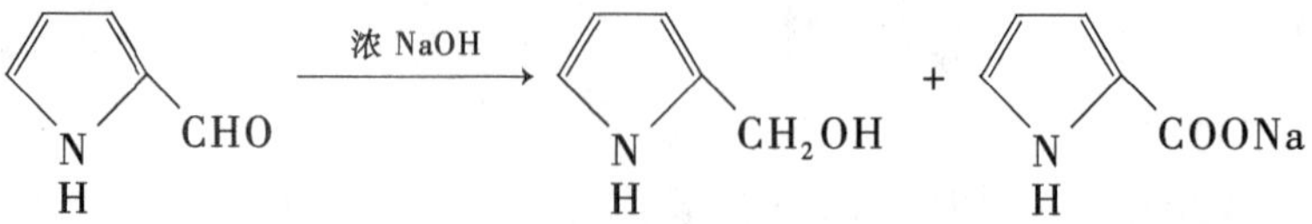 吡咯-2-CHO + 浓NaOH → 吡咯-2-CH$_2$OH + 吡咯-2-COONa

6. 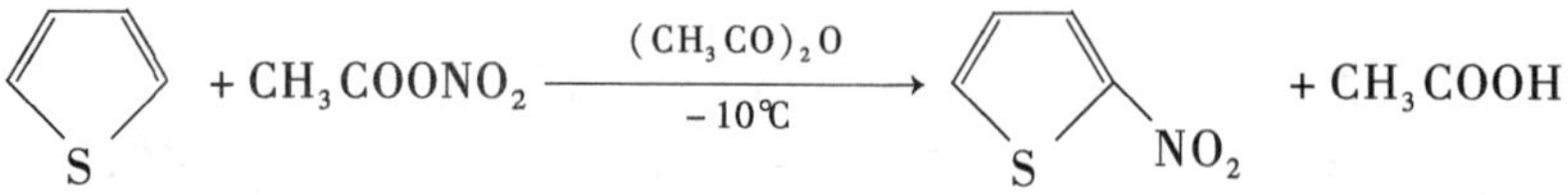 噻吩 + CH$_3$COONO$_2$ →((CH$_3$CO)$_2$O, -10℃) 2-硝基噻吩 + CH$_3$COOH

三、在呋喃、噻吩和吡咯中，具有五原子环六个π电子芳香共轭体系，符合[4n+2]休克尔规则，都具有芳香性。因此芳香性大小是：呋喃 > 吡啶 > 噻吩。这些芳环又是富电子的芳香共轭体系，易发生亲电取代。

四、(1) 吡啶溶于水，喹啉在水中的溶解度很小（这是由于多了一个疏水性苯基的结果）。
(2) 向混合物中加入浓硫酸，振摇，使生成的2-噻吩磺酸溶于下层的硫酸中得以分离。
(3) 向混合物中加入水，振摇，吡啶溶于下层的水中得以分离。
(4) 苯磺酰氯与六氢吡啶生成酰胺，蒸出吡啶。或根据六氢吡啶的碱性比吡啶的碱性强得多，将混合物先溶于乙醚等有机溶剂中，再向溶液中加入适量的酸，将六氢吡啶和酸生成的盐沉淀出来。

第十三章

一、名词解释（略）

二、填空

1. 单、双、多　2. 呋喃糖、α-葡萄糖　3. 葡萄糖、3.9~6.1、0.70~1.10、班氏
4. 直链支链深蓝色　5. 糖非糖糖苷配糖糖苷或苷

三、选择题

1. C　2. A　3. C　4. D　5. B　6. B　7. C　8. D　9. D　10. B　11. B　12. B　13. D　14. C　15. C

四、完成反应式

(1) 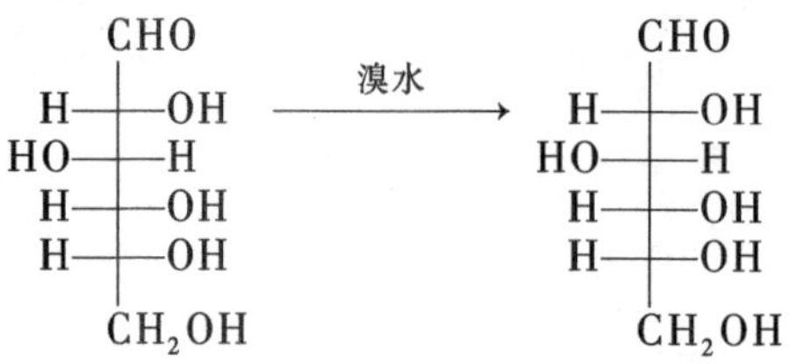 D-葡萄糖（Fischer式）+ 溴水 → D-葡萄糖酸（Fischer式）

(2) 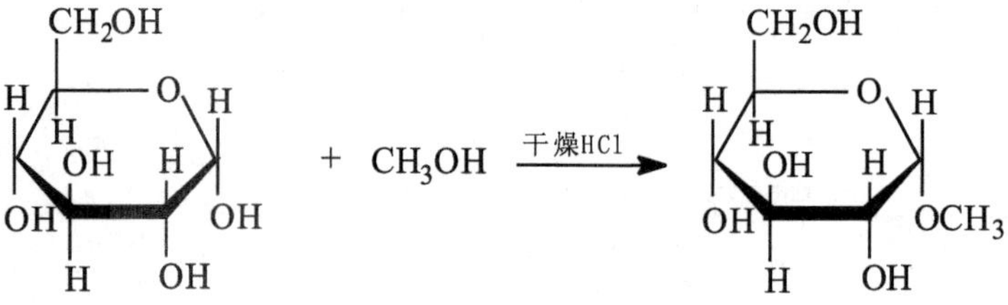 α-D-吡喃葡萄糖 + CH$_3$OH →(干燥HCl) 甲基-α-D-吡喃葡萄糖苷

(3)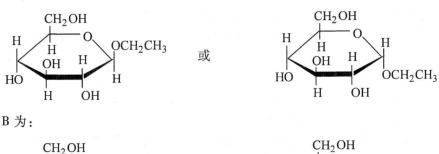

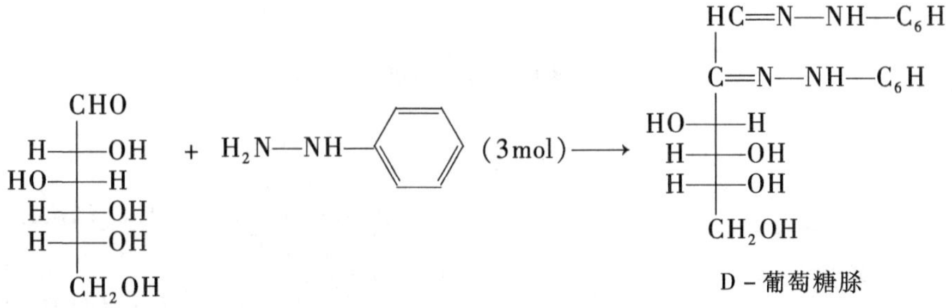

D-葡萄糖脎

五、用化学方法鉴别下列各组物质

1. 果糖 / 蔗糖 —班氏试剂/Δ→ 砖红色沉淀 / 无变化

2. 乳糖 / 淀粉 —I_2→ 无变化 / 深蓝色

3. 葡萄糖 / 蔗糖 / 淀粉 —I_2→ 无变化 / 无变化 / 深蓝色 —班氏试剂/Δ→ 砖红色沉淀 / 无变化

4. 果糖 / 葡萄糖 / 蔗糖 —班氏试剂→ 砖红色沉淀 / 砖红色沉淀 / 无变化 —溴水→ 不褪色 / 褪色

六、推断结构式

A 为:

或

B 为:

C 为:

CH_3CH_2OH

第十四章

1. (1) a 卵磷脂

(2)
$$\begin{array}{l} CH_2-O-\overset{O}{\overset{\|}{C}}-(CH_2)_{16}COOH \\ CH-O-\overset{O}{\overset{\|}{C}}-(CH_2)_{16}COOH \\ CH_2-O-\overset{O}{\overset{\|}{C}}-(CH_2)_{16}COOH \end{array}$$

(3) 结构式（含CHO基团的萜类结构，标注位次3、4、5）

(4) 薄荷醇结构（环己烷上带OH、甲基、异丙基）

(5) 樟脑结构

(6) α-蒎烯结构

2. (1) 一些不饱和脂肪酸对人体的生长和健康是必不可少的,却不能在体内通过代谢合成,如亚油酸和亚麻酸,必须从食物中获得,因此,称它们为"必需脂肪酸"。

(2) 油脂中游离脂肪酸的含量,可用氢氧化钾中和来测定。中和1g油脂所需氢氧化钾的毫克数,称为酸值。酸值是油脂中游离脂肪酸的限量标准。工业上把水解1g油脂所需要的氢氧化钾的毫克数叫作皂化值。各种油脂的成分不同,皂化时需要碱的用量也不同,油脂的平均分子量越大,单位重量油脂中含甘油酯的摩尔数就越小,那么皂化时所需碱量也越小,即皂化值越小。反之,皂化值越大,表示脂肪酸的平均分子量越小。利用油脂与碘的加成,可判断油脂的不饱和程度。工业上把100g油脂所能吸收的碘的克数,叫作碘值,碘值越大,表示油脂的不饱和程度越大;反之,表示油脂的不饱和程度越小。

(3) 甾体化合物环上取代基的构型一般采用α/β相对构型表示法。把位于纸平面前的取代基称β-构型取代基,用实线或粗线相连;把位于纸平面后的取代基称α-构型取代基,用虚线相连。

(4) 由于萜类化合物结构组成一般为通式$(C_5H_8)_n$的链状或环状烯烃及其聚合物、氢化物或含氧衍生物,分子中的碳原子数目大多为5或10的整倍数,并且碳链骨架呈现以异戊二烯为单位按不同方式相连接的结构特征,即萜类化合物貌似异戊二烯的聚合体。这种现象在很长时期内,被人们称为萜类结构的"异戊二烯规则"。

3. 樟脑
   薄荷醇 $\xrightarrow{2,4-二硝基苯肼}$ $\left\{\begin{array}{l}黄色\downarrow\\(-)\\(-)\end{array}\right.$ $\xrightarrow{溴水}$ $\left\{\begin{array}{l}(-)\\褪色\end{array}\right.$
   α-蒎烯

4. 油脂的主要成分是直链高级脂肪酸和甘油生成的酯,医学上称为甘油三酯。油脂常用下列结构式表示：

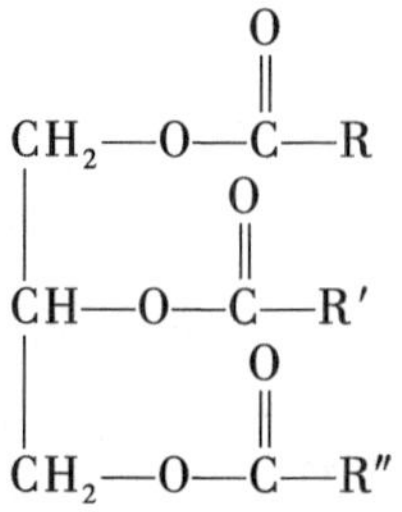

$$\begin{array}{l}CH_2-O-\overset{O}{\underset{\|}{C}}-R\\ CH-O-\overset{O}{\underset{\|}{C}}-R'\\ CH_2-O-\overset{O}{\underset{\|}{C}}-R''\end{array}$$

组成油脂的脂肪酸的种类很多，但主要是含偶数碳原子的饱和或不饱和的直链羧酸。饱和羧酸最多的是含 12~18 个碳原子的，其中以十六碳酸(软脂酸)分布最广，几乎所有的油脂均含此酸；十八碳酸(硬脂酸)则在动物脂肪中含量最多。不饱和酸所含的碳原子数均大于 10 个，最重要的是含十八个碳原子的油酸。

习惯上把在常温下为固体或半固体的叫脂肪，例如牛油、猪油等，常温下为液体的叫作油，例如花生油、豆油等。

5. α-卵磷脂(lecithin)又称为磷脂酰胆碱，是磷脂酸中的磷酸与胆碱中的羟基酯化所得。α-脑磷脂是磷脂酸分子中的磷酸基与乙醇胺(胆胺)结合生成的酯，结构式分别是：

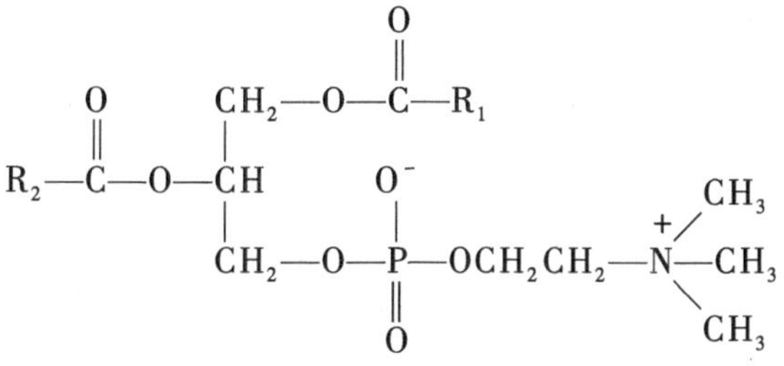

α-卵磷脂

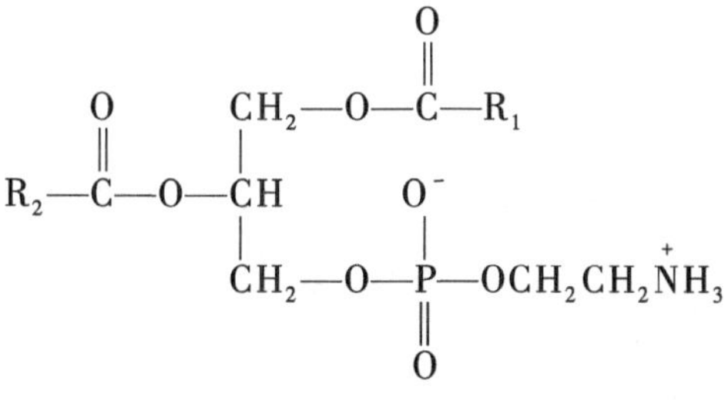

α-脑磷脂

因此，α-卵磷脂完全水解可得到脂肪酸、甘油、磷酸和胆碱。α-脑磷脂完全水解可得到脂肪酸、甘油、磷酸和乙醇胺。卵磷脂不溶于水和丙酮，易溶于乙醚、乙醇及氯仿中。脑磷脂易溶于乙醚、微溶于冷乙醇、难溶于丙酮，可利用此性质分离卵磷脂和脑磷脂。

第十五章

一、单项选择题
1. A 2. C 3. C 4. D 5. A 6. B 7. C

有机化学

二、填空题

1. α－氨基酸核苷酸

2. 等电点(PI)

3. 肽键　3′,5′－磷酸二酯键

4. 羧基　氨基　酸性氨基酸　中性氨基酸　碱性氨基酸

三、鉴别题

$$\left.\begin{array}{l}\text{苯酚}\\ \text{苯胺}\\ \text{蛋白质}\end{array}\right\}\xrightarrow[\text{氢氧化钠溶液}]{\text{硫酸铜的}}\begin{array}{l}\left.\begin{array}{l}\text{无现象}\\ \text{无现象}\end{array}\right\}\xrightarrow{\text{三氯化铁溶液}}\left\{\begin{array}{l}\text{呈紫色}\\ \text{无现象}\end{array}\right.\\ \text{呈紫红色}\end{array}$$

参考文献

[1] 张坐省. 有机化学. 西安:西北大学出版社,2010.
[2] 曾崇理. 有机化学.2版. 北京:人民卫生出版社,2008.
[3] 陈常兴. 医学化学.6版. 北京:人民卫生出版社,2011.
[4] 牛彦辉. 化学. 北京:人民卫生出版社,2006.
[5] 刘华,韦国峰. 有机化学. 西安:西安交通大学出版社,2012.
[6] 唐玉海. 医用有机化学.3版. 北京:高等教育出版社,2016.
[7] 高鸿宾. 有机化学.4版. 北京:高等教育出版社,2012.
[8] 陈任宏. 有机化学. 北京:化学工业出版社,2015.
[9] 邢其毅. 基础有机化学.3版. 北京:高等教育出版社,2010.
[10] 周公度. 结构化学基础.4版. 北京:北京大学出版社,2014.
[11] 赵正保. 有机化学. 北京:中国医药科技出版社,2016.
[12] 陆阳. 有机化学. 北京:人民卫生出版社,2013.
[13] 马祥志. 有机化学.4版. 北京:中国医药科技出版社,2014.
[14] 陆涛. 有机化学.7版. 北京:人民卫生出版社,2011.
[15] 马祥志. 有机化学.4版. 北京:中国中医科技出版社,2012.
[16] 刘华,韦国峰. 有机化学. 北京:清华大学出版社,2013.
[17] 王宁. 有机化学. 北京:高等教育出版社,2005.
[18] 邬瑞斌. 有机化学.2版. 北京:科学出版社,2006.
[19] 唐玉海. 医用有机化学. 北京:高等教育出版社,2007.
[20] 薛会君,刘德云. 医用化学.3版. 北京:科学出版社,2012.
[21] 陈常兴,秦子平.7版. 医用化学. 北京:人民卫生出版社,2014.
[22] 刘斌,陈任宏. 有机化学.2版. 北京:人民卫生出版社,2015.
[23] 胡宏纹. 有机化学.3版. 北京:高等教育出版社,2006.
[24] 邢其毅,裴伟伟,徐瑞秋,等. 基础有机化学.4版. 北京:北京大学出版社,2016.
[25] 王积涛,王永梅,张宝申,等. 有机化学.3版. 天津:南开大学出版社,2009.
[26] 陆涛. 有机化学.8版. 北京:人民卫生出版社,2016.
[27] 陆涛. 有机化学学习指导与习题集.4版. 北京:人民卫生出版社,2016.
[28] 林辉. 有机化学. 北京:中国中医药出版社,2012.
[29] 刘斌. 有机化学. 北京:人民卫生出版社,2009.
[30] 马祥志. 有机化学.2版. 北京:北京大学医学出版社,2010.
[31] 王俊茹. 有机化学. 北京:化学工业出版社,2013.
[32] 吴剑锋. 天然药物化学. 北京:人民卫生出版社,2011.

阳,刘俊义. 有机化学. 北京:人民卫生出版社,2013.

王志江. 有机化学. 北京:中国中医药出版社,2015.

] 王清廉. 有机化学实验. 3版. 北京:高等教育出版社,2010.

[36] 刘华,韦国峰. 有机化学实验教程. 北京:清华大学出版社,2015.